教育部高等学校
材料科学与工程教学指导委员会规划教材

● 丛书主编 黄伯云

U0642453

材料物理性能（第二版）

主　编　龙　毅
副主编　李庆奎　强文江
主　审　田　莳

Physical Properties of Materials

中南大学出版社
www.csupress.com.cn

内 容 简 介

　　本书为教育部高等学校材料科学与工程教学指导委员会规划教材，根据教育部高等学校材料科学与工程教学指导委员会本课程"教学基本要求"编写。

　　全书系统地介绍了材料的热学、电学、磁学、介电、光学等方面的性能，阐述了各种性能的重要原理和微观机制，材料的成分、组织结构与性能的关系，并且简述了相关的测试方法。

　　本书的特点是简单明了地阐述了材料物理性能相关的基本概念，尽量避免复杂的数学推导。为了使概念清晰，使用了大量插图。另外，简单地介绍了目前广泛应用的记忆合金的基础知识——材料的记忆性能。本书中每章有一定习题，其中的计算题给出了答案，学生可以自己验证学习效果。本书最后以附录的形式给出了材料的物理性能所需要的相关电子理论基础知识。

　　本书可供材料科学与工程专业的本科生或低年级硕士研究生选作教材或者参考书，也可以作为材料科学领域的大专院校教师和科技工作者的参考资料。

　　本书配有多媒体教学课件，用书单位可与中南大学出版社联系，联系人：唐曦，电话 0731 – 88836721，电子邮箱：55212660@ qq. com。

教育部高等学校材料科学与工程教学指导委员会规划教材

编 审 委 员 会

主 任

黄伯云（教育部高等学校材料科学与工程教学指导委员会主任委员、中国工程院院士、
中南大学教授、博士生导师）

副主任

姜茂发（分指委*主任委员、东北大学教授、博士生导师）

吕　庆（分指委副主任委员、河北理工大学教授、博士生导师）

张新明（分指委副主任委员、中南大学教授、博士生导师）

陈延峰（材物与材化分指委**副主任委员、南京大学教授、博士生导师）

李越生（材物与材化分指委副主任委员、复旦大学教授、博士生导师）

汪明朴（教育部高等学校材料科学与工程教学指导委员会秘书长、中南大学教授、
博士生导师）

委 员
（以姓氏笔画为序）

于旭光（分指委委员、石家庄铁道学院教授）

韦　春（桂林工学院教授、博士生导师）

王　敏（分指委委员、上海交通大学教授、博士生导师）

介万奇（分指委委员、西北工业大学教授、博士生导师）

水中和（武汉理工大学教授、博士生导师）

孙　军（分指委委员、西安交通大学教授、博士生导师）

刘　庆（重庆大学教授、博士生导师）

刘心宇（分指委委员、桂林电子科技大学教授、博士生导师）

刘　颖（分指委委员、北京理工大学教授、博士生导师）

朱　敏（分指委委员、华南理工大学教授、博士生导师）

注：*　分指委：全称教育部高等学校金属材料工程与冶金工程专业教学指导分委员会；

　　**　材物与材化分指委：全称教育部高等学校材料物理与材料化学专业教学指导分委员会。

曲选辉(北京科技大学教授、博士生导师)

任慧平(教育部高职高专材料类教学指导委员会主任委员、内蒙古科技大学教授)

关绍康(分指委委员、郑州大学教授、博士生导师)

阮建明(中南大学教授、博士生导师)

吴玉程(分指委委员、合肥工业大学教授、博士生导师)

吴　化(分指委委员、长春工业大学教授)

李　强(福州大学教授、博士生导师)

李子全(分指委委员、南京航空航天大学教授、博士生导师)

李惠琪(分指委委员、山东科技大学教授、博士生导师)

余志明(中南大学教授、博士生导师)

余志伟(分指委委员、东华理工学院教授)

张　平(分指委委员、装甲兵工程学院教授、博士生导师)

张　昭(分指委委员、四川大学教授、博士生导师)

张　涛(分指委委员、北京航空航天大学教授、博士生导师)

张文征(分指委委员、清华大学教授、博士生导师)

张建新(河北工业大学教授)

张建勋(西安交通大学教授、博士生导师)

沈峰满(分指委秘书长、东北大学教授、博士生导师)

杨贤金(分指委委员、天津大学教授、博士生导师)

陈文哲(分指委委员、福建工程学院教授、博士生导师)

陈翌庆(材物与材化分指委委员、合肥工业大学教授、博士生导师)

周小平(湖北工业大学教授)

赵昆渝(昆明理工大学教授、博士生导师)

赵新兵(分指委委员、浙江大学教授、博士生导师)

姜洪义(武汉理工大学教授、博士生导师)

柳瑞清(江西理工大学教授)

聂祚仁(北京工业大学教授、博士生导师)

郭兴蓬(材物与材化分指委委员、华中科技大学教授、博士生导师)

黄　晋(分指委委员、湖北工业大学教授)

阎殿然(分指委委员、河北工业大学教授、博士生导师)

蒋　青(分指委委员、吉林大学教授、博士生导师)

蒋建清(分指委委员、东南大学教授、博士生导师)

潘春旭(材物与材化分指委委员、武汉大学教授、博士生导师)

戴光泽(分指委委员、西南交通大学教授、博士生导师)

总 序

　　材料是国民经济、社会进步和国家安全的物质基础与先导，材料技术已成为现代工业、国防和高技术发展的共性基础技术，是当前最重要、发展最快的科学技术领域之一。发展材料技术将促进包括新材料产业在内的我国高新技术产业的形成和发展，同时又将带动传统产业和支柱产业的改造和产品的升级换代。"十五"期间，我国材料领域在光电子材料、特种功能材料和高性能结构材料等方面取得了较大的突破，在一些重点方向迈入了国际先进行列。依据国家"十一五"规划，材料领域将立足国家重大需求，自主创新、提高核心竞争力、增强材料领域持续创新能力将成为战略重心。纳米材料与器件、信息功能材料与器件、高新能源转换与储能材料、生物医用与仿生材料、环境友好材料、重大工程及装备用关键材料、基础材料高性能化与绿色制备技术、材料设计与先进制备技术将成为材料领域研究与发展的主导方向。不难看出，这些主导方向体现了材料学科一个重要发展趋势，即材料学科正在由单纯的材料科学与工程向与众多高新科学技术领域交叉融合的方向发展。材料领域科学技术的快速进步，对担负材料科学与工程高等教育和科学研究双重任务的高等学校提出了严峻的挑战，为迎接这一挑战，高等学校不但要担负起材料科学与工程前沿领域的科学研究、知识创新任务，而且要担负起培养能适应材料科学与工程领域高速发展需求的、具有新知识结构的创新型高素质人才的重任。

　　为适应材料领域高等教育的新形势，2006—2010 年教育部高等学校材料科学与工程教学指导委员会积极组织了材料类高等学校教材的建设规划工作，成立了规划教材编审委员会，编审委员会由相关学科的分教学指导委员会主任委员、委员以及全国 30 余所有影响力和代表性的高校材料学院院长组成。编审委员会分别于 2006 年 10 月和 2007 年 5 月在湖南张家界和中南大学召开了教材建设研讨会和教材提纲审定会。经教学指导委员会和编审委员会推荐和遴选，逾百名来自全国几十所高校的具有丰富教学与科研经验的专家、学者参加了这套教材的编写工作。历经几年的努力，这套教材终于与读者见面了，它凝结了全体编写者与组织者的心血，充分体现了广大编写者对教育部"质量工程"精神的深刻体会，对当代材料领域知识结构的牢固掌握和对高等教育规律的熟练把握，是我国材料领域高等教育工作者集体智慧的结晶。

这套教材基本涵盖了金属材料工程专业的主要课程，同时还包含了材料物理专业和材料化学专业部分专业基础课程，以及金属、无机非金属和高分子三大类材料学科的实验课程。整体看来，这套教材具有如下特色：①根据教育部高等学校教学指导委员会相关课程的"教学大纲"及"基本要求"编写；②统一规划，结构严谨，整套教材具有完整性、系统性，基础课与专业课之间的内容有机衔接；③注重基础，强调实践，体现了科学性、实用性；④编委会及作者由材料领域的院士、知名教授及专家组成，确保了教材的高质量及权威性；⑤注重创新，反映了材料科学领域的新知识、新技术、新工艺、新方法；⑥深入浅出，说理透彻，便于老师教学及学生自学。

教材的生命力在于质量，而提高质量是永恒的主题。希望教材的编审委员会及出版社能做到与时俱进，根据高等教育改革和发展的形势及材料专业技术发展的趋势，不断对教材进行修订、改进、完善，精益求精，使之更好地适应高等教育人才培养的需要，也希望他们能够一如既注地依靠业内专家，与科研、教学、产业第一线人员紧密结合，加强合作，不断开拓，出版更多的精品教材，为高等教育提供优质的教学资源和服务。

衷心希望这套教材能在我国材料高等教育中充分发挥它的作用，也期待着在这套教材的哺育下，新一代材料学子能茁壮成长，脱颖而出。

黄伯云

第二版前言

  本书是经 2006—2010 教育部高等学校材料科学与工程教学指导委员会审批通过的全国本科生教学用书，由北京科技大学、中南大学、郑州大学合作编写。材料物理性能属于材料科学与工程学科领域的专业基础课程，是材料专业本科生的必修课。本书在第 1 版的基础上进行了修订，参编单位和编写人员在本科生培养方面有丰富的经验和成果，本书是集编写人员多年来的教学经验编写而成。

  本书较为系统地介绍了材料的热学、电学、磁学、介电、光学等方面的性能。在编写上注重简单明了地阐述材料物理性能的基本概念，尽量避免复杂的数学推导，为了使概念清晰，使用了大量插图。考虑到教育部拓宽本科生知识面的要求，在本书中增加了属于无机材料性能的介电性能和光学性能部分。另外，还增加了材料的记忆性能，因为记忆合金作为金属功能材料，目前已经广泛应用。在书中也简单介绍了物理性能的测试方法，如果有条件可以安排这些性能测试的实验，有利于加强学习效果。本书中每章有一定习题，其中的部分计算题给出了答案，学生可以自己验证学习效果。对于以物理性能改善为基础的新功能材料，考虑到材料发展日新月异，本书没有过多介绍，在教学中可以根据当前新材料发展，将新材料作为应用举例在相应的物理性能教学中给出。

  目前，多数学校的材料科学与工程学科本科专业开设了诸如"固体物理基础"之类的必修基础课程，或者将有关固体材料中电子理论的知识纳入了先期的必修课程之中，因此在本书中将固体物理基础作为基础知识来处理，没有在书的正式内容中详细介绍。但是考虑到还有些学校没有相关内容的课程安排，为了解决该问题，我们将各有关固体材料中电子态的基础知识，作为附录列于书末。

  本书的第 1 章由郑州大学李庆奎教授编写，第 2 章由北京科技大学强文江教授编写，第 3 章由北京科技大学龙毅教授编写，第 4 章由中南大学宋练鹏教授编写，第 5 章由北京科技大学常永勤副教授编写，第 6 章由中南大学李周教授编写。全书由龙毅主持编写，由北京航空航天大学的田莳老师主审。作者在此感谢田莳老师不辞辛苦，对本书进行了仔细的审稿，提出了许多修改意见。也感谢 2006—2010 教育部高等学校材料科学与工程教学指导委员会对本书的指导和帮助,感谢中南大学出版社对本书编写和修订工作的督促。希望本书能对我国材料科学与工程专业本科生教学以及科研有一定的帮助和推动作用。由于作者的认识水平有限,书中谬误在所难免,恳请读者给予指正。

编 者

目　录

第1章　材料的热学性能

　　各种材料及其制品都是在一定温度环境下使用的，在使用过程中将对不同的温度做出反应，表现出不同的热物理性能，这些热物理性能称为材料的热学性能。如环境温度发生变化，材料将产生膨胀或收缩，同时吸收或放出热量；同一物体的不同区域温度不等时，将发生热传导现象，等等。

　　材料的热学性能主要有热容、热膨胀、热传导、热稳定性等。工程上许多特殊场合对材料的热学性能都提出了一些特殊要求。如微波谐振腔、精密天平、标准尺和标准电容等使用的材料要求低的热膨胀系数；电真空材料要求具有一定的热膨胀系数，热敏元件要求尽可能高的热膨胀系数。工业炉衬、建筑材料及航天飞行器重返大气层的隔热材料要求具有优良的绝热性能；燃气轮机叶片和晶体管散热器等材料却要求具有优良的导热性能；设计热交换器时，为了计算换热效率必须准确了解所用材料的导热系数。在某些领域材料的热学性能往往成为技术关键。另外，材料的组织结构发生变化时将伴随一定的热效应，因此，热学性能分析法已成为材料科学研究中的主要手段之一，特别是对于确定临界点并判断材料的相变特征时具有重要的意义。

　　本章主要学习热学性能的物理概念、物理本质、影响因素、测量方法和工程意义，为选材、用材、改善材料性能、探索新材料和新工艺等打下物理理论基础。

1.1　晶格热振动

　　材料各种热学性能的物理本质，均与其晶格热振动有关。固体材料由晶体或非晶体组成，点阵中的质点（原子、离子）并不是静止不动的，而总是围绕其平衡位置作微小振动，称为晶格热振动。质点热振动的剧烈程度与温度有关。温度升高振动加剧，甚至产生扩散（非均质材料），温度升高至一定程度，振动周期破坏，导致材料熔化，晶体材料表现出固定熔点。本章所讨论的材料热学性能，是指温度不太高时，质点围绕其平衡位置作微小振动的情况。

　　晶格热振动是三维的，可以将其分解成三个方向的线性振动。设每个质点的质量为 m，在任一瞬间该质点在 x 方向的位移为 x_n，其相邻质点的位移为 x_{n-1}，x_{n+1}。当振动很微弱，相邻质点间的作用力大小近似和位移成正比时，可以认为原子作简谐振动。根据牛顿第二定律，

$$m \frac{d^2 x_n}{dt^2} = \beta (x_{n+1} + x_{n-1} - 2x_n)$$

（1 - 1）　▶ 1

式中，β 为微观弹性模量。此方程即为简谐振动方程，其振动频率随 β 的增大而提高。

每一质点的 β 不同，即每一个质点在热振动时都有一定的频率。某材料中具有 N 个质点，就有 N 个频率组合在一起。温度升高时动能增大，振幅和频率增大。各质点热运动时动能的总和即为该物体的热量

$$\sum_{i=1}^{N} (动能)_i = 热量 \tag{1-2}$$

材料中各质点的热振动不是孤立的，相邻质点间存在着很强的相互作用力。一个质点的振动会影响到其临近质点的振动，相邻质点间的振动存在着一定的相位差，故晶格振动以波的形式在整个材料内传播，这种波称为格波，它是多频率振动的组合波。

振动着的质点中所包含的频率甚低的格波，质点彼此之间的相位差不大，格波类似于弹性体中的应变波，称为"声频支振动"。格波中频率甚高的振动波，质点间的位相差很大，邻近质点的运动几乎相反，频率往往在红外光区，称为"光频支振动"。

如果晶胞中包含两种不同的原子，各有独立的振动频率，即使它们的振动频率都与晶胞振动的频率相同，由于两种原子的质量不同，其振幅也不相同，所以两原子间存在相对运动。声频支可以看成是相邻原子具有相同的振动方向，如图 1-1(a) 所示。光频支

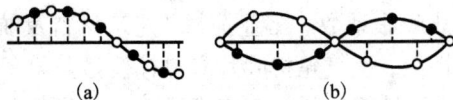

图1-1　一维双原子点阵中的格波
(a)声频支；(b)光频支

可以看成相邻原子振动方向相反，形成一个范围很小，频率很高的振动，如图 1-1(b) 所示。对于离子型晶体，就是正负离子间的相对振动，当异号离子间位移相反时，便构成了一个电偶矩极子，在振动过程中此偶极子的偶极矩是周期性变化的。根据电动力学可知，它会发射电磁波，其强度取决于振幅的大小。室温下所发射的电磁波是很微弱的，如果从外界辐射入相应频率的红外光，则会立即被晶体强烈吸收，从而激发总体振动。所以，离子晶体具有很强的红外光吸收特性。

如上所述，晶格热振动是晶体中诸原子(离子)集体在做振动，其结果表现为晶格中的格波。对于某个具体原子而言，实际振动情况是许多模式所引起的振动的叠加，振动情况很复杂。但是在近似简谐振动的条件下，可以将这一复杂的振动简化为一系列独立的谐振子的运动，格波直接就是简谐波。因此，我们可以用独立简谐振子的振动来表述格波的独立模式。根据量子力学，独立简谐振子的能量为：

$$E = \left(n + \frac{1}{2}\right)\hbar\omega，\text{这里 } n \text{ 代表振动能级，可取 } n = 0, 1, 2, \cdots \tag{1-3}$$

式(1-3)表明，简谐振子的能量是量子化的，$\frac{1}{2}\hbar\omega$ 为零点能。因此一维晶格简正模式的总能量为：

$$E = \sum_{q=1}^{N} \left[n(q) + \frac{1}{2} \right] \hbar \omega(q) \qquad (1-4)$$

推广到三维情况，如果三维晶体有 N 个原胞，每个原胞中有 n 个原子，则晶格中共有 $3nN$ 种不同频率的振动模式，在简正坐标下，晶格振动总能量等于 $3nN$ 个相互独立的谐振子的能量和：

$$E = \sum_{j, q}^{3nN} \left[n_j(q) + \frac{1}{2} \right] \hbar \omega_j(q) \qquad (1-5)$$

注意在式(1-5)中 n 为每个原胞中原子的个数，ω_j 是格波的角频率。q 有 N 个取值，j 共有 $3n$ 个取值。

由式(1-5)可知，每个独立振动模式的能量均是以 $\hbar \omega_i$ 为最小基本单位，格波能量的增减必须是 $\hbar \omega_i$ 的整数倍，即能量是量子化的。把这种能量的量子"$\hbar \omega_i$"称为声子。不同频率的谐振模式对应不同种类的声子，如果频率为 ω_i 的谐振子处在 $E_i = \left(n_i + \frac{1}{2} \right) \hbar \omega_i$ 的激发态时，可以说有 n_i 个频率为 ω_i 的声子。声子是玻色子，服从玻色-爱因斯坦统计，即在温度为 T 的热平衡中，具有能量为 $\hbar \omega_i(q)$ 的声子平均数 $\overline{n}_i$ 是：

$$\overline{n}_i(q) = \frac{1}{\exp \dfrac{\hbar \omega_i(q)}{kT} - 1}$$

引入声子后，对很多问题的处理带来了极大的方便。简谐近似下晶格振动的热力学问题可以当作由 $3nN$ 种声子组成的理想气体系统来处理；如果考虑非简谐效应，可以看做有相互作用的声子气体。另外光子、电子、中子等受到晶格振动作用就可以看做光子、电子、中子等和声子的碰撞作用。声子的数目不守恒。声子的概念不仅仅是个描述方式问题，它反映了晶体中原子集体运动的量子化性质。声子不仅具有能量 $\hbar \omega_i$，而且还具有准动量 $\hbar q$。当波矢为 q、频率为 ω_i 的格波散射中子(或者电子)时，可引起声子能量改变 $\pm \hbar \omega_i$，动量改变 $\pm \hbar q + \hbar K$。这表明中子吸收或者发射的声子能量为 $\hbar \omega_i$，动量为 $\hbar q$。但是这个中子-声子系统的总动量并不守恒，而是可以相差 $\hbar K$。所以，$\hbar q$ 并不是真正的动量，而只是在与其他粒子相互作用过程中声子仿佛具有动量 $\hbar q$，故称之为准动量。本节详细论述请参见任何一本固体物理书。

1.2　材料的热容

1.2.1　材料的热容及其与温度的关系

1. 热容的基本概念和物理本质

材料在温度升高和降低时要吸收或放出热量，在没有相变和化学反应的条件下，材料温

度升高 1 K 时所吸收的热量(Q)称该材料的热容,单位为 J/K,在温度 T 时材料的热容可表达为

$$C_T = \left(\frac{\partial Q}{\partial T}\right)_T \tag{1-6}$$

为什么温度升高材料会吸收热量?这是因为温度升高时,晶格热振动加剧,材料的内能增加;另外,所吸收的热量还与过程有关,若温度升高时体积发生膨胀,物体还要对外做功。即所吸收的热量一部分用于材料内能的增加,一部分用于对外做功。可见,热容是材料的焓随温度变化而变化的一个物理量。这就是热容的物理本质。

若温度升高时物体的体积不变,物体吸收的热量只用来满足温度升高物体内能的增加,此种条件下的热容称为定容热容(C_V)。若温度升高时物体的压力不变,物体吸收的热量除了用来满足温度升高物体内能的增加外,还要对外做功,此种条件下的热容称为定压热容(C_p)。

定容热容
$$C_V = \left(\frac{\partial Q}{\partial T}\right)_V = \left(\frac{\partial E}{\partial T}\right)_V \tag{1-7}$$

定压热容
$$C_p = \left(\frac{\partial Q}{\partial T}\right)_p = \left(\frac{\partial H}{\partial T}\right)_p \tag{1-8}$$

式中,Q 为热量;E 为内能;$H = E + pV$ 为焓。可见 $C_p > C_V$。C_p 的测定要方便得多,但 C_V 更具理论意义,因为它可以直接从系统的能量增量来计算。对于凝聚态物质,加热过程的体积变化甚微,C_p 与 C_V 的差异可以忽略,但在高温时两者的差异增加。

对于同一种材料,量不同,热容不同。1 kg 物质的热容称为比热容,它与物质的本性有关,通常用小写的英文字母 c 表示,单位为 J/(kg·K),表示为

$$c_T = \frac{\partial Q}{\partial T_T} \cdot \frac{1}{m} \tag{1-9}$$

同样,物质均有两种比热容,即定压比热容 c_p 和定容比热容 c_V。因为定压比热容中同样含有体积膨胀功,所以 $c_p > c_V$。对于固体材料,c_V 不能直接测量,所以,以后出现的比热容测量值都是指 c_p。

在固体材料研究中,还通常使用摩尔热容,即 1 mol 的物质在没有相变和化学反应的条件下温度升高 1 K 所需的热量,用 C_m 表示,单位为 J/(mol·K)。摩尔热容也有摩尔定压热容 $C_{p,m}$ 和摩尔定容热容 $C_{V,m}$ 之分,它和比热容的关系为

$$C_{p,m} = c_p M \qquad C_{V,m} = c_V M \tag{1-10}$$

式中,M 为摩尔质量。

测得 $C_{p,m}$ 之后,通过热力学第二定律可以导出

$$C_{p,m} - C_{V,m} = \frac{\alpha_V^2 V_m T}{K} \tag{1-11}$$

式中,α_V 为体积膨胀系数,单位为 K^{-1};V_m 为摩尔体积,单位为 m^3/mol;K 为三向静压力系

数，单位为 m^2/N。

同一种材料在不同温度时的比热容不同，工程上通常用单位质量的材料从温度 T_1 升高到 T_2 所吸收热量 ΔQ 的平均值表示其比热容，称为平均比热容，表示为

$$\bar{c} = \frac{\Delta Q}{T_2 - T_1} \cdot \frac{1}{m} \tag{1-12}$$

平均比热容比较粗略，$T_1 \sim T_2$ 的范围越大，精确度越差。使用时要特别注意其适用范围（$T_1 \sim T_2$）。

2. 热容随温度变化的实际规律

实验结果表明，材料的热容随温度的变化而变化。在不发生相变的条件下，物质的热容随温度的变化具有相似的规律，见图 1-2。可以看出，曲线分为三个区域：Ⅰ区（接近 0 K），$C_{V,m} \propto T$，0 K 时，$C_{V,m} = 0$；Ⅱ区（低温区），$C_{V,m} \propto T^3$；Ⅲ区（高温区），$C_{V,m}$ 变化很平缓，近于恒定值。若在升温过程中发生了相变，而产生热效应，则将使 $C_{V,m} - T$ 曲线发生变化。

对于金属材料，热容除来源于受热后点阵

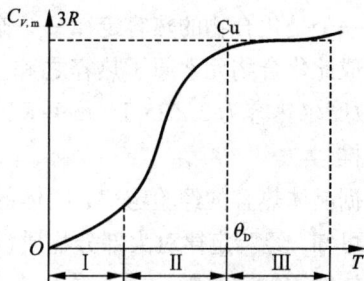

图 1-2　金属铜摩尔热容随温度变化曲线

质点的振动加剧和体积膨胀对外做功外，还与电子的贡献有关。但后者只是在温度极高（接近熔点）或极低（接近 0 K）的范围内影响较大，在一般温度下则影响很小。表现在 $C_{V,m} - T$ 曲线上，在高温区，金属材料 $C_{V,m}$ 随温度的升高继续增大，非金属材料的 $C_{V,m} - T$ 曲线在高温区更平缓；当温度接近 0 K 时，金属材料的 $C_{V,m}$ 随温度沿直线下降得更加缓慢。要弄清热容随温度变化的实质，需要学习固体的热容理论。

1.2.2　晶态固体热容的经典理论和经验定律

19 世纪，杜隆－珀替（Dulong – Petit）把气体分子的热容理论直接用于固体。假定晶体类似于金属气体，其点阵是孤立的，原子的能量是连续的。经典热容理论认为，固体中的每一个原子独立地在三个垂直方向上振动，每一个自由度的振动用谐振子表示，每个振动自由度平均动能和平均位能相等，都为 $\frac{1}{2}kT$，则每个原子平均动能和位能之和为 $3 \times 2 \times \frac{1}{2}kT = 3kT$。1 mol 固体中有 N_A 个原子，其总能量为 $3N_A kT$。因此，固体物质的摩尔热容为

$$C_{V,m} = \left[\frac{\partial(3N_A kT)}{\partial T} \right]_V = 3N_A k = 3R \approx 25 \ [\text{J/(mol·K)}] \tag{1-13}$$

式中，N_A 为阿伏伽德罗常数，$6.02 \times 10^{23}/\text{mol}$；$k$ 为玻尔兹曼常数，1.38×10^{-23} J/K；T 为绝对温度；R 为气体普适常数，8.314 J/(K·mol)。

根据热容经典理论，产生了两个有关晶体热容的经验定律。

一是元素的热容定律——杜隆－珀替定律：恒压下元素的原子热容为 25 J/(mol·K)。实际上，大部分原子的摩尔热容在高温时都接近该值。但轻元素的热容需改用下值：

元素	H	B	C	O	F	Si	P	S	Cl
$C_{P,m}/(\text{J·mol}^{-1}\text{·K}^{-1})$	9.6	11.3	7.5	16.7	20.9	15.9	22.5	22.5	20.4

另一个是化合物的热容定律——奈曼－柯普定律(Neumann－Kopp)：化合物分子的热容等于构成此化合物元素原子热容之和。对于双原子的固体化合物，1 mol 物质中的原子数为 $2N_A$，故摩尔热容为 2×25 J/(mol·K)，三原子固体化合物的摩尔热容为 3×25 J/(mol·K)，以此类推。

根据晶体热容的经验定律，固体的摩尔热容是一个与温度无关的常数。由 $C_{V,m} - T$ 的实验曲线可知，经验定律对大部分物质(除轻元素外)在高温范围内与事实符合得较好，但不能解释固体物质的热容随温度下降而减小的实验事实。这是因为，以气体分子动力学概念确定热容时，认为运动着的质点在一定范围内能量的变化是连续的，可有任意值。实际上，对于固体中的振动质点(特别是在低温范围)并非如此。热容随温度的变化只能用量子理论来解释。

1.2.3　晶态固体热容的量子理论

普朗克在研究黑体辐射时，提出了振子能量的量子化理论。认为在同一物体内，即使温度相同，不同质点的热振动频率 ν 也不尽相同，因此质点热振动所具有的能量也有大有小；即使同一质点的能量也不是固定不变的，而是时大时小。但无论如何，它们的能量是量子化的，都以 $h\nu$ 为最小单位(h 为普朗克常数，6.626×10^{-34} J·s)，即各质点的能量只能是 0，$h\nu$，$2h\nu$，$\cdots$，$nh\nu$。

如果频率 ν 改为以圆频率 ω 计，则 $h\nu = h\dfrac{\omega}{2\pi} = \hbar\omega$。$\hbar$ 也称为普朗克常数，其值为 1.055×10^{-34} J·s。

频率为 ω 的谐振子的能量也具有统计性，按照统计热力学原理，在温度为 T 时，频率为 ω 的谐振子的能量为：

$$\frac{N_n}{\sum\limits_{i=0}^{\infty} N_i} = \frac{\mathrm{e}^{-\frac{n\hbar\omega}{kT}}}{\sum\limits_{i=0}^{\infty} \mathrm{e}^{-\frac{i\hbar\omega}{kT}}}$$

根据麦克斯韦－玻尔兹曼分配定律可导出，T 温度时一个谐振子的平均能量为

$$\overline{E} = \frac{\sum\limits_{n=0}^{\infty} n\hbar\omega e^{-\frac{n\hbar\omega}{kT}}}{\sum\limits_{n=0}^{\infty} e^{-\frac{n\hbar\omega}{kT}}} \tag{1-14}$$

将式(1-14)多项式展开，取前几项，化简得

$$\overline{E} = \frac{\hbar\omega}{e^{\frac{\hbar\omega}{kT}} - 1} \tag{1-15}$$

在高温时，$kT \gg \hbar\omega$，所以，$\overline{E} = \dfrac{\hbar\omega}{1 + \dfrac{\hbar\omega}{kT} - 1} = kT$，即每个谐振子单向振动的总能量与经典

理论一致；室温以下，$\overline{E}$ 与 kT 相差较大。所以，只有当温度稍高时，kT 比 $\hbar\omega$ 大得多，才可按经典理论计算热容。

1 mol 固体的振动可看做 $3N_A$ 个振子的合成振动，则 1 mol 固体的平均能量为

$$\overline{E} = \sum_{i=1}^{3N} \overline{E}_{\omega_i} = \sum_{i=1}^{3N} \frac{\hbar\omega_i}{e^{\frac{\hbar\omega_i}{kT}} - 1} \tag{1-16}$$

因而固体的摩尔热容为

$$C_{V,m} = \left(\frac{\partial E}{\partial T}\right)_V = \sum_{i=1}^{3N} k\left(\frac{\hbar\omega_i}{kT}\right)^2 \times \frac{e^{\frac{\hbar\omega_i}{kT}}}{\left(e^{\frac{\hbar\omega_i}{kT}} - 1\right)^2} \tag{1-17}$$

式(1-17)就是按照量子理论求得的热容表达式。但由于计算热容时必须知道谐振子的频谱，这是非常困难的。所以，常采用简化的爱因斯坦模型和德拜模型。

1. 爱因斯坦模型

1906 年爱因斯坦(Einsten)首先在固体热容理论中引入点阵振动能量量子化的概念，并假设晶体中的质点振动是彼此孤立的，且都以相同的角频率 ω 振动，则式(1-17)就变为

$$\overline{E} = 3N_A \times \frac{\hbar\omega}{e^{\frac{\hbar\omega}{kT}} - 1} \tag{1-18}$$

$$C_{V,m} = \frac{\partial \overline{E}}{\partial T} = 3N_A k\left(\frac{\hbar\omega}{kT}\right)^2 \times \frac{e^{\frac{\hbar\omega}{kT}}}{\left(e^{\frac{\hbar\omega}{kT}} - 1\right)^2} = 3Rf_e\left(\frac{\hbar\omega}{kT}\right) \tag{1-19}$$

$f_e\left(\dfrac{\hbar\omega}{kT}\right)$ 称爱因斯坦比热函数，当选取适当的角频率 ω 时，可以使 $C_{V,m}$ 的计算值与实际相吻合。

令 $\Theta_E = \dfrac{\hbar\omega}{k}$，$\Theta_E$ 称为爱因斯坦温度，则 $f_e\left(\dfrac{\hbar\omega}{kT}\right) = f_e\left(\dfrac{\Theta_E}{T}\right)$。从式(1-19)可以得出：

1）$T \gg \Theta_E$，即高温时，$e^{\frac{\Theta_E}{T}} \approx 1 + \frac{\Theta_E}{T}$，则 $C_{V,m} = 3N_4k\left(\frac{\Theta_E}{T}\right)^2 \dfrac{e^{\frac{\Theta_E}{T}}}{\left(\frac{\Theta_E}{T}\right)^2} \approx 3R$，即，高温时爱因斯

坦理论与杜隆－珀替定律一致，与实际相符。

2）$T \ll \Theta_E$，即低温时，$e^{\frac{\Theta_E}{T}} \gg 1$，则

$C_{V,m} = 3R\left(\frac{\Theta_E}{T}\right)^2 e^{-\frac{\Theta_E}{T}}$，热容随温度的降低呈指数规律减小，但不是按 T^3 的规律变化，比实验值更快地趋近于零，如图 1－3 所示。

3）$T \to 0$ K 时，$C_{V,m} \to 0$，与实际相符。

以上分析可见，爱因斯坦理论的不足之处是，在 II 区理论值较实验值下降得过快。原因是爱因斯坦模型假定质点

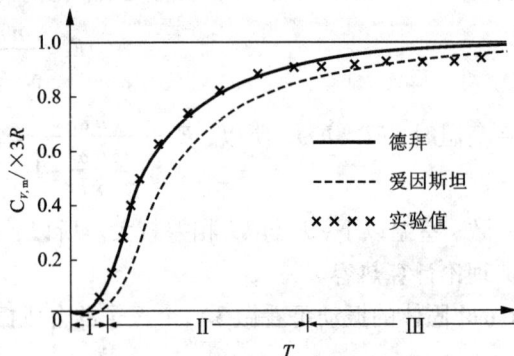

图 1－3　爱因斯坦、德拜模型理论值与陶瓷材料的实验值比较

的振动互不相关，且振动的频率相同。而实际晶体中质点的振动是存在着相互作用，点阵波的频率也有差异，这些效应在低温时更为显著。此外，爱因斯坦模型也没有考虑低频率振动对热容的贡献。德拜模型在这方面作了改进，得到了更好的结果。

2. 德拜模型

1912 年德拜（Debye）考虑了晶体中点阵间的相互作用以及质点振动的频率范围。认为晶体中质点间存在着弹性斥力和引力，使质点的热振动相互牵连而使相邻质点间协调振动。于是，他把晶体中质点的振动看成是各向同性连续介质中传播的弹性波，弹性波的振动能量是量子化的；并假定各质点振动的频率不同，可连续分布于零到最大频率 ω_{max} 之间。在低温时，参与低频振动的质点较多；随着温度的升高，参与高频振动的质点逐渐增多。当温度高于德拜特征温度 Θ_D 时，几乎所有的质点都以 ω_{max} 频率振动。基于这样的假设，得到如下热容表达式

$$C_{V,m} = 9R\left(\frac{T}{\Theta_D}\right)^3 \int_0^{\Theta_D/T} \frac{e^x x^4}{(e^x - 1)^2}dx \qquad (1-20)$$

式中，$\Theta_D = \dfrac{\hbar\omega_{max}}{k} \approx 0.76 \times 10^{-11}\omega_{max}$；$x = \dfrac{\hbar\omega}{kT}$。图 1－4 是用公式（1－20）计算出来的热容曲线，横坐标为 Θ_D/T。利用图 1－4 可以计算晶体的定容摩尔热容。例如，Si 的 $\Theta_D = 625$ K，那么在室温 300 K 时，$\Theta_D/T = 2.08$，从图 1－4 可以估计得到，$C_{V,m} \approx 0.8 \times 3R = 20$（J/K·mol），那么，单位质量的比热容为：$C_{V,s} = C_{V,m}/(28.09\text{ g/mol}) = 0.71$（J/K·g）。实验值为 0.70（J/K·g），很接近德拜模型的计算值。从公式（1－20）、图 1－3 和图 1－4 可以得出：

1) $T \gg \Theta_D$，即高温时，从图 1-3 和图 1-4 可以发现，$C_{V,m} \approx 3R$。可见，在高温时德拜理论的结果与杜隆-珀替定律相符，和 $C_{V,m} - T$ 曲线 Ⅲ 区符合得较好。这说明，质点几乎都以 ω_{max} 频率振动，使热容接近于一个常数。

2) $T \ll \Theta_D$，即低温时，通过里曼函数运算可得 $C_{V,m} = \frac{12}{5}\pi^4 R \left(\frac{T}{\Theta_D}\right)^3$。对于一定的材料 Θ_D 为常数，故 $C_{V,m}$ 与 T^3 成正比，这就是著名的德拜 T^3 定律。可见，在 Ⅱ 区与爱因斯坦理论相比与实际符合得更好(如图 1-3 所示)，说明晶体温度升高所吸收的热量主要用于加剧质点的振动，使高频振动的振子数量急剧增多。

德拜模型与爱因斯坦模型相比具有很大的进步。但由于德拜理论把晶体看成是

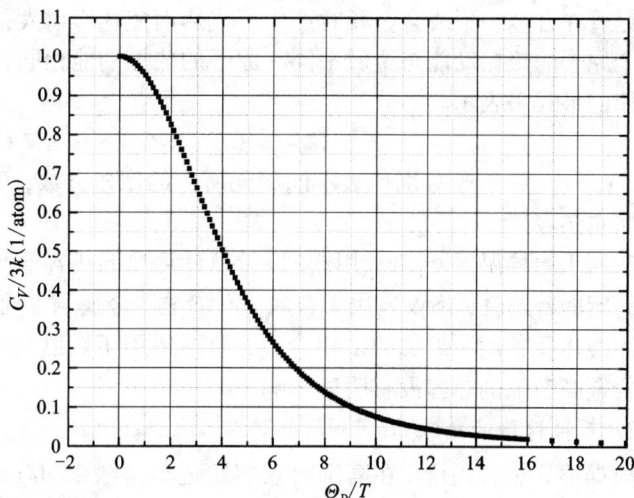

图 1-4 德拜热容曲线(k 为玻尔兹曼常数)

连续介质，对于原子振动频率较高的部分不适用。所以用德拜模型计算得到的热容，对于原子晶体和一部分较简单的离子晶体，在较宽的温度范围内都与实际符合得很好。但并不完全适用于所有的化合物，有些分子结构复杂的化合物往往存在各种高频振动的耦合，多晶、多相体系材料的情况还要复杂得多。

1.2.4 影响材料热容的因素

1. 金属材料的热容

(1) 自由电子对热容的贡献

与其他材料不同，金属材料内部有大量的自由电子，金属的热容还与自由电子对热容的贡献有关。通过实验所得的金属热容实际上由两部分组成，即

$$C_V = C_V^L + C_V^e \tag{1-21}$$

式中，C_V^L 和 C_V^e 分别代表离子振动的热容和自由电子热容。由于在一般温度下，电子热容比离子振动的热容小得多，所以只考虑离子振动的热容就足够了。但在温度很高和很低的情况下，自由电子对热容的贡献不可忽视。受电子热容的影响，高温时 C_V 随着温度的升高继续增大，并不停留在 $3R$ 处；在极低温度下(约 5 K 以下)电子热容不像离子热容那样急剧减小，使 C_V 随着温度沿直线缓慢下降。

在过渡族金属中电子热容的贡献更加突出，它包括 s 层电子热容，也包括 d 层或 f 层电子的热容。正因如此，过渡族金属的定容热容远比简单金属的大。

（2）合金成分对热容的影响

金属热容的一般规律均适用于合金，但在合金中还要考虑合金相的热容及合金相的生成热。尽管在合金中形成合金相时产生形成热而使热容增大，但在高温下仍可粗略地认为合金中每个原子的热振动能与金属中同一原子的热振动能相同，即合金的摩尔热容可用奈曼－柯普定律的形式来表示

$$C_m = x_1 C_{m1} + x_2 C_{m2} + \cdots + x_n C_{mn} \qquad (1-22)$$

式中，x_1，x_2，$\cdots$，x_n 分别代表不同组元所占的摩尔分数，C_{m1}，C_{m2}，$\cdots$，C_{mn} 分别代表不同组元的摩尔热容。

在高于德拜温度 Θ_D 时，用式（1-22）计算出的热容值与实测值相差不超过 4%。该定律具有一定的普遍性，不仅适用于金属间化合物、金属与非金属形成的化合物，还适用于中间相和固溶体及它们所组成的多相合金，但不适用于铁磁合金。热处理虽能改变合金的组织，但对合金高温下的热容没有明显影响。

2. 无机材料的热容

根据德拜热容理论，在高温时热容趋近于常数 25 J/(mol·K)，低温时与 T^3 成正比。高温与低温之间情况比较复杂，德拜温度 Θ_D 为两者之间的转折点。不同材料的 Θ_D 不同，例如石墨为 1973 K，BeO 为 1173 K，Al_2O_3 为 973 K 等。它取决于材料结合键的强度、弹性模量、熔点等。Θ_D 通常为熔点（热力学温度）的 0.2～0.5 倍。对于绝大多数氧化物和碳化物材料，都是从低温时的一个低的数值以 T^3 的关系增加到 1273 K 左右的近似于 $n \times 25$ J/(mol·K) 的数值，n 为化合物分子式中的原子个数。温度进一步升高，热容基本不再发生变化。

无机材料的热容与材料的结构关系不大。如图 1-5 所示，CaO 和 SiO_2 体积比 1:1 的混合物与 $CaSiO_3$ 的热容－温度曲线基本重合。图 1-5 中曲线上出现的跃变是由于 SiO_2 在此温度下发生了从 α 型向 β 型的相变，使热容产生了突变。

虽然固体材料的摩尔热容是结构不敏感的，但是单位体积的热容却与气孔率有关。多孔材料因为质量轻，所以热容小。因此，提高轻质隔热砖的温度所需的热量远低于致密的耐火砖所需要的热量。周期加热的窑炉，采用多孔的硅藻土砖、泡沫刚玉等；实验室炉用隔热材料，可使用质量小的炭毡等。这样可加快炉体升降温速度，并可降低热量损耗。

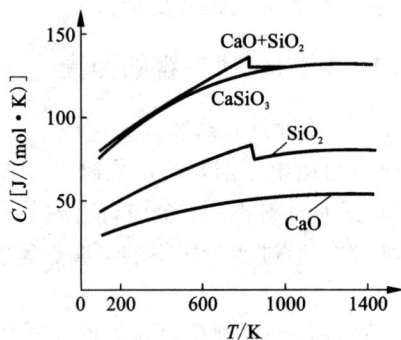

图 1-5 CaO + SiO_2 与 $CaSiO_3$ 的热容－温度曲线

材料在一定温度下的热容应由实验精确测定，但这样对实际应用十分不便。根据某些实

验结果加以整理, 可得如下经验公式

$$C_{p, m} = a + bT + cT^{-2} + \cdots \qquad (1-23)$$

式中, $C_{p, m}$ 的单位为 J/(mol·K), 表 1-1 列出了某些无机材料的 a, b, c 系数及其应用温度范围。可根据式(1-23)通过查表, 计算出材料在某一温度下的摩尔热容, 使用时应特别注意其适用温度范围。

表 1-1　某些无机材料的热容-温度关系经验公式系数

材料名称	a	$b \times 10^3$	$c \times 10^{-5}$	温度范围/K
氮化铝(AlN)	22.86	32.60	—	298~900
刚玉($\alpha - Al_2O_3$)	114.66	12.79	-35.40	298~1800
莫来石($3Al_2O_3 \cdot 2SiO_2$)	365.96	62.53	-111.52	298~1100
碳化硼(B_4C)	96.10	22.57	-44.81	298~1373
氧化铍(BeO)	35.32	16.72	-13.25	298~1200
氧化铋(Bi_2O_3)	103.41	33.44	—	298~800
氮化硼($\alpha - BN$)	7.61	15.13	—	273~1173
硅石灰($CaSiO_3$)	111.36	15.05	-27.25	298~1450
氧化铬(Cr_2O_3)	119.26	9.20	-15.63	298~1800
钾长石($K_2O \cdot Al_2O_3 \cdot 6SiO_2$)	266.81	53.92	-71.27	298~1400
氧化镁(MgO)	42.55	7.27	-6.19	298~2100
碳化硅(SiC)	37.33	12.92	-12.83	298~1700
α-石英(SiO_2)	46.82	34.28	-11.29	298~848
β-石英(SiO_2)	60.23	8.11	—	848~2000
石英玻璃(SiO_2)	55.93	15.38	-14.96	298~2000
碳化钛(TiC)	49.45	3.34	-14.96	298~1800
金红石(TiO_2)	75.11	1.17	-18.18	298~2100

实验证明, 对于大多数氧化物、硅酸盐化合物及多相复合材料, 在较高温度下等于构成该材料的元素或简单化合物的热容总和。

3. 组织转变对热容的影响

金属及合金的组织发生转变时, 会产生附加热效应, 由此将引起热焓和热容的异常变化。

(1)一级相变和二级相变

相变在某一温度点上完成, 除体积突变外, 还同时吸收和放出潜热(热效应)的相变称为一级相变。这类相变热焓和热容的变化如图 1-6(a)所示, 加热到临界点 T_c 时, 热焓发生突变, 热容为无限大。由于相变在恒温恒压下发生, 一级相变的潜热即为曲线跃变所对应的热焓变化值。金属的三态转变、同素异构转变、合金的共晶和包晶转变及固态的共析转变等都是一级相变。无机非金属材料的热容虽是结构不敏感的，但发生一级相变时其热容仍然发生不连续的突变。

二级相变是在一定温度区间内逐步完成的，热焓无突变，仅是在靠近相变点的狭窄区域内变化加剧，其热容在转变温度附近也发生剧烈变化，但为有限值，如图 1-6(b)所示。相变潜热对应于图 1-6(b)中阴影的面积。属于此类相变的有磁性转变、bcc 点阵的有序-无序转变及合金的超导转变等。

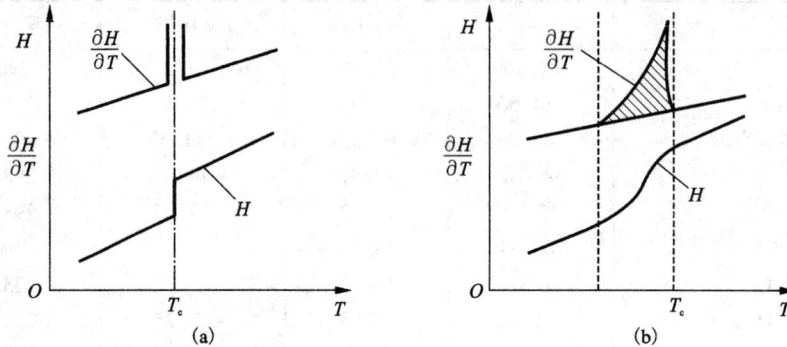

图 1-6 一级相变和二级相变的热焓和热容随温度的变化

(a)一级相变；(b)二级相变

(2)亚稳态组织转变

上述组织转变都属于可逆转变，其转变的热效应也是可逆的。在合金的研究中还常常遇到不可逆转变，如过饱和固溶体的时效、马氏体和残余奥氏体的回火转变及变形金属的回复与再结晶等，属亚稳态向稳定态的转变，它们伴随转变产生的热效应也是不可逆的。由于亚稳态组织的能量比较高，从亚稳态转变为稳定态要放出热量，因此材料温度升高所需的热量比无相变时少，从而使热容-温度曲线向下拐折。

4. 熔点和德拜温度的关系

一般认为在熔点 T_m 时，原子的振幅达到了使晶格破坏的数值，这样原子振动的最大频率 ω_m 和熔点存在着如下的关系：

$$\omega_m = 2.8 \times 10^{12} \sqrt{\frac{T_m}{MV^{2/3}}}$$

式中，M 是相对原子质量；V 是原子的体积。上式称为林德曼(Lindlman)公式，由该式可以导出：

$$\Theta_D = 137 \sqrt{\frac{T_m}{MV^{2/3}}}$$

德拜温度是反映原子间结合力的又一重要物理量。从该式可知，熔点高，也即材料原子间结合力强，Θ_D 就高，因此选用高温材料时，Θ_D 也是考虑参数之一。

1.2.5　热容的测量

1. 量热计法

量热计法是测定材料比热容的经典方法。要确定温度为 T 时材料的比热容，先把试样加热到该温度，经保温后放入装有水或其他液体的量热计中。根据试样的温度 T 和量热计最终的温度 T_f，由试样转移到量热计介质中的热量 Q 和试样的质量 m，得出比热容

$$c_p = \frac{Q}{T - T_f} \times \frac{1}{m}$$

在低温区和中温区，最方便的方法是电加热法。把试样放在电阻为 R 的螺旋管中，螺旋管的电阻丝通入 I 的电流，若加热时间为 t，把质量为 m 的试样从温度 T_1 加热到 T_2，忽略散入空气中的热损失，则

$$c_p = \frac{I^2 R t}{m(T_2 - T_1)}$$

这样得到的是平均热容，在物体得到的热量和温度变化都很小时，c_p 可以接近真实热容。

2. 撒克司法

撒克司(Sykes)法是在高温下测量固体热容的方法。测量装置如图 1 - 7(a)所示，包括试样 1、箱子 2、电阻丝 3 以及测量箱子温度用的热电偶与测量试样和箱子间温差的示差热电偶。根据热量和加热温度的关系得

$$c_p = \frac{\dfrac{dQ}{dt}}{m\dfrac{dT_S}{dt}} \tag{1-24}$$

式中，$\dfrac{dQ}{dt}$ 为电阻丝的加热功率，可用安培计和伏特计测出；m 为试样的质量；$\dfrac{dT_S}{dt}$ 为试样的温度变化速率，若试样的温度 T_S 与箱子的温度 T_B 相等，即可由式(1-24)求出热容。为了保证 $T_S = T_B$，在试样中加进一个螺旋状的电阻丝，电阻丝交替通电和断开，使 T_S 在 T_B 上下很小的范围内波动，见图 1 - 7(b)。因此，$\dfrac{dT_S}{dt}$ 可写成

$$\frac{dT_S}{dt} = \frac{dT_B}{dt} + \frac{d(T_S - T_B)}{dt}$$

等式右侧中第一项用接近 A_1B_1 上的热电偶测量，第二项用接近 A_2B_2 上的示差热电偶测量，见图 1 - 7(c)。

此外还有史密斯(Smith)法和脉冲法，请读者参阅有关文献。

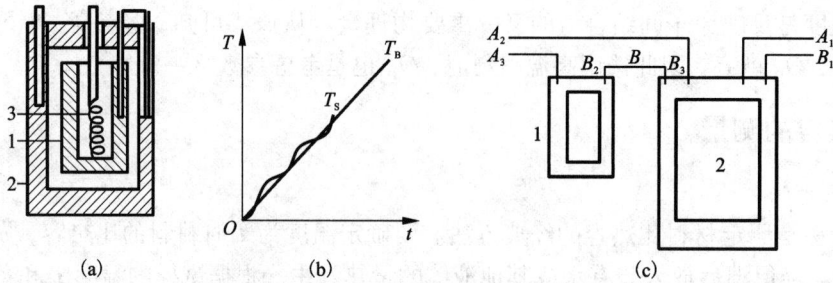

图 1－7　撒克司法测量热容原理图

1.2.6　热分析及其工程应用

1. 热分析法

由于在热容测量中严格的绝热要求难以实现，所以发展了广泛用于相变测试的热分析法。热分析法是根据材料在不同温度下发生的热量、质量、体积等物理参数与材料组织结构之间的关系，对材料进行分析研究的一类分析方法。主要包括差热分析法、差示扫描量热法、热重分析法和热膨胀分析等。其中热膨胀分析在热膨胀一节中讲述。

（1）差热分析（differential thermal analysis，简称 DTA）

差热分析是在程序控制温度下，将被测材料与参比物在相同条件下加热或冷却，测量试样与参比物之间的温差随温度或时间的变化关系。

分析所采用的参比物应是热惰性物质，即在整个测试温度范围内不发生分解、相变和破坏，也不与被测物质发生化学反应。同时参比物的比热容、热传导系数等应尽量与试样接近。如硅酸盐测量常采用经高温煅烧的 Al_2O_3，MgO 或高岭石作参比物，钢铁材料常用镍作为参比物。

（2）差示扫描量热法（differential scanning calorimetry，简称 DSC）

差示扫描量热法是在程序温度控制下用差动方法，测量加热或冷却工程中，在试样和标样的温度差保持为零时，所要补充的热量与温度和时间的关系的分析技术。一般分为功率补偿差示扫描量热法和热流式差示扫描量热法。

（3）热重法（thermogravimetry，简称 TG）

热重法是在程序控制温度下测量材料的质量与温度关系的一种分析技术。把试样的质量作为时间或温度的函数记录分析，得到的曲线称为热重曲线。通过热重分析可以区别和鉴定不同的物质。

2. 热分析法的应用

金属和非金属材料的所有转变和反应一般都会伴随着热效应。通过热效应的测定，就可以研究材料的转变和反应等。如用热分析法可研究金属与合金的熔化和凝固、同素异构转变、固溶体分解、淬火钢的回火、合金相的析出和有序－无序转变，非晶态合金的晶化过程及液晶相变等；也可用于高聚物结晶度的测定和结晶动力学，催化剂的组成和反应过程，聚合物的玻璃化转变及硅酸盐材料的转变和反应等研究。下面举例说明。

（1）建立合金相图

可以用热分析法测定合金的液 – 固、固 – 固相变的临界点，从而建立合金相图。热分析法的测量温度范围宽（可达 2000℃以上），可测定任何转变的热效应，特别是 DTA 不仅测量方便而且测量精度较高，所以在建立合金相图方面用得较多。例如要建立 A – B 二元合金相图，取某一成分的合金，用差热分析法测定出其 DTA 曲线，如图 1 – 8（a）。试样从液态冷却到 x 点开始凝固，放出凝固热使曲线陡直上升。继续冷却至共晶温度，放出大量热量，出现陡直的发热峰。取宽峰的起始点 T_1 和窄峰的峰值所对应的温度 T_2 分别为凝固和共晶转变温度。按照上述方法测出不同成分 A – B 合金的 DTA 曲线，将宽峰的起点和窄峰的峰值温度分别连成平滑的曲线，即获得液相线和共晶线，见图 1 – 8（b）。按规定，测定相图所用的加热或冷却速度应小于 5 ℃/min，并在保护气氛中测量。为消除合金冷却时过冷现象的影响，常采用加热过程测定 DTA 曲线，曲线的特征与冷却测定的曲线相似，但拐折方向相反。用热分析法确定相图以后，再用金相法进行验证，以保证其准确性。

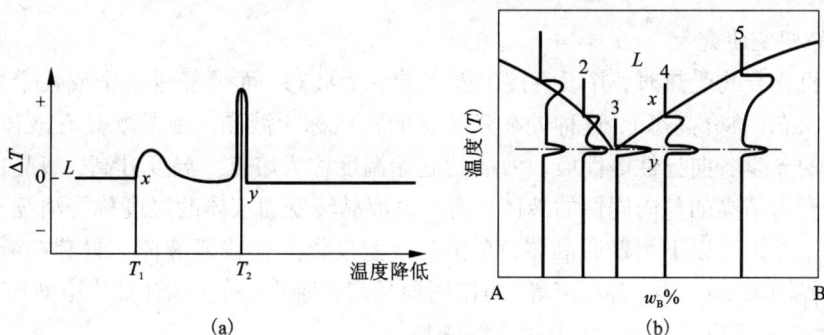

图 1 – 8　差热分析曲线及合金相图

（2）热弹性马氏体相变研究

热弹性马氏体相变是合金形状记忆效应和伪弹性行为的先决条件。但是，这种相变由于界面的共格和自协调效应，所发生的体积效应很小。所以，难以用应用广泛的膨胀法进行研究；电阻法虽能测定这一相变过程，但在马氏体点的判断上存在较大的人为误差；DSC 是一高精确度的有效测试方法。

图 1 – 9 是 Ti – 49.2% Ni 合金的 DSC 测量结果。由图 1 – 9 可见，在升（降）温过程中热弹性马氏体的可逆转变都出现了显著的吸热与发热峰，可准确判断其相变点，随着热处理（退火）温度的变化，相变点发生移动的同时出现潜热峰的分裂，显示了两种相变的独立性。

（3）合金的有序 – 无序转变研究

Cu – Zn 合金的成分接近 CuZn 时将形成体心立方的固溶体。该固溶体在低温时为有序状态，随着温度的升高逐渐转变为无序状态。测量定压比热容 c_p 可研究其有序－无序转变。图 1－10 是测得的固溶体定压比热容曲线。若加热过程中无组织转变，c_p 应沿虚线 2 直线增大；但实际上固溶体在加热时发生了有序－无序转变，其热容曲线沿图 1－10 中实线 1 变化，表明转变产生了吸热效应，并可从其热容曲线上得到转变温度方面的信息。温度进一步升高，曲线沿稍高于 AE 的平行线增大，说明高温下保留了短程有序的状态。

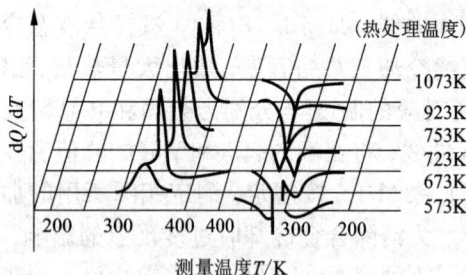

图 1－9　Ti－Ni 合金的 DSC 测量结果

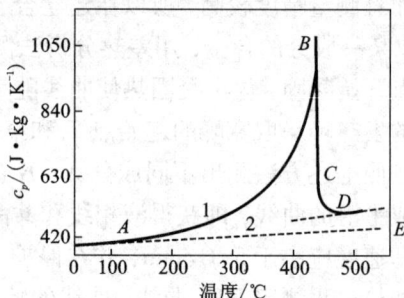

图 1－10　CuZn 合金定压比热容曲线

（4）液晶相变研究

很多有机化合物受热时，并不直接由固态转变为液态，而要经过一个或几个介于固液态之间的过渡状态（称介晶态），这种处在介晶态的物质称为液晶。液晶既具有液体的流动性，又具有晶体的光学各向异性等性质。液晶的起始温度称为熔点。温度升高，液晶由介晶态的混浊流体转变为清亮的各向同性的液体，这一由液晶转变为液体的温度称为清亮点。这类有机化合物在熔点温度以下为普通晶体，在清亮点温度以上为普通液体。只有在液晶状态下，才极易受外界因素（光、电、磁、声等）的作用而呈现各种奇特的性质（如光电效应、热电效应等），被广泛应用于电子工业、无损探伤等领域。

液晶的应用要求准确测定其熔点、清亮点和介晶态时的相变温度，以便确定其使用温度范围。改善液晶材料结构，研制新性能的液晶材料，也需要以上数据作为指导。利用 DTA 或 DSC 技术，在测定液晶相变温度的同时，还可测得相变时热焓的变化，从而推断各相的结构和有序程度。

图 1－11 是一液晶的 DTA 曲线。从曲线可知，首先在 119℃ 由晶体 C 熔化形成近晶相 S_B，这一温度即为熔点；在 172℃ 近晶相 S_B 转变为另一近晶相 S_A；在 211℃ 近晶相 S_A 转变为向列相 N；最后在 215℃ 向列相 N 转变为液体 L，215℃ 即为

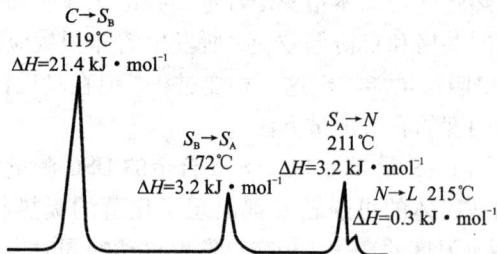

$C \rightarrow S_B$
119℃
$\Delta H = 21.4\ kJ \cdot mol^{-1}$

$S_B \rightarrow S_A$
172℃
$\Delta H = 3.2\ kJ \cdot mol^{-1}$

$S_A \rightarrow N$
211℃
$\Delta H = 3.2\ kJ \cdot mol^{-1}$

$N \rightarrow L$　215℃
$\Delta H = 0.3\ kJ \cdot mol^{-1}$

图 1－11　某液晶相转变的 DTA 曲线

清亮点。由每一个峰的面积可求出各相转变时热焓的变化。

1.3　材料的热膨胀

1.3.1　材料的热膨胀及热膨胀系数

1. 材料的热膨胀

物体的体积或长度随温度的升高而增大的现象称为热膨胀，也就是所谓的热胀冷缩现象。热膨胀现象在我们日常生活中是不难看到的，常用温度计测温就是热膨胀应用的一个明显例子。

液体与气体没有固定的形状，只有体积的变化才有意义。压强不变时，气体随温度的变化可由物态方程得出；液体的体积膨胀率主要取决于温度，压强的影响很小。固体材料的热膨胀特性用线膨胀系数或体积膨胀系数来表征。

不同物质的热膨胀特性不同。有的物质随温度变化有较大的体积变化，而另一些物质则相反。即使是同一种物质，晶体结构不同也有不同的热膨胀性能（如石英玻璃与 SiO_2 晶体的膨胀性能有很大差别等）。也有些物质（如水、锑、铋等）在某一温度范围内受热时体积反而缩小，称为反膨胀现象。

工业上很多场合都对材料的热膨胀性能提出了一定的要求。有时需要高膨胀的材料，有时需要膨胀系数小的材料，有时又要求材料具有一定的膨胀系数。金属或合金在加热或冷却时所发生的相变还能产生异常的膨胀或收缩，故利用试样体积变化可研究材料内部组织的变化规律，这一方法称为热膨胀分析。所以材料热膨胀的研究与控制具有重要的意义。

2. 热膨胀系数

实践证明，许多固体材料的长度随温度的升高呈线性增加。假设物体的温度由 T_1 升高到 T_2，其长度由 l_1 增加至 l_2，则有

$$l_2 = l_1 \left[1 + \overline{\alpha}_l (T_2 - T_1) \right] \tag{1-25}$$

$$\overline{\alpha}_l = \frac{l_2 - l_1}{l_1} \times \frac{1}{T_2 - T_1} \tag{1-26}$$

$\overline{\alpha}_l$ 即为 T_1 升高到 T_2 温度区间的平均线膨胀系数，单位为 K^{-1}。表示物体在该温度范围内，温度每平均升高 1 个单位，长度的相对变化量。

实际上，固体材料的线膨胀系数并不是一个常数，是随温度而变化的，其变化规律与热容随温度的变化规律相似。当 $T_2 - T_1$ 和 $l_2 - l_1$ 趋近于零时，可得

$$\alpha_{l_T} = \frac{\mathrm{d}l}{l_T} \times \frac{1}{\mathrm{d}T} \tag{1-27}$$

式中，l_T 为 T 温度下试样的长度；α_{l_T} 为 T 温度下的线膨胀系数，称为真线膨胀系数。

相应的平均体膨胀系数为

$$\overline{\alpha}_V = \frac{V_2 - V_1}{V_1} \times \frac{1}{T_2 - T_1} \qquad (1-28)$$

式中，V_1 和 V_2 分别代表 T_1 和 T_2 温度下试样的体积。相应的真体膨胀系数为

$$\alpha_{V_T} = \frac{dV}{V_T} \times \frac{1}{dT} \qquad (1-29)$$

式中，V_T 为 T 温度下试样的体积。

对于各向同性的立方系晶体，各方向的膨胀特性相同，可以证明 $\alpha_V \approx 3\alpha_l$；对于各向异性的晶体，各晶轴方向的线膨胀系数不同，假如分别为 α_a、α_b、α_c，可以证明 $\alpha_V \approx \alpha_a + \alpha_b + \alpha_c$。

工业上一般采用平均线膨胀系数表示材料的热膨胀特性，常用材料的平均线膨胀系数可以从相关手册上查得，使用时要注意其适用的温度范围。

无机材料的线膨胀系数一般都不大，大都在 $10^{-5} \sim 10^{-6} \ K^{-1}$ 数量级，表 1-2 列出了部分材料的线膨胀系数。

表 1-2 部分材料的线膨胀系数

材料名称	$\alpha_l/10^{-6} \ K^{-1}$	温度范围/K
Al	24.9	303 ~ 573
Ti	9.2	153 ~ 1133
Cr	10.60	523 ~ 753
Fe	16.7	303 ~ 1123
Ni	17.1	693 ~ 1263
Cu	17.18	373
W	5.19	1573
Invar 合金 36Ni - Fe	0 ~ 2	293 ~ 373
铸铁	10.5 ~ 12	273 ~ 473
黄铜	18.5 ~ 21	293 ~ 573
Si	6.95	273 ~ 373
Al_2O_3	8.8	273 ~ 1273
SiC	4.7	273 ~ 1273
Si_3N_4	2.7	273 ~ 1273
石英玻璃	0.5	273 ~ 1273

1.3.2 热膨胀的物理本质

在晶格振动中，1.1 节的叙述中近似地认为相邻质点间的作用力大小近似和位移成正

比，质点的热振动是简谐振动，这样质点间平均距离不因温度升高而改变，也就不会有热膨胀。这一结论显然与实际不符。造成这一错误的原因是，晶格振动中相邻质点间的作用力实际上是非线性的，既作用力并不简单地与位移成正比。质点之间的作用力来自两个方面：一是异性电荷的库仑引力；二是同性电荷的库仑斥力与泡利不相容原理所引起的斥力。引力和斥力都与质点之间的距离有关。由图 1−12 可以看到，质点在平衡位置 r_0 两侧时，受力是不对称的，合力曲线的斜率不等。当 $r < r_0$ 时，合力曲线的斜率较大，斥力随位移增大得较快；$r > r_0$ 时，合力曲线的斜率较小，引力随位移增大的较慢。在这样的受力情况下，质点振动时的平均位置就不在 r_0 处，而是在 r_0 的右侧，即相邻质点间的平均距离增加。温度越高，振幅越大，质点在 r_0 两侧受力不对称的情况越显著，平衡位置向右移动得越多，相邻质点间的平均距离也就增加得越多，致使晶胞参数增大，晶体膨胀。

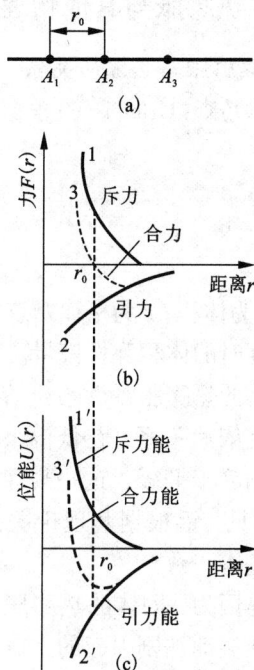

图 1−12　晶体中质点间引力−斥力曲线和位能曲线

从位能曲线的非对称性同样可以解释材料的热膨胀。如图 1−13 所示，平行于横轴的 $U_1(T_1)$，$U_2(T_2)$，… 分别表示在 T_1，T_2，… 时质点振动的能量状态。如在 $U_1(T_1)$ 状态时，位能曲线上 a，b 两点就代表在 T_1 温度时质点的振幅及最大位能值，最大位能间对应的 ab 线段的中心 r_0 即 T_1 温度时质点振动的几何中心。由位能曲线的不对称性可以看到，随温度的升高，位能由 $U_1(T_1)$，$U_2(T_2)$ 向 $U_3(T_3)$ 变化，振幅增大，振动中心 r_0 向右移，导致相邻质点间的平均距离增大，产生热膨胀。

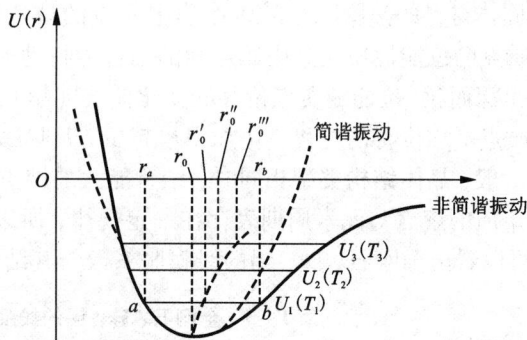

图 1−13　晶体中质点振动位能非对称曲线

以上讨论的是导致热膨胀的主要原因。此外，晶体中各种热缺陷的形成将造成局部点阵的畸变和膨胀。这虽然是次要原因，但随着温度的升高，热缺陷的浓度呈指数增大，所以在高温下这方面的影响对于某些晶体就变得重要了。

1.3.3 热膨胀与其他物理性能的关系

1. 热膨胀与热容的关系

格律乃森(Grüneisen)根据晶格热振动理论导出了热膨胀系数与热容间的关系式

$$\alpha_V = \frac{rC_V}{K_0 V} \qquad (1-30)$$

$$\alpha_l = \frac{rC_V}{3K_0 V} \qquad (1-31)$$

式中，V 为体积；r 为格律乃森常数(大多材料的 r 值在 1.5~2.5 之间)；C_V 为定容热容；K_0 为绝对零度时的体积弹性模量。

物体的热膨胀系数与定容热容成正比，并且它们有相似温度依赖关系，在低温下随温度升高急剧增大，而到高温则趋于平缓。这一规律称为格律乃森定律。由图1-14 可见，铝根据其理论关系所得的线膨胀曲线与实测结果基本一致。

这是因为，固体的热膨胀实质上是由于材料温度升高晶格热振动加剧引起的。振幅增加越大，热膨胀越大，同时振动能量越大。而晶格热振动加剧，质点振动能量增加，升高单位温度能量的增加值正是热容的定义。所以物体的热膨胀与热容之间有着密切的联系。

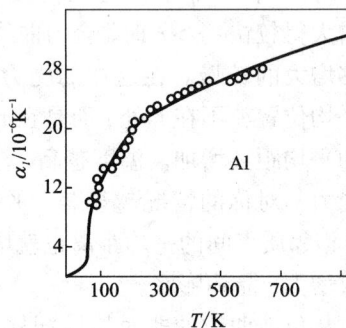

**图 1-14　铝线膨胀系数和
实测值的比较**

2. 热膨胀与结合能、熔点之间的关系

固体材料的热膨胀与晶体点阵中质点的位能性质有关，质点的位能性质又是由质点间的结合力特性所决定的。原子间结合力越强的材料，其位阱越是深而狭(位能随质点位移的变化曲线陡峭)，升高同样的温度，质点振幅增加的幅度越小，质点平均位置的位移量增加得也越少，其热膨胀系数也就越小。

一般，晶体结构类型相同时，结合能大的熔点也较高，所以通常熔点高的物质膨胀系数小。单质的熔点与元素周期表存在一定规律，所以膨胀系数与周期表也有相应关系。从表1-3 可以看出金刚石、硅、锡的线膨胀系数与其结合能、熔点之间的这一规律。

表 1-3　金刚石、硅、锡的线膨胀系数、结合能与熔点

单质材料	$(r_0)_{min}/10^{-10}$ m	结合能/$(kJ \cdot mol^{-1})$	熔点/℃	$\alpha_l / \times 10^{-6}$ K^{-1}
金刚石	1.54	712.3	—	2.5
硅	2.35	364.5	1415	3.5
锡	5.3	301.7	232	5.3

一般纯金属的线膨胀系数和金属熔点 T_m 有联系，其经验公式为：

$$\alpha_l T_m^n = C \tag{1-32}$$

式中，T_m 为熔点温度；C 和 n 为常数，对于大多数立方和六方结构的金属，C 值在 $0.06 \sim 0.076$ 之间，n 为 1.17。

将式(1-32)代入德拜温度与金属熔点的关系式，可得到线膨胀系数与德拜温度的关系

$$\alpha_l = \frac{A'}{V^{2/3}M} \cdot \frac{1}{\Theta_D^2} \tag{1-33}$$

式中，A' 为常数，M 为相对原子质量，V 为原子摩尔体积。可见金属的线膨胀系数与德拜温度的平方成反比。

1.3.4　影响热膨胀性能的因素

1. 键强

键强度越高的材料，膨胀系数越小。如陶瓷材料结合键为共价键或离子键，较金属材料具有较高的键强度，它们的热膨胀系数一般比金属材料的小(见表 1-2)。

2. 晶体结构

对于成分相同的材料，如果结构不同，热膨胀系数也不同。通常结构紧密的晶体热膨胀系数较大，而类似非晶态玻璃那样结构比较松散的材料，则往往有较小的热膨胀系数。最明显的例子是多晶石英的线膨胀系数为 $12 \times 10^{-6} \mathrm{K}^{-1}$，而石英玻璃只有 $0.5 \times 10^{-6} \mathrm{K}^{-1}$。这是由于结构疏松的材料，内部的空隙较多，温度升高时，质点振幅增大，质点间距离的增大部分被结构内部的空隙所容纳，整个物体在宏观上就表现为较小的膨胀量。

3. 非等轴晶系的晶体

对于非等轴晶系的晶体，其单晶体在不同晶轴方向上具有不同的热膨胀系数。其中最显著的是层状结构的材料，如石墨由于层内原子间的结合力强，垂直于 c 轴方向的线膨胀系数小，为 $1 \times 10^{-6} \mathrm{K}^{-1}$；而层间的结合力弱得多，在平行于 c 轴方向具有较大的线膨胀系数，为 $27 \times 10^{-6} \mathrm{K}^{-1}$。

多晶金属材料，往往存在微晶的择优取向，在一定程度上也可能表现出单晶的各相异性。一般结构上高度各相异性的材料，体膨胀系数都很小，因此可作为优良的耐热震材料而被广泛应用(如堇青石)。

4. 相变

加热过程中材料发生相变时，由于相变所伴随的体积变化，材料热膨胀系数也要变化。例如，纯金属的同素异构转变，导致线膨胀系数发生不连续变化(如图 1-15)；有序至无序转变时，无体积突变，膨胀系数在相变温区仅出现拐点(如图 1-16)；金属与合金在居里点温度附近发生的磁性转变，其膨胀曲线会出现明显的膨胀峰，其中镍和钴具有正膨胀峰，铁

具有负膨胀峰；ZrO_2晶体加热至1000℃左右，从原来的单斜结构转变为四方结构，伴随着4%的体积收缩，其热膨胀系数也会发生突变，等等。

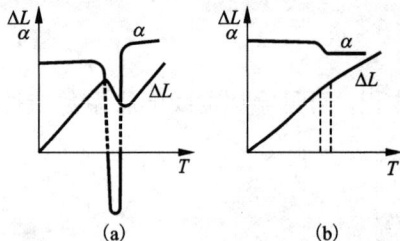

图1-15　相变时 α、ΔL 与 T 的关系

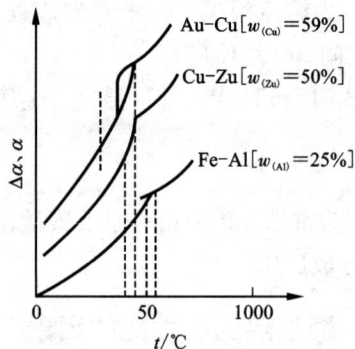

图1-16　有序至无序转变的热膨胀曲线

5. 化学成分

形成固溶体合金时，溶质元素的种类及含量对合金的热膨胀具有明显的影响。图1-17是某些连续固溶体合金的线膨胀系数 α_l 与溶质元素原子浓度 r_E 之间的关系。由简单金属与非铁磁性金属组成的单相均匀固溶体合金，其膨胀系数介于两组元之间，随溶质原子浓度变化近似呈直线变化，一般略低于直线值（如图1-17中Ag-Au合金）；但Cu-Sb固溶体合金例外，Sb膨胀系数低于Cu，但却使Cu膨胀系数增大，这可能与其半金属性有关；金属与过渡族金属组成的固溶体，其膨胀系数的变化没有规律。

两元素形成化合物时，因原子按严格的规律排列，其相互作用比固溶体原子之间的作用大得多。因此，化合物的膨胀系数比固溶体小得多。

多相合金的膨胀系数介于其组成相的膨胀系数之间，可近似按各相所占体积百分数，以混合定则粗略估算。

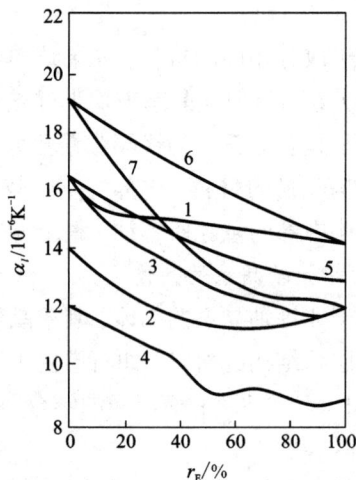

图1-17　固溶体的膨胀系数与溶质元素原子浓度的关系（35℃）

1—Cu-Au；2—Au-Pd；

3—Cu-Pd；4—Cu-Pd（-140℃）

5—Cu-Ni；6—Ag-Au；

7—Ag-Pd

1.3.5 热膨胀系数的测量

由于理论研究和低温工程的需要，膨胀测量在高灵敏、高精度方面发展很快。工业上膨胀测量则向自动化和快速反应方向发展。测量膨胀的方法很多，按其测量原理可分为机械式、光学式和电测式三种类型。这里仅选择几种有代表性的测量方法做简要介绍。

1. 机械杠杆式膨胀仪

工业上为了精确测定材料的膨胀系数，需对热膨胀引起的位移进行放大和记录。杠杆机构是较早采用的一种放大系统，可把位移放大几百倍，工作稳定。图 1－18 是机械杠杆式膨胀仪示意图。

从图 1－18 中可以看出，试样的膨胀量经过两次杠杆放大传递到记录用的笔尖上，安放在转筒上的记录纸以一定的速度移动，就可把膨胀量随时间的变化记录下来。同时，用一个温度控制与记录装置记录试样的升温情况，根据这两条曲线就可换算出膨胀量与温度的关系曲线。

为提高测量精度，试样不宜过短，且必须考虑石英的膨胀对测量数据的影响。

2. 光杠杆膨胀仪

光杠杆膨胀仪是借助于光杠杆机构放大并检测试样的膨胀量，是目前使用最广泛的膨胀仪之一，其结构原理如图 1－19 所示。其核心部分是由一块小等腰直角三角形组成的光学杠杆机构，三脚架当中有一凹透镜。三脚架的顶点 A 为固定支点，顶点 B 和顶点 C 分别与装有标准试样和待测试样的传感石英杆紧密接触。标准试样的作用是指示和跟踪待测试样的温度，它的位置靠近待测试样。若待测试样长度不变，只有标准试样伸长时，三脚架以 AC 为轴转动，由此通过凹透镜反射到照相底片上的光点沿水平方向移动，用以记录试样温度的变化。若标准试样长度不变，仅待测试样伸长，三脚架以 AB 为轴转动，反射光点沿垂直方向向上移动，用以记录试样的热膨胀量。当试样与标准样同时受热膨胀时，光点便

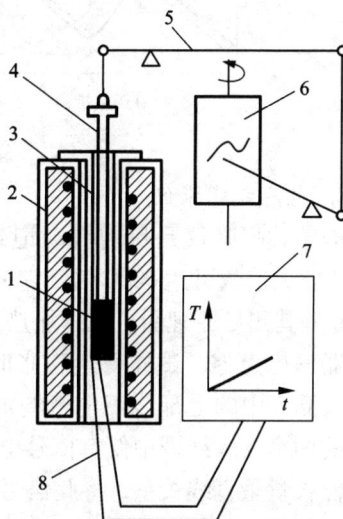

图 1－18 机械杠杆式膨胀仪示意图

1—试样；2—加热炉；3—石英套管；
4—石英顶杆；5—杠杆机构；6—转筒；
7—温度记录仪；8—热电偶

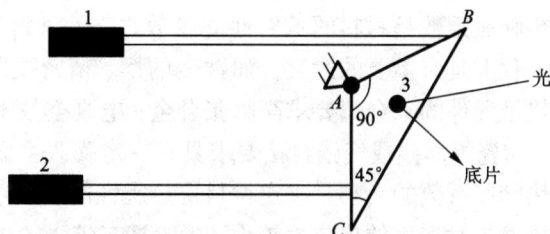

图 1－19 光杠杆式膨胀仪原理图

1—标准试样；2—待测试样；3—凸透镜

在底片上照出图 1－20 所示的膨胀曲线。通过光杠杆可将试样的伸长放大 200、400 和 800倍。它除适于做膨胀分析外,还适于精密测量材料的膨胀系数。

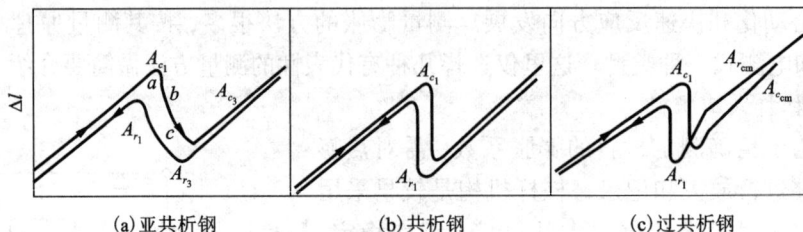

(a)亚共析钢 (b)共析钢 (c)过共析钢

图 1－20 热膨胀曲线示意图

3. 电感式膨胀仪

电感式膨胀仪是目前自动记录式膨胀仪中应用最多的一种,其放大倍数可达 6000 倍。它采用差动变压器作传感器,图1－21 是其测量原理图。试样加热前,铁芯处于平衡位置,差动变压器输出为零。试样受热膨胀时,通过石英杆使铁芯上升,次级线圈 2 中的上部线圈电感增加,下部电感减小,于是反向串连的两个次级线圈中便有信号电压输出。这一信号电压与试样的伸长量呈直线关系,将此信号放大后输入 X－Y 记录仪的一个坐标轴,温度信号输入另一坐标轴,便可得到试样的膨胀曲线。为防止工业电网的干扰,多数差动的变压器电源频率不采用 50 Hz,而采用 200～400 Hz。

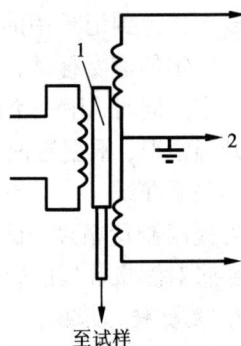

**图 1－21 电感式膨胀仪
测量原理图**
1—铁芯;2—线圈

1.3.6 热膨胀的工程应用

1. 热膨胀的工程意义

热膨胀系数是材料的重要性能参数之一,材料的热膨胀性能在工程上具有重要的意义。如钟表的摆、精密仪器的零部件等要求很低膨胀系数的材料;制造热敏元件的双金属要求高膨胀合金;电真空技术(如集成电路、电子管的生产)中为了与玻璃、陶瓷等焊接或气密封接要求具有一定膨胀系数的合金材料。

热膨胀系数的大小是决定材料抗热震性能的主要因素之一。热膨胀系数较小的材料,在受到热冲击时产生的热应力较小,一般具有较强的抵抗热冲击破坏的能力。

陶瓷制品表面釉层的膨胀系数要求与陶瓷坯的膨胀系数匹配。釉层的膨胀系数适当地小于坯的膨胀系数时,烧结后制品冷却过程中,釉层收缩较坯体小,使釉层中存在压应力,可提高釉层的强度、防止釉层裂纹产生和发展;但釉层的膨胀系数也不能比坯小得太多,否则会使釉层脱落,造成缺陷。同样,在金属材料的表面上涂覆或扩渗改性层时,也要求改性层与金属基体之间的膨胀系数匹配。例如，在钼金属表面形成一层二硅化钼，是提高钼高温抗氧化性能的有效方法，但由于二硅化钼与钼之间的膨胀系数不匹配，使用过程中受到热冲击时，在界面处容易产生裂纹，使二硅化钼失去保护能力。

在多相无机材料以及复合材料中，要求各相之间膨胀系数匹配，否则在制备和使用过程中引起较大的热应力，使材料产生内部微裂纹而降低强度，甚至使材料破裂。

2. 热膨胀分析的应用

材料的组织转变都伴随着十分明显的体积效应，根据这一特性，膨胀分析对研究钢在加热、等温、连续冷却和回火过程中的转变非常有效。下面举例说明。

1）确定钢的组织转变点

相变研究是材料学中一项基础研究工作，而相变临界点的测定对于每一个新钢种（或合金）是不可缺少的。

膨胀分析法测定钢的临界转变点要首先获得钢的膨胀曲线。试样在加热或冷却过程中，长度的变化来自两个方面：一是单纯由温度变化引起的膨胀或收缩，二是组织转变引起的体积效应。在组织转变温度范围内，除单独由温度引起的长度变化外，还附加了组织转变体积效应。因此，在组织转变开始和终了温度点，膨胀曲线将出现拐折，拐折点即对应组织转变开始和终了温度。

图 1-22 是亚共析钢的膨胀曲线，确定其临界点有两种方法。

第一种方法是切线法，根据膨胀曲线上偏离单纯热膨胀规律的开始点（即切离点）来确定。曲线上的切离点 a，b 和 c，d 分别对应该钢种的 A_{c_1}，A_{c_3} 和 A_{r_3}，A_{r_1}。该方法从理论上是准确的，但缺点是采用手工作图判断切离点受主观因素的影响，切离点不易取准。所以，要求采用高精度的膨胀仪得到细而清晰的膨胀曲线，以提高判断切离点的准确性。若采用计算机处理，可准确判断切离点的位置。

第二种方法是极值法，根据曲线上的极值来确定。即曲线上的四个极值 a'，b' 和 c'，d' 所对应的温度分别作为 A_{c_1}，A_{c_3} 和 A_{r_3}，A_{r_1}。这种方法的优点是极值温度容易

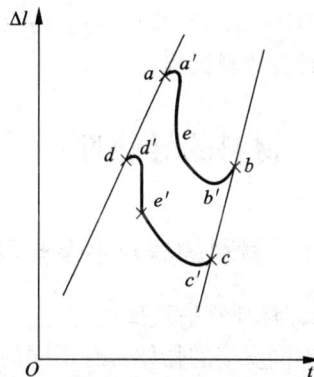

图 1-22　亚共析钢膨胀曲线上的切离点和峰示意图

判断，缺点是测定值与实际转变温度间有一定偏差。在研究合金元素、钢的原始组织及加热、冷却速度等因素对临界点的影响时，可采用此种方法做对比分析。

2）研究加热转变

以不同加热速度对马氏体时效钢组织转变的影响研究为例，来说明膨胀分析在研究加热转变中的应用。图 1-23 是含有 Ni，Co，Mo 的马氏体时效钢不同加热速度下的膨胀曲线（$\mathrm{d}l$

$-T$)和与其对应的膨胀速度曲线($dl/dt-T$)。

由图 1-23 可以看出,当加热速度较小时 ($0.1\ ℃\cdot s^{-1}$),在奥氏体转变开始点 A_s 之前的 a 点,就已经有组织转变开始发生。分析证明, 这是由原始组织(马氏体)中出现了金属间化合 物的沉淀,母相中 Mo 含量减少引起的,而 b 点 与该钢种的 A_s 点吻合。从该冷却速度下的膨胀 曲线上还可看出,奥氏体转变明显地分为 bc 和 cd 两个阶段,d 点与奥氏体转变结束的 A_f 点吻 合。配合其他方法分析得知,在 bc 段同时形成 了两个相,体心立方的贫镍相 α_P(铁素体)和面 心立方的 γ_r 相(奥氏体)。cd 段为 α_P 相向 γ_r 相 转变阶段,超过 A_f 点,钢的组织转变为镍含量 截然不同的奥氏体。在 850℃ 以上,发生奥氏 体的均匀化;在较高的加热速度下($1\ ℃\cdot s^{-1}$), A_s 点之前的金属间化合物沉淀现象减弱,奥氏 体转变仍然分为 bc 和 cd 两个阶段;高速加热 时($5\ ℃\cdot s^{-1}$,$50\ ℃\cdot s^{-1}$),马氏体(原始组织) 直接转变为奥氏体。

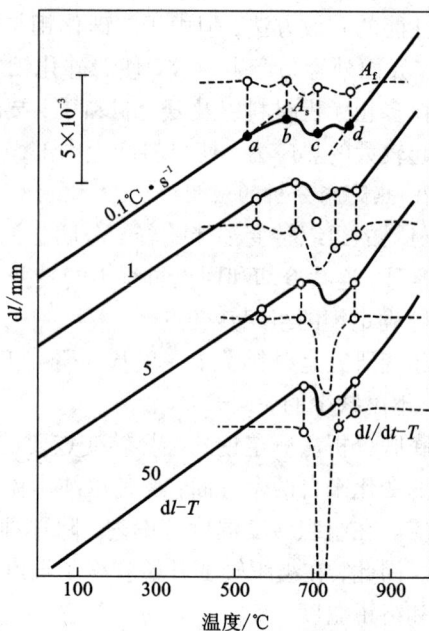

图 1-23　加热速度对马氏体
时效钢膨胀曲线的影响

1.4　材料的导热性

1.4.1　材料的导热性及热导率

1. 材料的导热性

不同温度的物体具有不同的内能;同一物体在不同的区域,如果温度不等,含有的内能 也不同。这些不同温度的物体或区域相互靠近或接触时,就会以传热的形式交换能量。当材 料相邻部分间存在温度差时,热量将从温度高的区域自动流向温度低的区域,这种现象称为 热传导。

不同的材料导热性能不同。有些材料是极为优良的绝热材料(导热性能很差),而有些材 料是热的良导体。工程应用上,有时希望材料的导热性越差越好,如航天飞行器上使用的陶 瓷瓦挡热板、加热炉的炉衬材料等;有时又希望材料的导热性越良越好,如散热器材料、电 子信息材料等。在热能工程、制冷技术、工业炉设计、燃汽轮机叶片散热等诸多技术领域, 材料的导热性都是非常重要的问题。

那么，材料的导热性能好坏如何定量地比较、衡量？需引入"热导率"的概念。

2. 材料的热导率与热扩散率

当固体材料的两端存在温度差时，如果垂直于 x 方向的截面积为 ΔS，材料沿 x 轴方向的温度变化率为 $\dfrac{\mathrm{d}T}{\mathrm{d}x}$，在 Δt 时间内沿 x 轴正方向传过 ΔS 截面上的热量为 ΔQ，对于各向同性的物质，在稳定传热状态下具有如下关系式

$$\Delta Q = -\lambda \frac{\mathrm{d}T}{\mathrm{d}x}\Delta S\Delta t \tag{1-34}$$

式中，λ 称为热导率（或导热系数）；$\dfrac{\mathrm{d}T}{\mathrm{d}x}$ 称为 x 方向上的温度梯度（指向温度升高的方向）；负号表示热流方向与温度梯度方向相反。

热导率 λ 的物理意义是单位温度梯度下，单位时间内通过单位截面积的热量，所以其单位为 $W/(m\cdot K)$ 或 $J/(m\cdot s\cdot K)$，标志着材料本质的导热能力。热导率的倒数称为热阻率，用 $\bar{\omega}$ 表示。

式（1-34）称作傅里叶定律。它只适用于稳定传热过程，即传热过程中，材料在 x 方向上各处的温度 T 恒定，$\dfrac{\Delta Q}{\Delta t}$ 为常数。

对于非稳定传热过程，即物体内各处的温度随时间而变化（比如工件在加热炉内加热过程中，自工件表面逐渐向内部传热，工件本身存在的温度梯度逐渐趋近于零，整个工件的温度最后达到一致）的情况，不难想象，温度（热熵）变化并达到一致的时间与材料的热导率、密度及其热容有关。对于非稳定传热过程，物体内单位面积上温度随时间的变化率为

$$\frac{\partial T}{\partial t} = \frac{\lambda}{\rho c_p} \times \frac{\partial^2 T}{\partial x^2} \tag{1-35}$$

式中，ρ 为材料的密度，c_P 为定压比热容。令 $\alpha = \dfrac{\lambda}{\rho c_p}$，$\alpha$ 称为热扩散率或导温系数，衡量在热传导的同时，还有温度场的变化时，物体温度变化的速率。α 越大的材料各处温度变化越快，温差越小，达到温度一致的时间越短。要计算出经多长时间才能使工件达到某一预定的均匀温度，就需知道热扩散率。

1.4.2 热传导的物理机制

气体的传热是依靠分子间的碰撞传递能量来实现。即气体中温度高的分子运动激烈，能量大；温度低的分子能量小。通过碰撞，低能量分子能量升高温度上升，高能量的分子能量降低温度下降，从而实现传热。但固体中的质点只能在其平衡位置附近做微小振动，不能像气体一样依靠质点间的直接碰撞来传递热能。固体中的导热主要是依靠晶格振动的格波和自由电子的运动来实现的。

对于金属材料，由于有大量的自由电子存在，且电子的质量很轻，所以可迅速地实现热量的传递。因此，金属材料一般都有较大的热导率。虽然晶格振动对金属导热也有贡献，但相对来说是很次要的。

对于非金属材料，晶格中自由电子极少，因此，它们的导热主要是依靠晶格振动的格波来实现。材料内存在温度差时，晶格中处于较高温度的质点热振动较强烈，其临近温度较低的质点热振动较弱。由于质点间存在着相互作用力，振动较弱的质点在振动较强的质点的影响下振动加剧，能量增加；振动较强质点的能量部分传递给其相邻振动较弱的质点，使热量发生转移。这样能量传递在整个材料内进行，使整个固体中的热量从温度较高处传向温度较低处，从而实现传热。如果系统对周围环境是绝热的，整个固体最终将达到温度平衡状态。

在温度不太高时，光频支的能量是很微弱的，固体材料的导热主要依靠声频支的作用，可忽略光频支在导热过程中的贡献。在导热机理讨论中，要使用前面所述的声子的概念。

声频支格波可以看成是一种弹性波，类似在固体中传播的声波，可以把格波的传播看成声子的运动，把声频支传热理解为声子运动的结果。把格波与物质的相互作用理解为声子与物质的碰撞，把格波在晶体中传播时遇到的散射看做是声子同晶体中质点的碰撞，把理想晶体中的热阻理解为声子与声子的碰撞。这样，就可以用气体中热传导的概念来处理声子热传导问题了。

根据气体分子运动理论，理想气体的导热公式为

$$\lambda = \frac{1}{3} c \bar{v} l \qquad (1-36)$$

式中，c 为单位气体的比热容，$\bar{v}$ 为气体分子的平均速度，l 为气体分子的平均自由程。

将式(1-36)引申到晶体材料中，式中的 c 即为声子的体积热容，$\bar{v}$ 为声子的平均速度，l 为声子的平均自由程。

声子的速度可以看成是仅与晶体的密度和弹性力学性质有关，而与频率 ν 无关的参量。但声子的热容 c 和自由程 l 都是声子振动频率的函数。所以固体热导率公式的一般形式可写成

$$\lambda = \frac{1}{3} \int c(\nu) v l(\nu) \, \mathrm{d}\nu \qquad (1-37)$$

声子的热容随温度的变化规律同固体材料中的热容。

如果把晶格热振动看成是严格的线性振动，则格波间没有相互作用，没有声子 - 声子碰撞，声子在晶格中是畅通无阻的，晶格中的热阻应该为零，这样热量就以声子的速度在晶体中传递。这显然是与实际不符的。事实上，在很多晶体中热量的传递速度是很迟缓的，这是因为晶格热振动并非是线性的，晶格间有一定的耦合作用，即声子间会有碰撞，使声子的平均自由程减小，热导率降低。这种声子间碰撞引起的散射，是晶格中热阻的主要来源。

另外，晶体中的各种缺陷、杂质和晶粒界面都会引起格波的散射，使声子的平均自由程

减小，从而降低热导率。波长较长的格波容易绕过缺陷，声子自由程较大，导热率也较大。

平均自由程还与温度有关，温度升高，声子的振动能量加大，频率增高，碰撞增多，使自由程减小。但自由程受温度的影响有一定的限度。在高温下，自由程的下限等于几个晶格间距；反之，在低温下自由程的上限为一个晶粒的尺度。

1.4.3　影响材料导热性能的因素

1. 金属热导率与电导率之间的关系——魏得曼－弗兰兹(Wiedeman－Franz)定律

在量子理论出现以前，人们研究金属材料的导热率时发现了一个引人瞩目的规律：在室温下很多金属的热导率与电导率之比 $\dfrac{\lambda}{\sigma}$ 几乎相同，称为魏得曼－弗兰兹定律。这一定律表明，导电性好的金属，其导热性也好。后来洛仑兹(Lorenlz)进一步发现，比值 $\dfrac{\lambda}{\sigma}$ 与温度 T 成正比，即

$$\frac{\lambda}{\sigma} = LT \tag{1-38}$$

比例常数 L 称为洛仑兹常数，$L = \dfrac{\lambda}{\sigma T} = \dfrac{\pi^2}{3}\left(\dfrac{k_B}{e}\right)^2 = 2.45 \times 10^{-8}\ \text{W}\cdot\Omega\cdot\text{K}^{-2}$，$k_B$ 为玻尔兹曼常数，e 为电子电量。

就是说，各种金属的洛仑兹数是一样的。但后来的进一步研究表明，事实上洛仑兹数只有在 $T>0℃$ 的较高温度时才近似为常数。这是因为，金属中的热传导不仅仅依靠自由电子，另外还有声子的作用(尽管它所占的比例很小)。随着温度的降低，自由电子的作用被削弱，使导电过程变得复杂。尽管如此，热导率与电导率之间的这一关系还是很有意义的。因为与电导率相比，热导率的测定既困难又不准确，这一规律提供了一个通过测定电导率来确定金属热导率的既方便又可靠的途径。

2. 温度对金属热导率的影响

对于以自由电子导热为主的金属材料，其热导率与电阻率之间遵从魏得曼－弗兰兹定律。电子在运动过程中将受到热运动的原子和各种晶格缺陷的阻挡，从而形成热阻。所以，可以将其热阻分为两部分：晶格振动形成的热阻和杂质缺陷形成的热阻。在温度不太高和不太低的情况下，缺陷热阻随温度的升高依 T^{-1} 规律下降，声子热阻随温度的升高依 T^2 的规律上升。所以，一般来说，纯金属声子热阻占主要地位(杂质缺陷相对较少)，其热导率随温度的升高而降低。合金的热导率则不同，由于异类原子的作用，缺陷热阻往往占主导地位，因此，其热导率往往随温度的升高而升高。图 1－24 是常见的几种金属与合金的 λ/λ_0 随温度的变化规律，λ_0 和 λ 分别是 0℃ 和 T 温度时的热导率。

3. 温度对无机非金属材料热导率的影响

对于无机非金属材料,主要依靠声子和光子导热。现以 Al_2O_3 单晶的热导率随温度的变化曲线(如图 1-25)来说明无机非金属材料的热导率随温度变化的规律。由式(1-36)可知,在以声子导热为主的温度区间,决定热导率的因素有声子的体积热容 c、声子的平均速度 $\bar{v}$ 和平均自由程 l。其中 $\bar{v}$ 通常可看做常数,只有在温度较高时,由于介质的结构松弛而蠕变,弹性模量下降,才会减小。在很低的温度下,l 增大到晶粒的大小,达到上限,因此,l 是一个定值,而热容 c 在低温下与温度的 3 次方成正比,因此 λ 也近似地与 T^3 成正比例变化,随着温度的升高,λ 迅速增大;温度继续升高,l 值减小,c 随温度 T 的变化仍然与 T^3 成正比例关系,这时,λ 继续随温度的升高而增大,但不再与 T^3 成正比例关系;温度进一步升高,l 值继续减小,在德拜温度以后,c 趋于一恒定值,因此,λ 随温度的升高而迅速减小。这样,在某个低温处,λ 出现一极大值。在更高的温度下,由于 c 已基本趋于恒定,l 值也逐渐趋于下限,所以,λ 随温度的变化逐渐平缓;在达到 1600℃ 的高温后,λ 随温度的升高又会有少许回升,这是由于光子导热作用逐渐增强的结果。由此可以看出,对于一般的非金属晶体材料,在常用的温度区间内,λ 是随着温度的升高而降低的。

4. 晶体结构的影响

声子热传导与晶格振动的非线性有关。晶体结构越复杂,晶格振动的非线性程度越大,对声子传热格波受到的散射越严重,传播阻力越大,声子的平均自由程 l 越小,λ 愈低。如镁铝尖晶石($MgAl_2O_4$)的热导率比 Al_2O_3 和 MgO 的热导率都低。莫来石($3Al_2O_3 \cdot 2SiO_2$)的结构更复杂,所以其热导率比尖晶石的热导

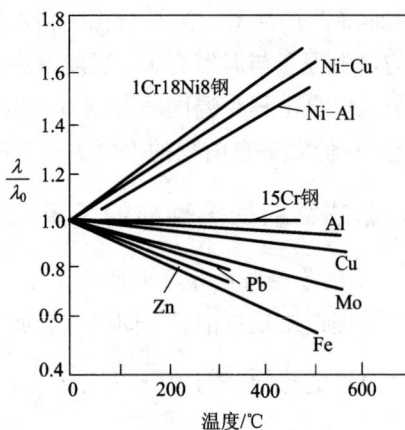

图 1-24 常见的几种金属与合金热导率随温度的变化

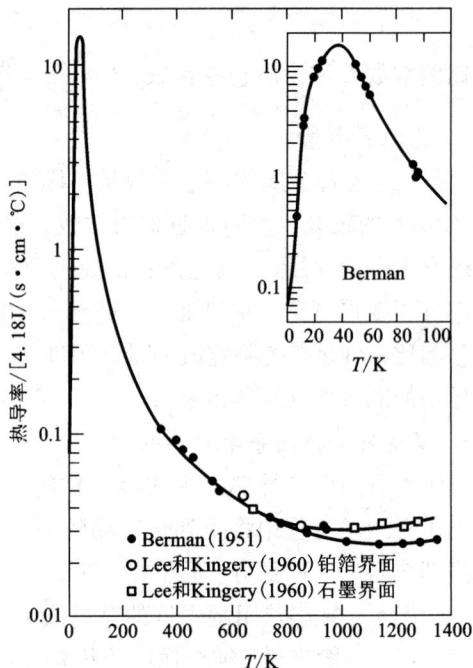

图 1-25 Al_2O_3 单晶的热导率随温度的变化

率还要低。

对于非等轴晶系的晶体，其热导率也存在各向异性。例如石英、金红石（TiO_2）、石墨等，都是在膨胀系数低的方向热导率最大。随着温度的升高，不同方向的热导率差异趋于减小，这是由于温度升高，晶体的结构逐渐趋于对称。

对于同一种材料，多晶体的热导率总是比其单晶体的小。图 1－26 是几种单晶和多晶体的热导率与温度的关系。由于多晶体中晶粒尺寸小、晶界多、缺陷多，声子更易受到散射，平均自由程较小，所以热导率较小。随着温度的升高，这种差值增大，是因为晶界、缺陷等在较高温度下对声子的阻碍作用更

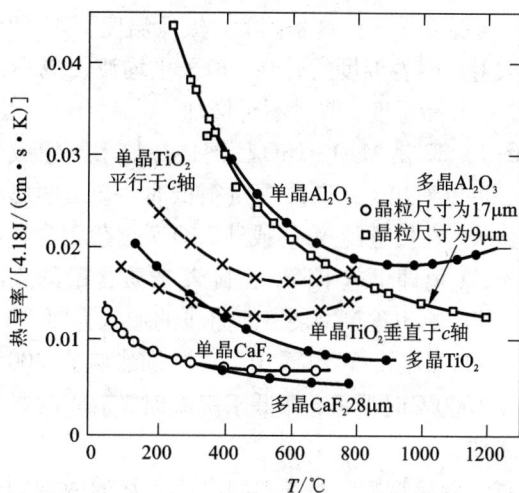

图 1－26　几种不同晶型的无机材料热导率与温度的关系

强，而单晶在温度升高后光子的导热作用较多晶更为明显。

非晶态材料的热导率，通常较晶体材料小几个数量级。这是因为非晶态为近程有序结构，可以把它看成晶粒极小的晶体（几个晶格间距）来讨论。其声子的平均自由程实际上相当于晶体材料中自由程的下限，是不随温度变化的，即通常其自由程较晶体材料小得多。对于同种材料，晶态和非晶态的热容是相差不大的，所以，非晶态材料的热导率小。由于非晶态材料声子平均自由程为一常数，不随温度的升高而降低，所以，其热导率－温度曲线上不出现极大值，并随着温度的升高，热导率增大。一般来说，非晶体材料对辐射线是比较透明的，在 900 K 以上辐射传热已比较明显，甚至占主要地位。因此，对于非晶体 900 K 以上不可忽略光子导热的作用。在高温下，随着温度升高，其热导率具有较明显的升高趋势。

对于金属材料，经冷加工后，材料内部缺陷增多，缺陷热阻增大，热导率降低。

5. 化学组成的影响

不同化学组成的晶体，质点的大小、性质不同，它们的晶格振动状态也不同，所以，其导热能力往往差异很大。一般来说，组成元素的相对原子质量越小，晶体的密度越小，弹性模量越大，德拜温度越高，其热导率越大。所以，轻元素的固体或结合能大的固体热导率较大。例如金刚石的热导率为 1.7×10^{-2} W/(m·K)，而较重的硅、锗的热导率分别为 1.0×10^{-2} W/(m·K) 和 0.5×10^{-2} W/(m·K)。在氧化物和碳化物中，凡是阳离子的相对原子质量较小的，其热导率比阳离子相对原子质量较大的要大，如氧化物陶瓷中 BeO 具有最大的热导率。

形成固溶体时，由于晶格畸变，缺陷增多，使声子的散射几率增加，平均自由程减小，热

导率减小。溶质元素的质量、大小与溶剂元素相差愈大，以及固溶后结合力改变愈大，则对热导率的影响愈大。这种影响在低温下随着温度的升高而加剧，但当温度高于德拜温度的一半时，与温度无关。这是因为，极低温度下声子传导的平均波长远大于点缺陷的尺寸，并不引起散射。随着温度的升高，声子平均波长减小，散射增加，在接近点缺陷线度后散射达最大值，再升高温度，散射不再增加。

图 1-27 是 MgO-NiO 固溶体热导率与组成的关系。可以看出，在杂质含量很低时，杂质的影响十分显著，在接近纯 MgO 或纯 NiO 处，杂质含量稍有增加，λ 值即迅速下降，但随着杂质含量的逐渐增加，其影响也逐渐减弱，即曲线的形状为"U"型。从图 1-17 中同时可以看出，杂质的影响在 200℃时比在 1000℃时严重，在低于室温时，杂质的影响更为强烈。

对于金属材料，上述影响声子导热的因素同样也影响电子导热过程，所以，一般纯金属的热导率都比合金的高。并且，杂质原子与基体金属的原子结构差异较大的元素，对基体金属的热导率影响较大，如 Al, Si 对 Fe 的热导率影响较大；杂质原子与基体金属的原子结构差异较小的元素，对基体金属

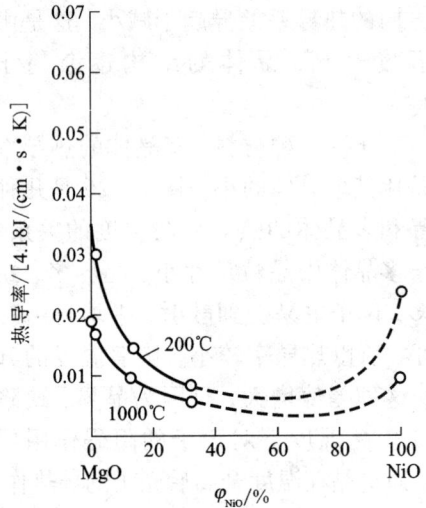

图 1-27 MgO-NiO 固溶体的热导

的热导率影响较小，如 Co 和 Ni 对 Fe 的热导率影响较小。另外，基体金属的热导率越高，合金元素对其导热性能影响越大，如 Ni 对 Cu 导热性能的影响比对 Fe 的影响大。

6. 复相材料的热导率

对于分散相均匀分散在连续相中的材料，热导率可按式（1-39）计算

$$\lambda = \lambda_c \frac{1 + 2V_d\left(1 - \dfrac{\lambda_c}{\lambda_d}\right)\bigg/\left(\dfrac{2\lambda_c}{\lambda_d} + 1\right)}{1 - V_d\left(1 - \dfrac{\lambda_c}{\lambda_d}\right)\bigg/\left(\dfrac{2\lambda_c}{\lambda_d} + 1\right)} \qquad (1-39)$$

式中，λ_c，λ_d 分别为连续相和分散相物质的热导率，V_d 为分散相的体积分数。

常见的陶瓷材料典型微观结构是晶相分散在连续的玻璃相中。所以普通陶瓷和黏土制品的热导率更接近其成分中玻璃相的热导率。

7. 气孔的影响

无机材料中常含有一定量的气孔。因为气体的热导率比固体材料低得多，因此，气孔率高的多孔轻质材料的导热系数比一般的材料都要低，这是隔热耐火材料生产应用的基础。

气孔对热导率的影响比较复杂。在温度不是很高，气孔率不大，气孔尺寸很小，分布又

比较均匀时，可将气孔作为分散相处理，陶瓷材料的热导率仍可按式(1-39)计算。只是气孔的热导率很小，与固体相的热导率相比可近似看做零，因此，可得出

$$\lambda = \lambda_S(1-P) \qquad\qquad (1-40)$$

式中，λ_S 为固相的热导率；P 为气孔的体积分数。

对于大尺寸的气孔，气孔内的气体会因对流而加强传热，当温度升高时，热辐射的作用也会增强，并与气孔的大小和温度的 3 次方成比例。这一效应在高温时更为明显，此时气孔对热导率的贡献就不能忽略了，式(1-40)便不再适用。

对于热辐射高度透明的材料，它们的光子传导效应较大，在有微小气孔存在时，由于气体与固体的折射率有很大差异，这些气孔就成为光子的散射中心，导致材料的透明度显著降低，往往仅有 0.5% 气孔率的微孔存在，就可使光子的自由程明显减小。因此，大多数烧结陶瓷材料的光子传导率要比单晶和玻璃小 1~3 个数量级。

对于粉末和纤维材料，其热导率又比烧结态时低得多。这是因为气体形成了连续相，其热导率在很大程度上受气孔相热导率的影响。这就是通常粉末、多孔和纤维类材料具有良好的热绝缘性能的原因。

对于一些有显著各向异性的材料和膨胀系数相差较大的多相复合材料，由于存在较大的内应力而形成微裂纹，气孔以扁平微裂纹出现并沿晶界发展，使热流受到严重的阻碍，这样即使在气孔率很小的情况下，也使材料的热导率明显减小。所以复合材料的热导率实验测定值一般都比按式(1-39)计算的值小。

1.4.4　热导率的测量及应用

1. 热导率的测量

根据上述讨论可见，影响材料热导率的因素比较复杂。因此，实际材料的热导率还需要通过试验测定。材料热导率的测量方法很多，对不同温度范围、不同热导率范围以及不同的精度要求，常需采用不同的测量方法。

固体导热有稳定导热和不稳定导热两种情况。根据试样内温度场是否随时间变化，可将导热系数的测量方法分为两大类：稳态法和非稳态法。

（1）稳态法

在稳定导热状态下，试样上各点温度稳定不变，温度梯度和热流密度也稳定不变，根据所测得的温度梯度和热流密度，就可以按傅里叶定律计算材料的热导率。稳态法的关键在于控制和测量热流密度。通常的方法是，建立一个稳定的、功率可测量的热源（常用电加热作为热源），令所产生的热量全部进入试样，并以一定的热流图像通过试样。这样就可以根据热功率确定热流密度，也可方便地确定温度梯度。这类方法的关键是采取各种技术措施形成理想的热流图像，否则，测量就会失败或产生误差。实验时，达到稳定的导热状态需要较长的时间，效率较低。且为了保证温度梯度测量的精确度，要求在有效的距离内有较大的温差。

理论上，把热源放在空心球试样的中心就没有热损失，但把试样做成球及在球的中心制作和安装热源十分困难，且不同距离温度的测量也有一定的难度。所以，通常把试样做成圆棒、方柱和平板等简单形状。为保证试样只在预定的方向上产生热流，需在其他方向上采取热防护，使旁向热流减至最小。

（2）非稳态法

材料热导率的稳态法测量，防止测量过程中的热损失是一大难题，特别是在高温下要满足一维热流条件十分困难。为了避免热损失的影响，出现了非稳态法。非稳态法是根据试样温度场随时间的变化情况来测量材料的热传导性能。这种方法无需测量试样的热流速率，只需测量试样上某些部位温度变化的速率。实际上，这时所得到的是热扩散率。

非稳态法是在不稳定导热状态下进行测量的，试样上各点的温度不断变化，变化的速率取决于材料的热扩散率。实验时，令试样上的温度形成某种有规律的变化（单调的或周期的），通过测量温度随时间的变化获得热扩散率值，再根据材料的热容和密度求得材料的热导率。非稳态法测量同样要求建立起某点变温速度与热扩散率的关系。但由于测量速度快，热损失较小，热损失系数可以通过实验消除。非稳态法测量要求温度与时间的关系，较稳态法测量要复杂些。

非稳态法测量材料的热导率，需要已知材料的比热容。但是，与热导率相比，材料的比热容对杂质和结构不十分敏感，且在德拜温度以上温度对比热容影响不大，测量比热容的方法相对比较成熟，已有的数据也齐全可靠。因此，非稳态法日益为人们所重视。

2. 热导率的应用

热导率是工程上选择保温或热交换材料时所依据的主要参数之一，也是金属材料热处理计算保温时间的一个重要参数，并对钢件淬火产生的热应力有很大的影响。隔热耐火材料常选用导热系数低的多孔轻质耐火材料；在核反应堆中，燃料元件的最高反应温度直接与这些元件的导热系数有关；热电动力堆的效率是加热元件导热系数的函数；在航空、航天工业所遇到的极端温度环境，燃料的低温储存和火箭头部再入烧蚀等均需准确地知道材料的导热系数；在电子信息材料的研究中，寻找高导热、低膨胀系数的材料也是一个重要课题，等等。可见，材料导热性能方面的应用是非常广泛的。

1.5 材料的热稳定性

1.5.1 材料的热稳定性及其表示方法

材料的热稳定性是指材料承受温度的急剧变化而不致破坏的能力，所以又称为抗热震性。一般无机材料和其他脆性材料的热稳定性较差，而它们在加工和使用过程中，经常会遇到环境温度起伏的热冲击，因此，热稳定性是无机材料的一个重要性能。

材料的热冲击损坏有两种类型：一种是材料发生瞬时断裂，抵抗这类破坏的性能称为抗热冲击断裂性；另一种是在热冲击循环作用下，材料表面开裂、剥落，并不断发展，最终碎裂或变质，抵抗这类破坏的性能称为抗热冲击损伤性。

由于应用场合的不同，对材料热稳定性的要求也不同。例如，对于一般的日用瓷，只要求能承受温差为 200 K 左右的热冲击；而火箭喷嘴则要求瞬时能承受 3000～4000 K 的热冲击，而且还要经受高气流的机械和化学作用。目前对材料的热稳定性虽然有一定的理论解释，但尚不完善，还不能建立反应实际材料或器件在各种场合下的热稳定性的数学模型。因此，对材料或制品热稳定性的评定，一般还是采用比较直观的测定方法。例如，日用瓷通常是以一定规格的试样，加热到一定温度，然后立即置于流动的室温水中急冷，并逐次提高温度和重复急冷，直至观测到试样发生龟裂，则以产生龟裂的前一次加热温度来表征其热稳定性；对于普通耐火材料，常将试样的一端加热到 1123 K 并保温 40 min，然后置于 283～293 K 的流动水中 3 min 或空气中 5～10 min，并重复这样的操作，直至试件失重 20% 为止，以这样的操作次数来表征其热稳定性；某些高温陶瓷材料是以加热到一定温度后，在水中急冷，然后测其抗折强度的损失率来评定它的热稳定性；而用于红外窗口的抗压 ZnS 则要求样品具有经受从 438 K 保温 1 h 后立即取出投入 292 K 水中，保持 10 min，在 150 倍显微镜下观察不能有裂纹，同时其红外透过率不应有变化。如制品形状较复杂，则在可能的情况下，直接用制品来进行测定，以免除形状和尺寸带来的影响，如高压电瓷的悬式绝缘子等，就是这样来考察的。测试条件应参照实际使用条件并更严格些，以保证实际使用过程中的可靠性。

对于无机材料尤其是制品的热稳定性，尚需从理论上得到一些评定热稳定性的因子，以便从理论上分析其机理和影响因素。

1.5.2　热应力

不改变外力作用状态，材料仅因热冲击造成开裂或断裂而损坏，这必然是材料在温度作用下产生的内应力超过了材料的力学强度极限所致。对于这种内应力的产生和计算，先从下述的简单情况来讨论。假如有一长度为 L 的杆件，当它的温度自 T_0 升高到 T_1 后，杆件膨胀 ΔL。若杆件能自由膨胀，杆件内无膨胀而产生的应力；若杆件的两端完全刚性约束使其不能伸长，杆件内所受的压应力相当于把样品自由膨胀后的长度 $(L+\Delta L)$ 仍压缩到 L 时所需的压缩力。因此，材料中的内应力

$$\sigma = E\left(-\frac{\Delta L}{L}\right) = -E\alpha_l(T_1 - T_0) \tag{1-41}$$

式中，E 为材料的弹性模量；α_l 为线膨胀系数。

这种由于材料的热胀冷缩引起的内应力称为热应力。若上述情况是发生在冷却过程中，即 $T_0 > T_1$，则材料中的内应力为张应力（正值），这种应力才易使材料损坏。

实际材料中并不一定在以上所述的两端固定机械力的作用下才产生热应力，而通常是以

下两种情况：①多相复合材料中，各相的热膨胀系数不同，受热冲击时各相的膨胀、收缩又相互牵制而产生的热应力；②当材料中存在温度梯度时，相邻的体积单元间自由的膨胀或收缩受到限制而产生的热应力。

实际材料在受到热冲击时，三个方向都会有胀缩，即一般所受的是三向热应力，而且相互影响。下面以陶瓷薄板为例（见图1-28）说明热应力的计算。

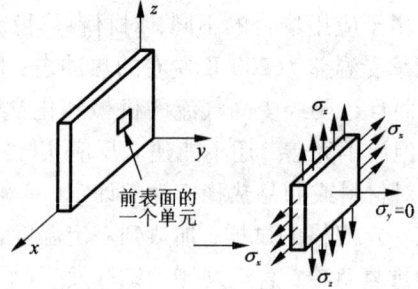

图1-28 平面薄板的热应力

假设此薄板 y 方向厚度较小，在材料突然冷却的瞬间，垂直 y 轴各平面上的温度是一致的；但在 x 轴和 z 轴方向上表面和内部的温度是有差异的，外表面温度低，中间温度高。这两个方向的收缩是受约束的（$\varepsilon_x = \varepsilon_z = 0$），因而产生应力 $+\sigma_x$ 及 $+\sigma_z$。y 方向由于可以自由胀缩，$\sigma_y = 0$，$\varepsilon_y \neq 0$。这样的薄板称为无限平板。

根据广义虎克定律

$$\varepsilon_x = \frac{\sigma_x}{E} - \mu\left(\frac{\sigma_y}{E} + \frac{\sigma_z}{E}\right) - \alpha\Delta T = 0 \text{（不允许 } x \text{ 方向上胀缩）}$$

$$\varepsilon_z = \frac{\sigma_z}{E} - \mu\left(\frac{\sigma_x}{E} + \frac{\sigma_y}{E}\right) - \alpha\Delta T = 0 \text{（不允许 } z \text{ 方向上胀缩）}$$

$$\varepsilon_y = \frac{\sigma_y}{E} - \mu\left(\frac{\sigma_x}{E} + \frac{\sigma_z}{E}\right) - \alpha\Delta T$$

解得
$$\sigma_x = \sigma_z = \frac{\alpha E}{1 - \mu}\Delta T \tag{1-42}$$

式中，μ 为泊松比。

在 $t = 0$ 的瞬间，$\sigma_x = \sigma_z = \sigma_{\max}$，如果恰好达到材料的极限抗拉强度 σ_f，则在此两个方向上将开裂破坏，代入式（1-42）得，不使材料受热冲击断裂的最大温差为

$$\Delta T_{\max} = \frac{\sigma_f(1 - \mu)}{\alpha E} \tag{1-43}$$

对于其他非平面薄板制品

$$\Delta T_{\max} = S \times \frac{\sigma_f(1 - \mu)}{\alpha E} \tag{1-44}$$

式中，S 为形状因子，对于无限平板 $S = 1$。

式（1-44）中仅包含材料的几个本征性能参数，并不包含形状尺寸数据，因而可以推广应用于一般形状的陶瓷材料及制品。材料在快速冷却时产生的热应力为拉应力，因而比快速加热时产生的压应力危害性更大。

1.5.3　抗热冲击断裂性能

1. 第一热应力断裂抵抗因子 R

根据上述分析,只要材料中最大热应力值 σ_{max}(一般在表面或中心部位)不超过材料的强度极限 σ_f,材料就不会损坏。

显然,ΔT_{max} 值愈大,说明材料能承受的温度变化愈大,即热稳定性愈好,所以定义

$$R = \frac{\sigma_f(1-\mu)}{\alpha E} \qquad (1-45)$$

为表征材料热稳定性的因子,称为第一热应力断裂抵抗因子或第一热应力因子。

2. 第二热应力断裂抵抗因子 R'

第一热应力因子只考虑到了材料的 σ_f,α,E 对其热稳定性的影响。但材料是否出现热应力断裂,还与材料中应力的分布、产生的速率和持续时间,材料的特性(例如塑性、均匀性、弛豫性)以及原先存在的裂纹、缺陷等有关。因此,R 虽然在一定程度上反映了材料抗热冲击性的优劣,但并不全面。

热应力引起的材料断裂破坏,还与以下因素有关。①材料的热导率 λ:λ 愈大,传热愈快,热应力缓解得愈快,对热稳定有利;②材料或制品的尺寸:薄的传热通道短,容易很快使温度均匀,材料尺寸常用其半厚 r_m 表征;③材料的表面散热速率(表面热传递系数)h:表示材料表面温度比周围环境温度高 1 K 时,在单位表面积上、单位时间内带走的热量。h 愈大,散热愈快,造成的内外温差愈大,产生的热应力愈大。如窑内吹风,温度降低得较快,容易使窑内的制品炸裂。

综合考虑以上三种因素的影响,引入毕奥(Biot)模量 β:$\beta = hr_m/\lambda$,β 无单位。显然,β 越大,对热稳定性越不利。

实际上,无机材料在受到热冲击时,并不会像理想的骤冷那样,瞬时产生最大应力 σ_{max},而是由于散热等因素,材料内部产生的最大热应力是滞后的,即热应力并不是马上达最大值;且随 β 的不同,σ_{max} 会有不同程度的折减。β 越小,折减越多,即可达到的实际最大应力要小得多,同时最大应力的滞后也越厉害。设折减后的最大应力为 σ,令 $\sigma^* = \dfrac{\sigma}{\sigma_{max}}$,$\sigma^*$ 称为无因次表面应力。其随时间的变化规律见图 1-29。对于对流及辐射传热等条件下比较低的表面热传递系数,S. S. Manson 发现

$$[\sigma_{max}^*] = 0.31 \frac{r_m h}{\lambda} \qquad (1-46)$$

考虑到表面热传递系数、材料尺寸和热导率的影响后,就使得表征材料热稳定性的理论更接近实际情况了。为此,把式(1-43)和式(1-46)结合起来得到

$$[\sigma^*_{\max}] = \frac{\sigma_f}{\frac{\alpha E}{(1-\mu)}\Delta T_{\max}} = 0.31$$

$$\Delta T_{\max} = \frac{\lambda\sigma_f(1-\mu)}{\alpha E}\cdot\frac{1}{0.31 r_m h} \quad (1-47)$$

令

$$R' = \frac{\lambda\sigma_f(1-\mu)}{\alpha E} \quad (1-48)$$

R' 称为第二热应力断裂抵抗因子，单位为 J/(cm·s)。考虑到制品形状，得出最大温差

$$\Delta T_{\max} = R'S\frac{1}{0.31 r_m h} \quad (1-49)$$

式中，S 为非平板样品的形状系数。不同形状的样品，其 S 值不同。

图 1-30 是某些材料在 673 K（其中 Al_2O_3 分别按 373 K 及 1273 K 计算）时 $\Delta T_{\max} - r_m h$ 的计算曲线。从图 1-30 中可以看出，一般材料在 $r_m h$ 值较小时，$\Delta T_{\max}$ 与 $r_m h$ 呈反比；当 $r_m h$ 值较大时，$\Delta T_{\max}$

图 1-29 不同 β 的无限平板的 σ^* 随时间的变化

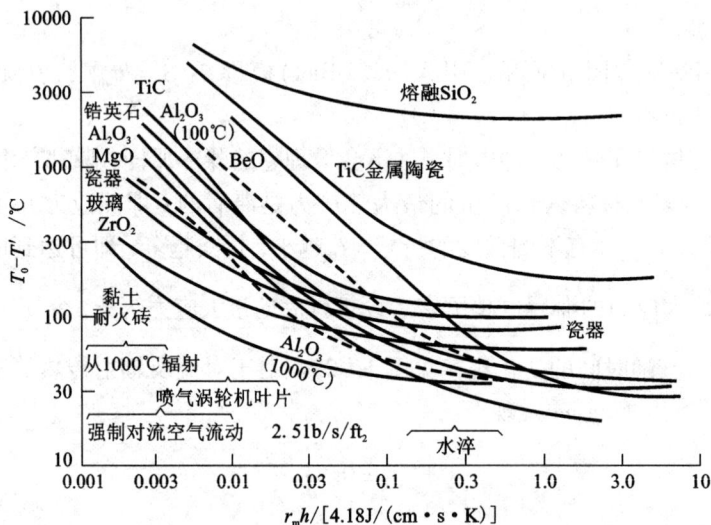

趋于一恒定值。同时可以看出，图中几种材料的曲线是交叉的，尤其是 BeO 最为突出，它在 $r_m h$ 值很小时热稳定性很好，而在 $r_m h$ 值很大时热稳定性很差。因此，不能简单地排列各种

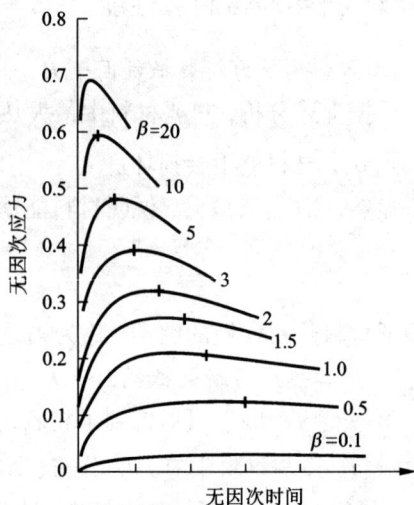

图 1-30 不同传热条件下材料淬冷断裂的最大温差

材料抗热冲击断裂性能的顺序。

　　3. 第三热应力断裂抵抗因子 R''

　　对于在某些场合下使用的材料，其所允许的最大冷却（或加热）速率 $\dfrac{\mathrm{d}T}{\mathrm{d}t}$ 往往更加直接和实用。

　　对于厚度为 $2r_{\mathrm{m}}$ 的无限平板，考虑到降温过程中所引起的内外温差，经过推导可以得出，所允许的最大冷却速率为

$$-\left(\frac{\mathrm{d}T}{\mathrm{d}t}\right)_{\max}=\frac{\lambda}{\rho c_p}\frac{\sigma_{\mathrm{f}}(1-\mu)}{\alpha E}\frac{3}{r_{\mathrm{m}}^2} \tag{1-50}$$

式中，ρ 为材料的密度；c_p 为材料的定压比热容。

　　导温系数 $\alpha\equiv\dfrac{\lambda}{\rho c_p}$ 表征材料在温度变化时，内部各部分温度趋于均匀的能力。α 愈大，对热稳定性愈有利。所以定义

$$R''=\frac{\sigma(1-\mu)}{\alpha E}\frac{\lambda}{\rho c_p} \tag{1-51}$$

R'' 称为第三热应力断裂抵抗因子。式（1-50）就具有了如下形式

$$\left(\frac{\mathrm{d}T}{\mathrm{d}t}\right)_{\max}=R''\times\frac{3}{r_{\mathrm{m}}^2} \tag{1-52}$$

$\left(\dfrac{\mathrm{d}T}{\mathrm{d}t}\right)_{\max}$ 是材料所能经受的最大降为降温速率。陶瓷材料在烧成冷却时，其冷却速率不得超过此值，否则会发生制品炸裂。

1.5.4　抗热冲击损伤性能

　　上面讨论的抗热冲击断裂是从热弹性力学的观点出发，以强度－应力为判据。认为材料中的热应力达到其抗张强度极限后，材料就会产生开裂。一旦有裂纹成核就会导致材料的完全破坏。这样导出的结果对于一般的玻璃、陶瓷和电子陶瓷等是适用的。但对于一些含微孔的材料（如黏土质耐火制品、建筑砖等）和非均质的金属陶瓷等是不适宜的。实际上，这些材料在受到热冲击产生裂纹后，即使裂纹是从表面开始的，在裂纹的瞬时扩展过程中也可能被微孔、晶界或金属相所吸收，不致引起材料的完全断裂，而是材料表面开裂、剥落，最终发展至碎裂或变质，即材料发生热冲击损伤破坏。

　　实践表明，在一些筑炉用的耐火砖中，往往含有 10% ~20% 气孔率时反而具有最好的抗热冲击损伤性。而气孔的存在是降低材料强度和热导率的，R 和 R' 值都会减小。这一现象按强度－应力理论就不能解释了。实际上，凡是以热冲击损伤为主的热冲击破坏都是如此。因此，对于抗热冲击损伤性发展了另一理论，即从断裂力学观点出发，以应变能－断裂能为判据的理论。

按照热弹性力学观点，计算热应力时认为材料外形是完全受刚性约束的。即任何应力释放，如位错运动或黏滞流动等都是不存在的，裂纹产生和扩展过程中的应力释放也不予考虑，整个坯体中各处的内应力都处在最大热应力状态。这实际上只是一个条件最恶劣的力学假设，按此计算的热应力破坏会比实际情况更为严重。对于材料的热冲击损伤，按照断裂力学的观点，不仅要考虑材料中裂纹的产生情况（包括材料中原有的裂纹情况），而且还要考虑在应力作用下裂纹的扩展、蔓延。如果裂纹的扩展、蔓延能抑制在一个很小的范围内，也可能不致使材料完全破坏。

通常在实际材料中，都存在一定大小和数量的微裂纹。受热冲击时，这些裂纹的产生、扩展以及蔓延的程度与材料积存的弹性应变能和裂纹扩展的断裂表面能有关。裂纹的产生与扩展将释放所积存的弹性应变能，减小体系能量，因此所积存的弹性应变能释放是裂纹产生与扩展的动力；另一方面，裂纹产生与扩展将新增断裂表面能，使体系能量增大，因此断裂表面能的增加是裂纹产生与扩展的阻力。可见，材料内积存的弹性应变能释放率（裂纹扩展单位面积所降低的弹性应变能）越小，原裂纹扩展的可能性越小（所以弹性应变能释放率也称裂纹扩展力），抗热冲击损伤性越好；裂纹扩展、蔓延所需的断裂表面能越大，裂纹蔓延程度越小，抗热冲击损伤性越好。就是说，材料的抗热冲击损伤性正比于断裂表面能，反比于应变能释放率。这样就提出了两个抗热冲击损伤因子 R''' 和 R''''

$$R''' = \frac{E}{\sigma^2(1-\mu)} \tag{1-53}$$

$$R'''' = \frac{E \cdot 2r_{eff}}{\sigma^2(1-\mu)} \tag{1-54}$$

式中，$2r_{eff}$ 为断裂表面能，单位是 J/m^2（形成两个断裂表面）。R'''' 实际上是材料的弹性应变能释放率的倒数，用来比较具有相同断裂表面能的材料；R'''' 用来比较具有不同断裂表面能的材料。R''' 和 R'''' 越高的材料抗热冲击损伤性越好。

根据 R''' 和 R''''，具有较低的 σ 和较高的 E 的材料热稳定性好，这与 R 和 R' 正好相反。原因在于两者的判据不同。在抗热冲击损伤性中，认为强度高的材料，原有裂纹在热应力的作用下容易扩展和蔓延，对热稳定性不利，尤其在晶粒较大的样品中经常会遇到这样的情况。

D. P. H. Hasselman 曾试图统一上述两种理论。它将第二断裂抵抗因子中的 σ 用弹性应变能释放率 G 表示。按照断裂力学的观点，经推导可以得到 $G = \frac{\pi c \sigma^2}{E}$，式中 c 为裂纹半长，亦即 $\sigma = \sqrt{\frac{GE}{\pi c}}$，代入式（1-48）得：$R' = \sqrt{\frac{GE}{\pi c} \cdot \frac{\lambda(1-\mu)}{\alpha E}} = \frac{1}{\sqrt{\pi c}} \sqrt{\frac{G}{E}} \times \frac{\lambda}{\alpha}(1-\mu)$。显然，式中 $\sqrt{\frac{G}{E}} \times \frac{\lambda}{\alpha}$ 表达了材料中裂纹抗破坏的能力。据此，Hasselman 提出了热应力裂纹安定性因子 R_{st}，并定义为

$$R_{st} = \left(\frac{\lambda^2 G}{\alpha^2 E_0} \right)^{\frac{1}{2}} \qquad (1-55)$$

式中，E_0 为材料无裂纹时的弹性模量。R_{st} 越大，裂纹越不易扩展，热稳定性越好。这实际上与 R 和 R' 的考虑是一致的。

图 1-31 为理论上预期的裂纹长度以及材料强度随 ΔT 的变化。假设原有裂纹长度 l_0 时相应的强度为 σ_0，当 $\Delta T < \Delta T_c$ 时，裂纹是稳定的；当 $\Delta T = \Delta T_c$ 时，裂纹迅速从 l_0 扩展到 l_f，相应地，σ_0 迅速降至 σ_f。由于 l_f 对 ΔT_c 是亚临界的，只有 ΔT 增至 $\Delta T_c'$ 后，裂纹才连续扩展。因此，在 $\Delta T_c < \Delta T < \Delta T_c'$ 区间，裂纹长度无变化，相应地强度也不变。$\Delta T > \Delta T_c'$ 时，强度连续降低。这一结论为很多实验所证实。

图 1-32 是直径为 5 mm 的氧化铝杆加热到不同温度后投入水中急冷，在室温下测得的强度曲线。可见，实验结果与理论预期结果是相符的。

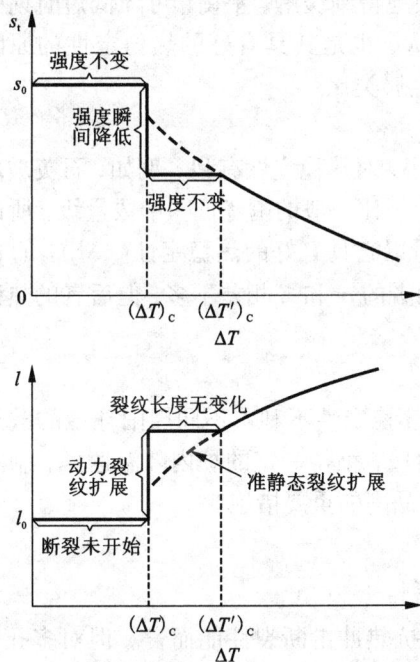

图 1-31 裂纹长度及强度随 ΔT 的函数关系

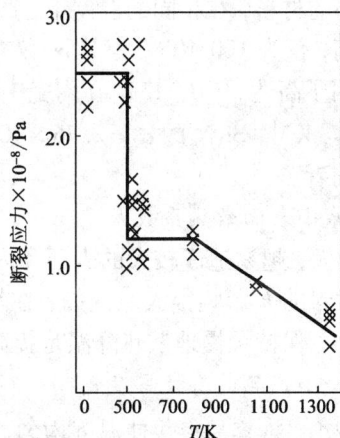

图 1-32 不同温度氧化铝杆在水中急冷后的强度

然而，精确地测定材料中存在的微小裂纹及其分布及裂纹扩展过程，目前在技术上还是很困难的。因此还不能对此理论作出直接的验证。并且，材料中原有裂纹的大小远非一致的，影响热稳定性的因素也是多方面的，还有热冲击方式、条件和材料中热应力的分布等问题。再加上材料的某些物理性能在不同条件下也有所不同。因此，这一理论还有待于进一步的发展。

1.5.5 提高抗热冲击断裂性能的措施

提高抗热冲击断裂性能的措施，主要是根据上述抗热冲击断裂因子所涉及的各个性能参数对热稳定性的影响。具体如下：

1. 提高材料的强度，减小弹性模量 E，使 σ/E 提高

实际无机材料的 σ 并不是很低，但其 E 很大，尤其是普通玻璃更是如此。而金属材料则是 σ 大 E 小，如钨的断裂强度比普通陶瓷高几十倍。因此一般金属材料的热稳定性较陶瓷材料好得多。

对于同一种材料，晶粒较细，晶界缺陷小，气孔少且分散均匀，则往往具有较高的强度，抗热冲击性较好。

2. 提高材料的热导率 λ

λ 大的材料传递热量快，使材料内外的温差较快地得到缓解、平衡，可降低短时期的热应力聚集，对提高热稳定性有利。金属的 λ 一般较大，也是其具有好的热稳定性的原因之一。在无机非金属材料中只有 BeO 瓷的热导率可与金属类比。

3. 减小材料的热膨胀系数 α

α 小的材料，在相同的温差下，产生的热应力较小，对热稳定性有利。例如，石英玻璃的 σ 并不高，仅为 100 MPa，但其 α_l 仅有 $0.5 \times 10^{-6}\ \mathrm{K}^{-1}$，比一般的陶瓷低一个数量级，所以其热应力因子高达 3000，其 R' 在陶瓷中也是较高的，所以它具有好的热稳定性。Al_2O_3 的 $\alpha_l = 8.4 \times 10^{-6}\ \mathrm{K}^{-1}$，$Si_3N_4$ 的 $\alpha_l = 2.75 \times 10^{-6}\ \mathrm{K}^{-1}$，虽然两者的 σ 和 E 相差不多，但后者的热稳定性优于前者。

4. 减小表面散热系数 h

h 越大，越易造成较大的表面和内部的温差，对热稳定性不利。不同周围环境的散热条件，对材料的 h 影响很大。例如，在烧成冷却工艺阶段，维持一定的炉内降温速率，制品表面不吹风，保持缓慢地散热降温是提高产品质量及成品率的重要措施。

5. 减小产品的有效厚度 r_m

r_m 越小，越容易很快使温度均匀，对热稳定性有利。

以上措施是针对密实性陶瓷材料、玻璃等，提高抗热冲击断裂性能而言。但对多孔、粗粒、干压和部分烧结的制品，要从抗热冲击损伤性来考虑。如耐火砖的热稳定性不够，表现为层层剥落，这是表面裂纹、微裂纹扩展所致。根据 R'''' 和 R''''，要求材料具有高的 E 和低的 σ_f，使材料具有更低的弹性应变能释放率；另一方面，要提高材料的断裂表面能，一旦开裂，就会吸收较多的能量使裂纹很快停止扩展。这样，降低裂纹扩展的材料特性（高 E 和 r_{eff}，低 σ_f），刚好与避免发生断裂的要求相反。对于热冲击损伤的材料，主要是避免原有裂纹的扩展所引起的深度损伤。

近期的研究工作已经证明，材料的显微组织对热冲击损伤有很大的影响。比如，研究发

现由表面撞击引起的比较尖锐的初始裂纹，在不太严重的热应力作用下就会引起材料的破坏；而晶粒间相互收缩引起的裂纹，对抵抗灾难性破坏有显著的作用。$Al_2O_3 - TiO_2$ 陶瓷内晶粒间的收缩孔隙就可使初始裂纹变钝，从而阻止裂纹的扩展，显著降低材料的热冲击损伤。再如，在与抗张强度关系不大的用途中，利用各向异性热膨胀有意引入裂纹，是避免灾难性热振破坏的有效途径，等等。

思考练习题

1. 为什么说材料热学性能的物理本质都与晶格热振动有关？

2. 解释离子晶体可发射电磁波及具有红外光吸收特性的原因。

3. 画图并简要说明物质的热容随温度变化的规律。

4. GaAs 的德拜温度为 344 K，分别计算室温 300 K 及低温 -40 ℃时的摩尔热容和比热容。

5. 试结合热膨胀的机理分析，即使在相同的温度条件下，不同的固体材料也往往具有不同的热膨胀系数的原因。

6. 固体材料的热膨胀在工程上有何应用？

7. 分析金属材料和无机非金属材料的导热机制。

8. 试解释为什么玻璃的热导率常常低于晶态固体几个数量级。

9. 单晶硅与多晶硅哪个热导率大？为什么？

10. 何为热应力？它是如何产生的？

11. 分析三个热应力断裂抵抗因子之间的区别和联系。

12. 抗热冲击损伤性与抗热冲击断裂性的判据、所适用的材料分别是什么？怎样表征材料的抗热冲击损伤性？

第2章 材料的导电性

材料的电学性能，广义上包括材料受到某种或几种因素作用时，材料内部的带电粒子发生相应的定向运动或者其空间分布状态发生变化，由此导致宏观上出现电荷输运或者电荷极化的现象。材料的导电性（electrical conductivity）是指在电场作用下，材料中的带电粒子发生定向移动从而形成宏观电流的现象，属于材料的电荷输运特性。另外，材料的导电性受到许多其他因素的影响。比如：半导体材料的光电导特性，一些材料中表现出来的磁电阻效应等，分别反映了光照和磁场对于材料的导电性的影响。

从导电角度出发，根据导电性机理、参照材料导电性的高低，习惯上将材料划分为导体（conductor）、半导体（semiconductor）和绝缘体（insulator），这三类材料在电力工业和电子工业中都具有非常重要的作用。比如，以铜和铝为代表的导体广泛用于电能的输送导线；以 Si 和 GaAs 为代表的半导体材料分别在微电子电路和半导体光学技术领域发挥关键作用；而陶瓷、高分子类的绝缘体同样在电力、电子工业中必不可少。另外，还有一类电阻趋于零的超导材料（superconductor），它可以承载非常高密度的电流而不发热，目前虽然还没在输电中得到实际应用，在一些特殊领域中具有很独特的效果。因此，了解材料的导电性规律性、微观机理及其影响因素，对于控制材料的导电性使其满足各种具体的实际需求，以及对于开发新的材料是非常必要的。

实际应用中，金属、陶瓷和高分子三大类材料在导电性特点的利用方面都有重要的应用。因此，本章对这三类材料的导电性机理和特点进行比较全面系统介绍和对比。

2.1 材料的导电性概述

2.1.1 各类材料的导电性概况

材料在各种电路中都是以具有一定形状尺寸的器件出现的。材料器件所呈现的导电性，最常见的是服从欧姆定律，也就是器件中的电流与施加于它上面的电压成正比例关系，其比例系数为该器件的电阻（resistance）。但是，并非所有的材料器件的导电性都服从欧姆定律。单向导通的二极管（diode）、具有放大作用的晶体管（transistor）等器件中，电流与电压的关系不符合欧姆定律。

为了比较不同材料自身的导电性，需要消除器件的形状尺寸的影响。为此，使用材料的电阻率(resistivity)来表达，或者用电导率(conductivity)表达，也就是电阻率的倒数。习惯使用的物理量符号分别是电阻率 ρ 和电导率 σ。在 SI 单位制下，ρ 和 σ 的单位分别是($\Omega\cdot m$) 和 (S/m)，其中，σ 的单位也常用($\Omega\cdot m$)$^{-1}$表示。超导体、导体、半导体和绝缘体材料电导率 σ 的大致范围分别为：$\geqslant 10^{15}$、$10^{8}\sim 10^{4}$、$10^{6}\sim 10^{-6}$ 和 $10^{-8}\sim 10^{-20}$($\Omega\cdot m$)$^{-1}$。(请注意：不同导电类别材料的导电性之间的界线是人为划分的，不同类别的材料之间有交叉重叠，而不同的资料中给出的界线也不完全一致。)

　　图 2-1 中给出了不同类型材料的导电性变化范围及其比较。表 2-1 中给出了一些材料的导电性数据。金属及合金一般都被划归导体，它们显示很好的导电性。半导体材料的导电性仅次于金属材料，而且显示出可在很宽范围内变化的特点。高分子材料和陶瓷材料导电性差，一般用作绝缘体。不过，这些材料中，有一些现象很值得关注。近年来，人们研究发现了一些具有良好导电性的高分子材料。大致分为两类。一类是绝缘高分子中掺如炭黑等导电材料获得良好的导电性，一类是利用高分子中特殊键中电子导电达到很高的导电性，如掺杂 AsF_5 的聚乙炔等材料。陶瓷材料的导电性最为复杂。以金属氧化物为例，有些过渡族金属的氧化物陶瓷显示良好的导电性，有些金属氧化物显示半导体特性，而主族金属的氧化物通常显示非常好的绝缘性。常温下导电性比较差的陶瓷材料，有的在较低温度下还能够显示超导性，从而成为导电性最好的材料。

表 2-1　一些材料在室温下的电导率 σ　　　　　　　　($\Omega\cdot m$)$^{-1}$

材料	电导率 σ	材料	电导率 σ	材料	电导率 σ
Ag	6.3×10^7	CrO_2	3.3×10^6	Si	4.3×10^{-4}
Cu	6.0×10^7	Fe_3O_4	1.0×10^4	Ge	2.2
Au	4.3×10^7	SiC	10	聚乙烯	$<10^{-14}$
Al	3.8×10^7	MgO	$<10^{-12}$	聚丙烯	$<10^{-13}$
Fe	1.0×10^7	Al_2O_3	$<10^{-12}$	聚苯乙烯	$<10^{-14}$
70Cu-30Zn	1.6×10^7	Si_3N_4	$<10^{-12}$	聚四氟乙烯	10^{-16}
普碳钢	6.0×10^6	SiO_2	$<10^{-12}$	尼龙	$10^{-10}\sim 10^{-13}$
不锈钢(304)	1.4×10^6	滑石	$<10^{-12}$	聚氯乙烯	$10^{-10}\sim 10^{-14}$
TiB_2	1.7×10^7	耐火砖	10^{-6}	酚醛树脂	10^{-11}
TiN	4.0×10^6	普通电瓷	10^{-12}	特氟龙	10^{-14}
$MoSi_2$	$(2.2\sim 3.3)\times 10^6$	融石英	$<10^{-18}$	硫化橡胶	10^{-12}
ReO_3	5.0×10^7	石墨	$3\times 10^4\sim 2\times 10^5$	聚乙炔(拉伸态)	1.6×10^7

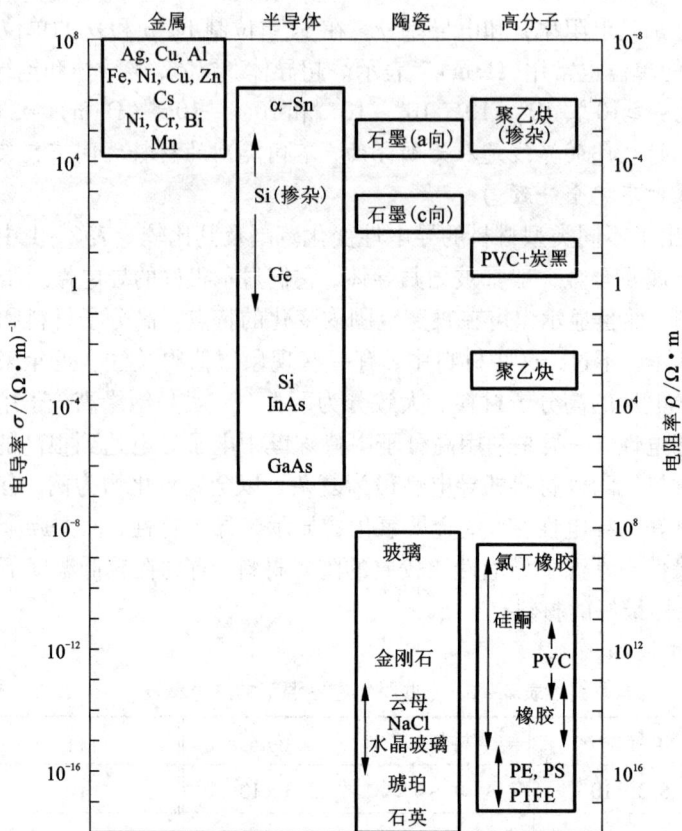

图 2 - 1　不同类别材料的导电性范围

2.1.2　材料导电性的微观机理

　　材料器件宏观上的导电性是材料中带有电荷的粒子响应电场的作用发生定向移动的结果。材料中参与传导电流的带电粒子称为载流子(charge carrier)。总体上讲,材料中可能的载流子包括电子和正、负离子。一种材料中,载流子可能是一种,也可能是几种。后一种情况下,如果其中一种载流子的体积密度或者在总体导电性中起主导作用,为主要载流子。

　　金属材料的载流子为电子。但是,不是金属材料中所有的核外电子都是载流子,只有处于公有化状态的自由电子才作为载流子参与导电。在后面更具体的分析中,还将看到,通常的电场作用下,金属中并不需要所有的自由电子都实际参与导电,而只是其中很小比例的部分电子就能完成导电,绝大部分处于储备状态。

　　半导体材料的载流子包括导带中的电子(electrons in conduction band)和价带中的空穴(holes in valence band)。掺杂半导体中往往又以其中之一为主,比如在 n 型半导体中,导带中的电子体积密度远远多于价带的空穴，是占主导地位的载流子；而 p 型半导体中数量占优势的载流子为价带的空穴。习惯上将数量占优势的载流子称作多数载流子(major charge carrier)，而数量上较少的为少数载流子(minor charge carrier)。

陶瓷材料中载流子情况最为复杂。有些材料能够类似于金属材料，依靠核外未满的次外层上的电子参与导电。表现出半导体特性的陶瓷材料，主要依靠价带空穴和导带电子导电。陶瓷材料中特有的导电现象是离子导电，其中电流是通过各种正、负离子响应电场作用产生净定向扩散而传导。离子键结合的陶瓷材料显示这种特性，其中，电子导电还必须非常弱。否则，电子导电仍起到主导作用时，就会将离子导电掩盖掉。

高分子材料一般都具有非常好的电绝缘性，原因是其中缺乏高体积密度的载流子。但是，在近年来发现某些高分子材料具有良好导电性，原因是特殊形态的结合键中电子能够参与导电。

一般情况下，材料中由分别携带正电荷和负电荷的两类载流子参与导电。如果已知载流子的体积密度即单位体积中载流子的数量(n_+, n_-)、各自所携带的电荷量(q_+e, q_-e)，以及它们在电场作用下定向移动产生的漂移速度(drift velocity, v_+, v_-)，就可以得到电流密度 j(current density)的表达式

$$\boldsymbol{j} = n_+ \boldsymbol{v}_+ q_+ e - n_- \boldsymbol{v}_- q_- e$$

式中，$e = 1.6 \times 10^{-19}$ C，为电子电荷量。

引入带正、负电荷的载流子的迁移率(mobility, μ_+, μ_-)，其定义为单位强度的电场 ξ 作用下的定向移动速度 v，即：

$$\mu = v/\xi \tag{2-1}$$

则电流密度可以表达为

$$\boldsymbol{j} = (n_+ \mu_+ q_+ e + n_- \mu_- q_- e)\boldsymbol{\xi} = \sigma \boldsymbol{\xi} \tag{2-2}$$

式中，σ 为材料的电导率。

式(2-2)是欧姆定律的一种表达形式。显然

$$\sigma = n_+ \mu_+ q_+ e + n_- \mu_- q_- e \tag{2-3a}$$

如果材料中包含更多种不同的载流子参与导电过程，其电导率的表达式可以更一般化为

$$\sigma = \sum_i (n\mu qe)_i \tag{2-3b}$$

式中，求和是对所有种类的载流子进行的。其余各符号所表达的物理量同上。

从材料电导率的表达式(2-3b)可以看出，影响材料导电性的因素包括载流子的电荷量、体积密度以及迁移率。其中，单个载流子的电荷量是比较容易确定下来的，无需特别讨论。因此，影响材料电导率的主要因素是材料中载流子的体积密度与迁移率。

由式(2-3)立即可以给出半导体材料和金属材料的电导率公式。其中，半导体材料的载流子为导带的电子与价带的空穴。以 n 与 p 分别表达导带上的电子体积密度和价带中的空穴

体积密度，μ_e 与 μ_h 分别为电子及空穴的迁移率。根据式（2-3）得半导体的电导率表达式为

$$\sigma = p\mu_h e + n\mu_e e \tag{2-4}$$

金属中只有自由电子参与导电。按照经典自由电子理论，所有自由电子参与导电。因此，金属的电导率

$$\sigma = n_e\mu_e e$$

通过简单推导，可以得出自由电子在电场 ξ 作用下获得的漂移速度为

$$v = -e\tau\xi/m_e$$

因此，自由电子的迁移率为

$$\mu_e = e\tau/m_e \tag{2-5}$$

根据式（2-3）得金属材料的电导率表达式为

$$\sigma = n_e\mu_e e = n_e e^2 \tau/m \tag{2-6}$$

式中，τ 为自由电子的平均自由运动时间；n_e 为自由电子体积密度；m 为电子的质量。

需要指出，经典自由电子理论的这种处理存在着严重缺陷。原因是它认为所有的自由电子都参与导电。产生这种缺陷的根源则在于经典自由电子理论没有认识到金属中自由电子的能量、波矢或速度状态的量子化特征。在依据量子自由电子理论对于金属导电性处理之后再进行比较。

以下对于各类典型材料的导电性进行具体分析。根据载流子的类型可将材料的导电性划分为两类：电子型导电性（包括电子和空穴导电）和离子导电性。这两种类型的载流子不论是体积密度还是迁移率的影响因素都有着本质差别。

在科学发展的历史中，人们首先从金属导电性开始认识材料的导电性规律并展开理论分析。因此，首先对于电子型导电性进行讨论。这部分的基础是有关金属及固体材料中电子态，具体内容涉及金属、半导体及陶瓷材料的电子和（或）空穴的导电，也涉及超导性。有关离子导电的基础涉及离子在晶体中的扩散运动，具体内容关系到离子晶体类的陶瓷材料的导电性。

2.1.3 材料导电性理论

对于导电性的分析，涉及各类材料中载流子的自身运动状态及其在外部电场作用下的变化，因此，有关各种固体材料中带电粒子运动状态，特别是基于量子力学理论给出的固体材料中电子的运动状态的理论结果，成为导电性理论分析的基础。因此，我们对电子型导电性的理论分析，依据人们对于固体材料中电子态认识的发展历程——以量子自由电子理论和能带理论为两个主要阶段，相应地进行讨论。历史上，虽然有关金属的经典自由电子理论也有着巨大的贡献，鉴于该理论存在着根本，不再介绍。

有关材料的电阻来源的假设是讨论固体材料导电性理论的另一个基本出发点。该假设指出：那些受电场作用而定向移动、从而传导电流的载流子（局限于电子和空穴），在材料中运

动时与位置相对固定的离子实（或称晶格）发生碰撞而受阻，这就是电阻的根源。碰撞过程中，载流子失去其定向移动速度及相应的能量，转化为焦耳（Jole）热。

1. 基于量子自由电子理论的金属导电性理论

金属导电性是材料中自由电子在外部电场作用下发生定向移动的结果。进行导电性的微观机理分析时，除了这种定向移动外，还首先必须关注自由电子的固有运动。电子属于微观粒子，固体材料中电子的运动状态是依据量子理论分析得出的。

依据量子自由电子理论，金属中自由电子的波矢 $\boldsymbol{k}$、动量 $\boldsymbol{p}$、能量、速度 $\boldsymbol{v}$ 都是量子化的，它们之间的关系为

$$\hbar \boldsymbol{k} = \boldsymbol{p} = m\boldsymbol{v}$$

式中，$\hbar = h/2\pi$，h 为普朗克常数；m 为电子质量。

自由电子允许的状态点在波矢空间（k 空间）或者速度空间（v 空间）中排布成一个简单立方点阵的阵点。自由电子按照费米 – 狄拉克分布律占据允许的状态点。其中，自由电子的动能是其全部能量，因此正比于其运动速度的平方。这样，在 0 K 下自由电子在速度空间中的分布形成一个中心对称球，称为费米球，球表面为费米面。也就是说，自由电子的运动状态在速度空间中呈现以坐标原点为对称点的球对称分布，如图 2 – 2（a）中以二维速度空间所示的那样。图 2 – 2（a）中，阴影区为自由电子所占据状态的区域，圆周边界对应于自由电子的费米速度 v_{F}。

考察金属的导电性，需要将所有自由电子的运动速度进行矢量合成，也就是对其在电场方向上的分量进行代数加和。金属中自由电子体系的固有运动在任何一个空间方向上的分量进行加和，得到的合速度都为零，因此，在金属的任何方向上都没有宏观电流的流动。这种情况对应于没有外加电场即 $\xi = 0$ 的情况。对此可以简单总结为：球对称的费米球内填满自由电子，所有自由电子的运动互相抵消，宏观电流密度 $j = 0$。

如果对金属施加一个电场作用，自由电子感受到电场的库仑力作用，在电场的反方向上产生加速度，费米球逆着电场方向漂移，如图 2 – 2（b）中所示。从导电角度看，自由电子在电场方向上的运动合成速度不再为零，因而形成宏观电流。此时，自由电子系在与电场垂直的方向上的加和速度仍然为零。

自由电子的运动相互抵消时对电流没有贡献。从这样的观点出发，由图 2 – 2 看到，通常的电场作用下，参与导电的自由电子（称为"有效电子"）只是自由电子的一部分，而并非全部自由电子。比如说，在强度为 $(10^2 \sim 10^5)$ V/m 的电场作用下，电场给予电子的定向移动速度最高不过数百米/秒，而金属中的自由电子的费米速度 v_{F}（也就是处于费米面上的电子的速度）为 $(10^5 \sim 10^6)$ m/s，两者相差几个数量级。因此，在通常强度的电场作用下，自由电子体系费米球漂移量很小。故此，参与导电的自由电子仅仅是处于费米面附近的电子，它们只是金属中所有自由电子的很少一部分。这一点，不同于经典自由电子理论的结论，需要特别注意。同时，参与导电的那些自由电子的速度可以用自由电子体系的费米速度近似。

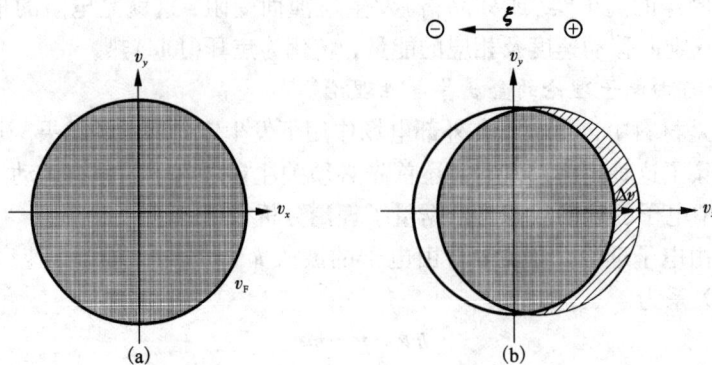

图 2 - 2　金属中自由电子运动状态及其受电场的影响
(a)没有外电场的情况；(b)在外电场 ξ 作用下的速度分布情况

　　依靠电子导电的固体材料，电阻的根源在于材料中的离子实对导电电子的阻碍作用。这种作用的一种处理方式，是认为导电电子与离子实或者晶格原子发生碰撞，电子失去其定向移动速度。假设自由电子平均自由运动时间为 τ，在这段时间内电子获得电场的加速而产生漂移速度、并获得额外的动能。在速度空间中，自由电子体系的费米球发生漂移，其速度改变量等于自由电子的漂移速度。

　　图 2 - 3 中以金属中自由电子能态密度曲线的方式给出了外加电场对于自由电子运动状态的影响。为了分析导电性，首先将自由电子按照其电场方向上速度分量 v_x 的正负分成两类。图 2 - 3 中虚线标识的是自由电子体系的费米能的位置，也就是 0 K 下没有外加电场作用时自由电子所占

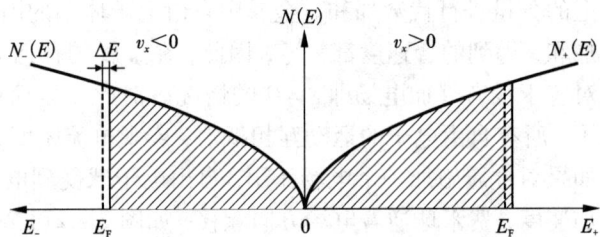

图 2 - 3　自由电子占据态密度及其在电场作用下的变化

据的最高能级。两侧的虚线位置是对称的。在外电场作用下，相应于图 2 - 2(b)所示的费米球的漂移，在能态密度曲线上，自由电子占据态的分布变为图 2 - 3 中阴影部分所示。左右两边不再对称，其面积差代表了金属中参与导电的自由电子的体积密度。可以计算出这些自由电子的"数量"N^* 为

$$N^* \approx N(E_F) <\Delta E> = N(E_F) <v_{Fx}> e\tau\xi \tag{2-7}$$

式中，$<\Delta E>$ 为自由电子受电场加速而获得的平均动能；$<v_{Fx}>$ 为参与导电的自由电子在 x 轴方向上的速度(绝对值)的平均值(脚标 F 代表这些电子处于费米面附近)；$N(E_F)$ 为费米能级的状态密度。

这样，金属在电场 ξ 作用下的电流密度 j 为

$$j = N^* < v_{Fx} > e = N(E_F) e^2 v_F^2 \tau \xi / 3 \tag{2-8}$$

因此，电导率 σ 为

$$\sigma = N(E_F) e^2 v_F^2 \tau / 3 \tag{2-9}$$

这就是量子自由电子理论给出的金属导电性的理论公式。需要指出：该结论对于温度高于 0 K 的情况也同样适用。

这里，引入导电自由电子平均自由程的概念。它是导电电子在相邻的两次碰撞之间移动距离的平均值。显然，导电自由电子的平均自由程 $<l>$ 等于自由电子的速度（费米速度）与平均自由移动时间 τ 的乘积，即

$$<l> = v_F \tau \tag{2-10}$$

依据一些纯金属在室温下的导电性实验数据，结合金属导电性的上述理论分析，得出金属中自由电子在室温下的平均自由移动时间大约为 10^{-14} s 的数量级，而平均自由程一般为数十纳米。

2. 依据能带理论的材料导电性理论

依据能带理论能够对所有固体材料中的电子态进行理论分析。因此，全面分析固体材料中的电子导电行为也需要使用能带理论。上面所述的金属材料自由电子导电性的理论公式，可以在形式上不做任何修改地移植到能带理论中。其中，各表达式中费米能级上的电子态密度 $N(E_F)$ 需要使用能带理论的结论。

依据能带理论，固体材料中电子状态的显著特点在于其能带结构特征。在所有的固体材料中，电子的波矢空间（或速度空间）分割成不同的布里渊区。一个布里渊区内电子的能量随着速度准连续变化，具有能量间隔很小的能级。在相邻布里渊区的边界上，电子的能量随着速度不是连续变化的，而是发生突变。在一般固体材料中，布里渊区边界两侧的电子能量差在几个至十几个电子伏特（eV），比一个布里渊区内相邻能级之间的能量差要高出多个数量级。另外，在半导体和绝缘体材料中，在相邻能带之间出现能带间隙。

对于固体材料中的外层电子来说，电场所给予电子的能量足以使电子在一个布里渊区内从一个能级跃迁到另一个能级上去。但是，一般强度的电场所提供的能量却无法使电子逾越布里渊区边界上的能量"壁垒"而进入到相邻的布里渊区。例外的情况是施加高达 $(10^8 \sim 10^9)$ V/m 以上的极高电场，将材料"击穿"。

不同固体材料具有如上所述的不同的电子态。这种差别导致不同类型材料的导电性存在根本区别。图 2-4 至 2-7 以二维速度空间示意性给出了一价金属、二价金属与半导体材料中的外层价电子的速度分布情况。在图 2-4 至图 2-6 中，左侧为没有外加电场的情况，电子的速度呈现中心对称分布；右侧是在外部电场作用下这种对称分布发生变化的情况。这里给出的是在 $T = 0$ K 下的情况。

图 2-4 所示为一价金属 Cs 中自由电子的能带结构与电子的填充情况。其费米面与第一

布里渊区边界没有接触。此时，如果外加电场比较低，费米球发生漂移后，费米面仍然不会接触到布里渊区边界。因此，费米球只平移、不发生畸变。这样，布里渊区对于自由电子在外加电场作用下发生的变化没有任何影响。从导电角度看，电子在速度空间中的分布已经失去中心对称性，因此在电场方向上形成宏观电流。

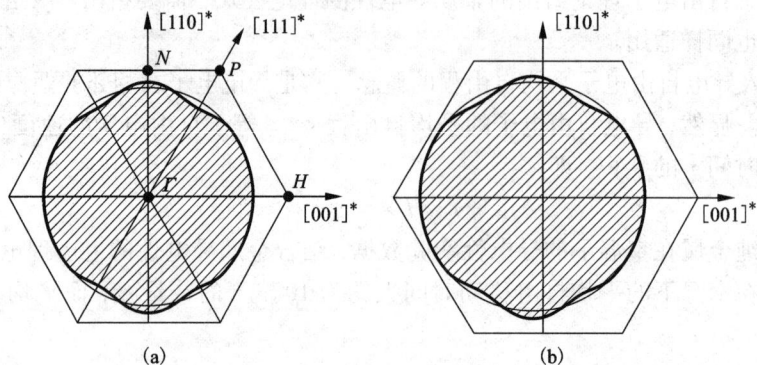

图2-4　Cs 的第一布里渊区及费米球的(110)*截面及在电场作用下的变化示意图

(a)无电场作用情况；(b)沿着晶体的[001]方向上施加电场后的情况

　　另一类具有代表性的一价金属是 Cu。它与 Cs 的不同之处在于其费米面已经与第一布里渊区边界相接触，如图2-5所示。这种情况下，电场的作用使得费米球发生漂移，而在逆着电场方向一侧的布里渊区边界上，能量壁垒将这些电子阻拦在第一布里渊区内，使它们不能进入到相邻的布里渊区之中去。此时，费米球的形状发生畸变。由于电子在速度空间中的分布失去中心对称性，故形成宏观电流。

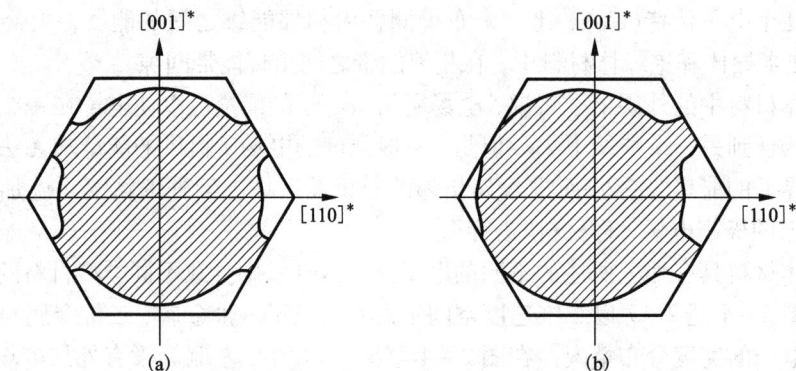

图2-5　Cu 的布里渊区及费米球的(110)*截面费米球截面及在电场作用下的变化示意图

(a)无电场作用的情况；(b)沿着晶体的[110]方向上施加电场后的情况

    二价金属中的 s 能带与 p 能带发生能带重叠，价电子大部分填充在 s 能带中，即处于第一布里渊区中；但有少量电子填充在 p 能带中，也就是在第二布里渊区内。这样，在第一布里渊区中尚有一些空余的电子态。没有外加电场作用时，同时处于第一和第二布里渊区内的费米球呈中心对称形状。施加外电场的作用后，费米球逆着电场方向漂移，同时在两个布里渊区的边界处受到阻拦。如图 2-6 所示。同样，这种情况下在电场方向上形成宏观电流。

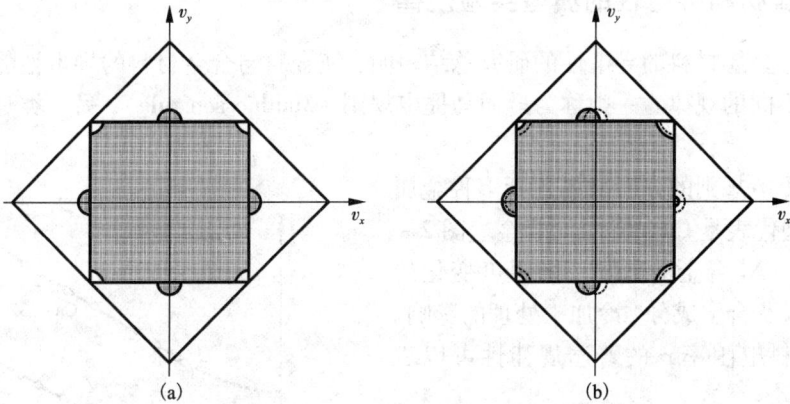

图 2-6　二价金属的布里渊区及费米面及在电场作用下的变化示意图

(a)无电场作用的情况；(b)沿着 x 方向施加电场后的情况

    半导体材料的能带及电子填充特征为：在 0K 下，平均每个原子提供的 4 个价电子将价带全填满(即填满了电子)，而导带上没有电子。如图 2-7 所示。施加一般强度的外加电场作用，电场给予的能量无法使电子越过价带与导带之间的布里渊区边界所设置的能量壁垒(即半导体的能带间隙)，费米面因而无法漂移。因此，施加电场前后费米面没有变化。此时，可以认为电场不能改变价电子体系的运动状态，也就是速度分布情况不变。故此，外加电场作用下半导体中并没有宏观电流。这样，0K 下半导体不导电，是绝缘体。除非被极高强度的电场击穿。

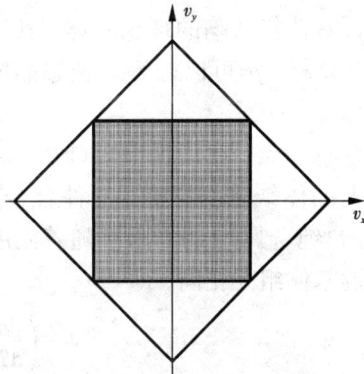

**图 2-7　半导体的布里渊区及
电子填充情况示意图**

2.2　金属材料的导电性

本节详细介绍金属材料的导电性规律，根据金属材料的电子态特征、晶体结构及微观组织结构特点，分析电阻的产生机理、影响因素及控制方法。

2.2.1　金属材料导电性的典型实验规律

对于大量金属材料的导电性的研究总结表明：纯金属与合金材料的导电性随着温度的变化显示两类不同的规律。一类称为遵循马提申规则（Matthiessen rule），另一类是偏离该规则的规律性。

遵循马提申规则的金属材料包括多种金属及合金，典型代表是 Cu－Ni 二元合金。图 2－8 给出了 Cu－Ni 合金的电阻率随温度变化的试验曲线，以及合金成分、冷加工处理的影响。这类金属材料电阻率 ρ 的普遍规律性可以表达为：

$$\rho = \rho_0' + \rho_T \qquad (2-11a)$$

式中，ρ_T 为金属材料的电阻率随着温度变化的部分；ρ_0' 为 0 K 下金属材料所具有的电阻率，称作残余电阻率（residual resistivity）。如果金属材料是没有任何缺陷的理想晶体，其残余电阻率为零。这样，ρ_T 可以理解为理想晶体的电阻率。

需要注意一点：在马提申规则中，ρ_T 不受合金成分及晶体缺陷的影响，一种合金（或者含有杂质的"纯金属"）的电阻率随着温度的变化与合金的基体组元相同，即

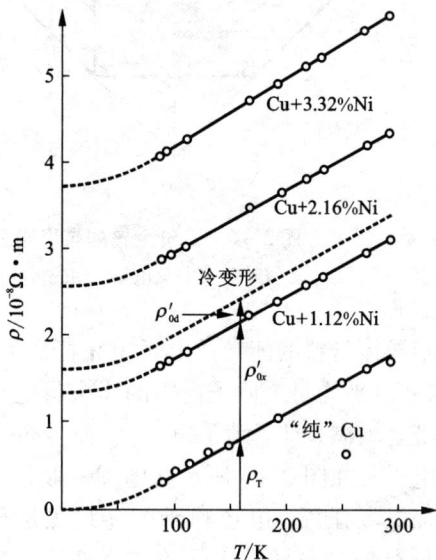

图 2－8　Cu－Ni 合金的电阻率随着合金成分、冷加工处理以及温度变化

$$\left(\frac{\mathrm{d}\rho}{\mathrm{d}T}\right)_{合金} = \left(\frac{\mathrm{d}\rho}{\mathrm{d}T}\right)_{基体} \qquad (2-11b)$$

也就是说：合金元素以及晶体缺陷的影响局限于 ρ_0' 项，而对于 ρ 随着温度的变化没有影响。

偏离马提申规则的合金材料中，添加的合金元素不仅影响合金的残余电阻率 ρ_0'，同时也使合金的电阻率随温度的变化率发生改变，因而式（2－11b）不再成立。这类合金的典型例子是 Cu－Mn 合金，图 2－9 所示为有关的实验曲线。其中给出了加入 w_{Mn} 分别为 1.20% 和 3.09% 的 Cu－Mn 合金的电阻率随着温度变化的曲线。同时还给出了一些其他合金元素对

电阻率影响的实验结果。对比发现：Cu 中加入 Mn 不仅可以大幅度提高电阻率，还使得合金电阻率随着温度的变化趋于平缓。

为了量化温度的影响，定义电阻率温度系数 TCR(temperature coefficient of resistivity) 为：

$$TCR = \frac{d\rho}{dT} \cdot \frac{1}{\rho} \qquad (2-12a)$$

工程上，常用 $(T \sim T_0)$ 的温度区间内平均电阻率温度系数 α 来反映温度 T 对 ρ 的影响，其表达式为：

$$\rho(T) = \rho(T_0) + \alpha(T - T_0) \cdot \rho(T_0)$$
$$(2-12b)$$

式中，$\rho(T_0)$ 为某个参考温度 T_0（通常取室温）下的电阻率。

在金属导电元器件的工程实际应用中，为了保证电路特性的热稳定性，即温度在一定范围内变化时电路的特性变化控制在一定范围之内，需要合金电阻率的相对变化不超过限定值。为此，需要电阻率温度系数 TCR 或者 α 数值很小的合金，工程上称其为精密电阻合金。

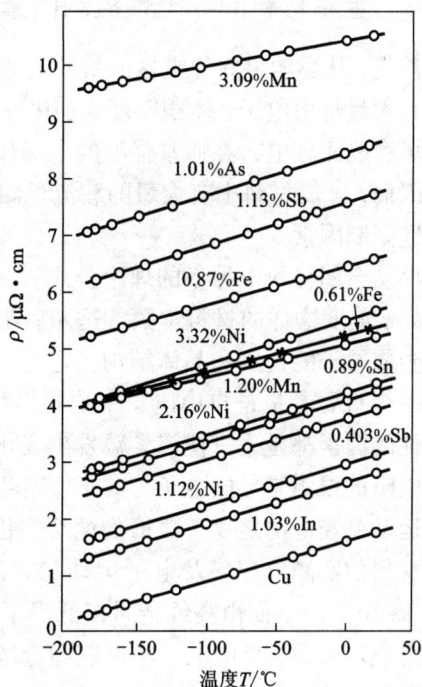

图 2 - 9　Cu 基合金电阻率与合金元素及其含量的关系曲线

从式 (2 - 12a) 可以看出，获取精密电阻合金的途径有两条：提高合金的电阻率 ρ，或者降低合金电阻率随温度的变化率。合金元素对于导电性的影响，使合金化成为精密电阻合金的通用方法。其中，对于后一条途径来说，偏离马提申规则的合金具有特殊意义。加入 Mn 的 Cu - Mn 合金系是一类典型的精密电阻合金。

对于偏离马提申规则的合金系，对于其电阻率随着温度变化 ρ_T 的特性人们还采用了另一种描述方法。该方法中，将合金的电阻率划分成溶剂金属的电阻率 ρ_0 和合金元素的影响 p' 两个组成部分。定义了残余电阻率温度系数 α_ξ。与合金中作为溶剂的纯金属的电阻率 ρ_0 及其温度系数 α_0 结合在一起，合金的电阻率 ρ 随着温度的变化率表达式为：

$$\frac{d\rho}{dT} = \frac{d\rho_0}{dT} + \frac{d\rho'}{dT} = \alpha_0\rho_0 + \alpha_\xi\rho' \qquad (2-13)$$

在这样的描述方法中，一些合金元素具有负的残余电阻率温度系数。比如，对于 Cu、Ag、Au 这些一价金属为溶剂的合金中，添加 Mn、Cr 进行合金化就可以获得负的残余电阻率温度系数 α_ξ。

2.2.2 金属材料的导电性控制因素

首先，从影响材料导电性的最一般分析出发来考察金属材料的导电性的控制性因素。金属中有大量自由电子，体积密度为$(10^{28} \sim 10^{29}) \mathrm{m}^{-3}$，它们可以在金属内自由移动，并且可以受电场影响而导电。在通常强度的电场作用下，只有其中的很少一部分自由电子对导电有贡献。因而，金属材料中有大量的载流子储备。也就是说，载流子的体积密度不是金属材料的导电性限制因素。

再从金属材料电导率的理论公式(2-9)出发可以看到：其中包含着费米能级上的能态密度、费米速度这样的材料常数。这两者都取决于金属材料的能带结构和电子填充情况，它们是由金属原子的类别和晶体结构决定的，一般都不会明显改变，除非发生相变。式(2-9)中的另一个重要变量是自由电子平均自由移动时间τ或者其自由程$<l>$。众多影响金属材料导电性的因素都是通过使该参数发生变化来施加影响的。

电阻的根源是导电电子与离子实发生碰撞。电子的平均自由程 $<l> = v_F \tau$ 也就是导电电子运动路径上与之发生碰撞的两个"相邻"的离子实之间的平均距离。依据式(2-9)，将金属材料的实测电导率及电子运动状态的基本参数代入，可以得到电子的自由程$<l>$在$(10^{-9} \sim 10^{-6}) \mathrm{m}$，而由高纯金属在低温下的电导率还可以计算得到毫米(mm)量级的电子平均自由程。因而，导电电子不可能与金属晶体中处于其运动前方的所有离子实发生碰撞，而是有选择的。

另外，导电电子与金属材料中离子实之间的各种交互作用中，对于导电性的影响来说，这两类带电粒子之间电的交互作用处于首要位置。实际上，固体材料中的所有外层电子时时刻刻都处于带正电的离子实所建立的电场中运动。因此，考虑晶态金属材料的电阻根源，需要从周期性排列的离子实所建立电场的特征入手，即对晶格的周期势场特征进行分析。

前面介绍的有关 Cu 基合金导电性的试验结果已经表明：金属材料的电阻率受到温度的影响，同时受到合金元素、杂质及晶体缺陷的影响。根据这些因素与金属微观结构之间的联系，考虑它们对金属晶格势场的影响，可以得出这样的结论：从材料的微观结构上看，与导电电子发生碰撞的离子实，是晶体中那些破坏了晶格库仑势场(或晶格场)周期性的"异常"离子实。宏观上金属材料的导电性，取决于晶格场中相邻不规则点之间的平均距离——因为它决定了导电电子的平均自由程。

从有关金属材料电阻的这种微观机理出发，周期性晶格场的异常点可以分成两种：势场空间位置的周期性偏离点和势场强度的非周期点。这些非周期势场的异常点产生的原因，包含着金属导电性试验中显示的全部影响因素。其中，温度通过晶格中原子热振动施加其影响，如图2-10(a)所示，晶格热振动形成的格波在振动传播到达的区域中使离子实的位置偏离理想的周期位置，因此，会与恰好运动到该区域中的导电电子发生碰撞。这种离子实的位置偏离是暂时的，随着格波的继续传播会离开此位置。图2-10(b)中示意性给出尺寸不同

的异类原子和空位所造成的晶体中局部离子
实偏离周期性位置的情况。这里,对于晶格
场周期性造成的破坏显而易见。金属中的其
他晶体缺陷也很显然可以造成类似的破坏。

除了因为离子实位置改变而破坏晶格场
的周期性这种方式外,金属中的异类原子还
可能因为离子价不同造成另一种破坏——晶
格场强度的周期性受破坏。这方面的一个简
单例子,就是一价金属的晶格中引入了二价
离子实时,其晶格库仑势场的变化影响。

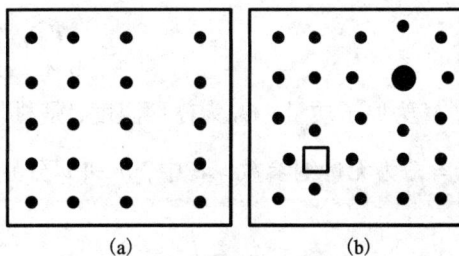

**图 2 - 10 晶体中原子偏离
理想周期位置的情况示意图**

(a)晶格热振动导致的暂时偏离;
(b)异类原子及空位导致的恒定偏离

如前所述,这些晶格场的不规则点构成
了与导电电子发生碰撞的碰撞点(collision
site)。从电子的波动观点出发,将碰撞对电子运动的影响称作对电子波的散射,相应地将碰
撞点称作散射中心(scattering center)。温度造成的晶格振动,以及合金化和晶体缺陷的影响,
都缩短了导电电子的 $<l>$ 及 τ,根据式(2 -9),导致金属材料的导电性降低、电阻率增高。

一般而言,金属材料中对导电电子在电场中的定向移动产生阻碍作用的散射中心或者碰
撞点不只是一类。如果不同类型的散射中心之间的相邻平均距离以及所决定的电子平均自由
程分别为 $<l_i>$,或者所决定的电子平均自由移动时间分别为 τ_i,那么,金属材料整体导电性
所对应的电子平均自由移动时间为

$$\frac{1}{\tau} = \sum_i \frac{1}{\tau_i} \tag{2 - 14}$$

这种结论,相当于各种类型缺陷所形成的散射中心对于导电电子的阻碍作用按照电阻串
联的方式共同发挥作用。

2.2.3 温度对金属导电性的影响

固体材料中原子的热振动借助于原子之间的相互作用传播而形成格波。如图 2 - 10(a)
所示那样,这将导致固体中某些局部区域中原子偏离其理想的周期位置,从而影响导电电子
的运动。当温度 T 升高时,晶格原子热振动加剧,瞬间偏离平衡位置的原子数增加,从而减
小了导电电子的自由程。从粒子碰撞的角度看,T 升高,固体晶格中声子(phonons)数量增
加,增加了电子与声子碰撞的频率,导电电子的自由程降低。由此,使得金属的电阻率升高、
导电性降低。

格留乃申(Grüneisen)从理论上定量地分析了温度对金属材料的导电性的影响。其中,用
量子理论分析了晶格热振动情况,得出晶体中声子密度随着温度的变化规律,由此得出导电
电子的平均自由程及电阻率随温度的变化。得出有关金属电阻率随温度变化的规律称作格留

乃申定律，表达式为

$$\rho \propto \frac{T}{M\Theta_D^2}\left(\frac{T}{\Theta_D}\right)^4 \int_0^{\frac{\Theta_D}{T}} \frac{4x^4}{e^x - 1}dx \qquad (2-15)$$

式中，M 为原子质量；Θ_D 为德拜温度，是材料的物理常数。

$x = \frac{h\nu}{kT}$ 为无量纲参数，其中，h 和 ν 分别为普朗克常数和原子振动频率，k 为玻尔兹曼常数。

该理论分析结果显示，由于晶格振动的作用，使合金的导电性随着温度升高普遍降低。两种典型情况为：①极低温度下，起因于晶格热振动的金属电阻率正比于绝对温度 T 的五次方，即 $\rho_T \propto T^5$；②较高温度下，纯金属及合金的电阻率 ρ 随着 T 线性升高，这种情况在温度 T 超出金属德拜特征温度 Θ_D 的范围内都可以应用。

2.2.4 合金元素与晶体缺陷对金属导电性的影响

实际使用的金属材料中，存在着合金元素或杂质以及晶体缺陷，使得材料中出现各种几何尺度的不完整性(imperfections)，它们对于导电性的影响表现为金属材料的残余电阻。与残余电阻对应的晶格势场周期性的破坏方式有两类。第一类是金属材料中局部点上原子的位置偏移所致，如空位、半径存在差别的异类原子、间隙原子引起的畸变、位错线中心部位的原子位置偏移、晶界处原子的位置混乱以及跨过晶界两侧的周期性的突变；第二类是金属材料中局部点上的势场强度发生变化的结果，如掺杂有异价原子。以下将晶体结构的不完整性分为合金元素（或杂质）和晶体缺陷两类，分别讨论它们对金属材料导电性的影响。另外，还涉及相变和转变时晶体结构自身变化的影响。

首先来看金属材料中合金元素或者杂质对导电性的影响。往一种纯金属中加入其他元素，可能会形成固溶体，还可能产生新相。这两种情况下，合金电阻率随着第二组元的加入量呈现完全不同的变化规律。

如果第二组元或者杂质原子以代位或者间隙原子的形式形成固溶体，会导致电阻率明显升高。原因是这些固溶原子破坏了纯金属自身库仑势场的周期性，构成对导电电子的散射中心。固溶原子摩尔浓度越大，相邻散射中心点之间的距离、亦即电子的平均自由程越小。以 A - B 二元合金为例，比如匀晶系合金或者端际固溶体区域内，处于均匀固溶状态下，合金的电阻率 ρ 随着化学组成的变化规律为

$$\rho = \rho_A x_A + \rho_B x_B + \gamma \cdot x_A x_B \qquad (2-16a)$$

式中，ρ_A，ρ_B 为分别为 A，B 两种纯金属的电阻率；x_A，x_B 为分别为固溶体中 A，B 两种金属的摩尔分数；γ 为交互作用强度系数。

这里的交互作用系数 γ，是合金中两种组元之间电阻交互作用强度的量度系数，反映的是两种金属组元的原子混合在一起对于合金库仑势场周期性破坏程度。γ 的数值不为零，而

且通常比较大,即使是两种各自导电性都很好的金属形成的合金系中亦如此。这样,在常温下,合金的电阻率远远高于其组元纯金属的电阻率。

图 2 – 11(a)示意性给出了二元匀晶合金的电阻率变化曲线。图 2 – 11(b)中给出了 Cu – Au 二元合金的电阻率的实验结果。按照这样的规律,合金的最大电阻率一般出现在两种组元的摩尔分数各为 50% 的成分中。当 B 组元摩尔分数 x_B 很低时,合金的电阻率可以简化表达为:

$$\rho = \rho_A + \gamma \cdot x_B \tag{2 – 16b}$$

或

$$\Delta\rho = \rho - \rho_A = \gamma \cdot x_B \tag{2 – 16c}$$

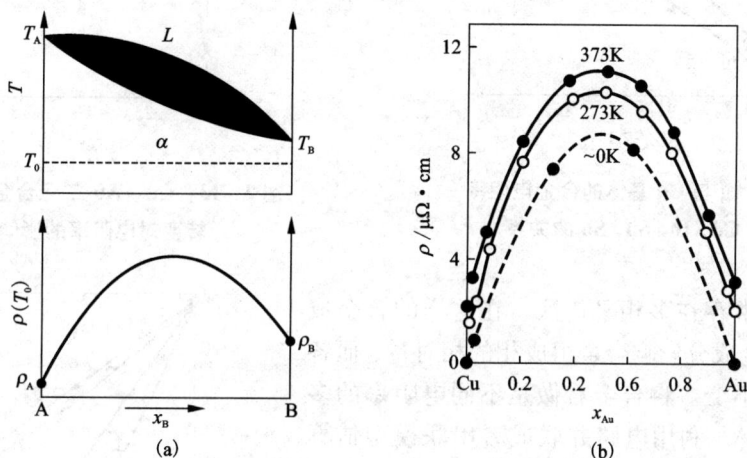

图 2 – 11　二元匀晶合金的电阻率变化规律及实验结果

(a)二元匀晶合金电阻率变化规律示意图;(b)不同温度下 CuAu 匀晶合金的电阻率试验曲线

对于一价金属(Cu,Ag,Cu)为基体的固溶体合金进行的详细实验结果表明:固溶原子的作用强度系数正比于它与基体金属之间的化合价差的平方,即

$$\gamma = a + b(Z_A - Z_B)^2 \tag{2 – 17}$$

式中,Z_A,Z_B 为分别是合金组元 A 和 B 的化合价;a,b 为常数。

图 2 – 12 中给出了将 Cd,In,Sn,Sb 作为合金元素加入到 Cu 与 Ag 中形成无序固溶体的电阻率随着合金元素加入量 x_B 的变化规律。化合价的上述影响规律显而易见。

第二组元溶入基体金属中,还可能形成有序固溶体。合金的有序化使晶格的库仑势场恢复周期性,因而使电阻率相对于无序状态下大幅度降低。图 2 – 13 给出了 Cu – Au 二元合金中有序转变对电阻率的影响。图 2 – 13 中空心圆圈代表合金快速冷却后的测试结果,实心点代表合金慢速冷却后的结果。快冷合金呈现无序状态,电阻率的变化呈现典型的二元匀晶合金的变化规律。慢冷合金中则存在着两个有序相 Cu₃Au 和 CuAu,它们的电阻率比相同成分的无序合金低很多，而且非常接近于两个纯金属组元 Cu 和 Au 的电阻率按照摩尔分数比例进行线性叠加的结果。

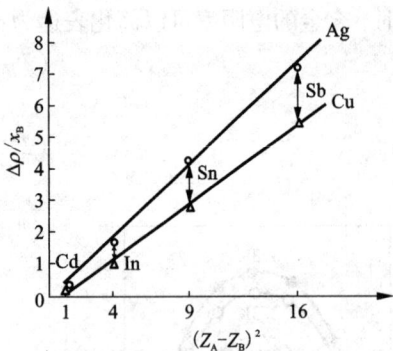

图 2 – 12　Ag 与 Cu 基体的合金电阻率与溶质 Cd, In, Sn, Sb 的关系

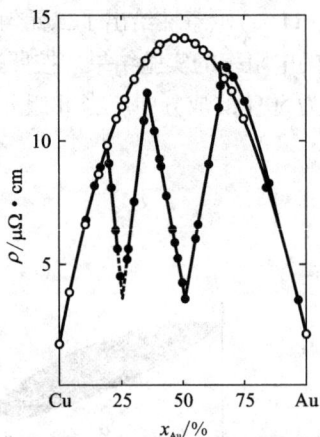

图 2 – 13　Cu – Au 二元合金中有序转变对电阻率的影响

合金中经常存在多相平衡区。在这样的合金成分范围内，合金成分影响合金组成相的相对量，而各相的成分保持不变。将合金看做是不同电阻率的多种材料的混合体，利用电路并联或者串联模型估算其总体电阻率的变化。如果假设合金的组成相为 α 和 β 两相，处于平衡的这两相的电阻率分别是 ρ_α 和 ρ_β。在串联模型下，合金的电阻率为

$$\rho = \rho_\alpha f_\alpha + \rho_\beta f_\beta$$

如果采用并联模型，合金的电导率为

$$\sigma = \sigma_\alpha f_\alpha + \sigma_\beta f_\beta$$

上面两式中，f_α 为合金中 α 相的体积分数；f_β 为合金中 β 两相的体积分数。

合金成分按照杠杆定律影响合金组成相的相对比例 f_α，f_β，为线性关系，因而，可以近似地认为合金的电阻率（或电导率）随成分线性变化。图 2 – 14 给

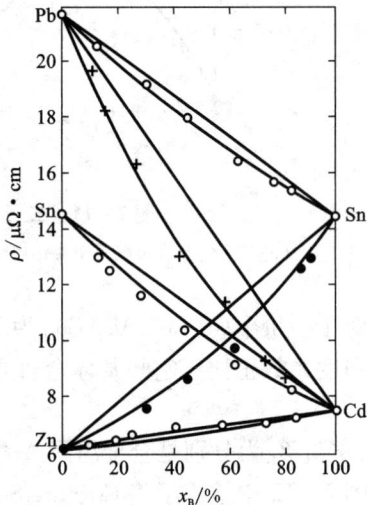

图 2 – 14　一些二元合金中多相平衡区域内化学成分对合金电阻率的影响

出了五个不同的二元系合金电阻率随着合金化学成分变化的实验结果，这些二元合金系在固态下都基本上没有互溶性，故此都是包含两相的合金。图 2 – 14 所示曲线中，以各种符号给出的是试验数据点，与试验点符合比较好的曲线为电阻并联模型的理论曲线，而各合金系中

直接连接两个纯组元的电阻率得到的直线对应于串联模型的理论曲线。

金属材料中造成电子波散射的另一类晶体结构的不完整性是晶体缺陷。合金中的空位、间隙原子、位错、晶界都影响合金的电阻率。这些晶体缺陷作为电子的散射中心，其密度增加时，都导致导电电子平均自由程减小，因此使合金的电阻率升高、导电性降低。经过大量实验，人们获得了这些晶体缺陷对于一些典型金属的电阻率影响的定量数据，列于表2-2中。

表2-2 不同金属中各种晶体缺陷对于电阻率的影响率

缺陷类型	Al	Cu	Ag	Au	单位
空位	2.2	1.6	1.3±0.7	1.5±0.3	$\mu\Omega\cdot cm/1\%$ mol 原子
间隙原子	4.0	2.5			$\mu\Omega\cdot cm/1\%$ mol 原子
位错	10.0	1.0			$\times 10^{-17}\ \mu\Omega\cdot cm/(1\ m/m^2)$
晶界	13.5	31.2		35.0	$\times 10^{-9}\ \mu\Omega\cdot cm/(1\ m^2/m^3)$

金属材料的导电性还受到晶体中原子结合键对导电电子的束缚力情况。这种影响首先表现为纯组元金属的导电性随着核外电子结构周期性的变化。如图2-15所示，图中纵坐标轴给出的是电阻率与原子质量 M 及元素的德拜温度 Θ_D 的平方之乘积值。晶体库仑势场的波动幅度随着核外价电子的排布呈现周期性变化，因此，金属的导电性具有类似于元素周期表那样的周期性变化。总体上讲，一价金属的库仑势场最弱，因而其导电

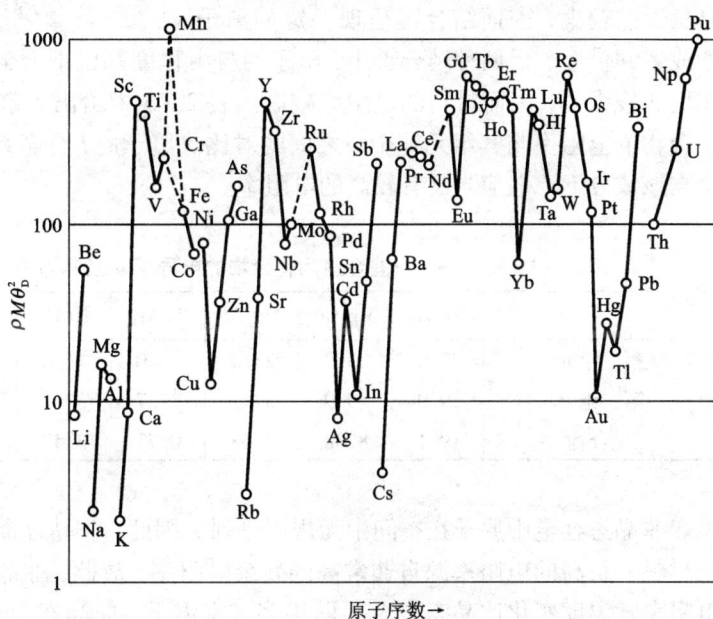

图2-15 纯金属电阻率的周期性变化

性好。这样的变化反映了核外电子结构周期性影响。晶体中周期性的库仑势场的强度值越高，或者说价电子受原子核的静电场约束越强烈，导电电子移动时感受到的阻力越大，此时依靠电子移动来导电的金属材料的导电性相对较差，反之材料的电导率较高、导电性好。注

意：碱金属与 IB 族的贵金属相比，原子质量小，原子振动幅度小，德拜温度低，使得它们的纵坐标值更低，但是它们的电阻率数值高于贵金属。

另一种表现是相变对金属导电性的影响。温度改变时，许多金属材料都发生相变，其电阻率也随之发生突变。图 2-16 给出了 Ti 的电阻率随着温度变化的曲线，其中发生了由 HCP 结构向 BCC 结构的多型性转变和相应的电阻率突变。电阻率变化的原因可以理解为：晶格势场由于晶体结构的变化而发生了突然变化，导电电子与晶格势场的作用强度发生变化。

许多合金系中都存在金属间化合物，它们的电阻率一般都要高于纯金属相。对于这种现象可以理解为：金属间化合物中元素的电负性差较大，因而结合键呈现一定的离子性或者共价性。后两种结合键中，电子的自由程度都比不上金属键，这些导电电子与晶格的作用比较强烈，因而材料的电阻率较高。表 2-3 中给出了室温下一些合金体系中的金属间化合物的电阻率与其组元纯金属之间的对比。鉴于此，合金系中如果存在金属间化合物，合金在该成分下一般应当具有较高的电阻率。

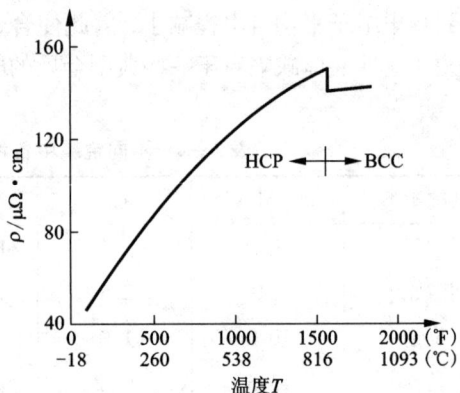

图 2-16　金属 Ti 电阻率随温度及多型性转变的变化曲线

表 2-3　一些金属间化合物的电导率 σ 及其与纯组元金属的对比　（$\times 10^6 \Omega^{-1} \cdot m^{-1}$）

	$MgCu_2$	Mg_2Cu	Mg_2Al	$FeAl_3$	$NiAl_3$	Ag_3Al	Mn_2Al_3	$AgMg_3$	Cu_3As
第一组元	23.0	23.0	23.0	11.0	14.6	62.9	0.68	62.9	59.9
第二组元	59.9	59.9	37.7	37.7	37.7	37.7	37.7	23.0	2.85
化合物	19.1	8.38	2.63	0.71	3.47	2.75	0.20	6.16	1.70

非晶态合金中原子在空间中无规则排列。因此，非晶合金的电阻率远远高于相对应的晶态材料。很高的电阻率源自非常高的残余电阻率，故此，非晶合金导电性的另一个特点是其电阻率随温度变化比晶态合金要弱很多。室温下，非晶态合金的电阻率在 $50 \sim 350\ \mu\Omega \cdot cm$ 之间。如，作为软磁使用的非晶合金 $Fe_{79}Si_9B_{13}$，$Fe_{40}Ni_{40}P_{14}B_6$，$Co_{70.5}Fe_{4.5}Si_{10}B_{15}$，$Cu_{0.6}Zr_{0.4}$ 的电阻率分别为 137，180，147 和 350 $\mu\Omega \cdot cm$。这样的数值是晶态合金的数倍、甚至数十倍。当温度从 4.2 K 升高到 300 K 时，许多非晶合金的电阻率相对变化不超过 5%，而且有的略微升高，有的还略微降低。图 2-17 中给出了 $(Ni_{0.5}Pd_{0.5})_{100-x}P_x$ 非晶态合金的电阻率随温度变化的实验结果。

　　薄膜材料或其他低维材料中，当合金材料在某个方向上的几何尺寸很低、从而小于导电电子的平均自由程时，该方向上的导电性受到几何尺寸的影响而降低，而且尺寸越小，电阻率越高。

　　晶体材料的导电性存在着各向异性现象。这种现象指的是一种晶态金属材料沿着不同的晶体学方向上电阻率有所差别。表 2 − 4 给出了一些有关的实验结果。晶体材料性能的各向异性是普遍性的。导电性呈现各向异性，可以从不同晶体学方向上原子排布的差异使得周期性势场有所不同的角度去理解。不过，与晶体其他性能的各向异性相比较，导电性的各向异性是比较弱的，其中，立方晶系的金属不显示各向异性。另外，这种各向异性仅在单晶材料

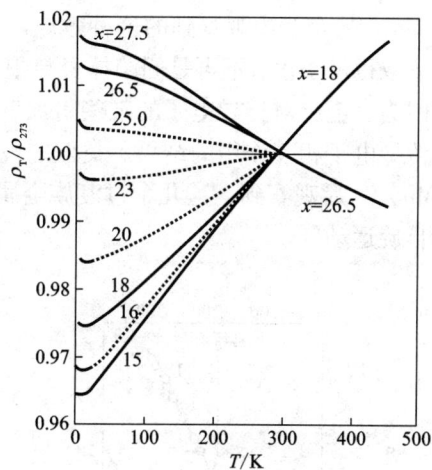

图 2 − 17　$(Ni_{0.5}Pd_{0.5})_{100-x}P_x$ 非晶态合金电阻率随温度的变化

或者有织构的多晶材料中才能够体现出来。通常的无织构多晶材料的导电性，是各晶体学方向上导电性的平均结果。

表 2 − 4　一些金属电阻率的各向异性

金属	晶体结构类型	电阻率 $\rho/(\mu\Omega\cdot cm)$		比值
		基面内	c 轴方向	
Be	六方	4.22	3.83	1.1
Y	六方	72	35	2.06
Cd	六方	6.54	7.79	0.84
Zn	六方	5.83	6.15	0.95
Ga	菱方	8(b 轴)	54	6.75

　　以上有关金属及合金导电性的影响因素及其作用机理的讨论，基本的出发点都是金属中传导电子与金属晶格势场之间的电场交互作用。实际上，鉴于电子自身的自旋特性，电子导电过程还受到金属材料中原子磁矩的影响，因为原子磁矩是材料中包括电子的自旋和轨道运动状态的外在表现。讨论与此相关的材料导电性时，基本的出发点是：传导电子具有正、负自旋两种自旋状态，它们在原子磁矩不为零的固体材料中运动时，在原子或者离子的自旋状态不同的区域遇到的阻力不同，即电阻率不同。简言之，传导电子自旋与固体材料中原子自旋之间互相作用，影响电子导电。

反映这种交互作用对于导电性影响的试验事实之一，是所谓的近藤效应。图2-18中给出了 Mo-Fe 合金中观察到的这种效应。Mo 中加入少量的 Fe，其电阻率在很低温区的某个温度下取得极小值，不再是固溶体材料中通常呈现的随温度降低而单调下降。近藤将这种效应归因为合金中对传导电子的某些附加散射所致，也就是磁矩不为零的固溶 Fe 原子通过自旋与传导电子相互作用的结果。类似的现象在一价金属 Cu，Ag，Au 中添加少量过渡族金属Cr，Mn，Fe 后观察到。这几个过渡族金属的原子磁矩都不为零，而且都来自于其中的 3d 电子的自旋运动。

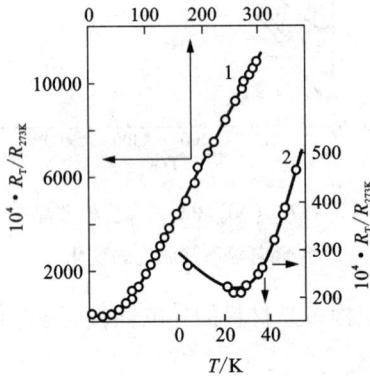

图2-18　Mo-Fe 合金电阻率温度曲线
1—在 0~300 K 的温度范围内；2—低温区的局部放大

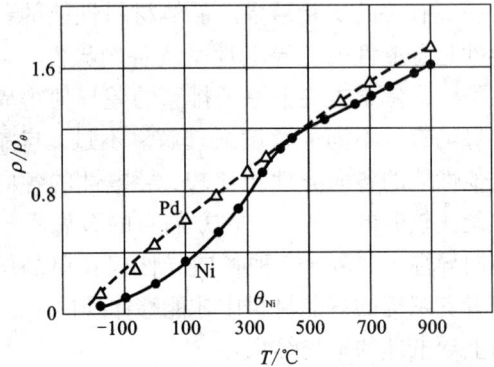

图2-19　Ni 和 Pd 的电阻率温度曲线

图2-19 所示为 Ni 的电阻率随着温度变化的试验曲线，Ni 为铁磁性，居里点为 358℃。低于此温度时，Ni 的原子磁矩在磁畴范围内平行排列，而温度高于居里点时，原子磁矩随即混乱取向。作为对比，给出了非铁磁性的 Pd 的电阻率温度曲线。图2-19 所示曲线显示，在低于居里点的温度范围内，Ni 的电阻率"反常"——数值偏低，而且与温度关系偏离直线。该试验现象同样反映了传导电子通过自旋与金属原子交互作用而影响导电性。在居里点以下，Ni 的磁矩、也就是原子中电子的自旋呈有序排列，故此可以减轻对于传导电子的自旋的散射作用。

固体材料中，原子或离子中电子的自旋状态可以通过原子磁矩的大小及其排列方式反映出来。对于铁磁性、亚铁磁性和反铁磁性这些磁有序材料，在其有序化的临界温度以下，可以通过外部磁场改变其中磁矩分布状态（也就是宏观的磁化过程）。这样，可以通过与传导电子的自旋之间的交互作用来影响固体材料的导电性。能够通过磁场作用显著改变固体材料导电性的现象，被称作磁阻效应。人们对此开展了大量的研究，在多层膜合金以及一些陶瓷材料中，通过磁场影响，得到了非常显著的电阻变化。这种效应已经实际应用于高密度磁记录的读取磁头中，并且也被广泛用来检测比较弱的磁场。在理论上，人们因此建立起来自旋电子学的新理论分支。由于这部分内容需要以固体材料的磁性作为基础，这里不再详细展开，有关内容在本教材的第 3 章中加以补充(见 3.9 节磁电阻效应)。

2.2.5 合金电阻率检测的应用

了解合金电阻率的变化规律及影响因素,其意义不仅是控制合金的电阻率、满足对于材料导电性的需求本身,在材料检验及研究工作中有非常多的实际应用。因为电量很易于非常精准地检测,因此经常通过检测电阻来分析检测材料。具体应用之一是对高纯金属的纯度进行定量检测。方法是试验测定金属在 273 K 和 4.2 K 两个温度下的电阻率,通过其比值 $\rho_{273\,K}/\rho_{4.2\,K}$ 来确定高纯金属的纯度。将 4.2 K 下的电阻率近似看做材料的残余电阻率,在高纯度金属中它近似正比于杂质的浓度;在 273 K 下的电阻率则基本上不受纯度的影响。故此,电阻率比值 $\rho_{273\,K}/\rho_{4.2\,K}$ 与高纯度金属的杂质浓度成反比。另外,从其他材料科学与工程专业的课程中已经了解到,通过监测金属材料的电阻率随温度的变化,可以鉴别发现其中发生的相变及转变,从而进行相图测定。另外,冷加工金属材料的回复及再结晶过程中,电阻率也会随着各种不同类型晶体缺陷的密度变化,检测电阻率随着温度的变化,可以帮助分析回复和再结晶的进程。还有很多的应用,不再一一列举。

2.3 半导体材料的导电性

2.3.1 半导体材料及其特征

半导体材料有元素半导体(elementary semiconductor),如 Si 和 Ge 半导体;有化合物半导体(compound semiconductor),如Ⅲ~Ⅴ族的 GaAs, InP, GaP,Ⅱ~Ⅵ族 CdS, CdSe, CdTe, ZnO 等,其中有些化合物半导体属于传统意义上的陶瓷材料。实际上,还有许多陶瓷材料都显示半导体特性,如 Cu_2O, Fe_3O_4, Fe_2O_3, SiC 等。随着半导体材料实际应用范围的扩展,人们越来越多地关注陶瓷类的半导体材料。

半导体材料最外层电子结构特点可以划分为两类。一类是材料中所有价电子都参与成键、并且所有键都处于饱和(原子外电子层填满)状态,这类半导体称作本征半导体(intrinsic semiconductor)。与之相对的是所谓的掺杂半导体(extrinsic semiconductor)。掺杂半导体中,或者所有结合键处被价电子填满后仍有部分富余的价电子(extra electron),称作 n 型半导体;或者在所有价电子都成键后仍有些结合键上缺少价电子,而出现一些空穴(hole),称作 p 型半导体。例如:半导体 Si 中掺入少量的五价 P, As, Sb 等成为 n 型半导体,而掺杂少量的三价 B, Al, Ga, In 是 p 型半导体。在陶瓷类半导体中,则可以通过使材料的化学组成偏离其化学计量成分得到 n 型或者 p 型半导体。

半导体材料中的电子,处于晶格周期库仑势场的较强烈约束下,描述其运动规律时,需要引入有效质量(effective mass)的概念。有效质量 m^* 是依据电子的能量 E 与其波矢 k 之间

的关系给出的

$$m^* = \frac{\hbar^2}{\mathrm{d}^2 E / \mathrm{d} k^2} \qquad (2-18)$$

式中，$\hbar = h/2\pi$，h 为普朗克常数。

　　图 2 - 20(a) 示意性给出了一个能带中电子的能量 E 与波矢 k 之间的关系曲线。其中，一个能带的布里渊区边缘以 $\pm \pi/a$ 示意性表达。根据式（2 - 18），由此曲线得到相应的电子有效质量，如图 2 - 20(b) 所示。由图可见，电子的有效质量在一个能带中是变化的。在能带的底部，电子的有效质量 $m^* > 0$，习惯上称其为电子的有效质量，记做 $m_e = m^*$。其典型例子就是半导体导带（ conduction band ）中的电子；而在一个能带的顶部，电子的有效质量 $m^* < 0$。比如半导体价带（ valence band ）中的电子。

　　价带中电子的有效质量为负值，好像是电子在电场中的受力方向与电场方向相同。这种情况下，电子的定向移动行为类似于一个带单位正电荷 e 的粒子。为此，将能带顶部电子的导电行为用空穴来表达。半导体中空穴导电的图像是：价带上成键的多个电子，逆着电场方向依次暂时摆脱结合键的束缚移位，以接力方式来完成电荷的输送。图 2 - 21 中以 p 型半导体中空穴移动情况示意性说明了能带顶部电子运动与空穴运动之间的对应关系，图中给出了在水平向右的电场中载流子进行的四步移动。上面的五幅图片显示了以电子作为观察对象时的情形，下面对应的五幅图是以空穴作为观察对象的情形。

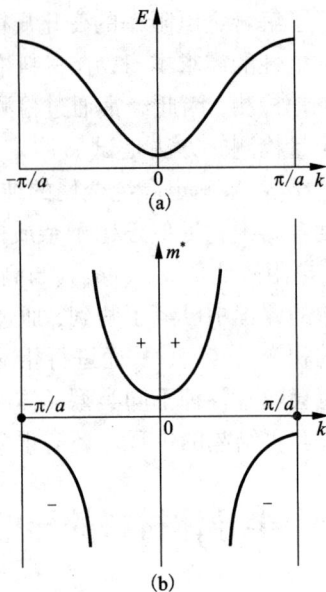

图 2 - 20　能带中电子的能量 - 波矢关系与有效质量之间的对应关系

（a）电子的能量 - 波矢关系；
（b）能带中电子的有效质量

　　价带中电子的接力式移动过程，可以看做是一个带正电的载流子在电子运动的反方向上连续移动，即空穴沿着电场方向的移动。这样，用一个空穴替代不断变化的电子作为导电载流子，避免了以电子作为观察对象带来的不便。显然，半导体中空穴的特征为：空穴具有与电子等量的正电荷，受电场作用时定向移动方向与电场方向相同。而究其运动本质则是多个电子的接力移动。空穴的有效质量 m_h 等于电子有效质量的负值，即 $m_h = -m^*$。一些常见的半导体材料中导带电子和价带空穴的有效质量在表 2 - 5（见后）中给出。

　　借助于电子和空穴的有效质量，可以将能带中的电子状态密度重新表达为

①导带底部

$$N(E) = \frac{1}{2\pi^2}\left(\frac{2m_e}{\hbar^2}\right)^{3/2}(E - E_C)^{1/2} \qquad (2 - 19\mathrm{a})$$

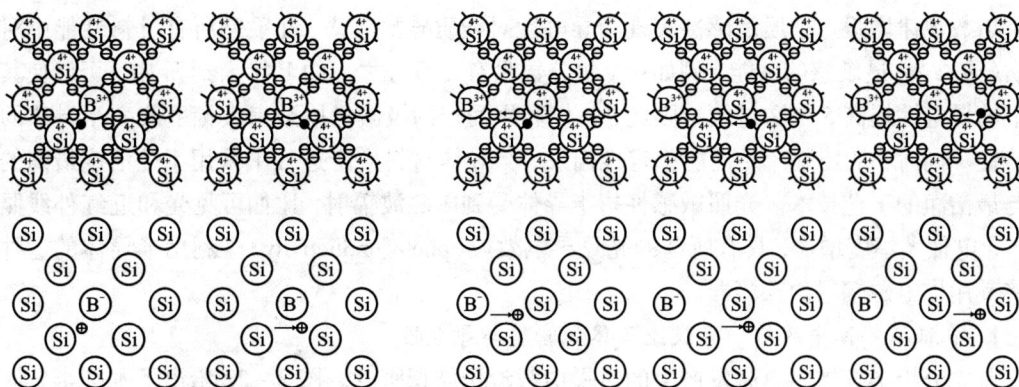

图 2 - 21　p 型半导体中空穴移动及其对应的电子运动的示意图

②价带顶部

$$N(E) = \frac{1}{2\pi^2}\left(\frac{2m_h}{\hbar^2}\right)^{3/2}(E_V - E)^{1/2} \qquad (2-19b)$$

式中，E_C 为导带的最低能量；E_V 为价带的最高能量。

2.3.2　半导体材料的导电性

前面已经给出了半导体材料电导率的理论公式(2-4)

$$\sigma = p\mu_h e + n\mu_e e$$

式中，n，p 分别为导带中电子和价带中空穴的体积密度；μ_e，μ_h 分别为电子和空穴的迁移率。

0 K 下，半导体不导电，即 $\sigma = 0$。因为电场所能提供的能量不足以使价带中的电子跃迁到导带上去，因而载流子体积密度为零，$n = p = 0$。不过，如果施加于半导体上的电场强度 ξ 足够高，会使之发生电击穿。当温度高于 0 K 时，按照费米 - 狄拉克分布律，价带中的能级虽然能量低于费米能，被电子占据的几率也不再是 1，尤其是那些处于价带顶部的能级没有全部填充满电子。同时，导带的能级、尤其是导带底部的能级，它们的能量虽然高于费米能，其电子态也要以大于零的几率部分地填充电子。这就是所谓的价带中电子受热激发跃迁到导带上去的现象。由此，半导体中价带形成的空穴和导带上所具有的电子成为载流子，并在电场作用下导电。

在 0 K 以上，因为价带电子热激发产生的载流子呈动态平衡，称为热平衡载流子。半导体中产生载流子的另一种途径是：通过电磁波照射激发载流子。这种载流子为非稳态载流子，当辐射消失后，载流子会经过一定时间后消失。

半导体在导电性方面具有独特的性质，包括温度敏感性、杂质敏感性和光照敏感性这三大基本特征。所谓的温度敏感性是指导电性对于温度非常敏感，一般表现为导电性随温度升高呈指数规律增强。杂质敏感性表现为导电性对杂质异常敏感，几乎是所有材料性能中对于杂质（或掺杂）最敏感的性能，例如：摩尔分数只有百万分之一的 P 掺入到 Si 中，可以使其室温下的导电性提高 5 个数量级！因此，人们利用受控的极微量掺杂来大幅度改变半导体的导电特性。同时，从控制产品性能稳定性出发，半导体材料生产过程中采用了纯洁度最高的原料与最洁净的工艺技术。光照敏感性指半导体受到电磁波辐射，比如可见光和近红外线照射时，导电性大幅度增加，具有所谓的光致导电效应（photoconductivity）。利用半导体的这种特性将其用作电磁辐射的探测器。

1. 本征半导体中的热平衡载流子体积密度与导电性

首先分析半导体因热激发产生的热平衡载流子体积密度。图 2 – 22 给出了本征半导体的能带结构，其能带间隙为 E_g（energy gap），并以 E_C，E_V，E_F 分别表示导带能量最低值、价带能量最高值以及费米能。价带顶部与导带底部的电子状态密度函数由式（2 – 19）给出。图 2 – 22 中还给出了费米函数曲线，以及显示导带电子占据态 $N(E) \cdot f(E)$ 和价带空穴状态 $N(E) \cdot [1 - f(E)]$ 的分布情况的曲线。

根据这些关系，可以定量计算出本征半导体导带中的电子体积密度 n 为

$$n = \frac{1}{4} \cdot \left(\frac{2m_0 k}{\pi \hbar^2}\right)^{3/2} \cdot \left(\frac{m_e}{m_0}\right)^{3/2} \cdot T^{3/2} \exp\left(-\frac{E_C - E_F}{kT}\right)$$

或简写成

$$n = N_{Ce} \cdot \exp\left(-\frac{E_C - E_F}{kT}\right) \tag{2-20a}$$

式中，$N_{Ce} = \frac{1}{4}\left(\frac{2m_0 k}{\pi \hbar^2}\right)^{3/2} \cdot \left(\frac{m_e}{m_0}\right)^{3/2} \cdot T^{3/2}$，在 SI 单位制下，$N_{Ce} = 4.82 \times 10^{21}(m_e/m_0)^{3/2} \cdot T^{3/2}$。这里的 m_0 为电子静止质量。

类似处理可得价带空穴的体积密度为

$$p = N_{Vh} \cdot \exp\left(-\frac{E_F - E_V}{kT}\right) \tag{2-20b}$$

式中，$N_{Vh} = \frac{1}{4}\left(\frac{2m_0 k}{\pi \hbar^2}\right)^{3/2} \cdot \left(\frac{m_h}{m_0}\right)^{3/2} \cdot T^{3/2}$。在 SI 单位制下，$N_{Vh} = 4.82 \times 10^{21}(m_h/m_0)^{3/2} \cdot T^{3/2}$。本征半导体中，导带电子全部来自于本来全满的价带，因此 $n \equiv p$，故

$$n = p = (N_{Ce}N_{Vh})^{1/2}\exp(-E_g/2kT) \tag{2-21}$$

式中，E_g 为半导体的能带间隙，$E_g = E_C - E_V$。

式（2 – 21）清楚地显示：半导体中热平衡载流子的体积密度随着温度升高呈指数规律增加。图 2 – 23 中给出了 Si 和 Ge 中本征半导体的载流子体积密度随着温度变化的曲线。室温

下，半导体 Si 和 Ge 中的本征热平衡载流子的体积密度分别是 1.5×10^{16} m^{-3} 和 2.5×10^{19} m^{-3}。与半导体材料中数量级为 10^{28} m^{-3} 的原子体积密度相比，相差甚远。因此，与金属材料相比，半导体材料中可参与导电的载流子的体积密度甚低，因而成为其导电性的限制性因素。故此，对于半导体材料的导电性的讨论，首要关注对象是载流子的体积密度。

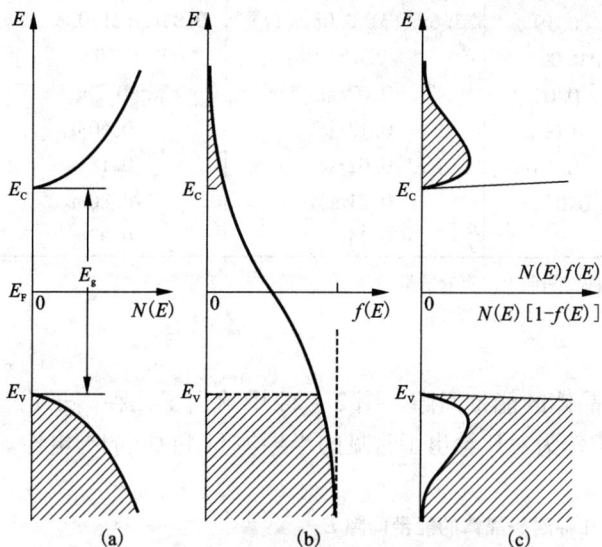

图 2-22　本征半导体能带结构
及载流子分布情况示意图

（a）本征半导体能带结构；（b）费米分布函数曲线；
（c）导带电子与价带空穴的分布

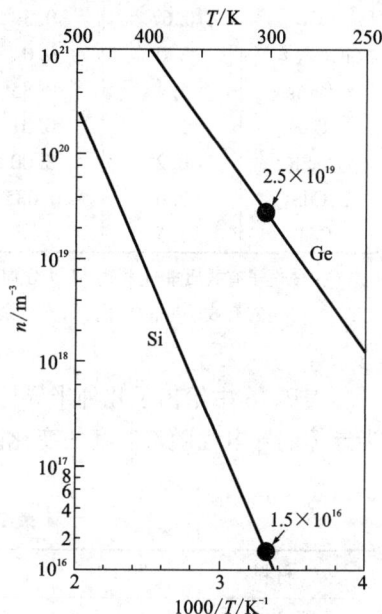

图 2-23　本征半导体 Si 与 Ge
中载流子体积密度随温度的变化

将本征半导体的载流子体积密度表达式（2-21）代入到半导体电导率的表达式（2-4）中，得

$$\sigma = 4.82 \times 10^{21} \cdot T^{3/2} \cdot e(\mu_e + \mu_h) \cdot \exp\left(-\frac{E_g}{2kT}\right) \qquad (2-22)$$

显然，半导体导电性随温度升高呈指数规律增加。

表 2-5 中给出了一些常见的半导体材料中的载流子的迁移率。不同种类的半导体材料中，载流子的迁移率有较大的差异，其根源在于化学组成、晶体结构参数所决定的能带结构的差别。应当指出，迁移率受温度和晶体缺陷密度的影响。不过，在考察半导体导电性随温度变化时，温度对于迁移率的影响往往被温度对载流子体积密度的影响所掩盖。

表 2-5   一些半导体材料的能带间隙与其载流子的有效质量 m^* 和迁移率 μ

半导体材料	能带间隙 E_g/eV	迁移率 $\mu/[m^2 \cdot (V \cdot s)^{-1}]$		有效质量	
		电子	空穴	电子 m_e[①]	空穴 m_h[②]
C(金刚石)	5.47	0.18	0.12	$0.2m_0$	$0.25m_0$
Si	1.11	0.15	0.05	$0.97m_0(l), 0.19m_0(t)$	$0.16m_0(l), 0.5m_0(h)$
Ge	0.67	0.39	0.19	$1.6m_0(l), 0.08m_0(t)$	$0.04m_0(l), 0.3m_0(h)$
SiC(六方)	3.0	0.04	0.005	$0.6m_0$	$1.0m_0$
GaAs	1.4	0.85	0.04	$0.07m_0$	$0.7m_0$
GaP	2.3	0.01	0.007	$0.12m_0$	$0.50m_0$
InSb	0.2	8.00	0.13	$0.01m_0$	$0.18m_0$
CdS	2.6	0.035	0.0015	$0.21m_0$	$0.80m_0$
CdTe	1.5			$0.14m_0$	$0.37m_0$

注：①电子有效质量 m_e 栏内，l, t 分别表示纵向与横向上的有效质量。

②空穴有效质量 m_h 栏内，l, h 分别表示轻、重空穴的有效质量。

表 2-6 中给出了几种半导体离子晶体的能带间隙。图 2-24 中给出了几种离子化合物半导体的导电性随着温度的变化。图中作为对比给出了常见的半导体 Si 和 Ge 的导电性。

表 2-6   几种离子晶体的能带间隙 E_g   eV

材料	BaTiO$_3$	α-SiC	PbS	PbSe	PbTe	Cu$_2$O	Fe$_2$O$_3$
能带间隙 E_g	2.5~3.2	2.8~3.0	0.35	0.27~0.5	0.23~0.30	2.1	3.1

2. 掺杂半导体的载流子与导电性

首先从 Si, Ge 一类的元素半导体为基体的半导体作为对象考察掺杂对导电性的影响。掺杂半导体是指在本征半导体中掺入化合价不同的原子而形成的均匀代位式固溶体。掺杂的异价原子摩尔分数很低，因此保持本征半导体的晶体结构不变。掺入的异价原子使得局部结合键情况发生变化，从而导致半导体中出现附加能级，称作掺杂能级。掺杂能级的存在使得掺杂半导体的导电性显著区别于本征半导体。下面首先来考察掺杂能级的形成及其特点。

首先看由高价掺杂所形成的 n 型半导体，比

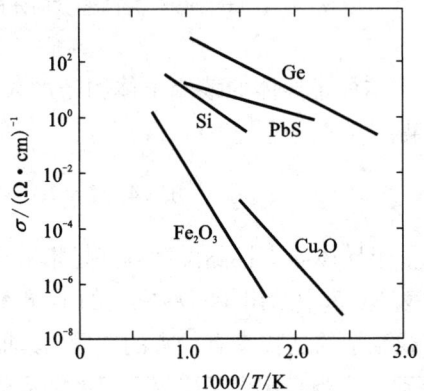

图 2-24   几种离子化合物半导体特性及与 Si，Ge 的比较

如 Si 中掺入 P，As 等。如图 2–25（a）所示，在掺杂原子周围，结合键饱和之后，还有 1 个富余电子。可以将这个电子与掺杂原子（为 +1 价离子）看成是 1 个类氢原子结构。考察该电子的能量：它高于成键电子（即位于价带顶之上），原因是使该电子电离远比使一个成键电子电离容易；但是由于受到 +1 价掺杂离子的库仑势场作用，被束缚于掺杂原子周围，因此其能量又低于自由电子的能量（即位于导带底之下）。这样，掺杂原子引入了一个附加能级，位于 E_V 与 E_C 之间，即处于禁带之中。人们称之为施主能级 E_d（donor level）。n 型半导体中，一般情况下该能级接近于导带底（浅掺杂能级）。该掺杂能级相对于导带底的能量，可以用类氢离子第一能级的能量值（即其电离能）进行粗略估算：

$$E = \frac{m_e e^4}{32 \pi^2 \varepsilon_r^2 \varepsilon_0^2 \hbar^2} = \left(\frac{1}{\varepsilon_r^2} \cdot \frac{m_e}{m_0} \right) \cdot E_H^0$$

式中，ε_0 为真空介电率；ε_r 为半导体基体材料的相对介电率。

Si 的相对介电率为 11.8，而 $m_e < m_0$，可以估算出掺杂能级上电子的基态能量比氢原子中电子的基态能量低 2 个数量级以上。由此得出掺杂能级位于导带下面大约 0.1 eV 以内的位置上。

p 型半导体是由掺杂低价元素获得，如 Si 中掺入 B，Al，Ga，In 等。类似地形成一个位于价带顶附近的受主能级 E_a（acceptor level），如图 2–25（b）所示。

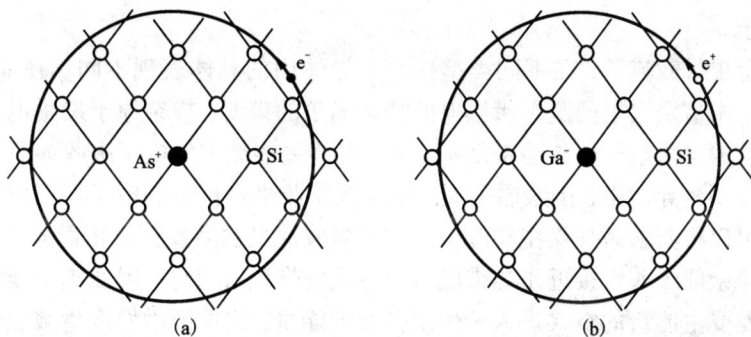

图 2–25　半导体 Si 掺杂后的结构示意图
（a）n 型半导体；（b）p 型半导体

掺杂半导体中，掺杂能级的能量与掺杂元素种类密切相关，常见的掺杂能级的位置可以从相关手册、书籍中查找出来。图 2–26 中给出了半导体 Si 中的一些掺杂原子的杂质能级。图中将能带间隙在能量轴方向上平均分成两部分，上部为掺杂产生的施主能级，下部为受主能级。掺杂元素后面括号中给出的数值是施主（或受主）能级 E_d（或 E_a）与导带底能量 E_C（或价带顶能量 E_V）之间的能量差。其中，经常使用的掺杂元素的掺杂能级包括 P，As 等施主掺杂和 B，Al，Ga 等产生的受主能级的掺杂原子。它们的共性在于：所产生的掺杂能级非常接近于导带底部的施主能级与接近于价带顶部的受主能级，故此都属于浅杂质能级称为浅杂质能级。这些掺杂主要对半导体硅的导电性产生显著影响。而掺杂的 Au 等则产生接近于能带间隙中间的杂质能级（称作深杂质能级）。有些掺杂原子因为有不同的价态而可以产生不同能量的杂质能级。

当温度 $T > 0$ K 时，掺杂半导体中有两种机制产生载流子。第一种与本征半导体相同，即价带电子热激发到导带，形成电子 – 空穴对，并称为本征激发载流子；第二种机制与掺杂能级有关，可以认为是由掺杂原子提供载流子。

图 2 – 26 半导体 Si 中的掺杂能级

由掺杂原子提供载流子，在不同类型掺杂半导体中的具体表现不同。在 n 型半导体中，表现为掺杂原子中富余电子摆脱了带正电的掺杂离子的束缚，掺杂原子发生电离而成为在半导体中自由移动的自由电子。从能带结构上看，是施主能级上的电子吸收能量进入导带而成为载流子。在 p 型半导体中，掺杂原子周围的空穴接收来自价带的电子而在价带中产生空穴作为载流子。可以将其看做是受主能级上的空穴吸收能量被激发到价带而成为载流子。由于一般半导体的掺杂能级非常接近于导带底（n 型）或价带顶（p 型），因此施主能级电子通过电离进入导带以及受主能级的空穴进入价带所需要的能量，比本征激发产生载流子所需要的能量（等于能带间隙）要小得多，因此由掺杂原子产生载流子的过程易于进行，也就是说，掺杂半导体中由掺杂原子提供载流子要容易。

另外，需要指出，前面在本征半导体的热平衡载流子的推导中得出的导带电子与价带空穴体积密度的式（2 – 20a）和式（2 – 20b）仍然适用于掺杂半导体中。不过，需要注意的是：掺杂半导体的费米能级明显偏离能带间隙的中央位置。图 2 – 27 中给出了这种差别，并示意性给出了由此造成的载流子分布情况的变化。为简明起见，图 2 – 27 中省略掉了掺杂能级及其上面的电子或者空穴的分布情况。

下面以 n 型半导体为例，对掺杂半导体中的载流子体积密度进行定量关系的分析。导带的电子来源于本征激发（在价带中产生空穴体积密度为 p）和掺杂原子的电离向导带提供的电

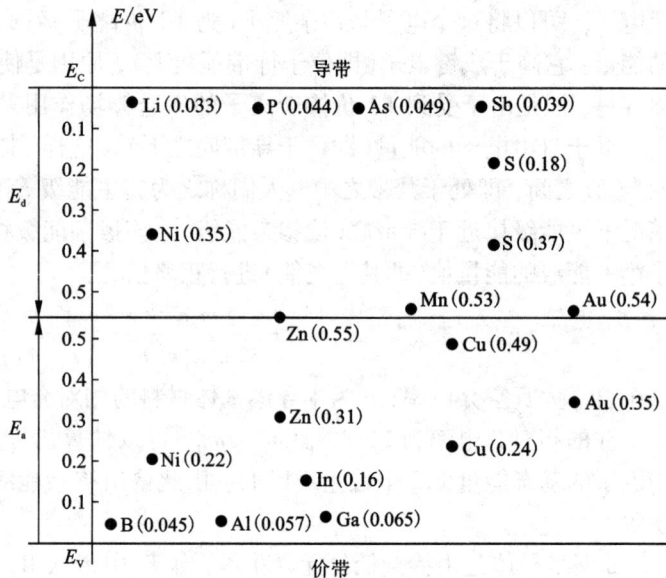

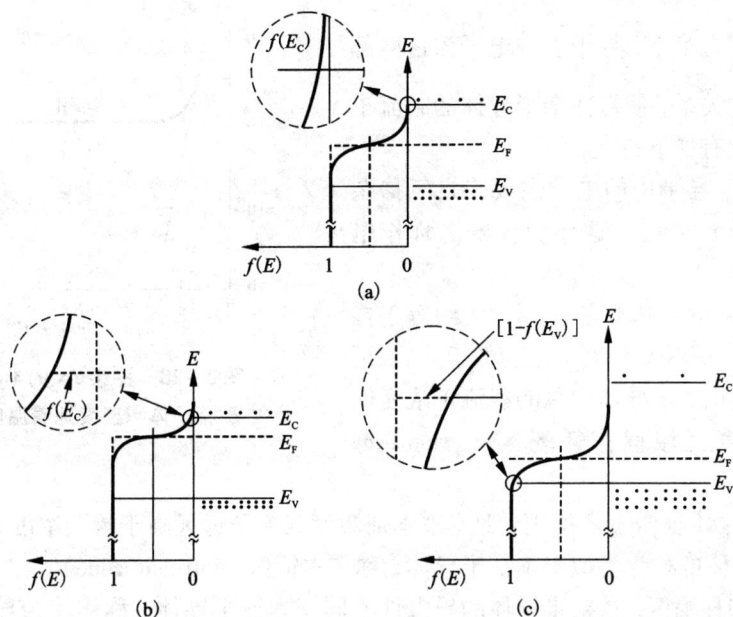

图 2 – 27　掺杂半导体的能带结构、费米能级及载流子的分布情况示意图

(a)本征半导体;(b)n 型掺杂半导体;(c)p 型掺杂半导体

子 m_+ ,即

$$n = p + m_+ \qquad\qquad (2-23)$$

半导体中掺杂量很小,可以认为掺杂原子之间没有交互作用,因此掺杂能级不涉及能级简并问题,可以用经典理论处理。掺杂原子电离产生的电子体积密度为

$$m_+ = N_d \cdot \exp\left(-\frac{E_C - E_d}{kT}\right) \qquad\qquad (2-24)$$

式中, N_d 为与半导体中掺杂原子的体积密度 N_{d0} 有关的量。如果忽略掺杂原子对于半导体材料体系振动熵的影响,两者相等。

　　掺杂半导体中的载流子体积密度问题,通过式(2 – 20a)、式(2 – 20b)、式(2 – 23)和式(2 – 24)给出了答案。这四个方程式中包含着四个未知数 n , p , m_+ 和 E_F 。不过,其中比较复杂的函数关系表达式,使得这样的求解过程比较复杂,往往需要借助于数值求解方法完成。

　　图 2 – 28 给出了掺杂半导体的载流子体积密度随着温度的变化曲线。其中包含着三个基本关系。第一,掺杂原子电离产生电子的体积密度与温度的关系:$\ln m_+$ 与 $1/T$ 的直线关系的斜率为 $-\dfrac{E_C - E_d}{k}$,其上限为掺杂原子的体积密度 N_{d0} 。第二,本征激发产生的空穴(即本征激

发向导带提供的电子)的体积密度,$\ln p$ 与 $1/T$

的直线斜率 $-\dfrac{E_g}{2k}$。第三,导带上的电子为这两部

分之和。这样的关系,使得掺杂半导体的载流子
随着温度的变化有如下特点:

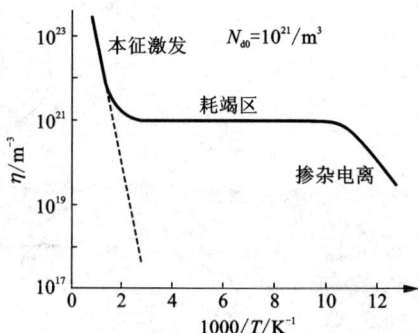

图 2-28 掺杂 As 的半导体 Si
中载流子体积密度随着温度的变化

（1）低温区:导带中的电子主要来自于掺杂
原子的电离,即 $n \approx m_+$。这样的温度区称作电
离区(ionizing zone)。

（2）中温区:电离基本完毕,m_+ 大约等于掺
杂浓度 N_{d0},但本征激发载流子远远低于 m_+,可
以忽略不计。此时,半导体中总的载流子浓度保
持不变。该温度区域称作耗竭区 (exhausting
zone)。

（3）高温区:本征激发占据主导地位,本征激发载流子远远高于掺杂浓度 N_{d0}。该温度区
域中,掺杂半导体的行为类似于本征半导体,称作本征区 (intrinsic zone)。

在低温区和耗竭区,掺杂半导体的导电性不同于本征半导体,称作掺杂导电性(extrinsic
conductivity);而高温区属于本征导电性(intrinsic conductivity)。

费米能作为一个重要参量,可以通过由式(2-
20a)、式(2-20b)、式(2-23)和式(2-24)组成的
方程组求解得到。掺杂半导体的费米能随着温度发
生显著变化。在低温下,由于导带的电子几乎都来
自施主能级,来自价带的本征激发相对于施主能级
的电离来说可以忽略不计,因此,费米能级位于施主
能级与导带底之间。当温度非常高时,来自价带的
本征激发电子的数量可以远远超过施主能级提供的
电子,此时施主能级的影响又可以忽略不计,价带中
的空穴与导带中电子呈现对称分布、类似于本征半
导体,因此费米能级位于能带间隙的中央附近。中
间的温度段,费米能级随着温度的升高连续地完成

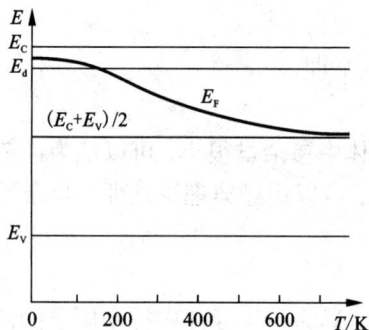

图 2-29 Si 中掺杂 As 的 n 型半导体
中费米能级随温度的变化

上述两种极端情况下的过渡。图 2-29 给出了 N 型半导体的费米能级随着温度的变化。

掺杂半导体的电导率仍旧用式(2-4)表达,即

$$\sigma = n e \mu_e + p e \mu_h$$

根据图 2-28 所示的载流子随着温度变化的情况,得到半导体的电导率随着温度的趋势
相同的变化曲线。在温度升高过程中,电导率在低温区升高(受掺杂原子电离控制);中温区

可能下降(当掺杂浓度较低时),原因是晶格振动加剧造成的载流子迁移率的降低;在高温区,电导率则迅速升高(表现出本征导电的规律性)。图 2-30 给出了将不同量的 As 掺杂到 Si 中的 n 型半导体的载流子密度与电导率随着温度变化的实验曲线。

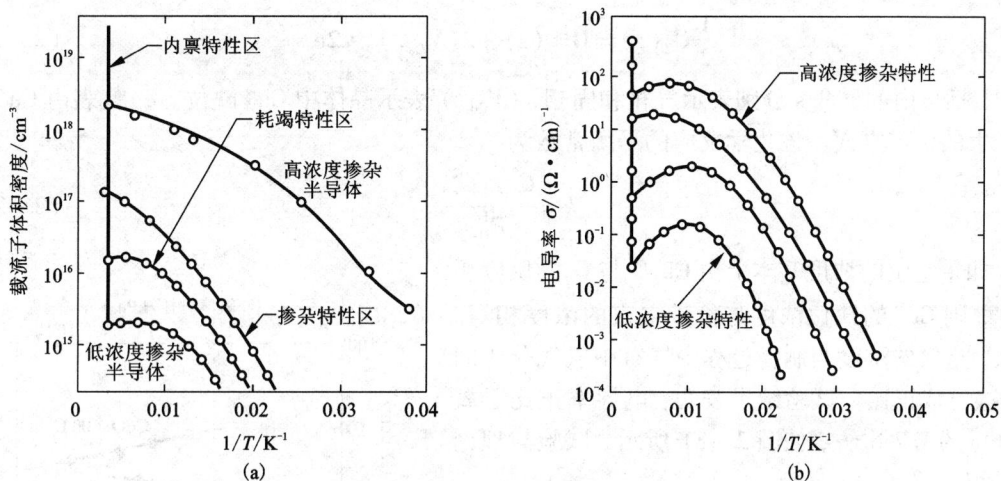

图 2-30 掺杂 As 的 Si 半导体中载流子密度与电导率与温度的关系曲线

(a)载流子密度的温度关系曲线;(b)电导率的温度关系曲线

最后,再简单介绍离子化合物型半导体的掺杂问题。这类半导体的掺杂对于半导体的导电性同样具有非常显著的影响。离子化合物半导体的掺杂方式之一是通过异价离子掺杂实现,得到所谓的价控掺杂半导体。另一种方式是使其中的化学组成偏离其化学计量成分来实现,此时并不需要加入新的化学组分,是利用组分得到晶体结构的缺陷来实现掺杂特性。

以氧化物半导体为例来说明组分缺陷掺杂效应。通常情况下,p 型掺杂可以通过减少材料中的金属离子比例、使其低于化学计量成分来实现,称作"欠缺型半导体"(deficit semiconductor);而 n 型掺杂可以通过增加氧化物中金属离子比例使其"过剩"获得,称为"过剩型半导体"(excess semiconductor)。如果从晶体结构角度看,可以分成阳离子空位型(p型),阴离子空位或阳离子间隙型(n 型)。

实现这样的掺杂,通过改变材料的制备工艺获得。比如,制备 ZnO 时,如果采用含有 $Zn(g)$(表示 Zn 蒸气)的还原性气氛,就会得到具有超量 Zn 的化合物 $Zn_{1+x}O$ 晶体,x 代表超量的 Zn。结构分析表明它们处于晶格间隙位置上。这些 Zn 原子的价电子易于电离而进入导带,因此通过它们晶体中引入了施主能级,从而形成了 n 型半导体。

p 型掺杂离子半导体的例子之一是氧化亚铜。通过控制制备时气氛中氧气分压,可以获得 Cu^+ 缺位的 $Cu_{2-x}O$。这样的晶体中,在 Cu^+ 缺位周围氧离子,因为无法像其他正常位置上的氧离子那样从 Cu 得到电子,结合键上出现电子空位。而这样的电子空位只要接受很少的能量就可以转移到周围的其他氧离子之中去。因而,Cu^+ 缺位就提供了受主、引入了受主能级,可以激发进入价带,使价带产生空穴。离子晶体会因此表现出 p 型半导体的导电特性。整体反应的化学表达式为

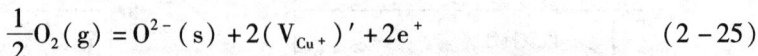

$$\frac{1}{2}O_2(g) = O^{2-}(s) + 2(V_{Cu^+})' + 2e^+ \qquad (2-25)$$

式中,括号内的 g 和 s 分别表示气相和固相,$(V_{Cu^+})'$ 表示晶体中 Cu^+ 缺位。e^+ 代表由 Cu^+ 缺位产生的价带空穴。该化学反应的平衡常数为

$$k = \frac{C_{V_{Cu^+}}^2 C_{e^+}^2}{P_{O_2}^{1/2}} \qquad (2-26)$$

如果空位的浓度基本上由 Cu_2O 与 O_2 的反应所产生,则 Cu^+ 的缺位浓度与价带空穴的浓度相等。那么,空穴的浓度与制备过程中气氛中氧气分压的 1/8 次方成正比。试验结果表明:电导率正比于氧气分压的 1/7 次方,如图 2-31 所示,试验与理论结果相一致。

有关离子化合物的半导体特性,还有一类情况值得关注。许多金属在离子化合物中存在着变价。这种情况会导致其半导体特性具有特殊性。比如:Fe_3O_4 显示半导体特性,每个分子式中有一个 +2 价和两个 +3 价的铁离子。这种化合物具有尖晶石

图 2-31 氧化亚铜的导电性与制备气氛中氧气分压的关系

结构,其中,在八面体间隙中 +2 价和两个 +3 价的铁离子各占一半。Fe_3O_4 具有很高的电导率,原因就在于电子在八面体间隙中的两种价态铁离子之间进行转移完成导电。不过,通过这种方式运动的电子,其迁移率比导带中的电子要小得多。另外,将同样具有尖晶石结构、但金属阳离子不存在变价的其他离子化合物,比如 $MgCr_2O_4$ 与 Fe_3O_4 混合制成固溶体,可以有效地阻挡这种电子转移,从而大幅度降低其导电性。

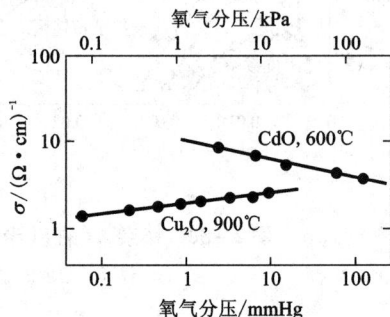

2.3.3 半导体材料导电性的光效应

半导体材料受到适当波长的电磁波辐射时,导电性会大幅度升高的现象,称作光致电导 (photoconductivity)。它是半导体材料的一个基本特性,原因是电磁波的光子能量(要求高于能带间隙)被半导体吸收,产生非平衡载流子。而一旦停止电磁辐照,半导体中的非平衡载流子在经历一个暂态过程后逐渐消失,载流子体积密度回复到正常的热平衡载流子密度水平,导电性也随之恢复到正常水平。为了产生光致电导效应,一个基本的要求是电磁波的光子能量至少要达到半导体的能带间隙值,即

$$E_{photo} = h\nu = \frac{hc}{\lambda} \geq E_g$$

也就是说，半导体产生光电导效应所吸收的电磁波存在着一个上限波长

$$\lambda_{max} = \frac{hc}{E_g} \qquad (2-27)$$

式中，E_g 为半导体能带间隙；λ 为波长；ν 为频率。

实际中，检测半导体对于电磁波的吸收曲线，从中确定吸收限波长，是试验测量半导体能带间隙数值的一种常用方法。

半导体材料的光致电导特性，可以利用来制作半导体电磁辐射探测器。探测器中包含着半导体材料制成的光敏感元件，相应地构造一个电路。一旦半导体光敏感元件接收到电磁辐射，其导电性剧烈增强。通过检测电路中的电流的变化可以检测电磁辐射。选择具有不同能带间隙的半导体材料，就可以对于不同波长的电磁辐射进行检测。可见光的波长范围在 400 ~ 760 nm，而红外线的波长范围在 760 ~ 20000 nm（近红外到中远红外线）。适合于检测这些电磁辐射的半导体，能带间隙

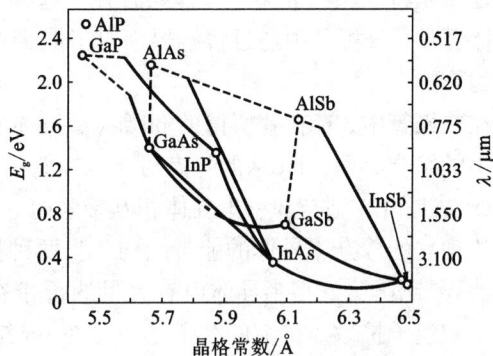

图 2-32　半导体材料的能带间隙与对应的电磁辐射的波长

在 0.062 ~ 3.1 eV。为了高效率地探测各种波长的电磁辐射，尤其是可见光和红外线，需要有各种能带间隙的半导体材料。经过试验研究，人们发现在化合物半导体中，通过材料化学成分的调节，可以实现半导体材料间隙的连续变化，如图 2-32 所示。

半导体电磁辐射探测器中，红外线探测器具有重要的实际应用。围绕着红外线探测人们发展了夜视和热成像技术。其中所依据的基本物理现象是所有物体都是发光体。常温及温度高达 1000 K 的物体，所发射的电磁波的峰值都处于红外线范围，而处于峰值波长的红外线的强度与其热力学温度的 5 次方成正比。当昼夜交替时，可见光的强度变化非常大，照度从阳光直射地面上的 10^5 lx 降低到黑夜的 10^{-5} lx 以下；人类肉眼要了解物体的轮廓和细部，需要照度达到 3.3 lx，而看书需要大约 325 lx。因此，夜晚就成为视觉的一个障碍。但是，昼夜温差变化不大，因此物体发出的红外线强度变化与可见光强度的变化相比要小很多。故此，利用红外线观察周围的景物，昼夜差别并不显著。借助于红外线成像仪，我们可以非常方便地进行夜间观察。可以弥补人的眼睛对于红外线没有辨别力的缺陷，扩大我们的感知范围。此外，大气中存在着几个波段的红外窗口，也就是说这些波段的红外线可以在大气中长距离传播。因此，利用红外线进行观测非常重要。

此外，人们还发现：一些半导体材料受到电磁照射时，所产生的非平衡载流子呈现特殊的空间分布，从而形成两个电极，它们之间建立一个电场，具有电位差。这种效应称为光生伏特效应（photovoitage effect）。如果形成电回路，半导体材料就成为电源，电路中有电流流过。利用具有这种特性的材料制成太阳能电池。目前实际使用较普遍的材料是单晶 Si 和非晶 Si 半导体材料。

2.3.4　半导体器件及导电特性

半导体材料在使用过程中，通常需要使不同的半导体连接起来构成器件。其中最简单的情况之一是将 n 型与 p 型半导体结合在一起构成的二极管。下面就通过二极管这种最基本的半导体器件，分析其中通过接触界面对于能带结构、载流子分布情况的影响，并讨论对于导电性的影响。

在二极管中，存在着所谓的 pn 结（p - n junction），它是将 n 型与 p 型半导体结合在一起时产生的结合界面。pn 结的特点对于二极管的导电性起到决定性作用。

pn 结是由 n 型与 p 型半导体相互接触时、在接触界面上形成的。图 2 - 33（a）给出了两块互相独立的掺杂半导体的能带结构。当两种掺杂半导体相互接触后，由于 n 型半导体中有大量的导带电子、p 型半导体内有大量的价带空穴，两边存在空穴与电子的浓度梯度，因此要发生载流子扩散。扩散的结果之一是在 pn 结附近区域内，通过电子与空穴的复合而大幅度降低了半导体的载流子体积密度，产生所谓的耗尽层（depletion layer）。与此同时，该区域内原有的局部电中性被破坏，p 型半导体一侧内接收电子而带负电，n 型半导体一侧则带正电。这样的电荷分布形成一个空间电荷区，从而在 pn 结内建立起一个电场。受该电场的影响，一方面结两侧载流子的扩散受到抑制，另一方面，pn 结两侧半导体的能带结构发生变化。图 2 - 33（c）中示意性给出了空间电荷区以及二极管中两类载流子的浓度变化曲线。这里，图示中的两种掺杂半导体，掺杂体积密度均为 10^{16} cm^{-3}。如图 2 - 33（b）中给出了二极管的能带结构，其中，导带、价带中电子（或空穴）的能量与体系费米能的相对高低，在 pn 结区域内发生显著变化。注意，在二极管中，因为 pn 结两侧的半导体构成一个体系，因此，电子的费米能处处相等，这是二极管能带结构的基本特征。在接触界面的 pn 结附近区域中，受到空间电荷区内电场的影响，导带、价带中的电子（或空穴）的能级从一侧向另一侧连续过渡。

pn 结的这种能级结构，决定了包含着该 pn 结的二极管的导电特性——单向导电性。下面从半导体二极管的导带中电子的运动出发，分析二极管的导电性。

没有外加电场时，如前所述，受结两侧电子浓度差的影响，电子会由 n 型半导体侧向 p 型半导体侧扩散，所需要克服的能垒等于 pn 结中内电场作用下两边导带中电子的能量差，形成扩散流，其扩散通量记做 J。另一方面，p 型半导体中导带电子的能量高、而 n 型半导体的导带电子能量低，受此能量差的驱使，p 型半导体导带中的电子穿过 pn 结流回 n 型半导体

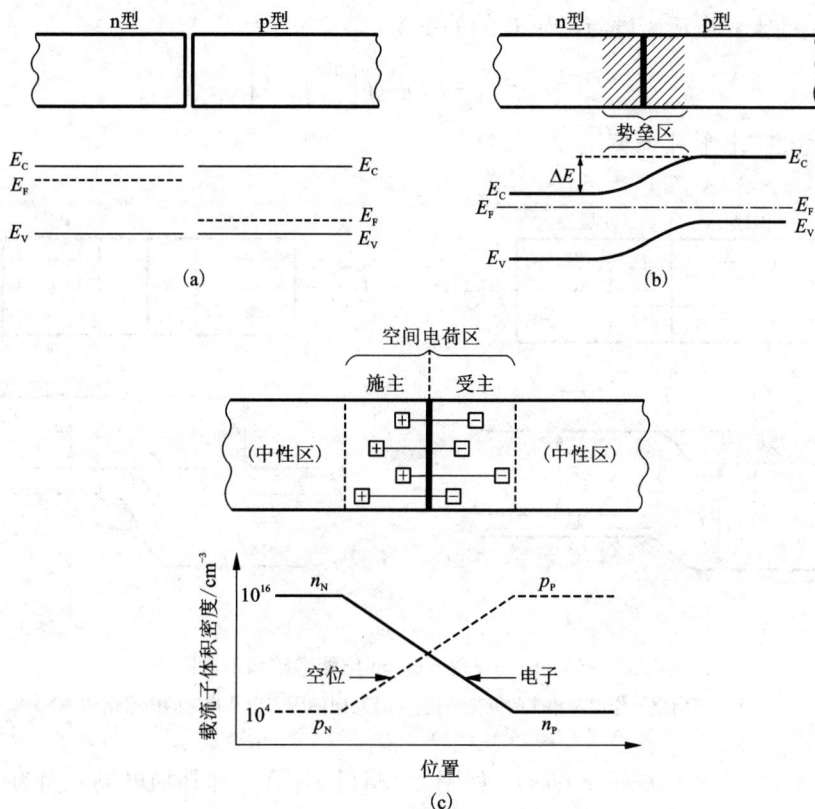

图2－33 pn结形成前后的能带结构及空间电荷区示意图

(a)结合前的能带结构；(b)形成pn结后的能带结构；(c)pn结区域的空间电荷区及电荷浓度曲线

侧。动态平衡条件下，这两个方向的电子流强度相同，宏观电流为零。

施加正向偏压(positive bias)，即外加电场方向为从p型一侧(高电位)到n型一侧(低电位)时，外电场使得n型半导体中电子的能量升高，此时，能级结构如图2－34(a)所示。通过电场(电压为U)提供的静电能eU，降低了二极管中电子由n型半导体侧通过pn结向p型中扩散的能垒高度，从而增大了扩散速度，打破了原有的平衡，形成宏观电流。根据菲克扩散定律，正向电流的大小(正比于电子的扩散通量J)与所加电压呈指数关系增加，电流密度可以具体表达为：

$$j_+ = J \cdot e = e \frac{\partial C}{\partial x} \cdot D = e \frac{\partial C}{\partial x} \cdot D_0 \exp\left(-\frac{\Delta E - eU}{kT}\right) = j_0 \cdot \exp\frac{eU}{kT} \tag{2-28}$$

式中，j为电流密度；J为pn结界面上导带电子的扩散通量；ΔE为没有外加电场时p型半导体中导带电子能量与n型半导体中导带电子能量差；D为电子扩散系数；C为导带电子体积密度；j_0 为没有电场时的"结内平衡电流密度"；U 为电压。

因此，总的宏观电流密度与电压 U 的关系为：

$$j = j_+ - j_- = j_0 \cdot \left[\exp\left(\frac{eU}{kT}\right) - 1 \right] \tag{2-29}$$

它是大家熟悉的二极管正向偏压导电特性。

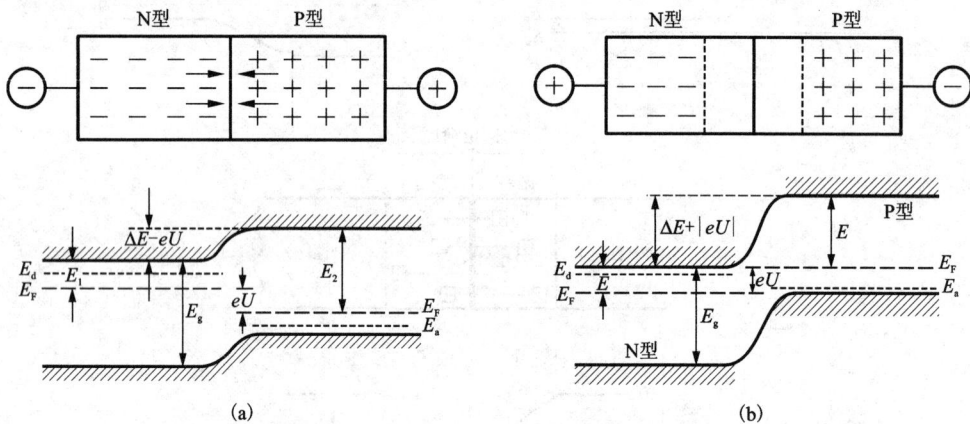

图 2-34　电场作用下的 pn 结能带结构示意图
（a）正向偏压作用及相应的能带结构；（b）反向偏压作用及相应的能带结构

如果施加反向偏压（negative bias），如图 2-34（b）所示，即外加电场方向为从 n 型一侧（高电位）到 p 型一侧（低电位）时，外电场使得 n 型半导体中电子的能量降低，从而增大了其中的电子向 p 型中扩散的能垒高度，减小了扩散流量，也打破了原有的平衡，形成沿电场方向上的宏观电流。类似于正向偏压作用时的情况，我们可以给出由 n 型侧到 p 型侧的电流密度与电场电压的关系：

$$j_+ = J \cdot e = e \frac{\partial C}{\partial x} \cdot D = e \frac{\partial C}{\partial x} \cdot D_0 \exp\left(-\frac{\Delta E + eU}{kT} \right) = j_0 \cdot \exp\left(-\frac{eU}{kT} \right) \tag{2-30}$$

因此近似地认为（与电场反方向上的）扩散电流随着电场的增大迅速降低为零。因而，宏观电流约等于 p 型中的电子向 n 型中的流动所形成的电流 j_0。这个电流的强度取决于 p 型中的电子体积密度（少数载流子；以及 n 型半导体中价带空穴的体积密度），其数值很小，而且基本上不随外加电压发生改变。一般我们称这个反向电流为"漏电流"，它的大小取决于少数载流子的浓度，也就是说取决于掺杂浓度：掺杂浓度高，少数载流子体积密度低，从而使漏电流减小。

也可以针对半导体中的另一种载流子（带正电的空穴）进行类似的分析而得出类似的结论。但是要注意，空穴的能量以及在外加电场的作用下发生的变化与导带电子的情况不同。

综上所述为大家熟悉的 pn 结及二极管的导电特性——单向导通性,如图 2-35 所示。pn 结及二极管的导电特性的主要规律为:正向偏压作用下(曲线的 A 段),多数载流子主导导电过程,具体地通过扩散完成。其中,外加电场使扩散能垒降低;反向偏压作用下(曲线的 B 段),少数载流子主导导电过程,受其体积密度的控制,漏电流很小,此时外加电场的作用是抑制多数载流子导电作用。

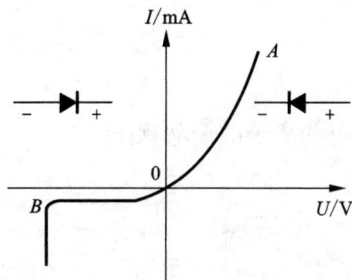

需要指出:还有很多的非常重要的半导体器件,都可以在现有基础上对其导电特性进行分析。其中,需要考虑的具体问题是不同材料互相接触时形成的界面层的影响。这样的例子包括:半导体与金属(元件的连接导线)的接触特性及肖特基势垒和欧姆接触,金属 - 绝缘体 - 半导体(MIS)结构,半导体异质结等。限于篇幅,不再展开。

图 2-35 半导体二极管的伏安特性曲线

2.4 离子导电性及超导性简介

2.4.1 离子导电性

许多陶瓷材料都是离子晶体或者非晶态的离子型化合物,它们在固态下一般导电性很差,呈现绝缘性。但是,严格讲离子化合物并非不导电,而离子导电具有其特殊性。下面首先介绍离子导电的规律性和影响因素。在此基础上,简单介绍陶瓷材料的导电性及其在实际中的一些重要应用。此外,通过试验检测陶瓷材料的导电性来对陶瓷材料进行分析,也是一种常用的分析手段。

1. 离子导电机理及影响因素

离子导电性,来自于离子化合物中带电的正、负离子在电场作用下的定向移动,这种运动是扩散过程。这种离子的移动以及电场的影响在图 2-36 中示意性给出(黑点代表负离子,空白方块为离子的平衡位置上的空位)。Q 为离子的扩散激活能。

考察离子在两个相邻的平衡位置(间距为 a)的能量差。没有外电场作用时,该能量差为 0,即:

$$\Delta E = E_2 - E_1 = 0$$

施加图 2-36 中所示的外电场 ξ,对于化合价为 Z 的离子,能量差变化为:

$$\Delta E = E_2 - E_1 = -Ze\xi a$$

因此,在与电场 ξ 相同和相反的方向上,离子的移动速度分别为

$$v_+ = a \cdot \nu \exp\left(-\frac{Q - Ze\xi a/2}{kT}\right)$$

$$v_- = a \cdot \nu \exp\left(-\frac{Q + Ze\xi a/2}{kT}\right) \qquad (2-31)$$

式中，ν 为离子的振动频率。

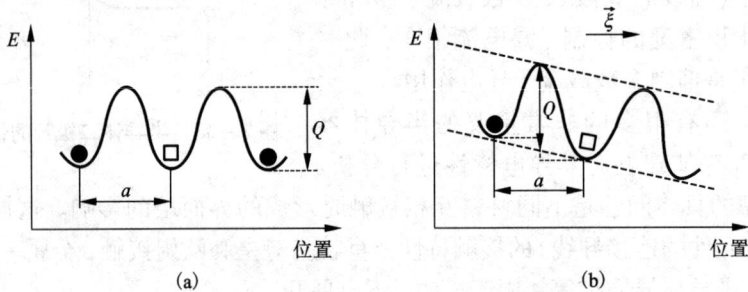

图 2 – 36　离子化合物中正离子的能量随着位置的变化以及电场的影响示意图
(a) 无电场作用时的能量曲线；(b) 在电场 $\boldsymbol{\xi}$ 作用下的能量曲线

于是，得到离子的平均净移动速度为

$$v = a \cdot \nu \exp\left(-\frac{Q}{kT}\right) \cdot 2\sinh\left(\frac{Ze\xi a}{2kT}\right)$$

当 x 很小时，$\sinh x \approx x$ ，故

$$v \approx a^2 \cdot \nu \exp\left(-\frac{Q}{kT}\right) \cdot \frac{Ze\xi}{kT} = \frac{Ze\xi D}{kT}$$

于是，得到离子的能斯特 – 爱因斯坦迁移率（Nernst-Einstein mobility）

$$\mu_{离子} = \frac{ZDe}{kT} \qquad (2-32)$$

式中，D 为离子的扩散系数；k 为玻尔兹曼常数。

离子导电的电导率为

$$\sigma_{离子} = \frac{N_{离子}Ze^2 D_0}{kT} \cdot \exp\left(-\frac{Q}{kT}\right) \qquad (2-33)$$

注意，式中 $N_{离子}$ 是可移动离子的体积密度，它正比于空位体积密度，因此有

$$N_{离子} = N_0 \exp\left(-\frac{Q_f}{kT}\right) \qquad (2-34)$$

式中，Q_f 为空位形成能；N_0 为与晶体中离子的体积密度相关的材料常数。

依据这样的理论结论，离子导电性受到环境温度和自身杂质的显著影响，具体规律如下。

（1）温度的影响——温度升高时，离子导电性呈指数规律增加。原因之一是离子的迁移率增大；与此同时，与晶体中空位体积密度成正比的可移动离子的体积密度 $N_{离子}$ 也迅速增加。

（2）杂质的影响——当离子化合物中含有异价杂质离子时，出于保持局部电中性的要求，相应地产生一些离子空位，如图 2-37 中以 NaCl 晶体中掺杂有少量 $CaCl_2$ 的情形所示的那样。

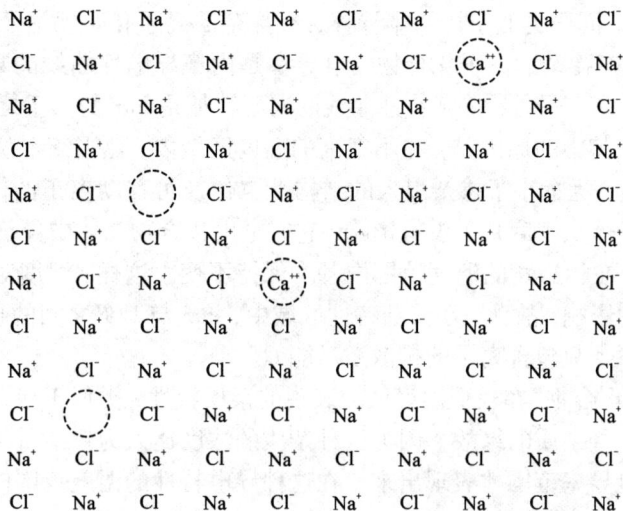

图 2-37　异价杂质离子所造成的离子晶体空位示意图

由于离子化合物晶体中空位形成能非常高，通常温度下晶体中热平衡空位的体积密度很低，故此，$N_{离子}$ 数值非常小。这样，由很少量的异价杂质离子在离子晶体中引入的结构性空位就会使 $N_{离子}$ 显著地相对升高，从而使化合物的离子导电性大幅度提高。这种影响完全类似于掺杂半导体中掺杂对半导体载流子体积密度的影响。为了区别于离子内禀导电性，将受到杂质影响的离子导电性称作其杂质特性或者掺杂特性。利用这种特性，可以通过检测离子化合物的电导率来检测离子化合物的纯度。

图 2-38 中给出了离子化合物晶体的离子导电性随着温度变化的典型规律性曲线。由图示曲线可见，无论是有掺杂的材料，还是没有人为

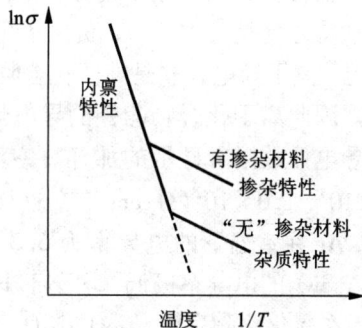

图 2-38　离子导电性与温度关系示意图

地有意掺杂的所谓"无掺杂材料"，离子导电性受温度的影响都可以分为高温和低温两个区间。这种温度影响的特征完全类似于掺杂半导体的导电特性。高温和低温区域的分界点是两段斜率不同的直线段的交点。

（1）在高温下，离子导电性显示内禀导电特性，类似于半导体材料的内禀导电性。具体而言，电导率对数（$\ln\sigma$）与温度倒数（$1/T$）成直线关系，直线的斜率为 $-(Q+Q_f)/k$，其中分子的能量项中包含着离子的扩散激活能和空位形成能。在高温区的这种特征，对应于温度同时提高可移动离子的体积密度和离子的迁移率。

（2）较低温度下，同样类似于掺杂半导体，有掺杂的离子化合物显示以掺杂特性标识的部分。首先，由于没有掺杂的离子化合物的电导率是内禀导电性曲线的数值，故此，掺杂使离子导电性大幅度提高。另外，掺杂特性曲线的典型特征是 $\ln\sigma$ 与 $1/T$ 之间的直线斜率低于内禀特性段的斜率。其中的原因是：在不很高的温度区域内，热平衡空位以及与之关联的可移动离子的体积密度，远远小于掺杂引入的结构性空位及可移动离子的体积密度，因此，温度对总的可移动离子体积密度几乎没有影响，它完全由化合物晶体中异价掺杂的性质和体积密度确定下来，并且在相当宽的温度范围内基本保持不变。这样，温度对导电性的影响只体现为对离子迁移率的影响，故此，在掺杂特性区域中，$\ln\sigma$ 与 $1/T$ 之间的直线斜率中，能量项与空位形成能 Q_f 无关，只包含离子的扩散激活能 Q。

所谓的"无掺杂化合物"在较低温度区域表现的杂质特性，类似于掺杂特性，是因为材料中不可避免地存在一些杂质的缘故。因为这种杂质的浓度比人为掺杂量少，因此对导电性的贡献只有在更低的电导率范围才表现出来。在这种导电特性的温度范围内，温度的影响同样只是改变离子的迁移率，因此，$\ln\sigma$ 与 $1/T$ 之间的直线关系的斜率与上述掺杂特性相同，其中的能量项为离子的扩散激活能 Q。

2. 陶瓷材料的导电性

陶瓷材料的很大部分是离子化合物。与其他材料相比，离子化合物陶瓷材料在导电性方面的独特之处是其中的正、负离子可以作为载流子来完成电荷输运。不过，需要特别注意的一点是：离子导电并非是离子化合物的唯一导电机理，而且在很多情况下并不是主要的导电机理。因此离子化合物陶瓷的导电性的变化范围非常大，如表 2-1 中已经给出的部分陶瓷材料导电性数据所显示的那样。室温下，ReO_3，CrO_2，Fe_3O_4 的电导率分别达到 5.0×10^5，3.3×10^4，1.0×10^2（$\Omega\cdot cm$）$^{-1}$，这样的导电性甚至足以与金属相比，因为作为导电性最好的金属，Ag 在室温下的电导率为 6.3×10^5（$\Omega\cdot cm$）$^{-1}$。另一方面，主族金属的氧化物 MgO，Al_2O_3，SiO_2 的电导率极低，均小于 10^{-14}（$\Omega\cdot cm$）$^{-1}$。还有一类离子化合物陶瓷属于半导体。比如，在氧化物陶瓷中，CoO，NiO，Cu_2O，Fe_2O_3 等都显示半导体特性。它们在低温下是绝缘体，其电导率低于 10^{-16}（$\Omega\cdot cm$）$^{-1}$；在 250～1000 K 范围内，电导率几乎线性地增加到 10^{-4}～10^{-2}（$\Omega\cdot cm$）$^{-1}$。因此，不同陶瓷材料导电的微观机理有很大差别。

那些显示良好导电性的过渡族金属氧化物，如 ReO_3，CrO_2，VO，TiO 和 ReO_2 等，其导电机理是电子导电。这些氧化物中，未填满的 d 轨道上的电子，其电子云在空间发生重叠形成能带，在一定程度上公有化。因此，其中一些 d 电子能够像金属中自由电子那样响应电场作用而导电。相对于离子导电而言，这些电子所产生的导电性要强得多，成为化合物导电性的主要机理。这种情况下，离子键陶瓷材料的导电性，其影响因素与金属材料很相似。比如：温度升高使其导电性降低，引入杂质离子也会降低其导电性等。

一般而言，陶瓷材料中一旦有较多的电子参与导电，这类材料所特有的离子导电性就会被掩盖掉。这一点可以通过比较电子导电（含半导体中的空穴导电）与离子导电的特点得出。固体中的电子，自身具有较高的动能；而且电子在固体中的运动时，从一个位置移动到另一个位置上去的过程中所需要克服的势垒很小，因此阻力也很小。离子在固体中移动的情况与此截然不同：它们需要通过扩散来完成移动过程，需要克服的势垒很高，因此其可移动性与电子相比相差甚远，故此，离子的迁移率很低。如：钠玻璃中离子的迁移率在室温下为 10^{-11} $m^2/(V \cdot s)$，而半导体中电子的迁移率（参见表 2 - 5）要比该数值高出 $8 \sim 11$ 个数量级。如式（2 - 3）所示，材料的导电性正比于其中的载流子体积密度与迁移率的乘积。因此，一方面依靠离子完成导电时陶瓷材料的导电性很差，另一方面，如果陶瓷材料中有很少量的电子参与导电，它们对导电性的贡献也会将离子的导电掩盖起来。

但是，在某些离子化合物中，离子可以具有很高的迁移率、能够以间隙扩散方式快速移动。原因是这些化合物晶体具有特定的结构，其中尺寸比较大的离子在空间的特殊排列，形成一些互相连通的间隙通道。在这样的通道中，另一些尺寸较小的离子扩散移动所需要的激活能很低、迁移率很高。这样的离子化合物晶体具有相当高的离子导电性，被称为快离子导体，又称为固体电解质。它们的电导率大约为 $10^{-2}(\Omega \cdot cm)^{-1}$ 的量级，其导电性与液体电解质相当。代表性的快离子导体之一是 ZrO_2（加入一些稳定剂，如 CaO，Y_2O_3 等）。该材料作为核心传感元件广泛应用于氧浓度的检测技术中，为节省能源、减少污染做出了很大贡献。

有很多的陶瓷材料呈现半导体性质，原因是这些材料具有大小适当的能带间隙。包括 TiO_2，ZnO，CdS，$BaTiO_3$，Cr_2O_3，Al_2O_3，SiC 等。通过掺杂或者使成分偏离其化学计量比例而形成晶格空位，获得半导体导电性。陶瓷半导体从材料使用的温度通常都在比较高的温度下。其用途很广泛，比如：Cu_2O 用作整流器（rectifier）；尖晶石结构的 Fe_3O_4 半导体，少量地溶解于绝缘性的尖晶石 $MgAl_2O_4$，$MgCr_2O_4$，$ZnTi_2O_4$ 之中，制成热敏电阻（thermistor），可精确地控制温度；SiC 通过掺杂能获得在高温下稳定的半导体材料，广泛用作电阻加热元件。

适当选择一种导电的或者半导体性质的陶瓷与一种绝缘性的陶瓷混合起来，可以使导电性发生巨大变化，而其他的性质往往并不会显著地改变。比如，可以将 Si_3N_4 和 SiC 混合制取陶瓷。当 Si_3N_4 的比例从 100% 到 60% 的范围内变化时，体积密度在 $3.39 \sim 3.03$ g/cm^3，而室温下电阻率从 10^{10} $\Omega \cdot cm$ 变化到 1.9 $\Omega \cdot cm$，见表 2 - 7。

表 2 - 7　Si₃N₄ - SiC 陶瓷的电阻率 ρ 随 x 的变化　　　　　　Ω·cm

$x_{(Si_3N_4)}$/%	100	90	85	82.5	80	77.5	75	72.5	70	67.5	65	60
电阻率	10^{10}	10^6	50000	720	136	35	13	8.2	4.5	3.3	2.0	1.9

　　绝大部分纯的氧化物和硅酸盐都是良好的绝缘体，具有很高的电阻率，具有广泛的应用。其中，用作电路板的绝缘底衬，普遍使用的 Al_2O_3 和 AlN。其中，AlN 具有高导热性与良好的绝缘性。另一个重要用途是高压输电的绝缘子和发动机中的火花塞等。

2.4.2　超导性

　　自从 1911 年 H. K. Onnes 在 Hg 中首次发现超导现象后，超导材料及相关的理论基础问题得到广泛的研究。由于目前的超导体临界温度最高只有一百几十开，仍然离不开冷却介质，人们目前还没有能在工业规模上将超导材料作为导体应用于输电或者用电器中。但是，在一些特殊场合中，超导体以其独特性质得到许多特殊的重要应用。比如，利用超导体的量子干涉效应精确地检测极弱磁场的强度，以及作为强电流载体产生很强的稳恒磁场等。

　　1. 超导现象与基本规律

　　图 2 - 39 所示为 Hg 电阻率随着温度的变化曲线，为最早实验观测到的超导现象。观察发现：当温度降低至大约 4.2 K 时，电阻率 ρ 陡然降至检测仪器所显示的零。根据材料的电阻率随着温度的变化，将某些材料中显示出来的随温度下降电阻率突然减小到零的现象称为超导现象，而将具有超导现象的材料称为超导材料。我们知道：完全无缺陷的理想晶体(尽管在实际中很难实现)，在温度趋于0 K 时，其电阻率也趋于 0。但是，超导体与普通材料的导电性具有显著的差别。超导材料中，在临界温度附近电阻突变，是一种转变。它不是普通材料中电阻连续变化的结果。超导材料具有极低电阻率的特性，又称零电阻特性。

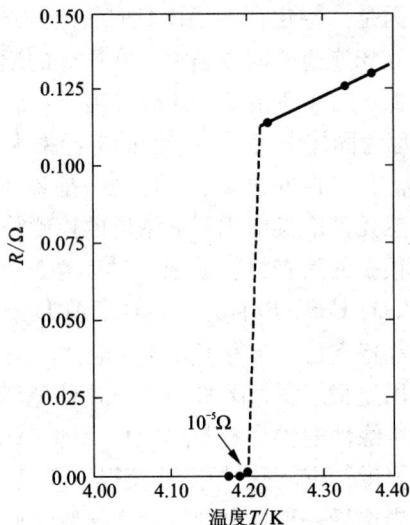

图 2 - 39　Hg 的电阻率随着温度的变化

　　详细研究超导材料特性发现：超导材料处于超导状态下，不仅具有特殊的导电性，其磁性也很特殊。它具有很强的抗磁性(又称 Meissner 效应)。所谓抗磁性，就是超导态的超导体受到外部磁场作用时，发生电磁感应，自身所建立的磁场与外部磁场相排斥。其重要特征是在超导体内部的合磁感强度尽量低。在某些超导体中，超导体内部的磁感应强度保持为零，从而表现出一种将磁力线排斥在自身以外的现象，实质上是保持超导体内磁感强度 $B = 0$，从而呈现完全抗磁性，如图 2 – 40 所示。此时，超导体的磁化率为 – 1（参见第 3 章）。而显示完全抗磁性的超导体为第一类超导体。

还有一类超导体，处于超导状态下，当外部磁场较弱时，呈现完全抗磁性，完全与第一类超导体相同；但是，当外部磁场超过某个临界值时，超导体内部一些区域中，仍然保持磁感应强度为 0；而另外一些区域，则不能再维持磁感应强度为 0，而是有磁力线穿过。而这些有磁力线穿过的区域呈现规则的分布，如图 2 – 41 所示。此时，超导体处于一种混合态——上述无磁通的区域呈超导性，为超导区域；有磁通的区域呈正常状态的导电性，为非超导区域。不过，由于两种区域的并联状态，这种状态下，超导体整体上仍处于零电阻状态。

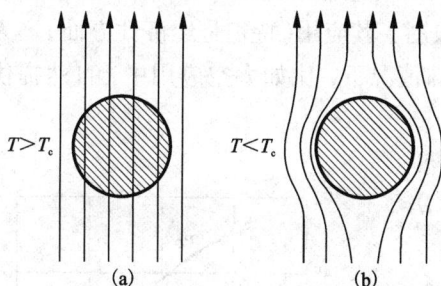

图 2 – 40　第一类超导材料的 Meissner 效应示意图

（a）正常状态下磁场的磁通线分布；

（b）超导态下对磁通线的排斥作用

图 2 – 41　第二类超导体中磁通线
分布的磁粉修饰照片

图 2 – 42 中以磁化强度 M 随着所处磁场 H 变化的磁化曲线方式，对两类不同的超导体处于不同状态下的磁化情况进行了对比。

需要指出：超导体在磁场中的完全抗磁性磁化，可以利用经典的电磁学理论处理，在外部磁场中的抗磁性，是因为电磁感应的束缚电流建立磁场的结果。理论分析计算显示：束缚电流的强度从外表面向内呈指数规律衰减，电流主要集中在超导体表面很薄的一层内（穿透厚度为数微米）。

超导材料的超导性，只有在适当的条件下才能显示出来，称为超导条件，具体包括三个方面：

（1）温度条件：所有的超导材料，都只有在温度低于某个临界温度、即 $T < T_c$ 时，才具有

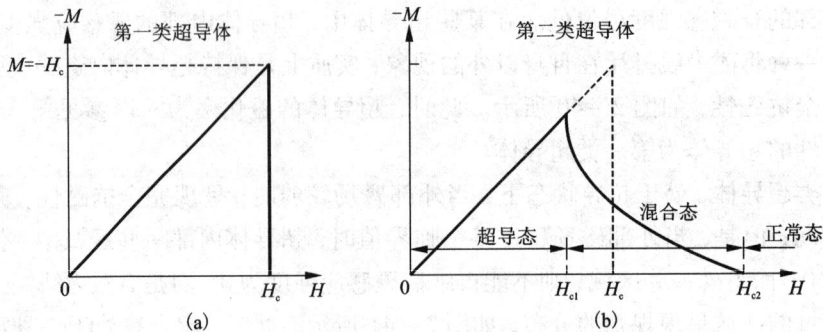

图 2 – 42   两类不同类型的超导体的磁化曲线对比

（a）第一类超导体的磁化曲线；（b）第二类超导体的磁化曲线

超导性；称 T_c 为超导临界温度。它是超导材料的重要性能指标。目前的超导材料，在普通应用中，都需要适当的冷却剂冷却时才具有超导性，限制了其应用（特别是经济性方面）。人们期待着室温超导材料的出现。但是，在某些比较特殊情况下，比如太空应用中，自然提供了低温环境条件。

（2）磁场条件：所有的超导材料，处于超导状态的一个必要条件是外部磁场不超过某个强度值，即 $H < H_c$ 时才处于超导态。换言之，外部磁场强度超过一定值，材料失去其超导性而转变成正常的导电状态。该外部磁场的临界值称为临界磁场强度。超导材料的临界磁场随着温度的变化而改变，图 2 – 43 中给出了几种超导材料的临界磁场随着温度的变化曲线，该关系通常可以表达为：

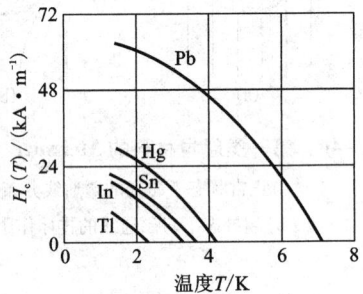

图 2 – 43   几种超导材料的
临界磁场与温度的关系

$$H_c = H_0 \cdot \left[1 - \left(\frac{T}{T_c} \right)^2 \right] \qquad (2 - 35)$$

式中，H_0 为 0 K 下的临界磁场强度。

图 2 – 43 中所示的试验曲线表明：在超导临界温度 T_c 以下，维持超导态的临界磁场随着温度升高而降低。不同材料则具有不同的临界磁场强度。其中，第一类超导体的临界磁场强度较低，而第二类超导体的临界磁场强度较高。

（3）电流条件：超导状态下的材料虽然显示出零电阻，让电流不受阻碍地在其中流通，但是，不同的材料所能承载的电流密度并非无限大。当承载的电流密度超过一定数值时，超导状态就会遭到破坏而转变成常态，因此维持超导状态的另一个必要条件是：电流密度小于其临界值，即 $j < j_c$。实验证明：超导材料的临界电流密度是组织敏感参量，也就是说：它不仅取决于材料的成分结构自身，还与超导材料的微观组织密切相关。比如，实际使用的 Nb_3Zr 超导合金，通过冷加工产生大量晶体缺陷，对于第二类超导状态下的磁通线形成强烈钉扎效应，可以大幅度提高临界电流密度，如图 2-44 所示。

一种超导材料，在工作状态下一般都需要同时考虑温度、外部磁场和承载电流的作用条件，在这样的多元限制条件下来维持其超导条件。图 2-45 中给出了两种超导材料的超导状态图。超导区为由 3 个二维空间中的面和 1 个三维空间的曲面围成。只有温度、磁场和电流条件处于此三维超导区内，才显示超导特性。上面三个因素的变化，无论从哪个"方向"超出超导区，都会破坏超导状态而转变为正常导电态。

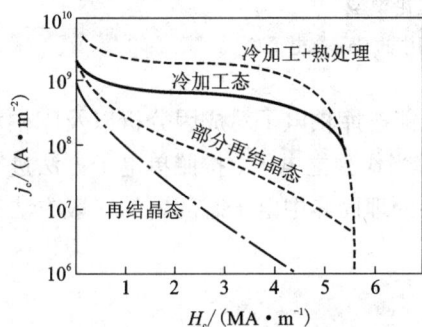

图 2-44 不同状态的 Nb_3Zr 超导合金临界电流密度与临界磁场的关系

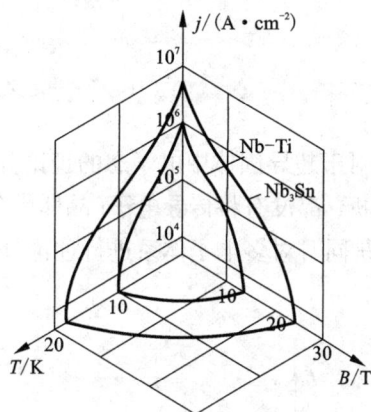

图 2-45 两种超导材料的超导状态图

2. 超导性的 BCS 理论

1957 年，三位科学家巴丁、库柏和施理弗（Bardeen-Cooper-Schrieffer）采用量子理论对超导特性的机理进行了分析，从理论上成功地解释了金属及合金中发生的超导现象。在该理论分析中，首先研究了传导电子与晶格之间的作用，得出的重要结论是：电子之间可以产生足够的引力，从而克服库仑作用的排斥力而相互吸引。第二，当电子之间存在净吸引作用时，费米面附近的两个波矢与自旋都相反的电子形成束缚态电子对——库柏电子对（cooper pair），如图 2-46 所示。该电子对的能量低于两个独立电子的总能量，因此在费米能级与束缚态之间产生一个能隙，图 2-47 示意性给出了这样的能隙 E_g。理论计算表明：在 $T = 0$ K 时这样的能隙 $E_g^0 \approx 3.5kT_c$。图 2-47 中还给出了正常态下的电子能量状态以便于对比。第三，固体中处于束缚态的电子对之间存在交互作用，各库柏对的波函数之间有确定的位相关系，使它们进行集体合作运动从而产生超导态。在这种超导状态下，电子体系的总能量（基态值）比独立电子体系的正常态总能量低，因此，必然会"凝聚"而转变为超导态（称作超导电相变)。

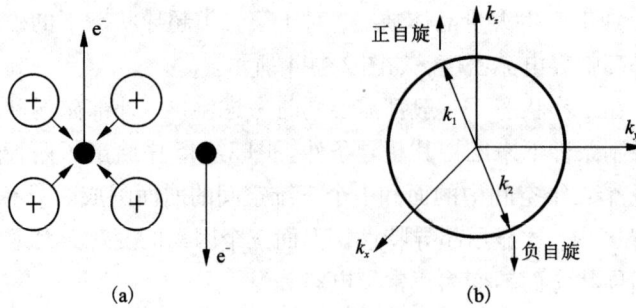

图 2-46 BCS 超导理论模型

(a)电子-声子交互作用; (b) k 空间中的 Cooper 电子对

在对于超导固体中电子态的理论分析中,有关低能态库柏电子对成因分析以及库柏对的凝聚分析,都没有将传导电子(晶体中公有化的电子)当作独立电子、按照单电子方法进行处理,而是同时对多电子体系进行理论分析。这一点与处理固体中电子态问题的一般方法有根本区别。

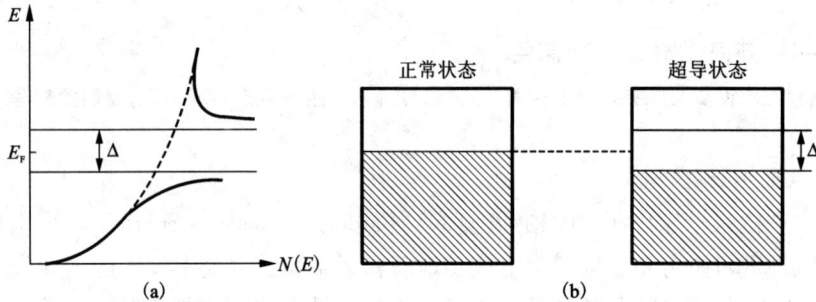

图 2-47 BCS 超导理论的电子能态示意图

(a)超导态电子能态密度曲线与能带间隙; (b)超导态与普通态下电子能带对比

依据 BCS 理论,致使材料具有超导性的关键,是通过晶格振动传递的电子对之间的交互作用。为此理论提供支持的一个重要实验依据,是采用 Hg 的同位素试验获得的超导转变临界温度与同位素的原子摩尔质量之间的关系。实验发现,超导转变临界温度 T_c 与原子质量 M 之间的关系为:

$$T_c \cdot M^\alpha = 常数 \tag{2-36}$$

式中，反映原子质量作用的指数 α 的试验数值大约为 0.5。该式表明：同位素原子的质量越大，超导临界温度越低。这种变化规律的原因是：随着同位素原子质量的增大，晶格振动减弱，通过晶格振动(声子)传递的超导电子对之间的交互作用能减弱，故此能带间隙减小，超导转变临界温度因此而降低。

由此结果得出这样的推论是：低温下的超导体，在正常态下不会显示非常好的导电性。因为低温下具有超导性的材料中，传导电子与晶格之间存在比较强的交互作用，这样，在正常状态下，导电的电子响应电场作用而移动的阻力增大。事实也确实如此。在单质金属中，Cu，Ag，Au 以及多数的碱金属都至今未能在实验中观察到超导性。而这些金属中的传导电子(即价电子)与晶格作用最弱，故此在正常导电状态下为良好导体。这样的规律性在目前为止发现的一些超导材料及其超导转变临界温度的规律性中也同样得到证实。

显示出超导特性的单质金属主要是一些过渡族金属。其中具有较高超导临界转变温度的金属为 Nb(9.2 K)，Pb(7.2 K)，V(5.3 K)，Ta(4.4 K)及 Sn(3.7 K)，这里，在金属元素后面的括号中给出的是各自的超导临界温度。一些包含着这些过渡族元素的金属间化合物具有更高的超导临界转变温度，如：Nb_3Ge(23.2 K)，Nb_3Sn(18.05 K)，Nb_3Al(17.5 K)，V_3Si(17.2 K)，V_3Ga(16.5 K)。而被称作高温超导体的材料，是一些在常温下导电性相当低的氧化物陶瓷材料：从最先发现的 La－Ba－Cu－O(~30 K)，到需要用液氮冷却即可的 $YBa_2Cu_3O_7$(94 K)，再到目前超导转变临界温度最高的 Tl－Ba－Ca－Cu－O(>120 K)，无一例外。

最后需要指出：BCS 理论成功地解释了金属及合金的超导转变，但尚并不能定量解释高温超导性。高温超导现象的理论研究还在继续，同时，努力研究开发高温超导材料的制备技术及应用。

思考练习题

1. 金属合金中固溶态合金元素对导电性的影响如何？影响的强度与哪些因素有关？合金有序化过程中其电阻率的变化如何？怎样理解？

2. 掺杂半导体导电性随温度变化如何改变？原因是什么？

3. 温度、异价杂质对离子导电性分别有什么样的影响？为什么？

4. 金属、半导体、离子导电材料的导电性随温度变化的一般性规律中最大的差别是什么？

5. Cu 的费米能为 $E_F = 7.0$ eV。其电导率见表 2－1。又已知 Cu 为 fcc 结构，晶格常数为 0.361 nm。请根据量子自由电子理论，计算自由电子的平均自由移动时间。现将 Cu 置于 $\xi = 10\,000$ V/m 的电场中，请问有多少电子参与导电？折合为每个原子平均提供多少个电子参与导电？电子的平均自由程为多少？电子的漂移速度多大？

6. 纯 Cu 的室温电阻率 $\rho = 1.7 \times 10^{-8}$ $\Omega \cdot m$。如果温度从 0℃上升到 100℃时，其电阻率

上升 33%；加入 Ni 进行合金化时，每 1% 摩尔分数的 Ni 使电阻率上升 1.25×10^{-8} $\Omega \cdot m$。请问，要想使 Cu – Ni 合金的电阻率在 0℃ ~ 100℃ 温度区间上升不超过 5%，至少需加入多少 Ni？

7. 请设计用测量室温下电阻率的方法测定二元相图端际固溶体固溶度线的实验方案。

8. 半导体 Si 为金刚石结构，晶格常数 $a = 0.54$ nm，$E_g = 1.12$ eV，假定 $m_e = m_h = m_0$，$\mu_e = \mu_h = 0.1$ m^2/V·s。

(1) 计算室温下纯 Si 的载流子体积密度与电导率。

(2) 若掺入百万分之一原子数目的 As 形成 n 型半导体，假设约 10% 的掺杂原子发生电离，而且掺杂不引起电子及空穴的有效质量及迁移率的改变。比较掺杂前后电导率的相对变化。

(3) 如果基体半导体换成 Ge，同样的掺杂会使其电导率发生多大的相对变化？

第3章 材料的磁性能

材料的磁性早在3000年以前就已被人们认识和应用，中国古代就有用天然磁铁作为指南针。现在磁性材料已经广泛地用在我们的生活之中，例如将永磁材料用作马达、在变压器中的铁芯材料、作为存储器使用的磁光盘、计算机用软盘等记录介质等。

材料为什么会有磁性呢？实验和现代磁学证明，材料的磁性来源于原子中的电子运动。电子磁矩的相互作用决定了磁性材料的类型和磁性能，磁性能还可以用成分、微结构和制备工艺来控制。

3.1 材料磁性概述

3.1.1 基本磁学量

本节中主要介绍一些磁学量和它们的基本关系。

1. 磁场

根据电磁理论，如果有电荷移动，就会产生磁场。移动的电荷可以是在导线中流动的宏观电流。计算导线产生磁场的基本定律是毕奥－萨伐尔定律(Biot-savart law)，如图3－1(a)所示，设有电流 I 流过导线 l，则导线 dl 对距导线 dl 为 r 距离地方产生的磁场为：

$$dH = \frac{Idl \sin\theta}{4\pi r^2} \quad (A/m) \tag{3-1}$$

磁场的方向同时垂直于 I 和 r。根据毕奥－萨伐尔定律可以推出通有电流的无限长螺旋管线圈产生的磁场，如图3－1(b)所示，在螺旋管中心处的磁场强度为：

$$H = \frac{nI}{L} \quad (A/m) \tag{3-2}$$

其中，n 是线圈匝数；L 是线圈长度(m)；I 是电流(A)。磁场强度 H 的单位是 A/m。对于如图3－1(c)所示的环形线圈，用式(3－1)计算出沿 x 轴的磁场为：

$$H = \frac{ia^2}{2r^3}$$

图3－1(d)是环形线圈和一个磁偶极子在远区产生的磁场。可以看见，环形线圈和一个磁偶极子在远区产生的磁场是相同的。对环形线圈和磁偶极子产生的磁场的详细计算表明，

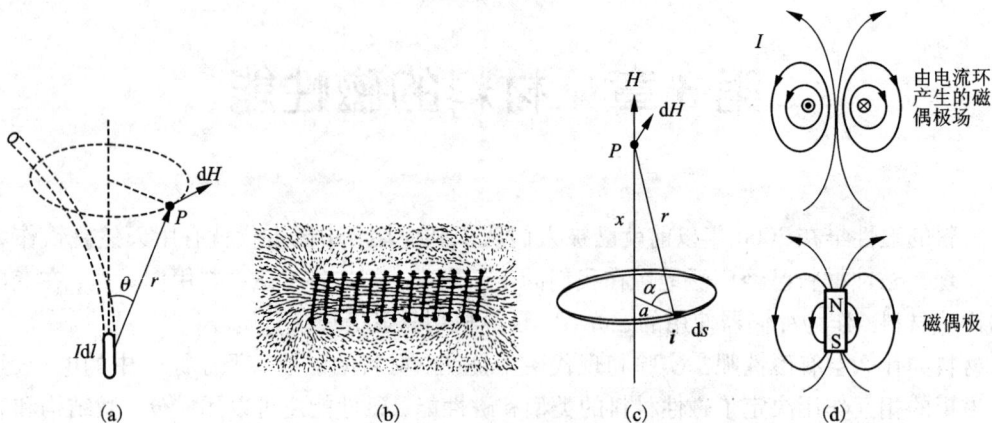

图 3 – 1　磁场的产生

(a)毕奥 – 萨伐尔定律；(b)螺旋线圈产生的磁场；(c)环形线圈的磁场；
(d)环形线圈和一个磁偶极子在远区产生的磁场

如果环形线圈中的电流为 i，环形线圈的面积是 A，则环形线圈可以等效一个磁矩 $m = iA$ 产生的磁场。注意等效磁矩 m 的方向是电流回路面积的法向，如图 3 – 1 的(c)所示。

从毕奥 – 萨伐尔定律可以推出安培环路定理：

$$\oint H\mathrm{d}l = \sum I \tag{3-3}$$

它的物理意义是边界两侧的磁场强度的切线分量连续，也是磁路定理的基础。

2. 磁化强度 M 和磁极化强度 J

磁性材料在磁场作用下会磁化，显出磁性。例如图 3 – 2 中的一根软磁棒（天线棒）插在螺旋管线圈中。当螺旋管线圈中没有通电流产生磁场时，软磁棒不显示出磁性。我们说这时它处于未磁化状态。当螺旋管线圈中通有电流后，线圈中有一个外磁场，这时软磁棒被磁化了，显出磁性。

有关磁介质的磁化理论，可以从两个角度来解释：分子电流观点和磁荷观点。分子电流观点就是从通有电流的环形线圈来理解。根据玻耳原子模型，电子沿着轨道绕原子核旋转，电子在原子壳中的轨道是稳定的。电子的这种运动和上述通有电流的环形线圈相似，造成了材料中磁性的微观起源。这种环形电流是由电子的轨道和自旋运动而产生的。在没有磁场作用时，各分子环流产生的磁矩取向是杂乱无章、互相抵消的。因此宏观看起来，不显磁性。但是在磁场作用下，这些磁矩将在一定程度上沿着磁场方向排列起来，各分子环流产生的磁矩矢量和将不等于零，材料显示出磁性。为了描述磁性介质的磁化状态（磁化的方向和磁化的程度），定义单位体积磁性材料内原子磁矩 m 的矢量总和为磁化强度 M(magnetization)：

$$M = \sum \frac{m}{V} \tag{3-4}$$

当原子磁矩同向平行排列时, 宏观磁体对外显示的磁性最强。当原子磁矩紊乱排列时, 宏观磁体对外不显示磁性。M 的单位是 A/m。

磁荷观点则认为, 磁性材料的最小单元是磁偶极子 p_m。磁偶极子由南极 S 和北极 N 组成, 在没有磁场作用时, 各磁偶极子的取向是杂乱无章, 互相抵消的。因此宏观看起来, 不显磁性。但是在磁场作用下, 这些磁偶极子将在一定程度上沿着磁场方向排列起来, 各磁偶极子 p_m 产生的磁偶极子矢量和将不等于零, 材料显示出磁性。从这种解释出发, 定义磁极化强度 J 为单位体积中的磁偶极子矢量总和, 并且可以推出 J 和磁化强度 M 的关系是:

$$J = \sum \frac{p_m}{V} = \mu_0 M \, (\text{T, 特斯拉}) \tag{3-5}$$

式中, μ_0 是真空磁导率, 在 SI 单位制中, $\mu_0 = 4\pi \times 10^{-7} \, \text{Vs/Am} = 亨/米(\text{H/m})$

3. **磁感应强度 B 和磁导率 μ**

根据 Maxwell 方程, 磁感应强度 B 和磁场强度 H 有如下关系:

$$B = \mu_0 H \tag{3-6}$$

其中, B 是磁感应强度(magnetic induction)。在 SI 单位制中, 磁场强度 H 的单位是 A/m, B 的单位是 $1 \, \text{V} \cdot \text{s/m}^2 = 1 \, \text{T}$(特斯拉)。如果要用 CGS 制的 Oe 单位表示磁场, 可以用表 3-1 的 SI 和 CGS 制单位进行变换。

如果将磁性材料放入磁场空间时, 磁感应强度 B 的大小取决于材料 M 和 H 的相互作用:

$$B = \mu_0(H + M) = \mu H \tag{3-7}$$

式中, μ 为磁导率(magnetic permeability)。磁感应强度也可以看做是材料对磁场的响应。磁化强度不同的材料对磁场的响应不同。外加同样的磁场, 在空气中和在磁性介质中, 由于磁化强度不同, 内部产生的磁感应强度不同, 如图 3-2。因此, 在材料中的磁感应强度 B 不仅和磁场强度有关, 还和材料的磁化强度有关。

从式(3-7)可以推出, 磁导率的定义为:

$$\mu = B/H$$

它的物理意义是单位磁场中材料的磁感应强度大小。μ 是磁性材料的一个重要参数, 它的单位和 μ_0 相同, 也是 H/m(亨/米)。

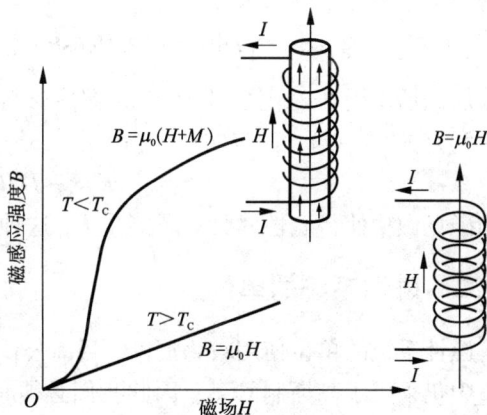

图 3-2　电流通过螺旋管产生的磁场 H 和磁感应强度 B, 当磁性铁心放入螺旋管内时, 增大了 B

也可以定义相对磁导率 $\mu_r = \mu/\mu_0$，相对磁导率没有单位。

4. 磁化率 χ

一般材料磁性的强弱可由磁化率(magnetic susceptibility)$\chi = \dfrac{M}{H}$ 来表示。磁化率 χ 的物理意义是材料在磁场中磁化的难易程度。根据磁化率的符号和大小，可以将材料的磁性分为铁磁性、亚铁磁性、反铁磁性、顺磁性和抗磁性。其中顺磁性材料的磁性很弱，其磁化率 χ 在 $10^{-3} \sim 10^{-6}$ 数量级；铁磁性和亚铁磁性的磁化率 χ 在 $10 \sim 10^6$ 数量级，一般统称为强磁性。通常实用的磁性材料属于强磁性材料。我们以后要介绍的也是强磁性材料的各种性能。χ 和 μ_r 都反映了材料增强磁场的能力，可以推出，它们之间的关系为：

$$\mu_r = \chi + 1 \qquad\qquad (3-8)$$

从应用的角度考虑，我们对具有大的磁感应强度 B 和大的磁化强度的材料感兴趣，并追求大的相对磁导率 μ_r。

5. 静磁能

如图 3-3 所示，考虑对磁偶极子 p_m 外加一个夹角为 θ 的恒磁场，磁偶极子 p_m 受到的作用力矩是：

$$T = p_m \times H$$

由上式可以看出，当 $\theta = 0$ 时，磁偶极子受到的力矩最小，处于稳定状态，从 θ 不等于零到等于零，表明磁偶极子在力矩作用下转到和磁场方向一致的方向。显然，这是要做功的。在磁场作用下磁偶极子将转向与磁场平行的方向。在该过程中磁场对磁矩所做的功为：

$$E = \int T \mathrm{d}\theta = -p_m H\cos\theta \qquad (3-9)$$

当外加磁场作用在磁化强度为 M 的磁性材料上时，根据式 (3-5) 和式 (3-9)，对应的功为：

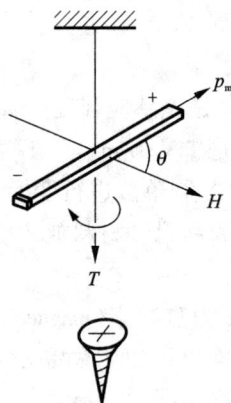

图 3-3　磁矩在磁场中转动

$$E = -J \cdot H = -\mu_0 M \cdot H \qquad\qquad (3-10)$$

外加磁场做功使得磁性体具有了能量 E，这种能量称静磁能(magnetic energy)。

3.1.2　磁性系统的单位

磁性系统的单位使用较为混乱，目前公认的是国际单位 SI 制，但是由于历史原因，在实验室中仍采用了高斯制 CGS。因此我们必须时时要将这两种单位进行变换。而且测量磁化强度的单位由于用途差异而不一样，使得变换有时似乎很困难，必须认真对待。表 3-1 表示了一些主要的磁学量的国际制单位和高斯制单位的互换关系。

例如，在 SI 制中，有

$$B = \mu_0 (H + M) \quad (\text{T})$$

现在考虑 1（高斯）的磁感应强度 B 和 1（奥斯特）H 时：

$$\frac{B(\text{高斯})}{10^4} = 4\pi \cdot 10^{-7} \left[\frac{H(\text{奥斯特})10^3}{4\pi} + M(\text{高斯})10^3 \right]$$

所以：如果用 CGS 制的高斯来表示 B，奥斯特来表示磁场 H，高斯来表示磁化强度 M 时，根据表 3 – 1 的变换，上述公式则变成：

$$B = (H + 4\pi M) \quad (\text{Gs})$$

表 3 – 1　磁学量单位及其变换

磁学量	SI	CGS	由 SI 单位换算成 CGS 单位的因子数	由 CGS 单位换算成 SI 单位的因子数
磁化强度 M	安培每米 A/m	高斯 Gs	10^{-3}	10^3
磁极化强度 $J = \mu_0 M$	特斯拉 T	高斯 Gs	10^4	10^{-4}
磁场强度 H	安培每米 A/m	奥斯特 Oe	$4\pi \times 10^{-3}$	$10^3 / 4\pi$
磁感应强度 B	特斯拉 T	高斯 Gs	10^4	10^{-4}

3.1.3　材料按磁性分类

根据磁化率 χ 的大小，材料的磁性大致可分为铁磁性、亚铁磁性、顺磁性、反铁磁性、抗磁性五大类。按抗磁性、顺磁性、亚铁磁性、铁磁性的顺序，磁化率 χ 增大。

1. 抗磁性

某些材料受到外磁场 H 作用后，感生出和 H 相反的磁化强度，磁化率 $\chi = \dfrac{M}{H} < 0$，这种材料具有的磁性称抗磁性（diamagnetism）。一般抗磁性的磁化率 χ 的绝对值很小，约 10^{-4} 到 10^{-6}，并且和磁场、温度无关。

抗磁性来源于将材料放入外磁场中时，外磁场对电子轨道运动回路附加有洛仑兹力作用。这一附加作用产生的磁矩方向和外磁场方向相反，因此抗磁性的磁化率 χ 是负的。又因为磁化率绝对值非常小，所以抗磁性只有在材料的原子、离子或者分子固有磁矩为 0 时，才能观察出来。

Cu，Au，Ag 以及大多数有机材料在室温下是抗磁性材料，Cu 的 $\chi = -0.77 \times 10^{-6}$，Au 的 $\chi = -2.74 \times 10^{-6}$，超导态的超导体一定是抗磁性材料。

2. 顺磁性

许多材料在放入外磁场中时，感生出和 H 相同方向的磁性，磁化率 $\chi = \dfrac{M}{H} > 0$，但其数值也很小，约 10^{-2} 到 10^{-5}，这种材料称顺磁性(paramagnetism)。组成顺磁性材料的原子有未满壳层的电子，因此有固有原子磁矩(原子磁矩的计算见下节)。但是原子受热扰动影响，原子磁矩的方向混乱地分布，在任何方向都没有净磁矩，对外不显示磁性，如图 3-4(a)所示。而将材料放入外磁场中时，原子磁矩都有沿外磁场方向排列的趋势，感生出和外磁场方向一致的磁化强度 M。所以磁化率 $\chi > 0$。一般顺磁性材料的磁化强度随磁场变化的磁化曲线 $M-H$ 是直线，如图 3-4(b)所示，磁化率和温度的关系遵守居里定律：

$$\chi = \frac{C}{T - \theta_p}$$

如图 3-4(c)所示。式中 C 称为居里常数，$C = \frac{N\mu_B^2}{3k}$，θ_p 称为顺磁居里温度，它的物理意义在自发磁化一节中会解释。Pt 的 $\chi \approx 21.04 \times 10^{-6}$，Mn 的 $\chi \approx 66.10 \times 10^{-6}$。

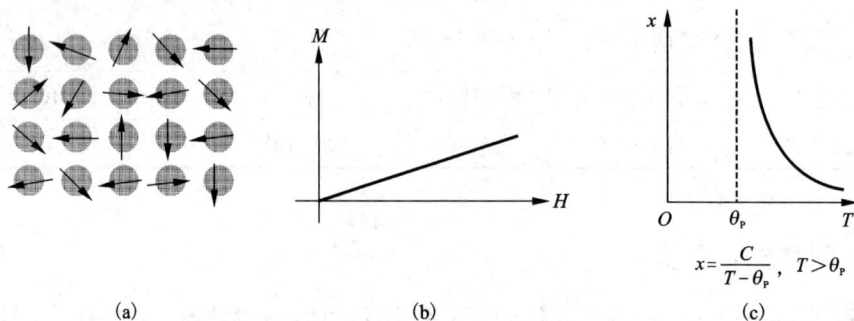

图 3-4　顺磁性

(a)顺磁性材料原子磁矩在没有外加磁场下的排列；
(b)顺磁性材料的磁化强度随磁场变化的磁化曲线；(c)磁化率随温度的变化

3. 铁磁性

铁磁性材料的特点为：铁磁性材料的磁化率 χ 远大于顺磁性的 χ，数值在 $10 \sim 10^6$ 范围。组成铁磁性材料的原子或者离子和顺磁性材料一样，有未满壳层的电子，因此有固有原子磁矩。

但是在铁磁性材料中，相邻离子或者原子的未满壳层的电子之间有强烈的交换耦合作用，在低于居里温度并且没有外加磁场的情况下，这种作用会使相邻原子或者离子的磁矩在一定的区域内趋于平行或者反平行排列，处于自行磁化的状态，称为自发磁化。自发磁化所产生的单位体积内磁矩的矢量和，称自发磁化强度 M_s，如图 3-5。由于它的存在，铁磁性材料的磁化率很大。在 3.2 节的介绍中可以知道，这个区域称磁畴。

铁磁性材料还具有一个磁性转变温度：居里温度 T_c。一般自发磁化随环境温度的升高而

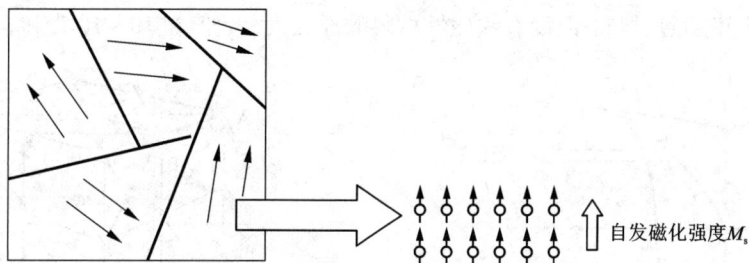

图 3 - 5　铁磁性材料的原子磁矩在磁畴内平行排列

逐渐减小，超过居里温度 T_c 后全部消失，这时材料表现出顺磁性，材料内部的原子磁矩变为混乱排列。只有当 $T < T_c$ 时，组成铁磁性材料的原子磁矩在磁畴内才平行或反平行排列，材料中有自发磁化，如图 3 - 6。

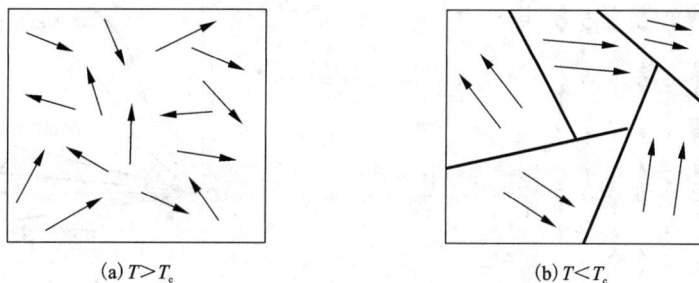

(a) $T > T_c$　　　　　　　　　(b) $T < T_c$

图 3 - 6　铁磁性材料内原子磁矩排列

(a) 温度 T 大于居里温度 T_c；(b) 温度 T 小于居里温度 T_c

　　未经磁化的材料中磁畴的方向是混乱的，因此材料宏观上不表现出磁性，当材料放置在外磁场中时，在外磁场中和磁场夹角小的磁畴由于在磁场中能量低，因此会长大，而其他的磁畴会缩小直到消失。再将材料从外磁场中拿出来后，材料会在磁场方向留有宏观磁化强度 M（称剩余磁化强度 M_r），材料的磁化强度 M 随外加磁场 H 变化的磁化曲线不是线性的，有磁滞现象，如图 3 - 7。而且铁磁性材料在外加磁场作用下会伸长或缩短，称为磁致伸缩。

　　4. 亚铁磁性和反铁磁性

　　亚铁磁性和铁磁性材料的特点非常相同：有自发磁化、居里温度、磁滞和剩余磁化强度。但是它们的磁有序结构不同。在亚铁磁性材料中磁性离子 A，B 构成两个相互贯穿的次晶格 A，B（简称 A，B 位），如图 3 - 8。A 次晶格上的原子磁矩如图 3 - 8 中箭头方向所示相互平行排列，B 次晶格上的原子磁矩也相互平行排列，但是它们的磁矩方向和 A 次晶格上的原子磁矩方向相反，大小不同，导致有自发磁化，如图3-9。显然，它们的自发磁化强度 M_s 比铁磁性材料的小，磁化率虽然远大于顺磁材料，但没有铁磁性材料的那么大，数值在 $10\sim10^3$ 范围。

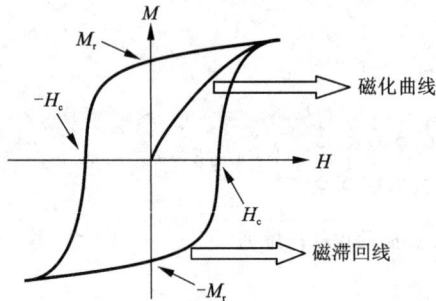

图 3-7 铁磁性材料的磁化曲线和磁滞回线

M_r—剩余磁化强度；H_c—矫顽力

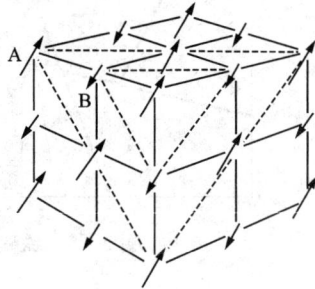

图 3-8 亚铁磁性材料中的 A，B 次晶格

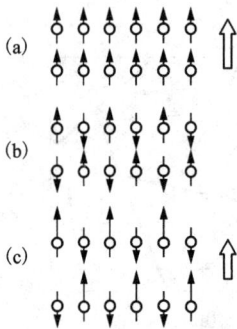

图 3-9 铁磁体、亚铁磁性和
反铁磁性材料的原子磁矩排列

（a）铁磁性材料的原子磁矩排列；

（b）反铁磁性材料的原子磁矩排列；

（c）亚铁磁性材料的原子磁矩排列

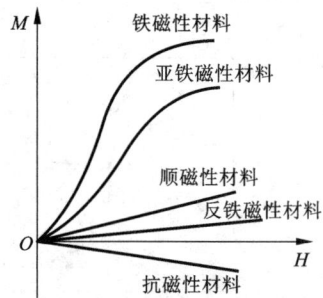

图 3-10 各种材料的磁化曲线

还发现一种反铁磁材料，其原子磁矩完全反平行排列，而且大小相同，磁矩相互抵消，宏观自发磁化强度为零，如图3-9，这样磁化率仍保持很小的数值。

铁磁性、亚铁磁性和反铁磁性材料的磁化曲线如图3-10。铁磁性、亚铁磁性材料和反铁磁性材料的原子磁矩的特点是在磁畴内平行或反平行排列，因此又统称它们为磁有序材料。铁磁性和亚铁磁性材料的磁性转变温度称居里点 T_c，反铁磁性材料的磁性转变温度称为奈尔（Neel）点 T_N。这些材料在 T_c 和 T_N 温度以上呈顺磁性，在 T_c 和 T_N 温度以下处于磁有序状态。

铁磁性和亚铁磁性材料是具有工业用途的磁性材料，下面的内容主要介绍这两种材料的特殊性能。

3.2　磁性起源和原子磁矩

3.2.1　自由原子的磁矩

如上所述，材料磁性来源于电子的轨道运动和电子的自旋运动。从原子物理可知，组成材料的最小单元是原子，而原子又由电子和原子核组成。原子中的电子同时具有两种运动：电子绕原子核作电子轨道运动和电子绕本身轴旋转作电子自旋运动。电子的轨道和自旋运动都和通有电流的环形线圈相似，组成了电流闭合回路。因此这两种运动都会产生磁矩。这些磁矩就是材料磁性的来源。原子核也具有核磁矩，但原子核的磁矩仅为电子磁矩的 1/1836.5，在考虑原子磁矩时可以忽略不计。另外，所有的材料处于磁场中时，外磁场都会对电子轨道运动回路附加有洛仑兹力，使材料产生一种抗磁性，其磁化强度和磁场方向相反。抗磁性很小，磁化率 χ 在 $10^{-6} \sim 10^{-7}$ 数量级。下面首先叙述电子的轨道磁矩和自旋磁矩，然后介绍原子磁矩。

1. 电子轨道磁矩

这里首先根据玻耳的原子结构模型理解电子轨道磁矩和轨道角动量的关系，然后可以直接利用在量子力学中得到的轨道角动量的表达式来表示电子轨道磁矩。

原子核外电子以角速度 ω 绕原子核作半径为 r 的圆周轨道运动，如图 3-11 所示。设电子的电荷为 e，质量为 m，从电荷流动产生电流的角度考虑，电子运动引起的电流 $i = \dfrac{-e\omega}{2\pi}$，又如 3.1.1 节所述，电流为 I，面积为 A 的环形线圈中产生的磁矩为 $\boldsymbol{\mu}_l = iA$，所以电子轨道运动形成的磁矩的大小为 $\mu_l = \dfrac{e\omega r^2}{2}$。另一方面，该电子运动的轨道角动量 $\boldsymbol{p}_l$ 的大小为 $p_l = r^2 m\omega$，这样轨道角动量和轨道磁矩有如下关系：

$$\boldsymbol{\mu}_l = -\gamma_l \boldsymbol{p}_l \qquad (3-11)$$

式中，$\gamma_l = \dfrac{e}{2m}$ 称为轨道旋磁比，电子轨道运动产生的磁矩和轨道角动量的方向相反，如图 3-11 所示。

上述推导是根据玻耳的经典原子结构模型，但是准确的电子运动要用量子力学中的波函数来描述。根据量子力学的结果，电子轨道角动量 $\boldsymbol{p}_l$ 的大小是量子化的，不连续的：

$$|\boldsymbol{p}_l| = \sqrt{l(l+1)}\ \hbar \qquad (3-12)$$

式中，$\hbar = h/2\pi$，h 是普朗克常数；l 为角量子数，它和主量子数 n 有关，它可以取以下值：

$l = 0, 1, 2, \cdots, n-1$。

从公式 (3-11)，电子轨道磁矩 $\boldsymbol{\mu}_l$ 的大小也可以用角量子数来表示：

$$|\boldsymbol{\mu}_l| = \sqrt{l(l+1)}\mu_B \qquad (3-13)$$

$\mu_B = \dfrac{e\,\hbar}{2m} = 9.273 \times 10^{-24}(\text{A}\cdot\text{m}^2)$，称玻耳磁子，

是理论上最小的磁矩，经常作为磁矩的单位使用。

如果将电子放在外磁场中，根据量子理论，轨道磁矩在外磁场方向的投影为：

$$\mu_{l,H} = m_l\mu_B \qquad (3-14)$$

式中，m_l 为磁量子数，表示 $\mu_{l,H}$ 可以取 $m_l = 0$，± 1，± 2，± 3，…，$\pm l$，共 $(2l+1)$ 个值。

在填满了电子的次电子层(s, p, d, f, …)中，各电子的轨道运动分别占据了所有可能的方向，形成一个球形对称体系，因此合成的总轨道角动量等

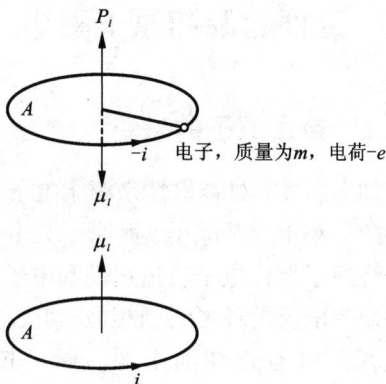

图 3 – 11   电子轨道运动产生的磁矩 $\boldsymbol{\mu}_l$

于零，总轨道磁矩也等于零。例如 3d 态电子，$n=3$，$l=2$，如果 3d 层填满了 10 个电子，则这 10 个电子轨道磁矩在磁场方向的投影总和为 $[0+1+2+(-1)+(-2)]\mu_B = 0$。所以计算原子的总轨道磁矩时，只需要考虑未填满的那些次壳层中电子的贡献。

2. 电子自旋磁矩

电子自旋运动是人们在研究原子中的电子运动时逐渐认识到的。在研究反常塞曼效应、斯特恩 – 盖拉赫实验和碱金属光谱的双线结构时，发现这些现象用电子轨道运动不能得到解释。因此认识到电子还有一种自旋运动。实验和量子力学已证明电子在作轨道运动的同时还做自旋运动，自旋运动产生的电子自旋磁矩大小 $\boldsymbol{\mu}_s$ 为：

$$|\boldsymbol{\mu}_s| = 2\sqrt{s(s+1)}\mu_B \qquad (3-15)$$

式中，s 为自旋量子数，它仅能取 1/2。自旋磁矩在磁场中的投影为

$$\mu_{s,H} = 2m_s\mu_B \qquad (3-16)$$

式中，$m_s = \pm 1/2$，称为自旋角动量方向量子数。当 s, p, d, f 等次电子层填满了电子时，电子总自旋磁矩也为零。所以计算原子的总自旋磁矩时，只需要考虑未填满的那些次壳层中电子的贡献。

3. 原子的总磁矩

原子的总磁矩是电子轨道磁矩与自旋磁矩的总和。但电子轨道磁矩和电子自旋磁矩如何耦合成原子总磁矩呢？一般磁性原子是由原子内各电子轨道磁矩先组合成原子总的轨道磁矩 $\boldsymbol{\mu}_L$，各电子的自旋磁矩先组合成原子总的自旋磁矩 $\boldsymbol{\mu}_S$，然后两者再耦合成原子的总磁矩。这种耦合称为 LS 耦合。LS 偶合的自由原子的磁矩为

$$\boldsymbol{\mu}_J = \boldsymbol{\mu}_L + \boldsymbol{\mu}_S = \mu_B\frac{(\boldsymbol{p}_L + 2\boldsymbol{p}_S)}{\hbar} \qquad (3-17)$$

这里，$\boldsymbol{p}_L$ 和 $\boldsymbol{p}_S$ 为原子总轨道角动量和原子总自旋角动量。又因为总角动量 $\boldsymbol{p}_J = \boldsymbol{p}_L + \boldsymbol{p}_S$，通过

矢量演算，可以得到 $\boldsymbol{\mu}_L$ 和 $\boldsymbol{p}_L$ 的关系：

$$\boldsymbol{\mu}_J = -\frac{g\mu_B}{\hbar}\boldsymbol{p}_J \tag{3-18}$$

这样可以借助在量子力学中得到的 $\boldsymbol{p}_L$ 的允许值 $|\boldsymbol{p}_J| = \sqrt{J(J+1)}\hbar$

得到：

$$|\boldsymbol{\mu}_J| = g\sqrt{J(J+1)}\mu_B \tag{3-19}$$

式中，J 为原子总角量数；L 为原子总轨道角量子数；S 为原子总自旋量子数，g 称为朗德因子(Lande splitting factor)，由式(3-20)表示：

$$g = 1 + \frac{J(J+1) + S(S+1) - L(L+1)}{2J(J+1)} \tag{3-20}$$

$\boldsymbol{\mu}_J$ 在外加磁场方向的投影 $\mu_{J,H}$ 为：

$$\mu_{J,H} = \mu_J \cos(J,H) = m_J g\mu_B \tag{3-21}$$

m_J 是原子的磁量子数，m_J 可以取 $J, J-1, \cdots, -J$，共 $(2J+1)$ 个值。当 m_J 取最大值 J 时，得到原子磁矩在磁场方向的最大分量：

$$(\mu_{J,H})_{max} = Jg\mu_B \tag{3-22}$$

原子磁矩在磁场方向的最大分量 $(\mu_{J,H})_{max}$ 和材料的宏观磁化强度 M 有直接的关系。例如在单位体积中有 N 个磁性原子的体系，它在 0 K 时自发磁化强度 $M_s(0) = NJ_g\mu_B$。详见3.4.2 节。

洪德(Hund)根据原子光谱实验，总结了计算基态原子或离子的总角量数 J 的法则，称洪德法则。其主要内容为：在 LS 耦合的情况下，对那些次电子层未填满电子的原子或离子，在基态下，其总角量子数 J 与总轨道量子数 L 和总自旋量子数 S 的取值为：

(1)在未填满电子的那些次电子层内，在泡利(Pauli)原理允许的条件下，总自旋量子数 S 取最大值，总轨道量子数 L 也取最大值。

(2)次电子层未填满一半时，原子总角量子数 $J = L - S$；次电子层满一半或满一半以上时，原子的总角量子数 $J = L + S$。

根据洪德法则，我们可以计算基态原子或离子的磁矩。例如 Fe 的未满层电子是 $3d^6$，该层电子对原子磁矩有贡献，依次算出 S, L, J 为：

$$n = 3, l = 2, m_l = 0, \pm 1, \pm 2$$

$$S = 5 \times \frac{1}{2} - 1 \times \frac{1}{2} = 2$$

$$L = \sum m_l = 2 + 1 + 0 + (-1) + (-2) + 2 = 2$$

$$J = L + S = 4$$

$$g = 1.5, \mu_J = 6.7\mu_B$$

3.2.2 材料中的原子磁矩

上面叙述了孤立、自由的原子的磁矩。那么对于我们关心的磁性材料来说，原子组成材料时，原子磁矩会变化吗？根据材料结构不同，铁磁性和亚铁磁性材料中的原子磁矩有时会发生变化。

1. 铁氧体中的原子磁矩

有一种称为铁氧体的亚铁磁性材料，它主要由 Fe 等 3d 过渡族离子和氧离子组成，材料的具体结构见 3.4.6 节。铁氧体晶体的特点是对磁性有贡献的 3d 电子基本固定在原子周围，它受到了邻近离子原子核的库仑场以及电子的作用，这一作用的平均效果等效为一个电场，称为晶体场。3d 电子的主量子数 $n=3$，角量子数 $l=2$，它有 5 种波函数：$\Psi_1(x^2-y^2)$，$\Psi_2(z^2-x^2-y^2)$，$\Psi_3(xy)$，$\Psi_4(yz)$ 和 $\Psi_5(zx)$ 与磁量子数 $m_l=\pm 1$，± 2，0 对应。注意，虽然 m_l 不同，但是在自由原子的情况，原子的能量仅和主量子数 n、角量子数 l 有关，所以 5 种轨道中的电子处于相同的能级，称能量简并，这里用 5 个并列的方格来表示 [如图 3-12(a) 所示，用 5 个方格排列一排表示]。

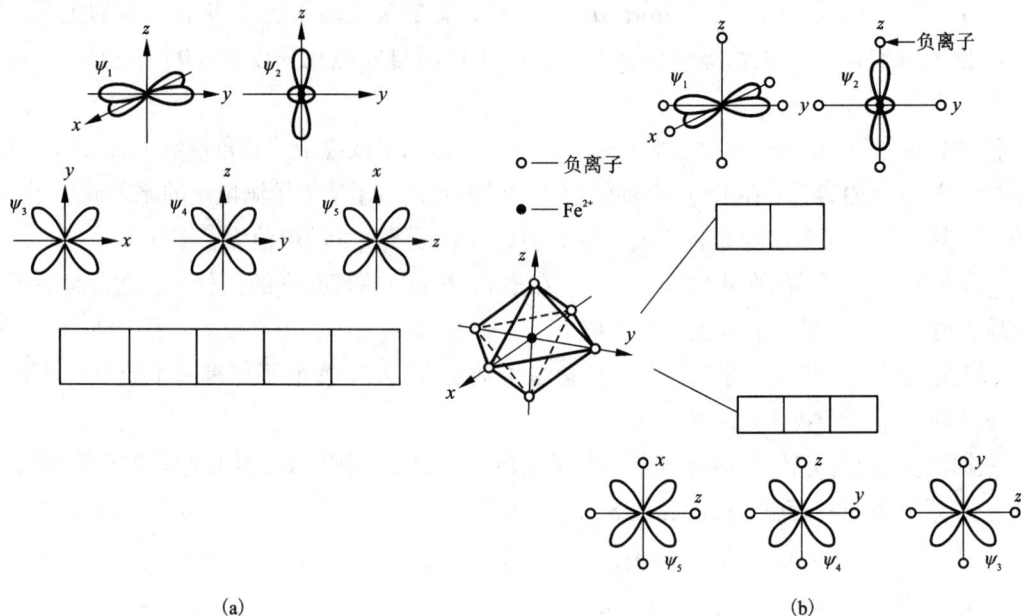

(a)

(b)

图 3-12　Fe^{+2}在八面体中的能级分裂

(a)孤立原子的能级；(b)Fe^{+2}在八面体中的能级

但是，例如 Fe_3O_4 晶体，Fe^{2+} 处于一个八面体中心，负离子在八面体的各个顶点，那么负离子和它的相对位置如图 3-12(b)所示。很明显，$\Psi_1(x^2-y^2)$，$\Psi_2(z^2-x^2-y^2)$ 轨道受负离子的电场影响最大，负离子和电子相互排斥，使轨道的能量增加，结果 $\Psi_1(x^2-y^2)$，$\Psi_2(z^2-x^2-y^2)$ 轨道的能量变得高于其他 3 个轨道的能量，称为能级的简并部分消除，如图 3-12(b)，用 2 个在上面的方格表示，这种能量简并消除，导致轨道运动对磁矩的贡献降低。

可以这样理解能级的简并消除对轨道磁矩的影响：只有一个 3d 电子即 $3d^1$ 的原子，在自由原子时：$L=2$，$S=1/2$，$J=3/2$。该原子处于八面体晶场中时，相应的计算[详见《铁磁学（上）》，科学出版社]可以推出 $L=1$，$S=1/2$，因此 $J=1/2$。又因为 $(\mu_{J,H})_{max}=gJ\mu_B$，正比于 J，所以该原子处在八面体晶场中的 $\mu_{J,H}$ 比自由原子的 $\mu_{J,H}$ 小。这里原子受晶体场影响使得 $L=1$，小于它为自由原子时的 $L=2$，称轨道部分冻结，如果受晶体场影响使得 $L=0$，则称轨道完全冻结，这时轨道运动对磁矩就没有贡献了。

在铁氧体等磁性材料中，计算原子磁矩时一般近似认为轨道完全冻结，也即近似认为总轨道量子数 $L=0$，只需考虑其自旋磁矩 S 的贡献（$J=S$）。这样计算出来的原子磁矩和实验值很吻合。例如 $NiFe_2O_4$ 铁氧体，其中一个 Fe^{3+} 离子和另一个 Fe^{3+} 离子、Ni^{2+} 离子的磁矩是反平行排列，在只考虑自旋时，Fe^{3+} 的 $\mu_{J,H}=gJ\mu_B=2S\mu_B=5\mu_B$，$Ni^{2+}$ 的 $\mu_{J,H}=2S\mu_B=2\mu_B$。这样分子磁矩 $m=(2+5-5)\mu_B=2\mu_B$，而实验值为 $2.3\mu_B$，非常吻合。更具体的计算见 3.4 节。

2. 金属及合金中的原子磁矩

而同样是由 Fe、Ni 等 3d 元素组成的铁磁性金属及其合金，根据上述理论计算出的磁矩和实验值相差甚远。例如根据上述计算，Fe、Ni 金属及其合金的磁矩应该是 μ_B 的整数倍，Fe^{3+} 的磁矩为 $5\mu_B$，Fe^{2+} 为 $4\mu_B$。但是实验表明，金属 Fe 磁矩其实为 $2.2\mu_B$。造成这种差别的主要原因是金属 Fe，Ni 及其合金是金属。根据能带理论，它的最外层 4s 电子是自由电子，可以在晶体中自由移动，组成金属的各个原子的 4s 电子轨道完全重合，4s 能级变成了很宽的能带，4s 电子已经不属于哪个原子了。同样，次外层的 3d 电子虽说不像 4s 电子那样可以自由地在晶体中移动，但它也不是完全局域在某个原子周围。在一定程度上，3d 电子也可以自由移动，它的能级也变成了能带，并且和 4s 能带重叠，如图 3-13。图 3-13 的纵坐标是能量，横坐标是原子间距离，R_0 是组成材料时的原子间距，因此具有同样能量的电子可以进入 3d 轨道，也可以进入 4s 轨道，使得金属 Fe、Ni 及其合金的磁矩与将 3d 电子完全考虑为某个孤立原子的电子不同。所以要从能带理论的角度来解释这些材料的原子磁矩。如果 3d+4s 的电子数超过 8 时，可以用下列经验公式来计算 Fe、Ni 金属及其合金的原子磁矩 μ_{JH}：

$$\mu_{JH}=(10.6-n)\mu_B \tag{3-23}$$

式中，n 是 4s+3d 电子数。由此计算出：Fe($n=8$)，Ni($n=10$)，Co($n=9$) 的原子磁矩 μ_{JH} 分别为 $2.6\mu_B$，$0.6\mu_B$，$1.6\mu_B$。与实验值比较接近。Fe、Ni 金属及其合金的磁矩实验值随外层电子数变化的曲线如图 3-14，也称斯莱特-泡利曲线。曲线的特征是 70%Fe-30%Co 合金的原子磁矩为最大，然后向两边降低，呈三角形直线，曲线上也有各合金的分支。用能带理论可以较好地理解该曲线。

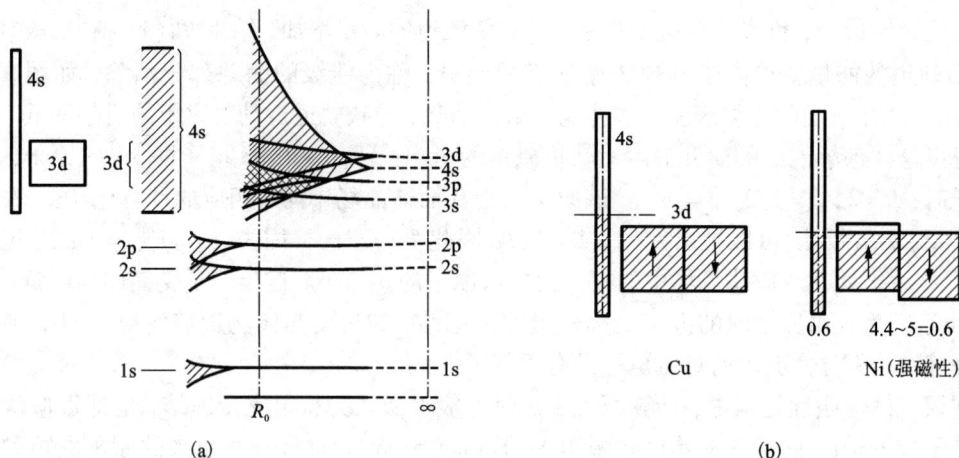

（a）

图 3 – 13　Fi、Ni 等金属形成能带和电子填充情况

（a）能带的形成；（b）Cu、Ni 金属中 3d + 4s 电子的填充

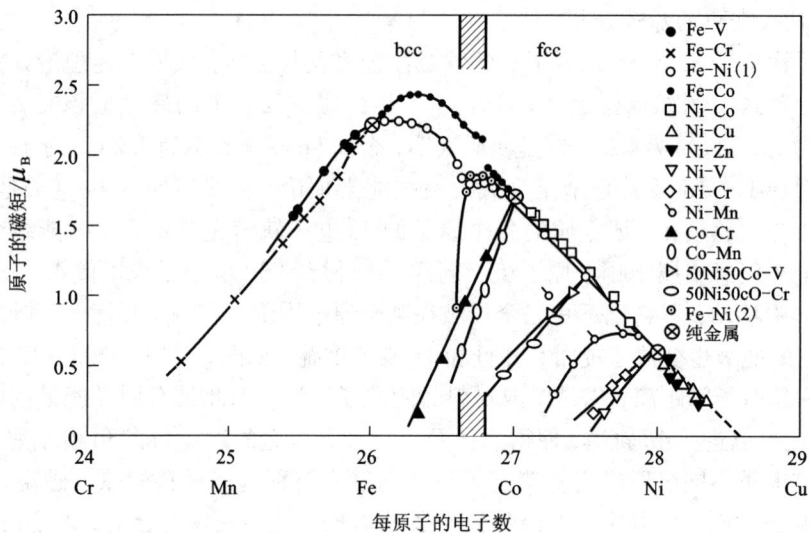

图 3 – 14　Fe、Ni 金属及其合金的磁矩随外层电子数的变化

3. 稀土金属中的原子磁矩

在稀土金属材料中，由于产生磁性的 4f 电子处于 $5s^2 5p^6$ 电子的内层，受到外层电子的屏

蔽，很少受到周围晶场的影响，晶场对它的磁性影响远小于过渡族元素。因此一般认为自由原子的磁矩就是材料中原子的磁矩。但是正因为轨道角动量没有消失，轨道－自旋耦合作用很强，通过轨道－自旋的耦合，会产生强烈的磁晶各向异性。

3.3 自发磁化理论

3.3.1 铁磁材料的自发磁化理论

从上面叙述已知，铁磁性材料的磁化率远大于顺磁性材料，所以铁磁性材料具有十分有用的磁特性，例如很高的磁导率 $\mu = \dfrac{B}{H}$、有剩余磁化强度 M_r、矫顽力 H_c 等性能，如图 3－7。为了解释铁磁性材料表现出的强磁性，1907 年法国物理学家外斯（P. Weiss）在朗之万顺磁理论的基础上首先系统地提出了铁磁性假说，简称分子场理论，其主要内容为：

（1）铁磁材料内部存在很强的"分子场 H_m"，它使原子磁矩同向平行排列，即自发磁化到饱和；

（2）铁磁体的自发磁化分成若干区域，称为磁畴，由于各磁畴内自发磁化方向不一致，所以大块磁体对外不显示磁性。

根据分子场理论，设有一个分子场 H_m 使铁磁体自发磁化，铁磁体的自发磁化强度 M_s 与分子场 H_m 成正比，即

$$H_m = \lambda M_s \tag{3-24}$$

式中，λ 为分子场系数。在温度高于 0 K 时，由于原子的热振动，分子场仅能使原子磁矩在一定程度上平行排列。

设单位体积中磁性原子数为 N，在分子场和外磁场作用下铁磁体的宏观磁化强度随温度和磁场的变化用玻尔兹曼统计可得：

$$M = M(0)B_J(y) \tag{3-25}$$

$$y = \frac{gJ\mu_B\mu_0 \times (H + \lambda M_s)}{kT} \tag{3-26}$$

式中，$B_J(y)$ 称布里渊函数，$B_J(y) = \left\{ \dfrac{2J+1}{2J}\coth\left(\dfrac{2J+1}{2J}y\right) - \dfrac{1}{2J}\coth\dfrac{y}{2J} \right\}$，$M(0) = NJg\mu_B$。

解式（3－25）和式（3－26）可以求出在一定的磁场和温度下的磁化强度。当外加磁场为零时，可以求出铁磁性材料的自发磁化强度 M_s。解式（3－25）、式（3－26）可以得出以下三个主要结论：

（1）如果外加磁场为零，在 $T \geqslant T_c$ 后，式（3－25）和式（3－26）没有共同的解，即自发磁化强度 M_s 为零，这时铁磁性材料的强磁性消失了，材料表现出顺磁性。温度 T_c 称居里温度，

用式(3-25)和式(3-26)等可求出居里温度为：

$$T_c = \frac{Ng^2\mu_B^2 J(J+1)\lambda}{3k} \qquad (3-27)$$

式中，k 是玻尔兹曼常数；该式可以定性地说明，λ 越大，居里温度就越高，因而要破坏原子磁矩的整齐排列所需要的热运动能量也就越大。但是实验表明，该公式估计的居里温度偏高。

(2) 在 $T < T_c$ 的任何温度下，自发磁化总是存在，材料表现出强磁性（铁磁性）。当 $T \to 0$ K 时，$B_J(y) \to 1$，$M_s(T \to 0) = NJg\mu_B$，温度升高，自发磁化强度逐渐降低。图 3-15 表示了居里温度附近的磁化强度随温度变化的实验曲线。

(3) 在 $T > T_c$ 后材料表现出顺磁性。材料的磁化率服从居里-外斯定律，即 $\chi = \dfrac{C}{T - \theta_p}$，如图 3-4，式中 C 是居里常数。对于铁磁体 θ_p 为正，等于居里温度。当 $T = \theta_p$ 时，铁磁性转变为顺磁性。这些结果与实验结果符合得很好。

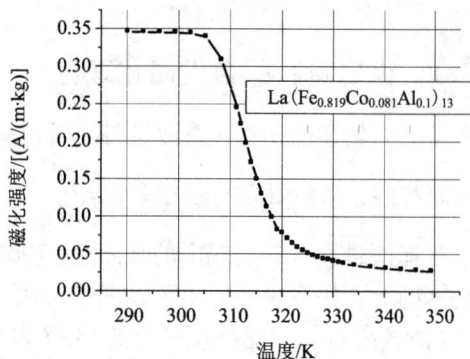

图 3-15 稀土 LaFeCoAl 材料的
磁化强度随温度变化的实验曲线

以上结果表明，外斯的分子场理论大体上能描述铁磁性材料表的强磁性。但是在外斯分子场理论中，最难以解释的是铁磁体为什么有自发磁化。外斯分子场理论仅是一种唯象理论，并没有说明分子场的来源。古代科学家根据铁磁性在居里温度以上就消失的现象，测出铁的居里温度，用居里温度时的热扰动能 kT 来估计铁磁性材料之间的交换耦合作用的大小：铁的居里温度约为 1000 K；居里温度时的热扰动能 $kT = 1.38 \times 10^{-23} (\text{J/K}) \times 1000 (\text{K}) \approx 10^{-20} (\text{J})$。再考虑电子之间各种可能的相互作用能大小，发现这种交换能的数量级和电子之间的静电作用能的数量级相等，如表 3-2 所示。但是在量子力学发展之前，由于受到经典力学的限制，人们无法理解交换能的性质，以及它为什么和静电作用能的数量级相等。

表 3-2　电子之间的作用能

相互作用类型	电子	原子核	相互作用能($r \sim 10^{-10}$ m)
电子之间的库仑静电作用	$-e$	e	10^{-20} J
原子磁矩之间的相互作用	μ_B	$\mu_p \approx 10^{-3}\mu_B$	10^{-24} J；10^{-27} J
万有引力	m	M_p	10^{-59} J
交换能			10^{-20} J

1924—1926 年建立了描述微观电子运动的量子力学理论后，1928 年海森堡和弗伦克尔几乎同时地分别提出了分子场来源于相邻原子间电子自旋的交换作用的理论。他们发现这种交换作用是一种量子力学效应，并且只和静电能有关。主要内容为：在原子组成材料后，当各电子的电子云重叠时，由于电子的全同性特性，在电子之间存在一种静电的相互交换作用，引起了交换作用能。对于多原子体系，海森堡导出在原子间的电子交换作用能 E_{ex} 为：

$$E_{ex} = -2 \sum_{i<j}^{近邻} \sum A_{ij} S_i \cdot S_j \qquad (3-28)$$

式中，A 是交换积分常数，它的大小和电子云重叠有关。$i<j$ 表示求和时不要重复。交换作用只在最近邻之间发生，因此求和只考虑在近邻原子之间。从式（3-28）可以看出，当交换积分常数 A 为正时，为了使交换能最小，相邻原子间的电子自旋角动量 S_i 和 S_j 必须同向平行排列。这样就导致了铁磁材料内部相邻磁矩要同向平行排列，这就是自发磁化的起因。

直接交换作用最大的贡献是揭示了分子场的本质来源于电子之间的静电的相互作用，但它还不能完全解释各种具体的铁磁性材料中的强磁性来源。例如稀土金属化合物，稀土金属中对磁性有贡献的 4f 电子是局域化的。4f 电子层半径为 0.05～0.06 nm，外层的 $5p^6 5d^1 6s^2$ 电子对 4f 电子起屏蔽作用。相邻原子的 4f 电子云不重叠，不可能存在直接交换作用。但是在直接交换作用的基础上，茹德曼（Ruderlnan）、基特尔（Kittel）、胜谷（Kasuya）和良田（Yosida）等人提出了导电电子与内层电子的交换作用理论，称为 RKKY 理论。RKKY 理论的中心思想是：在稀土金属中 4f 电子是局域的，6s 电子是游动的。f 电子与 s 电子发生交换作用，使 s 电子极化，这个极化了的 s 电子的自旋对 f 电子自旋取向有影响；结果形成了以游动的 s 电子为媒介，使磁性离子的 4f 电子自旋与相邻的离子的 4f 电子自旋存在间接交换作用，从而产生自发磁化。另外在亚铁磁性的铁氧体材料（具体结构见下节）中存在着以氧离子为媒介的超交换作用等。有关各种交换作用的理论请参考任何一本铁磁学理论的书籍。

设想 N 个原子组成的材料，每个原子中有一个电子的自旋对磁性做贡献，可以推出分子场系数 λ 和交换积分常数 A 成正比：$\lambda = \dfrac{ZA}{2N\mu_B^2}$，这里 Z 为近邻原子数。这样可以清楚地看出交换积分常数 A 和分子场系数成正比。如果将 $g^2 \mu_B^2 J(J+1)$ 近似等于 $(\mu_{J,H})_{max}^2$，设铁的居里温度为 1063 K，$(\mu_{J,H})_{max} = 2.2\mu_B$，根据式（3-27）可以估计分子场 H_m 为 1.7×10^9 A/m（10^7 Oe）。该数量级远大于人类目前可以制造的磁场强度。可见交换作用是一种很强的作用能。

3.3.2　亚铁磁性自发磁化理论

1948 年，奈尔（Neel）建立了亚铁磁性分子场理论。其思想是假设亚铁磁性材料中磁性离子 A，B 构成的晶格，可以分为两个相互贯穿的次晶格 A，B（简称 A，B 位），如图 3-8。A 次晶格上的原子磁矩如图中箭头方向所示相互平行排列，B 次晶格上的原子磁矩也相互平行排列，但是它们的磁矩方向和 A 次晶格上的原子磁矩方向相反，大小不同。有关材料中具体 A，B 次晶格的组成见下节。设它们在 A，B 次晶格的磁化强度分别为 M_A 和 M_B。那么总的磁化强度 M 为：

$$M = M_A + M_B \tag{3-29}$$

作用在 A 次晶格上的分子场 H_{mA} 为：

$$H_{mA} = -\gamma_{AB}M_B + \gamma_{AA}M_A \tag{3-30}$$

式中，γ_{AB}，γ_{AA} 为分子场系数，为正值。

公式(3-30)中，负号表示 A 与 B 离子之间的反平行相互作用；而正号表示 A—A 离子之间的平行相互作用。同理，

$$H_{mB} = -\gamma_{AB}M_A + \gamma_{BB}M_B \tag{3-31}$$

沿用式(3-25)及式(3-26)可以得出：

$$M_A = N_A Jg\mu_B B_J(y_A)$$

$$y_A = \frac{gJ\mu_B\mu_0 \times (H + H_{mA})}{kT}$$

$$M_B = N_B Jg\mu_B B_J(y_B)$$

$$y_B = \frac{gJ\mu_B\mu_0 \times (H + H_{mB})}{kT}$$

解上述联立方程可得：

(1)当 $T > T_c$ 时，材料表现出顺磁性，材料的磁化率随温度变化是一条双曲线：

$$\frac{1}{\chi} = \frac{T}{C} + \frac{1}{\chi_0} - \frac{\xi}{T - \theta} \tag{3-32}$$

这里，C，θ，χ_0，ξ 都是常数。曲线如图 3-16 所示。$1/\chi = 0$ 的正根定义为亚铁磁性的居里温度 T_c，见图 3-16。高温时，式(3-32)右边第三项趋于零，$\frac{1}{\chi} \sim T$ 关系曲线变成图 3-16 中的虚直线。式(3-32)在高温时和实验符合得很好，接近居里温度时却是不大一致。

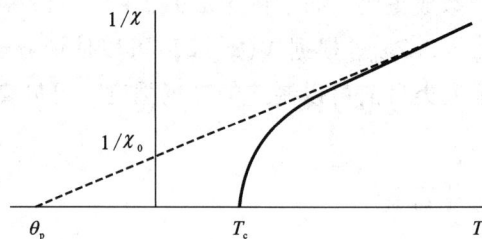

图 3-16　亚铁磁性的 $\frac{1}{\chi} \sim T$ 关系曲线

（2）$T < T_c$ 时，材料表现出亚铁磁性。在外加磁场为零时，每个次晶格通过作用在其上的分子场产生自发磁化，但两个次晶格的自发磁化的方向是相反的。因此，铁氧体的净自发磁化强度 M_s 为：

$$|\boldsymbol{M}_s| = |\boldsymbol{M}_{As}| - |\boldsymbol{M}_{Bs}| \tag{3-33}$$

图 3 – 17 给出了铁氧体中自发磁化强度随温度变化的三种典型曲线。图中标出了两个次晶格的磁化强度 M_{As}，M_{Bs} 和总自发磁化强度 M_s。可以看出，由于 A 和 B 次晶格的 $M_{As}(M_{Bs}) \sim T$ 曲线形状是明显不同的，即 M_{As}，M_{Bs} 随 T 的变化是不相同的。导致 M_s 随温度变化有各种形状。

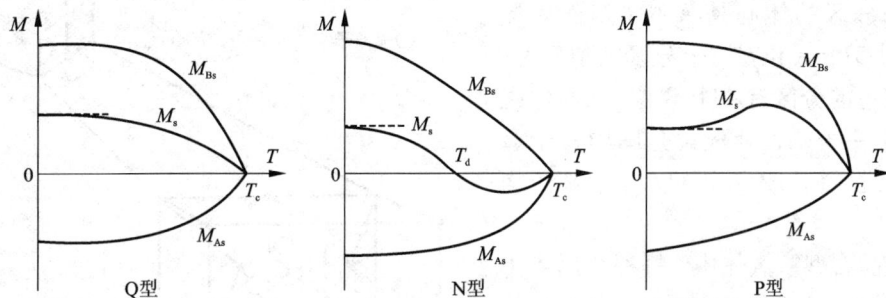

图 3 – 17　掺 Ga 的 YIG 中自发磁化强度 M_s 随温度变化的模拟计算

3.3.3　亚铁磁性材料

大多数重要的亚铁磁体是铁和其他金属的一些复合（双）氧化物（certain double oxides of iron and another metal），称为铁氧体（ferrites）。其结构复杂，并含有多种元素，例如 $CoO \cdot Fe_2O_3$ 钴铁氧体；$NiO \cdot Fe_2O_3$ 镍铁氧体；$BaO \cdot 6Fe_2O_3$ 钡铁氧体等，它们在商业上已成为有用的材料。同时，Fe、Co 等过渡金属与重稀土类金属形成的合金（金属间化合物）也是一类亚铁磁体，如 TbFe 合金等。下面简介常用的尖晶石型结构的铁氧体的结构和磁性特点。

尖晶石型铁氧体是具有类似于 $MgAl_2O_4$ 矿物尖晶石结构的复合氧化物，其化学分子式可以写为 $M^{2+}Fe_2^{3+}O_4$，其中 M 代表 Mg，Mn，Fe，Co，Ni，Cu，Zn 等金属离子。这些金属元素与氧组成晶体时，属立方晶系，为 O_h 点群对称结构。一个晶胞中含有 8 个 AB_2O_4 分子。在这 8 个分子中有 32 个 O^{2-} 离子，16 个 Fe^{3+} 离子和 8 个 M^{2+} 离子。理想的尖晶石晶体结构是大的氧离子（O^{2-}）按面心立方排列进行密堆，形成 64 个氧四面体间隙和 32 个氧八面体间隙，这里只有 8 个四面体间隙位置和 16 个八面体间隙位置被金属正离子占据。例如，在 $MgAl_2O_4$ 尖晶石中，Mg^{2+} 和 Al^{3+} 离子分别占据四面体和八面体位置。我们称四面体中心位置为 A 位置，八面体的中心为 B 位置，占据 A 位置的金属离子所构成的晶格为 A 次晶格，占据 B 位置的金属离子所构成的晶格为 B 次晶格。图 3 – 18 示出了尖晶石铁氧体的晶体结构。图 3 – 18（a）

和(b)分别是四面体配位(A位)和八面体配位(B位),图3-18(c)把边长为 a(晶格参数)的一个晶胞分成边长为 $\frac{a}{2}$ 的8个小立方体分区,带阴影线的4个分区有相同的原子占有位置。同样,其他4个分区也有相同的原子占有位置;图3-18(d)是从图3-18(c)左下边取出的两个分区:一个右边的分区的体心是A位(四面体配位),其他3个A位在这个分区的顶角上;另一个左边的分区有4个B位(八面体配位),其中一个八面体配位是图中一个金属离子通过虚线与最近邻的六个氧离子构成的。

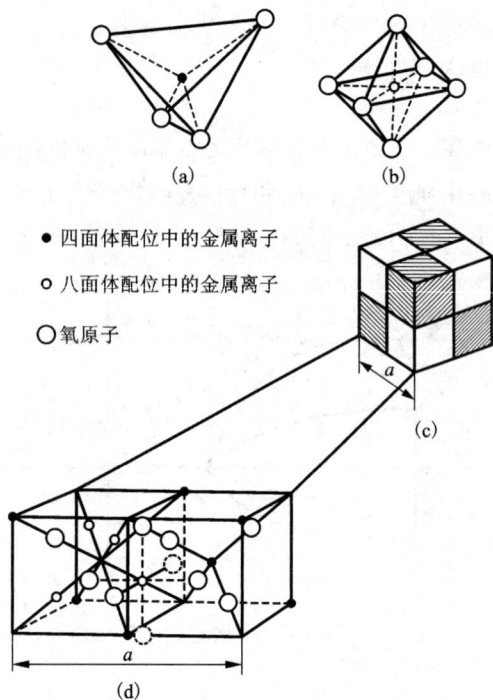

● 四面体配位中的金属离子
○ 八面体配位中的金属离子
○ 氧原子

图3-18 尖晶石型铁氧体的晶体结构

(a)四面体A位;(b)八面体B位

在尖晶石型铁氧体中,每种金属离子都有可能占据A位(A次晶格)或者B位(B次晶格)。用一般的结构式可表示尖晶石型铁氧体 MFe_2O_4 的金属离子在A,B次晶格中的分布:

$$(M_{1-x}^{2+}Fe_x^{3+})[M_x^{2+}Fe_{2-x}^{3+}]O_4$$

上式中,圆括号表示A位,方括号表示B位。x 是变量,在大多数铁氧体中,$0 < x < 1$,表示在A位和B位上都有金属M。A位置或B位置的金属离子间都要通过 O^{2-} 发生超交换作用。A和B位置上离子的磁矩是反铁磁耦合,在铁氧体中往往是A,B两个位置上的磁矩不等,因而出现了亚铁磁性。

尖晶石型铁氧体材料的分子磁矩 μ,等于A,B两次晶格中离子自旋反平行耦合的净磁矩,有:

$$\mu = | \mu_A + \mu_B | \qquad (3-34)$$

式中,μ_A 是A位置上的磁矩总和,μ_B 是B位置上的磁矩总和。根据上述离子分布,在A位置上的磁矩总和为 $[5x + (\mu_{J,H})_{max}(1-x)]\mu_B$,式中 $(\mu_{J,H})_{max}$ 为金属离子 M^{2+} 的磁矩,例如 Fe^{3+} 的磁矩为 $5\mu_B$。在B位置上的总磁矩为 $|[(\mu_{J,H})_{max}\cdot x + 5(2-x)]|\mu_B$。分子的磁矩 μ 为A位与B位上磁矩之差,即:

$$\mu = |[5x + (\mu_{J,H})_{max}(1-x)] - [(\mu_{J,H})_{max}\cdot x + 5(2-x)]|\mu_B$$

$MnFe_2O_4$ 和 $NiFe_2O_4$ 等亚铁磁性材料的分子磁矩的计算值与实验值列在表3-3中。从表3-3可知,其理论值与实验值基本相符合。

以上讲的，如 $MnFe_2O_4$ 是单铁氧体，在实际使用中单铁氧体在磁性上不能满足要求，于是人们就根据实际需要将两种或两种以上的单铁氧体按一定的比例制备成多元系铁氧体，称为复合铁氧体。铁氧体是一大类很重要的磁性材料，其特点是电阻率特别高（比金属磁性材料的电阻率高100万倍），这在高频和超高频技术中应用，就有很大的优越性。另外，铁氧体的原材料来源丰富，成本很低。

表 3-3　几种铁氧体的离子分布和分子磁矩

铁氧体	A 位	B 位	A 位磁矩	B 位磁矩	分子磁矩 $\mu(\mu_B)$	实验值
$MnFe_2O_4$	$Fe_{0.2}^{3+} + Mn_{0.8}^{2+}$	$Fe_{1.8}^{3+} + Mn_{0.2}^{2+}$	1+4	1+9	5	4.6~5
$NiFe_2O_4$	Fe^{3+}	$Fe^{3+} + Ni^{2+}$	5	2+5	2	2.3
$CuFe_2O_4$	Fe^{3+}	$Fe^{3+} + Cu^{2+}$	5	5+1	1	1.3

3.4　磁各向异性、磁致伸缩和退磁场

交换作用能使铁磁材料中相邻原子磁矩同向平行（铁磁性耦合）或反向平行（反铁磁性耦合）排列，在磁畴范围内使原子磁矩自发磁化到饱和，但不可能使整个大块的铁磁体自发磁化到饱和。因为大块铁磁体磁化到饱和后，退磁能要大大提高，它迫使铁磁体分成畴。平衡状态下的磁畴大小、形状、取向与铁磁体的磁晶各向异性能、退磁场能、磁弹性能、交换能等有关。这些能量对铁磁体的磁行为和磁参量有重要的影响。在这些能量中，交换能是近程的，属于静电性质的，其数值比其他各项能量大3~4个数量级。下面介绍铁磁体中的磁晶各向异性能等各项能量。

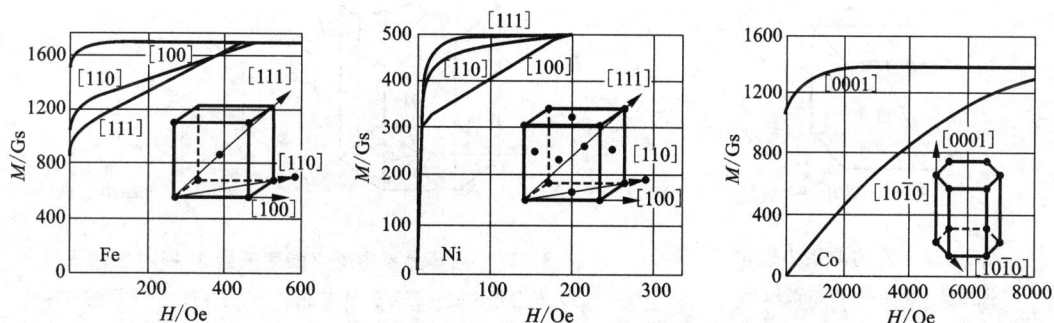

图 3-19　铁、镍、钴单晶材料在不同的晶轴方向的磁化曲线

3.4.1 磁晶各向异性能

在测量单晶铁磁性样品的磁化曲线时，发现磁化曲线的形状与磁场方向相对晶轴的取向有关。如图 3-19 所示的是磁场分别加在铁、镍、钴单晶的各个晶体学方向的磁化曲线。图 3-19 中采用的是高斯制（CGS 制）单位，不是国际单位（SI 单位），用表 3-1 可以将高斯单位换算成国际单位。从图 3-19 中可以看出磁场分别加在单晶体的不同晶体学方向上，磁化曲线形状不同。其中有一个方向的磁化曲线最高，即最容易磁化，这个方向称为易磁化方向。例如铁单晶的 [100] 方向，镍的 [111] 方向。另外，铁单晶的 [111] 方向则称难磁化方向。上述磁化曲线形状不同说明沿铁磁单晶体不同晶轴方向磁化时所增加的自由能不同。称这部分和磁化方向有关的自由能为磁晶各向异性能 E_k（magnetocrystalline anisotropy energy）。由于磁晶各向异性能的存在，可以推测，铁磁晶体内的自发磁化强度 M_s 在不受外磁场作用时一般停留在易磁化轴的方向，因此，磁晶各向异性能是磁化强度矢量相对晶体学方向的函数。从这个角度唯象地考虑，可以将磁晶各向异性能 E_k 表示为自发磁化强度矢量相对晶体学方向角度的幂级数函数。

立方晶系的各向异性能可用自发磁化强度矢量相对于三个立方边的方向余弦（α_1，α_2，α_3）来表示，如图 3-20。用晶体的对称性和三角函数的关系式演算，可得磁晶各向异性能 E_k 为：

$$E_k = K_0 + K_1(\alpha_1^2\alpha_2^2 + \alpha_2^2\alpha_3^2 + \alpha_3^2\alpha_1^2) + K_2(\alpha_1^2\alpha_2^2\alpha_3^2) \tag{3-35}$$

式中，K_0 是常数；K_1，K_2 称为磁晶各向异性常数。当 K_2 很小时，可以只用 K_1 来描述立方晶体的磁晶各向异性能 E_k。对于铁来说，K_1 是正的，[100] 是易磁化方向；对于镍来说，K_1 是负的，[111] 是易磁化方向，[100] 是难磁化方向。

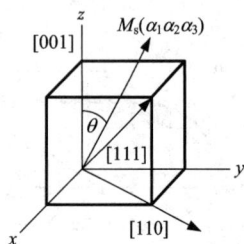

图 3-20 立方晶系中磁化强度矢量 M 相对晶轴取向

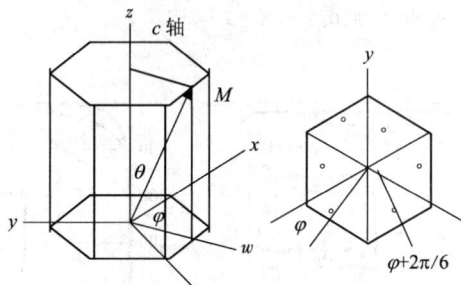

图 3-21 六角晶系中磁化强度矢量 M 相对晶轴取向

（a）六角晶系中磁化强度矢量 M 相对晶轴取向；（b）c 面的对称性

考虑如图 3-21 的六角晶系时，六角晶系的特点是在 c 面有六次对称轴，如图 3-21（b）。φ 与 $\varphi + 2\pi n/6$，$(n = 0, 1, 2, \cdots)$ 的方向体系的能量是相同的。因此用 θ，φ 替代 α_1，α_2，α_3，计算磁晶各向异性能：

$$E_k = K_0 + K_{u1}\sin^2\theta + K_{u2}\sin^4\theta \tag{3-36}$$

当 $K_{u1} > 0$ 同时 $K_{u2} + K_{u1} > 0$ 时，$[0001]$ 是易磁化轴，当 $0 \leqslant K_{u1} \leqslant -K_{u2}$ 时，基面是易磁化面。

磁晶各向异性常数 K_1 和 K_2 或 K_u 是衡量材料磁晶各向异性大小的重要常数，它的大小与晶体的对称性有关。晶体的对称性越低，它的 $K_1 + K_2$ 的数值越大。K_1 和 K_2 或 K_u 主要决定于材料的成分和晶体结构。

磁晶各向异性的起源有多种解释。用自旋–轨道相互作用解释的中心思想是，磁晶各向异性和晶体场对电子轨道运动的影响有关。一方面电子轨道磁矩产生的磁场对电子自旋运动作用，使轨道和自旋间存在耦合作用；另一方面电子轨道平面如 3.2.2 节所述受到晶体场的影响，使得能量简并被消除，这两方面的作用叠加在一起，就使得原子磁矩倾向于在晶体的某些方向上能量最低，而在另一些方向上能量高。原子磁矩能量低的方向为易磁化方向，而能量高的方向为难磁化方向。在无外磁场作用的平衡状态下，原子磁矩倾向于排列在易磁化方向上。

一些典型的磁性材料的磁晶各向异性常数如表 3–4 所示。从表 3–4 可以发现，由稀土组成的材料的磁晶各向异性大于由 3d 过渡族元素组成的材料。其原因可以用一般稀土元素的轨道磁矩没有冻结，轨道和自旋间存在的耦合作用很强来理解。利用稀土组成的材料的大磁晶各向异性，可以制备永磁材料。例如目前常用的 Sm_2Co_{17} 和 $Nd_2Fe_{14}B$ 永磁材料。

表 3–4　一些铁磁性材料在室温下的磁晶各向异性常数

材料名称	晶体结构	$K_1/(\mathrm{J \cdot m^{-3}})$	$K_2/(\mathrm{J \cdot m^{-3}})$
Fe	立方	4.8×10^4	-1.0×10^5
Ni	立方	-4.5×10^4	-2.3×10^4
Co^u	六角	4.1×10^6	1.5×10^6
80% Ni – Fe	立方	-3.0×10^3	—
$BaFe_{12}O_{19}^u$	六角	3.2×10^6	
$Sm_2Co_{17}^u$	六角	3.2×10^7	
$Nd_2Fe_{14}B^u$	四方	5×10^7	
$TbFe_2$		-7.6×10^7	

注：这里单轴材料用一个上标 u 表示，相应的 K_{u1}，K_{u2} 数据分别在 K_1，K_2 下面。

3.4.2　磁致伸缩

在磁场中磁化时，铁磁体的长度或体积发生变化的现象称为磁致伸缩（magnetostriction）。通常用磁致伸缩系数 $\lambda = \dfrac{l - l_0}{l_0}$ 来描述铁磁体长度的相对变化。其中 l 是磁场不为零时材料的长度，l_0 是磁场为零时材料的长度。磁致伸缩系数随磁场的增强而增加，当磁场达到一定数值后达到饱和值，称为饱和磁致伸缩系数 λ_s，如图 3-22。λ_s 可以是正或者是负值。由磁致伸缩导致的形变 $\dfrac{l-l_0}{l_0}$ 一般比较小，其范围在 $10^{-5} \sim 10^{-6}$ 之间。虽然磁致伸缩引起的形变比较小，但它在控制磁畴结构和技术磁化过程中，仍是一个很重要的因素。

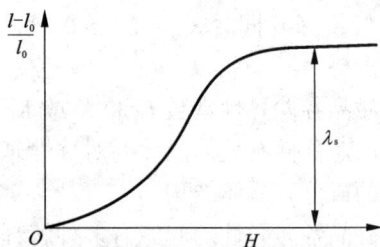

图 3-22 磁致伸长和外磁场的关系

根据单晶体的各向异性和对称性可以得出立方晶体的饱和磁致伸缩系数的表达式：

$$\lambda_s = \frac{3}{2}\lambda_{100}\left(\alpha_1^2\beta_1^2 + \alpha_2^2\beta_2^2 + \alpha_3^2\beta_3^2 - \frac{1}{3}\right) + 3\lambda_{111}\left(\alpha_1\alpha_2\beta_1\beta_2 + \alpha_2\alpha_3\beta_2\beta_3 + \alpha_3\alpha_1\beta_3\beta_1\right) \quad (3-37)$$

式中，α_i 和 β_i 分别是磁化强度和测量方向与立方晶体的三个晶轴夹角的方向余弦；λ_{100} 和 λ_{111} 分别是沿 $[100]$ 和 $[111]$ 晶轴方向磁化到饱和时的饱和磁致伸缩系数。

当晶体的磁致伸缩是各向同性或者是多晶时，则 $\lambda_{100} = \lambda_{111} = = \lambda_0$，式 (3-37) 变成

$$\lambda_s = \frac{3}{2}\lambda_0\left(\alpha_1\beta_1 + \alpha_2\beta_2 + \alpha_3\beta_3 - \frac{1}{3}\right) = \lambda_0\frac{3}{2}\left(\cos^2\theta - \frac{1}{3}\right) \quad (3-38)$$

式中，θ 是磁化强度方向和测量磁致伸缩方向之间的夹角。例如当 $\theta = 0$，$\lambda_s = \lambda_0$；$\theta = \pi/2$，$\lambda_s = -\lambda_0/2$，说明当纵向伸长时，横向要收缩。

多晶体磁致伸缩系数 $\overline{\lambda_s}$ 与单晶体的磁致伸缩系数 λ_{100} 和 λ_{111} 的关系为：

$$\overline{\lambda_s} = \frac{2}{5}\lambda_{100} + \frac{3}{5}\lambda_{111} \quad (3-39)$$

对于 3d 金属及合金，λ_s 大约等于当温度变化 1℃时由热膨胀所引起的线度变化。但是一些大磁致伸缩材料，例如 $Tb_{0.27}Dy_{0.73}Fe_{1.9}$，它的磁致伸缩系数可达到 2500×10^{-6}，被用于制动器和声呐之中。磁致伸缩现象对铁磁体的畴结构、技术磁化行为及某些技术磁参量也有重要的影响。

磁致伸缩机理的简单物理图像如图 3-23 所示。在居里温度以下，磁性材料中存在着大量的磁畴。在每个磁畴中，原子的磁矩有序排列，引起了晶格发生形变。由于各个磁畴的自发磁化方向不

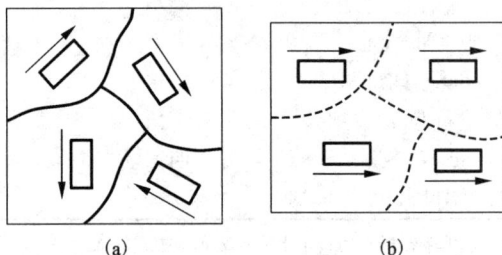

图 3-23 磁畴的磁化强度转动伴随的磁致伸缩
（a）未加外磁场；（b）加外磁场

尽相同，因此在没有加外磁场时，自发磁化引起的形变互相抵消，显示不出宏观效应，如图 3-23(a)。外加磁场后，各个磁畴的自发磁化都转向外磁场方向，于是产生了宏观磁致伸缩。

如果晶体沿自发磁化方向是形变伸长，则材料在外加磁场方向将伸长。反之，则材料在外加磁场方向将缩短，如图 3－23(b)。

当材料中存在内应力或外加应力时，磁致伸缩和应力相互作用，与此有关的能量称为磁弹性能 E_σ。如果材料在某方向上发生伸缩 $\Delta l/l$，则在该方向产生了应力 σ，这时的弹性能为

$$E = -\sigma \times (\Delta l/l) \tag{3-40}$$

因为该弹性能是由磁化引起的，所以在立方晶系各向同性材料中，磁弹性能 E_{σ_t} 为：

$$E_\sigma = -\frac{3}{2}\lambda_s\sigma(\cos^2\theta - 1/3) \tag{3-41}$$

式中，σ 是应力，θ 是磁化方向和应力方向的夹角。可见 E_{σ_t} 随 θ 而变化。当 λ_s 和 σ 符号相同，并 $\theta = 0°$ 时，磁弹性能最小，应力的方向是易磁化方向。而 $\theta = 90°$ 时，磁弹性能最大，在垂直应力的方向是难磁化方向。当 λ_s 和 σ 符号相反时，$\theta = 0°$ 时能量最大，沿应力的方向是难磁化方向；而 $\theta = 90°$ 的方向磁弹性能最小，垂直应力的方向应是易磁化方向。

从上面的讨论还可以得出，应力也可以使铁磁体的磁化强度具有各向异性，称为应力各向异性。和式(3-41)相对应，$K_\sigma = \frac{3}{2}\lambda_s\sigma$ 可以称为应力各向异性常数。

当磁晶各向异性很小时，应力各向异性的作用很重要。例如在磁晶各向异性很小的软磁材料中，控制由于内部应力产生的磁弹性能非常重要，尤其是高质量的软磁薄膜，要求低 λ_s 和低应力。

3.4.3 退磁场能

1. 退磁场

这里我们考虑的是有限长的磁性材料。磁性材料在磁化时，如上面所述，材料的原子磁矩在一定程度上沿着磁场方向排列起来。和无限长的磁性材料在外加磁场中磁化不同的是，如果是有限的磁性材料棒，在棒的断面将会有正负磁荷出现。这些磁荷将在磁性材料内外产生一个附加磁场。

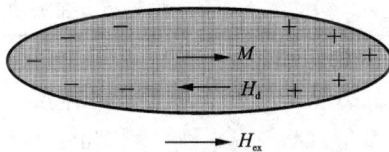

图 3－24 表面磁荷及其产生的退磁场

如图 3－24 所示，在磁性材料棒内部，这个附加的磁场方向和外加磁场 H_{ex} 的方向相反，称退磁场 H_d。退磁场的出现将导致磁性材料内部的磁场小于外加磁场。如果退磁场大了，就需要增大外加磁场，才能在磁性材料内部产生同样大小的总磁场，因此，退磁场越大，磁性材料越不容易磁化。在磁路设计和磁性测量中，我们必须考虑退磁场的影响，尽量降低退磁场。退磁场不仅降低材料内部的磁场，还会对磁滞回线的形状产生影响。图 3－25 是封闭螺旋管试样和带缺口的螺旋管试样的 $B-H$ 回线，可以看出，由于缺口处的正负磁荷产生了退磁场，导致 $B-H$ 回线发生了倾斜。

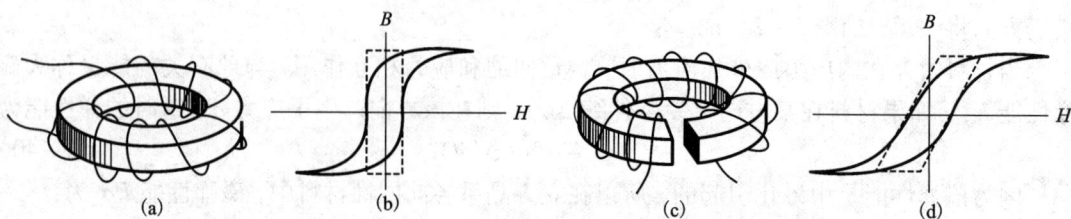

图 3 - 25　观察到的退磁场作用

（a），（b）封闭螺旋管试样和它的 $B - H$ 回线；（c），（d）带缺口的螺旋管试样和它的 $B - H$ 回线

退磁场 H_d 与材料的磁化强度 M、材料的形状成正比：

$$H_d = - NM \qquad (3 - 42)$$

式中，N 称退磁因子(demagnetizing factor)，式中的负号表示 H_d 与磁化强度 M 的方向相反。当材料均匀磁化时，退磁因子仅和其形状有关。如图 3 - 26 所示的椭圆形材料，3 个主轴方向 a，b，c 的退磁因子有如下关系：

$$N_a + N_b + N_c = 1 \qquad (3 - 43)$$

如果椭圆形材料的 $a = b \ll c$，扁旋转椭球材料的 $a < b = c$，两者都在 c 轴方向磁化时，椭圆形材料在 c 轴上的退磁因子计算值

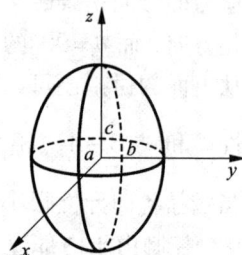

图 3 - 26　旋转椭圆体

如表 3 - 4，另外有限的圆柱体在沿其长轴 c 方向磁化时的退磁因子的实验值也列入了表 3 - 5。

表 3 - 5　在长轴上磁化时的椭圆和圆柱体的退磁因子

长轴长/直径	长椭球	扁椭球	圆柱体
0	1.0	1.0	1.0
1	0.3333	0.3333	0.27
2	0.1735	0.2364	0.14
5	0.0558	0.1248	0.040
10	0.0203	0.0696	0.0172
20	0.00675	0.0369	0.00617
50	0.00144	0.01472	0.00129
100	0.00043	0.00776	0.00036

还有几种特殊形状的椭圆体的退磁因子如下。如果样品是球，也即 $a = b = c$，那么 $N_x = N_y = N_z$，根据公式（3 - 43），可以得到球的退磁因子为：$N_x = N_y = N_z = 1/3$。如果样品是无限大的薄片，则可以把 $a = b$ 看做无限大，所以 a，b 轴上的退磁因子 $N_a = N_b = 0$，根据公式（3 -

43），可以得到 c 轴的退磁因子 $N_c = 1$。如果样品是细长的圆棒，$c/a \geqslant 1$，在 c 轴的退磁场便很弱，可以认为 $N_c \approx 0$，$N_x = N_y = 1/2$。

2. 退磁场能

铁磁性材料与自身退磁场的相互作用能称为退磁场能（demagnetizing energy）。根据静磁能公式，退磁场能可以写成：

$$E_d = \int_0^M \mu_0 H_d dM = \frac{\mu_0 N M^2}{2} \tag{3-44}$$

如果材料是非球形的椭圆，各个方向的退磁因子不一样，导致各方向的退磁能也不一样。例如，对 z 方向的细长圆柱，见图 3 – 27（a），$N_z \approx 0$，$N_x \approx N_y \approx 1/2$，其退磁能为：

$$E_d = \frac{\mu_0 M_s^2}{4} \sin^2 \theta$$

这时沿 z 轴磁化时退磁能最小。对于薄板（xy 面），见图 3 – 27（b），退磁场系数：$N_z \approx 1$，$N_x \approx N_y \approx 0$，其退磁能为：

$$E_d = \frac{\mu_0 M_s^2}{2} \cos^2 \theta$$

这时在面内磁化时退磁能最小。从上面的公式可知，退磁场也可以使铁磁体的磁化强度具有各向异性，称为形状各向异性。

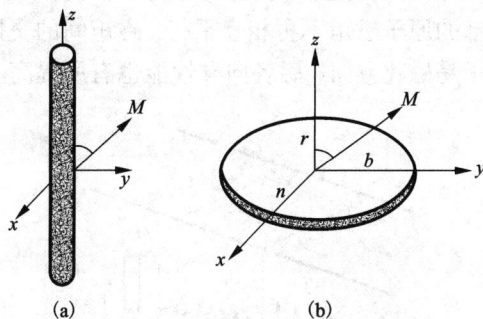

图 3 – 27 特殊形状的退磁能
（a）细长圆柱；（b）薄板

3.5 磁畴

实验已证明，在铁磁体内确实存在磁畴。图 3 – 28 是 Si – Fe 合金在（001）晶面上观察到的磁畴，它由片状畴和三角畴（又称封闭畴）组成。畴与畴之间的边界称为畴壁。相邻两个片状畴的磁矩夹角为 180° 时，它们的边界称为 180° 畴壁。片状畴与三角畴之间磁矩相互垂直，它们的边界称为 90° 畴壁。在每一个磁畴内，磁矩平行或反平行地有序排列，产生自发磁化。而不同磁畴的自发磁化矢量则是随机排列。

图 3 – 28 Si – Fe 合金在（001）晶面上观察到的磁畴

磁畴的形状、尺寸、磁畴壁的厚度由交换能、退磁场能、磁晶各向异性能及磁弹性能来决定。平衡状态的磁畴结构和磁畴壁应具有最小的能量。下面简单从能量最小的角度来分析

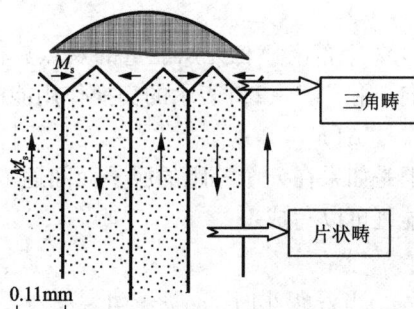

平衡状态下的畴壁和磁畴结构的形成。

3.5.1 磁畴壁

磁畴和磁畴之间的边界称为磁畴壁（domain walls）。在磁畴壁内原子磁矩的方向逐渐转变。根据原子磁矩转变的方式，可将畴壁分为布洛赫壁（Bloch walls）和奈尔壁（Neel wall），如图 3-29。布洛赫壁的特点是畴壁内的磁矩方向改变时始终与畴壁平面平行，一般在大块的铁磁性材料内存在布洛赫壁。当铁磁体厚度减少到相当于二维的情况，即厚度为 $1 \sim 10^2$ nm 的薄膜时，则畴壁的磁矩始终与薄膜表面平行地转变，这种畴壁称奈尔壁。由于畴壁内部的原子磁矩不再相互平行，磁矩间的交换作用能就有所提高，同时，由于在畴内磁矩偏离了易磁化方向，磁各向异性能也有所提高。因此与磁畴内比，畴壁是高能区域。

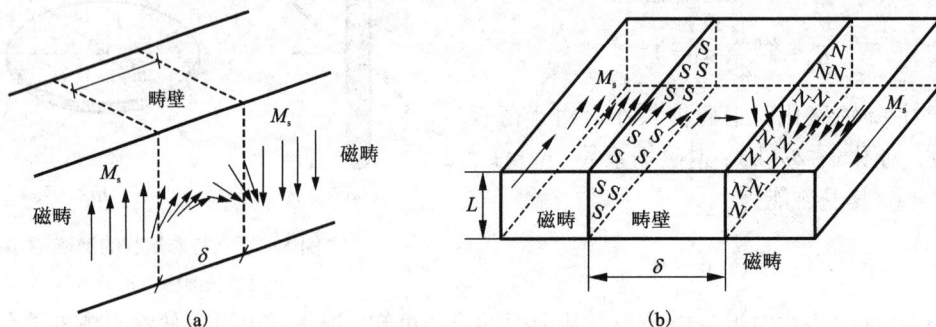

图 3-29 布洛赫壁和奈耳壁中磁矩过渡的方式
(a)布洛赫壁中磁矩过渡的方式；(b)奈耳壁中磁矩过渡的方式

1932 年布洛赫首先从能量的观点分析了 180°布洛赫壁。如果相邻 2 原子的原子磁矩突然反向，用式(3-28)表示的交换作用能的改变为：

$$\Delta(E_{ex}) = E_{ex}[\uparrow\downarrow] - E_{ex}[\uparrow\uparrow] = -2AS^2\cos180° - (-2AS^2\cos0°) = 4AS^2 \quad (3-45)$$

但是如果在 n 个等距的原子面间逐步地均匀转向，如图 3-29(a)，两个原子之间的交换作用能则可以写成：

$$E_{ex} = -2AS^2\cos\varphi \quad (3-46)$$

$\varphi = \pi/n$，当 φ 很小时，$\cos\varphi \approx (1-\varphi^2/2)$，去掉常数项，式(3-46)则得：

$$E_{ex} = AS^2(\pi/n)^2 \quad (3-47)$$

在 $n+1$ 个原子磁矩转向中，交换能总变化为：

$$\Delta E_{ex} = \frac{AS^2\pi^2}{n} \quad (3-48)$$

比较式(3-45)和式(3-48)，后一种情况比前一种情况的交换能低得多。因此畴壁中的原子磁矩必然是逐步转向。畴壁是原子磁矩由一个磁畴的方向逐步转向相邻磁畴方向的过渡区。在畴壁内的交换能，磁晶各向异性能和磁弹性能都可能比磁畴内高，所高出部分的能量称畴壁能，用 E_ω 表示。畴壁单位面积的能量称畴壁能密度，用 γ_ω 表示。由式（3－48）可知，如果只考虑交换能，则在畴壁内相邻原子磁矩的方向改变越小，交换能越小，即交换能使畴壁无限加宽。但是事实上这是不可能的。因为 n 越大，就有更多的原子磁矩偏离易磁化方向，使磁晶各向异性能增加。磁晶各向异性能力图使畴壁变薄。综合考虑以上两个方面的因素，使总能量为最小，可以求出畴壁能密度 γ_ω 和畴壁厚度 δ 为：

$$\delta = \pi \sqrt{A_1 / K_1} \tag{3-49}$$

$$\gamma_\omega = 2\pi \sqrt{A_1 K_1} \tag{3-50}$$

式中，$A_1 = AS^2 / a$，a 为点阵常数。考虑当材料内部存在内应力时，由于应力也要引起应力各向异性，将应力各向异性和磁晶各向异性同样考虑，求得总能量最小时的畴壁能密度 γ_ω 和畴壁厚度 δ 分别为：

$$\gamma_\omega = 2\pi \sqrt{A_1 \left(K_1 + \frac{3}{2} \lambda_s \sigma \right)} \tag{3-51}$$

$$\delta = \pi \sqrt{A_1 / \left(K_1 + \frac{3}{2} \lambda_s \sigma \right)} \tag{3-52}$$

可见畴壁厚度与材料的 K_1、A、λ_s、σ 等参量有关。K_1 越大，δ 越小，γ_ω 越大。在 Fe－Ni 合金中，K_1 很小，如果内应力也很小的话，则畴壁厚度可相当地大，这时畴壁内相邻原子间磁矩的角度 φ 仅有 $0.18° \sim 1.8°$，磁矩的分布近似具有连续性，这种畴壁称为连续性的畴壁模型。在六方结构的 Co 和 $SmCo_5$ 等金属与合金中，由于 K_1 很大，导致 δ 很小，γ_ω 很大。其 φ 角可达 $6° \sim 180°$，并且 φ 角的分布是不均匀的。这种畴壁称为非连续畴壁模型。窄畴壁对材料磁特性有重要的影响。表 3－6 列出了一些铁磁材料的畴壁能和畴壁厚度。

表 3－6　一些铁磁材料的畴壁能和畴壁厚度

材料	$\mu_0 M_s$/T	$K_1 / (10^{-3} \cdot J \cdot m^{-3})$	畴壁类型	$\gamma_\omega / (10^{-3} \cdot J \cdot m^{-2})$	δ/nm
Fe	1.71	48	180°（001）	1.24	141
Co	1.43	45	180°	8.2	15.7
$SmCo_5$	1.14	$(11 \sim 20) \times 10^3$	180°	85×10^3	5.1
$Nd_2Fe_{14}B$	1.61	4.5×10^3	180°	3×10^3	5.2
Sm_2Co_{17}	1.25	3.2×10^3	180°	43×10^3	10

3.5.2　磁畴

畴结构受到畴壁能 E_γ、磁晶各向异性能 E_k、磁弹性能 E_σ 和退磁场能 E_d 的制约，其中退磁场能将是铁磁体分成畴的动力。其他能量将决定磁畴的形状、尺寸和取向。为简便起见，

考虑一个边长为 $1\ cm \times 1\ cm \times 0.5\ cm$ 的方块形单晶铁，它是立方晶体，$K_1 > 0$。如果它是一个单畴体，如图 $3-30(a)$ 所示，显然磁晶各向异性能 E_k、磁弹性能 E_σ 均为零，方块形状决定的退磁场能 E_d 就是总能量 E^a：

$$E^a = E_d = V\left(\frac{1}{2}NM_s^2\mu_0\right) \tag{3-53}$$

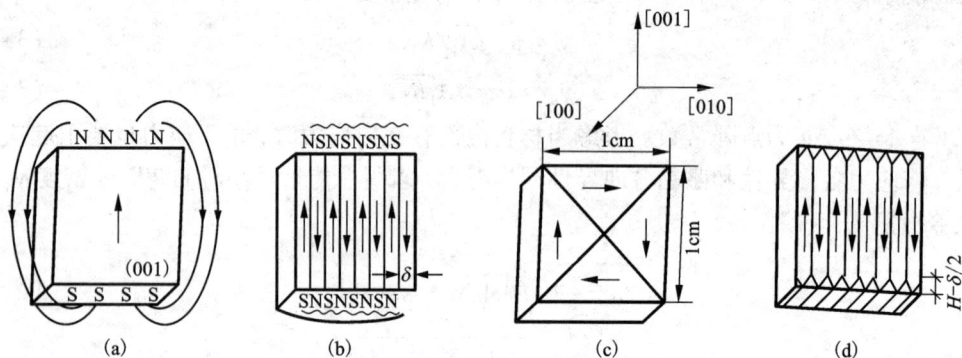

图 $3-30$　边长为 $1\ cm \times 1\ cm \times 0.5\ cm$ 的方块形单晶铁的可能畴结构，正面是 (001) 面

式中，V 是铁的体积。方块形状铁磁体的退磁因子接近球体的退磁因子，即 $N = 1/3$，铁的 M_s $= 1.73 \times 10^6\ A/m$，$V = 5 \times 10^{-7}\ m^3$，代入式 $(3-53)$ $E^a = 0.31\ J$。如果将它依此分成 2 个畴，4 个畴…n 个畴，如图 $3-30(b)$ 所示，它的退磁场能可以近似地看作图 $3-30(a)$ 的 $1/n$，这样分畴越多，退磁能就越低。但是从另一方面考虑，分畴越多，磁畴壁越多，畴壁能越高。当分为 n 个磁畴时，有 $(n-1)$ 块畴壁，这时的总能量 E^b 为：

$$E^b = \left[V(NM_s^2\mu_0)/2\right]/n + \gamma_{180} \times (n-1)S_{180} \tag{3-54}$$

设 $n = 20$，则 $E = 0.016\ J$，是 E_a 的 $1/20$。如果形成图 $3-30(c)$ 所示的封闭畴，它由四个三角畴和两块位于 $\{011\}$ 面的 $90°$ 畴壁组成。由于在畴壁内磁通是连续的，方块形铁磁体表面不会出现磁荷，因此退磁场能 E_d 为零，而 $K_1 > 0$ 决定了 $[100]$，$[010]$，$[001]$ 方向都是易磁化方向，所以全部磁畴中的磁矩的方向都排列在易磁化方向，E_k 为零，但这时四个三角畴都要沿自己的易磁化方向伸长，出现了由应力产生的磁弹性能。其总能量为

$$E^c = E_\sigma + \gamma_{90} \times S_{90} = \frac{V\lambda_{100}^2 C_{11}}{2} + \gamma_{90} \times S_{90} \tag{3-55}$$

式中，$S_{90} = 1.41 \times 10^{-4}\ m^2$ 是畴壁的总面积；$\gamma_{90} = 1.07 \times 10^{-3}\ Jm^{-2}$。$\lambda_{100} = 2.07 \times 10^{-5}$，$C_{11} = 2.41 \times 10^{-12}\ Nm^{-2}$，则总能量 $E^c = 25.7 \times 10^{-5}\ J$，可见出现封闭畴后，方块形铁的能量大大降低。

　如果形成图 $3-30(d)$ 所示的封闭畴，和图 $3-30(c)$ 相比，三角畴的体积和 S_{90} 减少了，

但是出现了180°畴壁,其总能量为

$$E^d = \frac{V\lambda_{100}^2 C_{11}}{2} + \gamma_{180} \times S_{180} + \gamma_{90} \times S_{90} \tag{3-56}$$

式中,S_{180},S_{90}分别180°和90°畴壁的总面积。假定出现了$n = 8$块的片状畴,则$d = 1.25 \times 10^{-3}$ m^2,$V = 1/2 \times d \times d/2 \times 0.005 \times n = 3.5 \times 10^{-8}$ m^2,$S_{180} = 3.06 \times 10^{-4}$ m^2,$S_{90} = 1.41 \times 10^{-4}$ m^2,总能量为$E^e = 16 \times 10^{-6}$ J。在图3-30的4种畴结构中,图3-30(d)是能量最低的。而实际方块形的立方单晶铁存在的畴结构与图3-30(d)的畴结构相同,说明方块形单晶铁中封闭畴结构比图3-30(b)所示的片状畴结构的能量更低,但是具体形成的封闭畴的数量,要进一步计算才可知。

3.5.3 不均匀和多晶体磁畴结构

在多晶体中,每一个晶粒都有自己的易磁化方向。在晶粒的边界处,由于晶界两侧晶粒的取向不同,一般晶粒界面上会出现自由磁荷,引起退磁场能增加。因此,多晶体中磁畴要出现稳定结构,只有相邻晶粒中磁畴取向尽可能使晶界面上少出现自由磁荷,退磁场能才会很小。

实际材料中的畴结构,还要受到材料的尺寸、晶界、应力、掺杂和缺陷等的影响,因此实际材料的畴结构是相当复杂的。例如为减少退磁场能,在掺杂物附近出现三角畴或钉状畴,如图3-31(a),(b)所示。在多晶体中,畴壁一般不能穿过晶粒边界,如图3-31(c)所示。

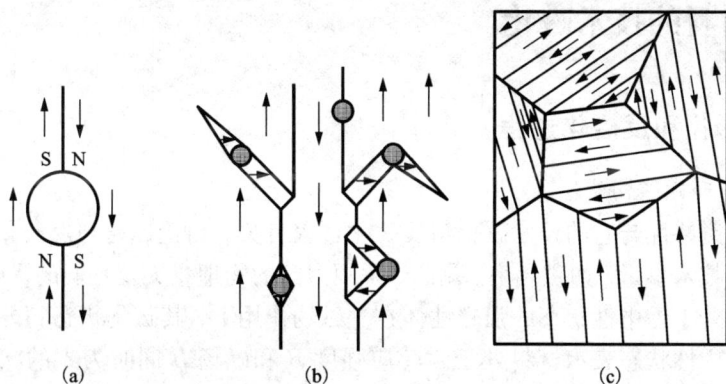

图3-31 空洞(a)掺杂(b)和晶界(c)对磁畴结构的影响

3.5.4 单畴结构

铁磁体的尺度对磁畴结构也有很大影响。如果材料的线度非常小,以至材料形成单畴时的退磁能小于形成多畴时的畴壁能,磁性材料就以单畴存在。例如一个半径为R的立方单晶体结构的球,设磁晶各向异性常数$K_1 > 0$,饱和磁致伸缩系数λ_s和应力σ可以忽略,于是如

果分成如图 3 – 32(a) 所示的 4 块封闭
畴结构时，球体中其他能量都为 0，只
有畴壁能，总能量是 $E_a = \gamma_{90} \times 2\pi R^2$，
如果不分畴，如图 3 – 32(b) 所示，球体
中其他能量都为 0，只有退磁能，总能量
是 $E_b = V(\frac{1}{2}NM_s^2\mu_0) = 2\mu_0\pi^2 M_s^2 R^3/9$。当
$E_a = E_b$ 时求出的球的半径称为单畴体的
临界尺寸 R_c，单晶体球体的 $R > R_c$ 时，
则分畴的情况下能量最低，以多畴体存
在；当 $R < R_c$ 时，则不分畴的情况下能量
最低，以单畴体存在。磁记录用的磁粉
和一些永磁材料都是单畴结构。

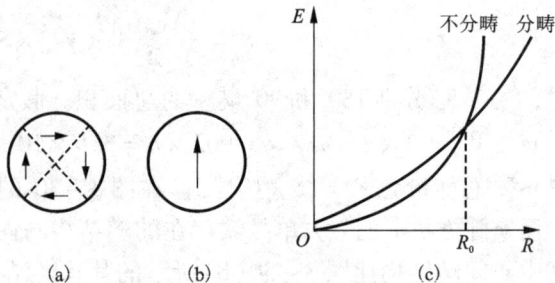

图 3 – 32 立方单晶铁磁体球状颗粒($K_1 > 0$)
的磁畴结构以及能量随 R 的变化
(a)分畴；(b)不分畴；(c)磁畴能量随半径 R 的变化

　　另外，如果将单畴体的临界尺寸继续减小到一定程度后，由于表面与体积比大大增加，
热振动能可能和微粒的磁晶各向异性能相当，这时微粒的磁矩不能固定地沿着易磁化方向排
列，它随热振动自由改变，单畴微粒体就转变为超顺磁体。由单畴体转变为超顺磁体的临界
尺寸 D_p 称为超顺磁体的临界尺寸。磁性流体中使用的磁性微粒一般具有超顺磁性。

3.6　磁性材料的技术磁化

3.6.1　技术磁化和反磁化过程

1. 磁化曲线和磁滞回线

　　磁性材料的磁特性与它的技术磁化与反磁化过程有关。讨论磁化与反磁化过程有利于弄
清楚磁性材料的技术参量，如磁导率、剩磁、矫顽力等的物理意义及它们的影响因素。

　　磁化过程指处于磁中性状态的强磁性体在外磁场作用下，其磁化状态随外磁场发生变化
的过程。所谓磁中性状态表示材料处于磁感应强度 B 和磁场 H 同时为零的状态。在这一过
程中，反映磁感应强度 B 与磁场强度 H 或磁化强度 M 与 H 关系的曲线都称为磁化曲线。反
磁化过程指磁性材料沿一个方向磁化饱和后当外磁场逐渐减小再沿相反方向逐渐增加时，其
磁化状态随外磁场发生变化的过程。对反磁化过程的宏观描述是磁滞回线。根据对磁性材料
的不同用途，通常对磁化曲线和磁滞回线的形状提出不同要求。例如对一般软磁材料，要求
磁导率很大，并且能量损耗小，对应的磁滞回线应该是窄小细长，如图 3 – 33(a)；还有一些
应用中要求材料的磁导率对磁场的变化有高度稳定性，被称为恒磁导材料，它们的磁滞回线
应该斜而狭长，如图 3 – 33(b)；而磁记录用记录介质要求有高的剩磁比和短的开关时间，对

应的磁滞回线应该接近矩形并且有适当的矫顽力,如图 3-33(c);永磁材料要求有高剩磁和高矫顽力,对应的磁滞回线应该是高而宽并接近矩形,如图 3-33(d)。

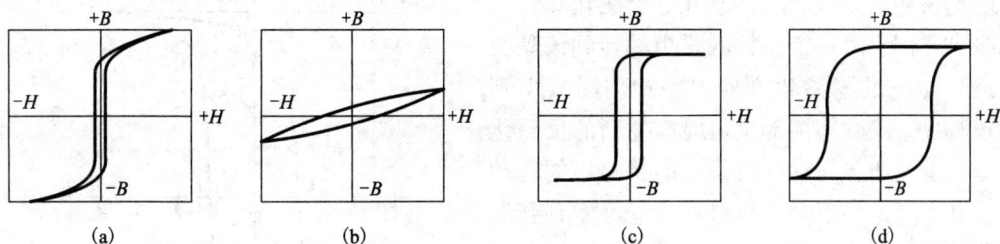

图 3-33 各种形状的磁滞回线

一般磁化曲线可分为四部分,如图 3-34 所示。每一部分都与一定的畴结构运动相对应,如图 3-36 所示。图 3-34 中的第 I 部分(0 A)是可逆磁化过程。可逆是指磁场减少到零时,M 或 B 沿原曲线减少到零。可逆磁化阶段没有剩磁和磁滞。在金属软磁材料中,这一阶段是以可逆壁移为主。图 3-34 中的第 II 部分 (AB)是不可逆壁移阶段。在此阶

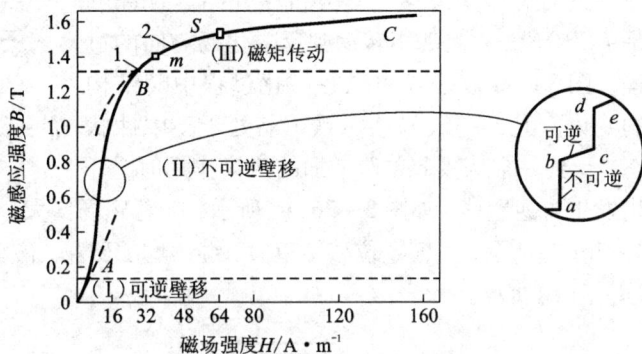

图 3-34 3%Si-Fe 室温的磁化曲线

段内,B 或 M 随磁场急剧地增加。M 与 H 或 B 与 H 的曲线不再是线性的。在此阶段中,如果把磁场减少到零,B 或 M 不再沿原曲线减少到零,而出现剩磁,这种现象称为磁滞。这一阶段是由许多 B 或 M 的跳跃性变化来组成的(见图 3-34 中的插图 $a \rightarrow b$, $c \rightarrow d$),实际上是畴壁的不可逆跳跃引起的。图 3-34 中的第 III 部分(BC 段)是磁化矢量的转动过程。不可逆壁移阶段结束后,即磁化到 B 点时,畴壁已消失,整个铁磁体成为一个单畴体,但它的磁化强度方向还与外磁场方向不一致。在这一阶段内随磁化场进一步的增加,磁矩逐渐转动到与外磁场一致的方向。当磁化到图 3-34 的 S 点时,磁体已磁化到技术饱和,这时的磁化强度称饱和磁化强度,注意饱和磁化强度和前面提到的自发磁化强度在物理意义上是不同的,但是研究表明,当温度小于 $0.8T_C$ 后,饱和磁化强度和自发磁化强度在数值上是十分接近的,因此,常常把某一温度下测定的饱和磁化强度看成是该温度下的自发磁化强度,在本书中都用 M_s 表示。相应的磁感应强度称饱和磁感应强度 B_s。自 S 点以后,M_s-H 曲线已近似于水平线,B-H 曲线已大体上成为直线。自 S 点继续增加磁化场,M_s 还稍有增加,这一过程称为顺磁化过程。

如图 3-35 所示的从饱和磁化状态 B_s 到 $-B_s$ 为反磁化过程。与反磁化过程相对应的 B-

H 曲线或 $M-H$ 曲线称为反磁化曲线，两条反磁化曲线组成的闭合回线称为磁滞回线。退磁曲线由四部分组成。Ⅰ部分是 CB_r，当磁化场自 C 点减少到零时，每一个晶粒的磁矩都转到该晶粒最靠近外磁场的易磁化方向。在磁化场减少到零的过程中，铁磁体内部也可能产生新的反磁化畴。Ⅱ部分是 B_rD。这一阶段可能是磁矩的转动过程，也可能是小巴克豪森跳跃，也可能有新的反磁化畴的形成。Ⅲ部分是 DF 阶段，它是大巴克豪森跳跃引起的。关于巴克豪森跳跃的概念，详见下面对畴壁位移过程分析中介绍。Ⅳ部分是 FC' 阶段，它是磁矩转动到反磁化场方向的过程。图 3-36 表示铁单晶在磁化过程中畴结构的变化。图 3-36(a)表示铁单晶处于磁中性状态，受到一个从零起单调增加的磁场作用时，开

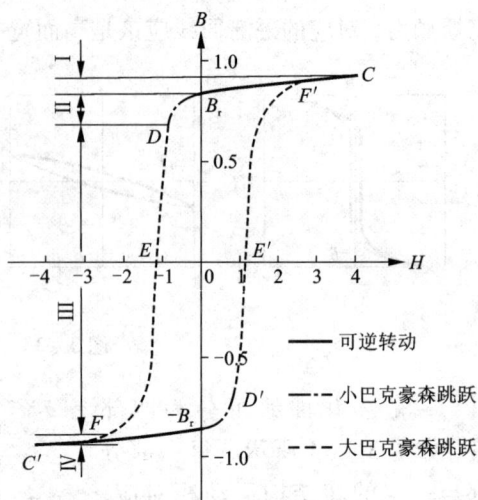

图 3-35 退磁曲线和磁滞回线

始发生可逆壁移，如图 3-36(b)所示，随着磁场增大，材料中的磁畴发生不可逆壁移，如图 3-36(c)所示，当畴壁位移结束后，继续增加磁场，磁畴中的磁矩转向外场方向，如图 3-36(d)、(e)所示。

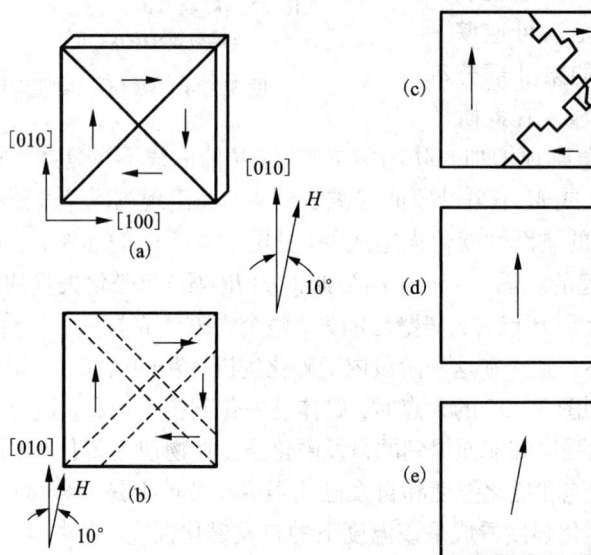

图 3-36 铁单晶在磁化过程中畴结构的变化

(a)磁中性状态；(b)可逆壁移；(c)不可逆壁移；(d)畴壁位移结束后；(e)磁矩转向外场方向

以上讨论的是多畴体的技术磁化与反磁化过程。如果是单畴体或单畴的集合体，则整个磁化与反磁化过程都是磁矩的可逆与不可逆的转动过程，而不存在壁移过程。

总的来说，技术磁化与反磁化过程是以畴壁位移和磁矩转动两种方式进行的。下面简单介绍畴壁位移和磁矩转动。

2. 畴壁的位移过程

当铁磁体的成分、结构或内应力分布不均匀时，其畴壁能密度 γ_ω 的分布也是不均匀的。设铁磁体内部的畴壁能密度的分布如图 3-37(b) 所示。在平衡状态时，180°畴壁位于 O 处。在磁场的作用下(磁场与 M_s 轴成 θ 角)，设畴壁向右移动了 x 的距离，则单位畴壁面积位移了 x 的距离后，引起静磁能的变化为：

$$E_H = -2\mu_0 x M_s H \cos\theta \tag{3-57}$$

式中的负号表明位移过程静磁能是降低的，它是畴壁位移的驱动力。正如图 3-37(b) 所表示的，畴壁位移过程中，畴壁能是升高的。畴壁位移了 x 距离后，系统能量的变化为

$$\Delta E = \gamma_\omega(x) - 2\mu_0 x M_s H \cos\theta \tag{3-58}$$

根据 $\dfrac{\partial(\Delta E)}{\partial x}=0$ 可得： $2\mu_0 M_s H \cos\theta = \dfrac{\partial \gamma_\omega(x)}{\partial x} \tag{3-59}$

式中左边是静磁能的变化率，它是推动畴壁向右移动的原动力，而式中右边是畴壁能梯度，是畴壁位移的阻力。畴壁能梯度的变化如图 3-37(c) 所示。随着畴壁右移，畴壁位移的阻力逐渐增加。畴壁位移到 A 点以前，畴壁位移是可逆的，去掉外磁场后，畴壁可自动地回到 O 处。在 A 点有最大的阻力峰 $\left[\dfrac{\partial \gamma_\omega(x)}{\partial x}\right]_{max}$。一旦畴壁位移到 A 点，它就要跳跃到 E 点，即巴克豪森跳跃。此时去掉外磁场，畴壁再也不能回到 O 处，而只能回到 D 点，即发生了不可逆壁移。如铁磁体内部存在一系列 $\left[\dfrac{\partial \gamma_\omega(x)}{\partial x}\right]_{max}$，则畴壁要发生一连串巴克豪森跳跃。畴壁由可逆壁移转变为不可逆壁移所需的磁场称为临界场 H_0，由式(3-59)可得临界场的公式为

$$H_0 = \frac{\left[\dfrac{\partial \gamma_\omega(x)}{\partial x}\right]_{max}}{2\mu_0 M_s \cos\theta} \tag{3-60}$$

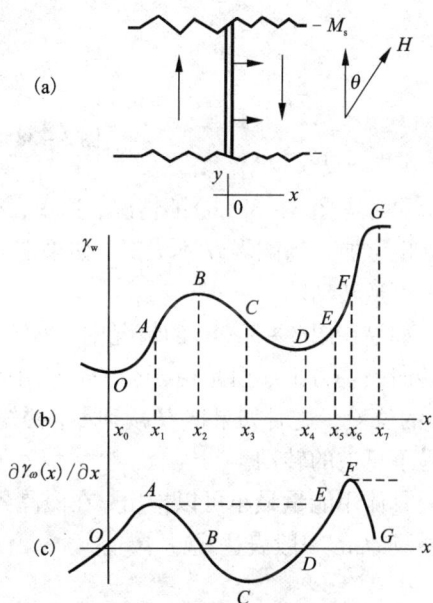

图 3-37　畴壁运动过程中能量变化

(a)在磁场作用下 180°畴壁位移；

(b)铁磁体内部磁畴壁能的不均匀分布；

(c)畴壁能变化率

一般说使畴壁越过最大的阻力峰 $\left[\dfrac{\partial \gamma_\omega(x)}{\partial x}\right]_{max}$ 所需要的磁场就相当于材料的矫顽力。如果铁磁体内部仅存在一系列大小一样的阻力峰，则最大临界场就是矫顽力。

3. 磁矩转动过程

在磁化过程中畴内的磁矩可以转向外磁场的方向。磁矩转动包括可逆转动与不可逆转动。下面以单轴各向异性的磁体为例，分析发生的可逆和不可逆转动。

如图 3-38(a)所示，一个磁畴在无外场时，磁矩在易磁化方向 Oa。加磁场后，磁矩转了一个角度 θ。这里设易磁化方向 Oa 和磁场方向的夹角 θ_0 小于 90°。这时，不论磁场强度的强弱如何，当磁场强度减到零时，磁矩就转回到易磁化方向，是可逆转动。

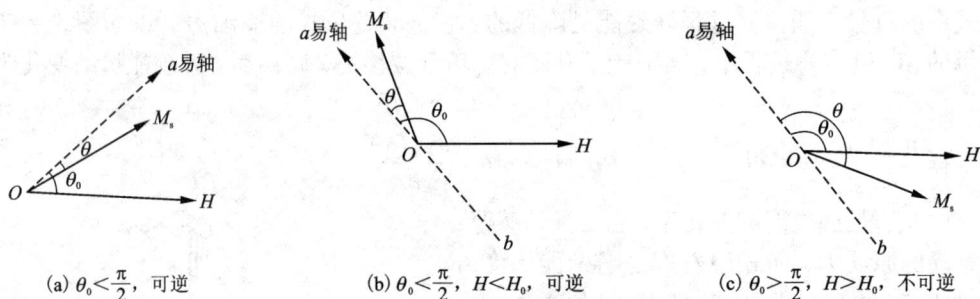

$$(a)\ \theta_0 < \frac{\pi}{2},\ 可逆 \qquad (b)\ \theta_0 < \frac{\pi}{2},\ H < H_0,\ 可逆 \qquad (c)\ \theta_0 > \frac{\pi}{2},\ H > H_0,\ 不可逆$$

图 3-38　可逆和不可逆转动磁化

再考虑图 3-38(b)的情况，这里，夹角 θ_0 大于 90°。当磁场强度 H 从零增加，磁矩转动角 θ 也增加。当磁场 H 不大时，如果把 H 减到零，磁矩就会转回原来的易磁化方向 Oa，这时也是可逆转动。

如果在图 3-38(b)的情况中，继续增加磁场强度，当磁场大于某一个值 H_0 后，它会一直转向磁场方向，但是由于受 Ob 方向的磁晶各向异性等效场的作用，它会转到如图 3-38(c)的位置。这时如果把 H 减到零，磁矩就会转到 Ob 的方向，不能回到原来的 Oa 方向。这就是不可逆的转动。

具体用能量最小可以推出，在磁晶各向异性作用下，单畴体发生可逆和不可逆转动的临界磁场 H_0 的一般表达式：

$$H_0 \propto \frac{K_u}{\mu_0 M_s} \tag{3-61}$$

因此我们得到结论：在磁晶各向异性的作用下，转动磁化过程的临界磁场和各向异性常数 K_u 成正比，和 M_s 成反比。

3.6.2 磁化曲线上的磁导率

根据磁导率的定义，$B-H$ 磁化曲线上任何一点的 B 与 H 的比值都称为磁导率。磁导率随磁化场而变化，反映了铁磁体的导磁能力和对磁场的敏感程度，所以磁性功能器件的灵敏度取决于磁导率，它是软磁材料的重要磁参量。

在直流磁场中测量的磁导率称为静态磁导率。根据不同的用途和直流磁场的特点，可以有起始磁导率 μ_i，最大磁导率 μ_{max}，增量磁导率 μ_d，微分磁导率 μ_b 等。最常用的是起始磁导率 μ_i 与最大磁导率 μ_{max}。

起始磁导率 μ_i 可定义为：$\mu_i = \lim\limits_{H \to 0} \dfrac{\mathrm{d}B}{\mathrm{d}H}$。它相当于磁化曲线上起始点的斜率。在技术上规定在 $B = 25$ Gs 时测出的 μ_i 为起始磁导率。它和可逆壁移的难易程度有关。

这里简单设想有一个随位置变化的应力场 σ：$\sigma = \sigma_0 x^2$，σ_0 是常数，该应力使得畴壁能随位置变化，造成了畴壁在外加磁场中移动的阻力，来讨论应力对起始磁导率的影响。材料内部的应力同畴壁能有关。如果应力随地点变化，畴壁能也随它所在的位置发生变化。畴壁在没有受到磁场作用时，停留在能量最低的一个位置，如图 3-37 的 x 坐标的原点 $x = 0$。考虑在弱磁场下的磁化过程，设图 3-37 中 $\theta = 0°$。这时单位面积的畴壁在弱磁场作用下移动一个很小的距离 x，扫过的体积中静磁能的改变为：$-2x\mu_0 M_s H$。而在 $x = 0$ 点左右畴壁能都有增加，畴壁能 γ_ω 为：

$$\gamma_\omega = 2\pi \sqrt{A_1 \frac{3}{2}\lambda_s \sigma} = 3\delta\lambda_s \sigma = 3\delta\lambda_s \sigma_0 x^2$$

这里因为 $\delta = \pi \sqrt{A_1 / \left(\dfrac{3}{2}\lambda_s \sigma\right)}$，并且假定 δ 很薄，随 x 变化可以忽略。根据公式（3-58），单位面积的总能量为：

$$E = -2\mu_0 M_s H \cdot x + 3\delta\lambda_s \sigma_0 x^2$$

畴壁移动后，一定停在能量最低的位置，所以：

$$\mathrm{d}E/\mathrm{d}x = 0, \quad -2\mu_0 M_s H + 6\delta\sigma_0 \lambda_s \cdot x = 0$$

由此求出在稳定时畴壁移动的距离 x：

$$x = 2\mu_0 M_s H/(6\delta\sigma_0 \lambda_s); \quad H = x(6\delta\sigma_0 \lambda_s)/2\mu_0 M_s$$

又当畴壁移动 x 距离后磁化强度的改变为：$M = 2x M_s S_{180}$，这样可以求得磁化率 χ_i 为：

$$\chi_i = M/H = 4\mu_0 (M_s)^2 S_{180}/(6\delta\sigma_0 \lambda_s)$$

根据公式（3-8）的磁导率和磁化率的关系：$\mu_i = 1 + \chi_i$，而且 $\chi_i \gg 1$，可以求得应力作用下起始磁导率为：

$$\mu_i \approx \frac{4\mu_0 M_s^2 S_{180}}{6\delta\sigma_0 \lambda_s}$$

因为磁晶各向异性常数 K_1 和 $\lambda_s \sigma$ 等价，所以由上可知，影响 μ_i 的主要因素是 K_1、M_s、σ 和 λ_s。M_s 越高，K_1、σ 和 λ_s 越小，μ_i 就越高。

另外早在 1938 年克斯顿（Kersten）就讨论了 2% 碳钢中碳化物对 180°畴壁可逆位移以及起始磁化率的影响。为便于计算，他假定：掺杂物（即碳化物）为球状，半径为 R，掺杂物按简单立方点阵分布，点阵立方边与晶体的易磁化轴平行，掺杂物间距为 a，畴壁的厚度 $\delta \leqslant R$，畴壁是刚性的，在位移过程中保持平面，而且畴壁能密度保持不变。另外，当 $H = 0$ 时，为使畴壁能最小，畴壁贯穿掺杂的中心。当畴壁位移的距离 $x < R$ 时，畴壁位移是可逆的。根据畴壁可逆位移的特点，得出掺杂物作用下的起始磁导率为：

$$\mu_i = \frac{\mu_0 M_s^2}{3a} \frac{1}{\sqrt{A_1 K_1}} \frac{1}{d} R^2 \left(\frac{4\pi}{3\beta}\right)^{2/3} \tag{3-62}$$

式中，d 为 180°畴宽；β 为掺杂物体积百分数。由式（3-62）可见，掺杂物越少，磁导率就会越高。

$B - H$ 起始磁化曲线上 B 与 H 比值的最大值为最大磁导率。它一般发生在最大不可逆壁移时。最大磁导率与畴壁的不可逆壁移的难易程度有关。最大磁导率与起始磁导率的表达式基本上是相同的。因此影响 μ_i 与 $\mu_{\max}$ 的因素是完全一致的。

由上述讨论不难得出，铁磁性材料的磁导率是组织敏感参量，它不仅与材料的内禀参量有关，还与材料的冶金因素有关。影响合金磁导率的冶金因素有晶粒尺寸、掺杂物的数量、尺寸与分布、内应力的大小与分布、缺陷等。为获得高磁导率 μ 的材料，在冶炼时除了应做到成分准确以外，还要求材质纯净以减少掺杂物的影响。在热处理时应合理地选择热处理工艺，使合金在热处理时能起净化和减少内应力等的作用。热处理还可改变合金的磁各向异性和磁致伸缩，从而对合金的起始磁导率有重要的影响。

以上讨论了提高磁导率的原则。下面以铁镍合金为例，实验证明，说明这些原则在制备金属材料中的应用。实验证明：在适当成分比例的铁镍合金中，K_1 和 λ 可以产生相互抵消的效果，因此具有很低的数值。图 3-39（a）显示 FeNi 合金的 K_1 值随 Ni 成分的变化，经过淬火的合金，在 75% Ni 时 K_1 等于零。图 3-39（b）显示了 FeNi 合金的 λ 值随 Ni 成分的变化，λ_{100} 在 85% Ni 时等于零，λ_{110} 在 82% Ni 时等于零，λ_{111} 在 80% Ni 时等于零。热处理对 K_1 值的影响很大，K_1 为零值落在多大的 Ni 成分上与热处理有关。经淬火的合金 K_1 和 λ 值都在 Ni 成分为 80% 左右时降到零。所以按该成分经过淬火，可以得到高的起始磁导率的值。图 3-39（c）显示了 78.5% Ni 的铁镍合金在双重热处理后，相对起始磁导率达到 10000。这样成分的合金称为 78 坡莫合金，它的特点是具有高磁导率。

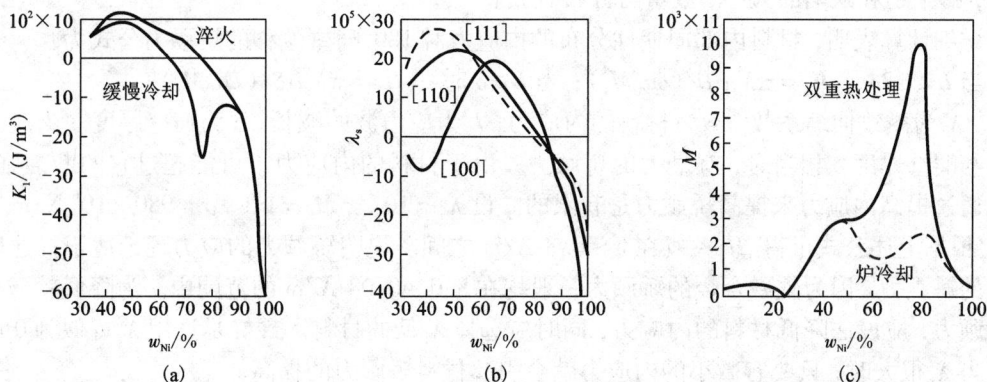

図3-39　Fe-Ni 合金的 K_1，λ 值和起始磁导率随 Ni 成分的变化

(a) K_1 随 Ni 成分和热处理工艺的变化；(b) λ 值随 Ni 成分的变化；

(c) 起始磁导率随 Ni 成分和热处理工艺的变化

3.6.3　磁滞回线上的矫顽力

铁磁体磁化到饱和以后，使它的磁化强度或磁感应强度降低到零所需要的反向磁场称为矫顽力，分别记作 $_MH_c$ 和 $_BH_c$，前者又称为内禀矫顽力。矫顽力与铁磁体进行反磁化过程的难易程度有关。与技术磁化过程一样，磁体的反磁化过程也包括畴壁位移和磁矩转动两个基本方式。但是对于材料的矫顽力机理，有很多理论。下面简单介绍几种典型的理论。

1. 应力和掺杂理论

如图3-40是单晶体的剩磁状态。在正向畴边上存在一个反向畴，加反向磁场后，由于反向畴的静磁能低，反向畴要长大，畴壁沿箭头方向移动。当反磁化场较低时，畴壁位移是可逆的；当反磁化场逐渐增大到临界磁场时，和技术磁化过程相同，畴壁就要发生不可逆位移。在不可逆位移过程中，畴壁要发生若干次巴克豪森跳跃，反磁化畴跳跃式长大。当反磁化畴的体积长大到和正向畴体积相等时，材料的磁化强度 $M=0$，这时的反向磁场就是矫顽力 $_MH_c$。单晶体畴壁位移决定的矫顽力由公式(3-60)决定。式中的 θ

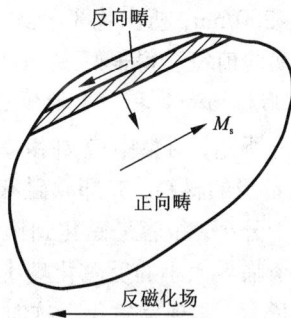

图3-40　反磁化的畴壁位移过程

是反向畴中磁化强度和反向磁场方向的夹角。因此，单晶体畴壁位移决定的矫顽力主要取决于磁化强度与反向磁场方向的夹角和畴壁能密度梯度的最大值 $(d\gamma_\omega/dx)_{max}$。对于多晶材料，显然各晶粒的易磁化方向和反磁化场方向可取各种不同的数值，即 θ 不同，这样多晶材料的矫顽力是各个晶粒矫顽力的平均结果。而畴壁能密度梯度的最大值 $(d\gamma_\omega/dx)_{max}$ 和材料的内

应力，掺杂物和缺陷的大小、数量与分布有关。

详细计算表明，材料内部周期性分布的内应力对 180°畴壁位移的矫顽力公式为：

当 $L \leqslant \delta$ 时，$_MH_c = \pi\lambda_s\sigma L/(\delta\mu_0 M_s)$；当 $L \geqslant \delta$ 时，$_MH_c = \pi\lambda_s\sigma\delta/(L\mu_0 M_s)$

式中，λ_s 为磁致伸缩系数；σ 为材料的内应力；L 为应力波的波长，δ 为畴壁厚度。当应力波长 L 与畴壁厚度 δ 相当时，有最大的矫顽力。由于材料的内应力不可能超过它的断裂强度，因此通过提高内应力来提高矫顽力是有限的。设 $\lambda_s = 10^{-6}$，$M_s = 1$ T，$\sigma = 980 \times 10^6$ N·m^{-2}，$\delta = L$，根据上述公式可得 $_MH_c$ 大概在 8~0.8 A/m 之间。说明矫顽力的应力理论适于描述软磁合金的矫顽力，因为软磁合金的矫顽力一般均在 8.0~0.08 A/m 的范围内。为降低软磁材料的矫顽力，应设法降低材料的内应力，同时应选择 λ_s 低的材料。最好是选用 λ_s 近似为 0 的材料。当 λ_s 很大时，只要有微小的内应力就会引起材料矫顽力的提高。

另外，考虑掺杂物对矫顽力的影响。以碳钢中的碳化物为例，假定球状碳化物按简单立方点阵分布，对于刚性 180°畴壁位移的矫顽力为：

当 $R < \delta$ 时，$_MH_c = [K_1/(2\mu_0 M_s)][\beta^{2/3}R/\delta]$

当 $R > \delta$ 时，$_MH_c = [K_1/(2\mu_0 M_s)][\beta^{2/3}\delta/R]$

式中，K_1 为磁晶各向异性常数；M_s 为材料的自发磁化强度；β 为掺杂物的体积百分数；R 为掺杂物的半径；δ 为畴壁厚度。当掺杂物半径 R 与畴壁厚度 δ 相当时，有最大的矫顽力。仅考虑大磁性掺杂物引起畴壁能的变化，设 $M_s = 1$ T，$K_1 = 10^5$ J/m^3，$\beta^{2/3} = 0.1$，$R = \delta$，用上述公式得矫顽力约为 796 A/m，说明掺杂物矫顽力理论能用来描述 10^{-1}~10^2 A/m 数量级的矫顽力。例如 80Co - 10Fe - M(M = Ti，Nb，Al 等)半硬磁合金，其矫顽力在 3.9~7.9 kA/m 范围内变化。合金靠析出周期性分布的 Co$_3$M 型非铁磁性掺杂物来阻碍畴壁位移。合金的畴壁厚度 100~200 nm，析出物半径约 100 nm，体积百分数 β 约 6%，按上述公式计算，矫顽力的理论值与实验值符合得很好。

2. 形核场和钉扎决定的矫顽力

如上所述，材料中应力和掺杂物对矫顽力的影响，主要可以用于解释矫顽力小于 10^2 A/m 数量级的材料，亦即软磁和半硬磁材料。在一些单相的多畴永磁材料中，畴壁位移遇到的阻力十分小，很容易磁化到饱和，但是材料的磁晶各向异性常数很大，在反磁化的过程中形成一个临界大小的反磁化畴十分困难，一旦形成一个临界大小的反磁化核，反磁化畴核就迅速地长大，实现反磁化。这时形成一个临界大小的反磁化畴核所需要的反磁化场(称为形核场)就是材料的矫顽力。形核场可以很大，如在 SmCo$_5$ 永磁合金中，矫顽力由形核场来决定，其矫顽力 $_MH_c$ 可达到 1500 kA/m。

还有一些多相多畴的永磁材料，有意使其成分、结构不均匀，造成畴壁能密度起伏不均，存在波峰和波谷。在磁中性状态下畴壁一般都处于畴壁能的最低处。在外加磁场使之磁化时，使畴壁离开畴壁能低的位置十分困难，也即畴壁被钉扎在畴壁能低的位置上。如 Sm(CoCuFe)$_7$ 材料，它是由薄层 SmCo$_5$ 相和胞内 Sm$_2$Co$_{17}$ 相组成，两者的畴壁能有很大差别，造成畴壁被钉扎。高矫顽力的 $Sm(CoCuFeZr)_{7.4}$ 材料的 $_MH_c$ 可达到 1800 kA/m。

3. 磁矩转动的反磁化过程所决定的矫顽力

在只有单畴存在的磁性材料中，其矫顽力由磁矩转动的反磁化过程决定。如 3.7.1 节中磁矩转动过程所述，反磁化时，如果反磁化场较弱，磁矩的转动是可逆的。当反磁化场达到临界场时，磁矩就立即不可逆地转动到反磁化方向。不可逆转动的临界场就是单畴体的矫顽力。

对于单轴各向异性单畴体，它的矫顽力为： $_MH_c = 2k_1/(\mu_0 M_s)$ ；

对于应力各向异性单畴体，它的矫顽力为： $_MH_c = 3\lambda_s \sigma/(\mu_0 M_s)$

一个孤立的单畴粒子是没有实用意义的，工业上常将许多单畴体组合成大块的单畴集合体。单畴集合体的矫顽力与单畴粒子的取向度、填充密度、单畴粒子本身的各向异性和单畴体尺寸有关。

3.6.4　剩余磁化强度

铁磁体磁化到饱和并去掉外磁场后，在磁化方向保留的 M_r 或 B_r 称为剩磁。M_r 称为剩余磁化强度，B_r 称为剩余磁感应强度。M_r 由 M_s 到 M_r 的反磁化过程来决定。图 3-41 是单轴各向异性无织构的多晶体在各种磁化状态下的磁矩角分布的二维矢量模型。磁化到技术饱和后每个晶粒的磁化矢量都大体上转向外磁场的方向。而去掉外磁场后，各晶粒的磁化矢量都转动到最靠近外磁场方向的易磁化方向上。因此多晶体的剩余磁化强度为

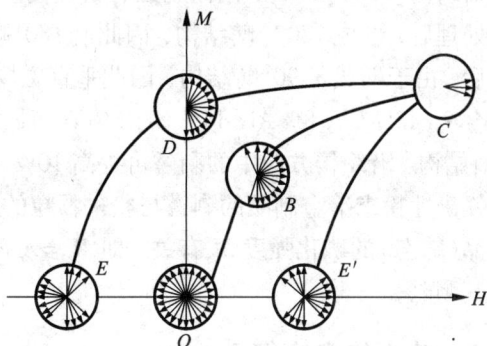

图 3-41　磁化各阶段的磁矩角分布的二维矢量

$$M_r = \left[\sum M_s V_i \cos\theta_i \right]/V$$

式中，V_i 代表第 i 个晶粒的体积；θ_i 代表第 i 个晶粒的 M_s 方向（即最靠近外磁场方向的易磁化方向）与外磁场的夹角；V 为样品的总体积。如果是单晶体，其剩磁为

$$M_r = M_s \cos\theta$$

当单晶体沿其易磁化方向磁化时，则 $M_r = M_s$ ，或 $B_r = \mu_0 M_r = \mu_0 M_s$ ，这说明 B_r 的极限值是 $\mu_0 M_s$ 。

对于单轴各向异性无织构的多晶体，在原磁化方向的半球内，总球心立体角为 2π 。而一个微小单元的球心立体角 $d\Omega$ 的磁化强度是 M_s 的 $d\Omega/2\pi$ 倍。这一部分磁矩在原磁化方向的

分量是：

$$dM_r = d\Omega M_s \cos\theta / 2\pi$$

$d\Omega$ 用极坐标可写成：$\dfrac{rd\theta \times r\sin\theta d\varphi}{r^2} = \sin\theta d\theta d\varphi$，那么单位体积中在原磁化方向的磁化强度分量（即剩磁 M_r）是

$$M_r = \frac{M_s}{2\pi}\int_0^{2\pi}\int_0^{\frac{\pi}{2}}\cos\theta\sin\theta d\theta d\varphi = \frac{M_s}{2}$$

这就是单轴无织构多晶体的剩磁。

同理可以证明体心立方无织构的 Fe 多晶体剩磁为 $M_r = 0.832M_s$；面心立方无织构的 Ni 多晶体的剩磁为 $M_r = 0.866M_s$。

M_r 表达式表明剩磁是组织敏感参量。它对晶体取向和畴结构十分敏感。M_r 主要决定于 M_s 和 θ_i 角。为获得高剩磁，首先应选择 M_s 大的材料。θ_i 主要决定于晶粒的取向与畴结构，通常用获得晶体结构或磁结构的办法来提高剩磁。4% Si – Fe 合金经冷轧和退火后形成了一定的高斯织构（110）[001]，因而剩磁有所提高。而 65% Ni – Fe 坡莫合金，施加张应力或纵向磁场处理后，形成 180°₊ 畴结构，因此沿 180°畴结构的方向剩磁大大提高。而经过横向磁场处理后，由于形成了 90°畴结构，因此垂直磁场处理方向的剩磁大大地降低了。又如 AlNiCo8 永磁合金（42% Co，8% Al，14% Ni，5% Ti，质量百分数），利用定向结晶的办法获得柱晶，即 [001] 结构，沿织构方向中的剩磁可提高 10% ~ 20% 或更高一些。

铁磁性粉末冶金制品的剩磁与粉末颗粒的取向（织构）度 A、粉末制品的相对密度 ρ 和致密样品（铸态）的磁化强度 M_s 有关，即 $M_r = A\rho M_s$，可见提高粉末制品的取向度和相对密度可提高其剩磁。

3.6.5　趋近饱和定律

当磁化强度达到趋近饱和时，畴壁位移已经结束，只有磁畴转动在起作用，经验定律为：

$$M = M_s\left(1 - \frac{a}{H} - \frac{b}{H^2} - \frac{c}{H^3} - \cdots\right) + \chi_p H \tag{3-63}$$

式中，a 和材料的杂质以及应力有关，b 和材料的磁晶各向异性有关。因为这时只存在小角度转动，从磁矩的转动考虑在外场方向上 M 为：

$$M = M_s\cos\theta = M_s(1 - \sin^2\theta)^{1/2} = M_s(1 - \theta^2/2 + \cdots) \tag{3-64}$$

转动的角度 θ 是体系能量处于最小的平衡状态。这时体系的能量是外磁场能和各向异性能：

$$E = E_k + E_H = E_k - \mu_0 H M_s\cos\theta$$

$\dfrac{\partial E_k}{\partial \theta} + \mu_0 H M_s\sin\theta = 0$，因为 θ 很小，所以 $\sin\theta \approx \theta$，则：

$$\theta = -\frac{1}{\mu_0 M_s H}\frac{\partial E_k}{\partial \theta} \tag{3-65}$$

和式（3-63）比较可得：$b = \dfrac{1}{2\mu_0^2 M_s^2 H^2}\left(\dfrac{\partial E_k}{\partial \theta}\right)^2$

另外，如果仅考虑（$1/H$）项近似，由式（3-63）可得：$M = M_s\left(1 - \dfrac{a}{H}\right)$

因此，从实验中得到了不同高磁场下的一系列 M 后，作以 M 为纵轴，以 $1/H$ 为横轴的曲线，将曲线外推到 $1/H$ 为 0 时则可以求出 M_s。

3.6.6 永磁性和永磁体

1. 永磁性

各种永磁材料一般是提供磁场的一个器件，它总是有一个用来使用磁场的缺口。所以永磁材料是具有缺口的环或者是简单的条形或块状物体。如图 3-42（a）所示，这样的磁性体上就出现了 N 和 S 磁极，因此在磁性体的内部存在退磁场 H_d。退磁场 H_d 的方向和磁化方向相反，所以当外磁场除去后，磁化状态不是处于 $H=0$ 的 $M=M_r$ 处，而是在 $H_d = -NM$ 和 $M < M_r$ 处，也

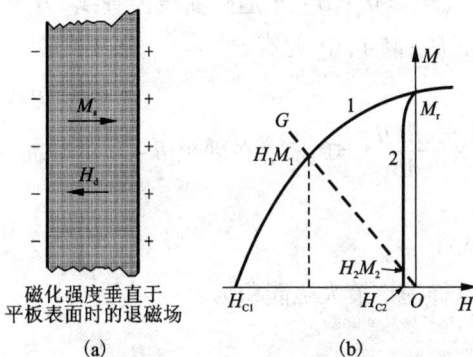

磁化强度垂直于平板表面时的退磁场

（a）

（b）

图 3-42　永磁体的退磁场（a）和退磁曲线（b）

就是在退磁曲线的某点 M_1，H_1 处。这点的位置，由于对每种材料来说，退磁曲线已定，因此决定于退磁因子 $N(H_d = -NM)$，而退磁因子 N 又决定于磁性体的形状。

设想有两种材料：材料 1 的矫顽力 H_c 很大，例如为 80×10^3 A/m（1000Oe）；材料 2 的矫顽力 H_c 很小，例如为 80 A/m（1Oe）。图 3-42（b）是它们的退磁曲线。如果将它们做成形状相同的磁体，那么退磁因子 N 也相同。材料 1 制成的磁性体磁化到饱和后，去掉外磁场，它的磁化强度会退到退磁曲线上的某一点 M_1，这时 H_1 和 M_1 满足如下关系：$H_1 = -NM_1$。两种材料的 N 既然相同，那么它们在退磁过程中达到稳定态的 H/M 按照上式也相等。如果把材料 2 的这两个值叫做 H_2 和 M_2，那么有：$N = -H_1/M_1 = -H_2/M_2$。

所以，如果有一条斜率为 $-1/N = M_1/H_1 = M_2/H_2$，并通过退磁曲线原点的直线 OG，它一定通过（H_1，M_1）和（H_2，M_2）两点，如图 3-42（b）所示。由于材料 1 的 H_c 很大，可知材料 1 保留的 M_1 很大，只略小于 M_r，这样的材料称为永磁材料，它在撤去外场时仍保留大剩磁。而材料 2 的 H_c 很小，材料 2 保留的 M_2 极小。［注意图 3-42（b）中实际所画的 H_{c2} 大约是 H_{c1} 的 1/10，而不是设定的 1/100，因为那样在图 3-42（b）中看不清 H_{c2} 了。可以设想，如果 H_{c2} 从

现在画出的地点再缩小 1/100，那么 M_2 也要缩小到现在图 3-42(b) 中数值的大约 1/100，就极小了。] 材料 2 称为软磁材料。由此可知：矫顽力的大小是材料属于永磁性还是软磁性的标志。一般永磁材料的 $_MH_c$ 可以达到 1000 kA/m，而一般软磁材料的 H_c 可以是 0.1 A/m。

2. 永磁体

一般用以下几个参数来标志永磁体性能的好坏。

1）最大磁能积 $(BH)_m$：最大磁能积是退磁曲线上 B 和 H 乘积中最大的一点，如图 3-43 所示。在永磁体应用设计中，最大磁能积大的材料（在同质量）可获得的磁场也大，因此磁能积是永磁材料的重要性能指标。

多数永磁材料理想的退磁曲线如图 3-44 所示，其特点是：$M-H$ 退磁曲线为矩形，$M_r = M_s$，$_MH_c \geqslant M_s$；$B-H$ 退磁曲线为直线，$B_r = \mu_0 M_s$；$H_c = M_s$。这种 $B-H$ 退磁曲线满足方程 $B = \mu_0(H + M_s)$，因此有：

$$BH = \mu_0(H^2 + HM_s)$$

用 $\dfrac{\mathrm{d}(B \cdot H)}{\mathrm{d}B} = 0$ 来求在理想 $B-H$ 退磁曲线上最大磁能积的点 (H_1, B_1)，可得：

$$-H_1 = \frac{1}{2}M_s；\quad B_1 = \frac{\mu_0}{2}M_s$$

这样理论最大磁能积为：

$$(B \cdot H)_m = H_1 \cdot B_1 = \mu_0\left(\frac{1}{2}M_s\right)^2$$

该式是估计 $(BH)_m$ 的值达到最高限度的公式，材料的 $(BH)_m$ 不能超过该式得到的值。如果材料的 $B-H$ 退磁曲线不是如图 3-44 所示的直线，也可以根据上述推导步骤推出理论最大磁能积。用上述公式来估算材料的理论值，是判断某种永磁材料是否具有发展潜力的依据。

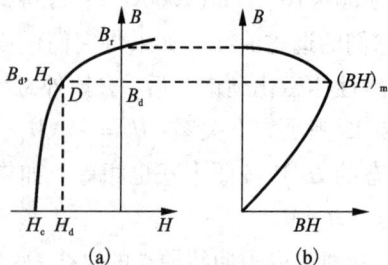

图 3-43　永磁体的最大磁能积

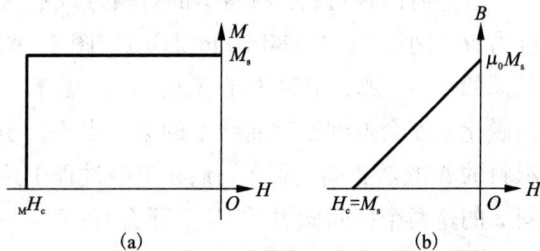

图 3-44　理想永磁材料的退磁曲线

(a) $M-H$ 退磁曲线；(b) $B-H$ 退磁曲线

2）矫顽力 H_c：矫顽力 H_c 大，抗干扰能力强。在 $M-H$ 退磁曲线上使 $M=0$ 的磁场，称为内禀矫顽力 $_MH_c$，在 $B-H$ 退磁曲线上使 $B=0$ 的磁场，称为磁感矫顽力 H_c。由于软磁材料的

磁滞回线很窄，所以内禀矫顽力和磁感矫顽力几乎没有区别。但是对于永磁材料，$M-H$ 和 $B-H$ 的磁滞回线差异很大，所以内禀矫顽力和磁感矫顽力有明显不同。如图 3-45 表示了一般永磁材料在第二象限中的 $M-H$ 和 $B-H$ 磁滞回线。图中虚线是磁极化强度 J 随磁场的变化，实线是磁感应强度 B 随磁场强度的变化。如图 3-45 所示，内禀矫顽力的绝对值总是大于磁感矫顽力的绝对值：$|_MH_c| > |_BH_c|$。

3）B_r：B_r 越大，性能越好。永磁的三个参量 H_c，B_r，$(BH)_m$ 都需要尽可能大，其中 B_r 还影响其他两个参数，因为如图 3-43，显然有大的 H_c，B_r，才有大的 $(BH)_m$。而从图 3-45 可以推出，$\mu_0 H_c < B_r$，所以要得到大的 H_c，B_r 也一定要大，才不受限制。提高 B_r 的数值，首先就是要提高饱和磁化强度 M_s。所以选择 M_s 高的成分，是制造优质永磁材料的先决条件。但是要真正得到大的 H_c 和 B_r，如前面所述，还有许多工艺问题要考虑。

4）稳定性——温度系数和不可逆损失

永磁材料的性能，因受到外界条件的干扰而发生变化，为了减少这种变化，往往在材料应用之前，需要进行一些人工老化。尽管如此，永磁材料在应用时，性能总不能完全保持恒定，其中温度的改变对磁性的影响特别普遍和严重。为了表示温度对磁性的影响程度，定义两个物理量——温度系数和不可逆损失。

$$温度系数 \ \alpha = \frac{B_d(T_1) - B_d'(T_0)}{B_d'(T_0)} \times \frac{1}{|T_1 - T_0|} \times 100\% \quad (℃^{-1})$$

式中，$B_d'(T_0)$ 为自室温 T_0 开始，经过加热或冷却达到 T_1 后，又回到室温 T_0 时的开路剩磁；$B_d(T_1)$ 是温度为 T_1 时的开路剩磁。

不可逆损失是指由室温开始，经过加热或者冷却，再回到室温时的开路剩磁的变化率，即：

$$不可逆损失 = \frac{B_d(T_1) - B_d'(T_0)}{B_d'(T_0)} \times 100\%$$

式中，$B_d(T_0)$ 为实验开始时，在室温 T_0 下的开路剩磁。

在一般情况下，温度系数和不可逆损失除了与材料的品种有关外，还与材料的具体尺寸、加热和冷却的温度范围有关。目前的理论大致认为，不可逆损失是磁畴的不可逆变化造成的，因此重新充磁后，损失的磁通能复原（由于样品的组织结构改变所造成的不可逆损失是不能用充磁办法恢复）。温度系数是由于饱和磁化强度随温度的变化造成的，因此可以从 $M_s(T)$ 的曲线上大致推出在某一温度范围内的温度系数。

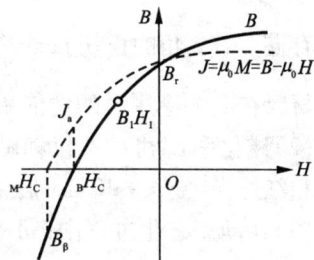

图 3-45　永磁材料在第二象限
中的 $M-H$ 和 $B-H$ 磁滞回线

3.7 铁磁性材料在交变磁场中的磁化

3.7.1 动态磁化过程的特点和复数磁导率

以上我们考虑的是铁磁材料在恒定磁场中的磁化和反磁化。在恒定磁场下，磁化状态一般不再随时间变化而变化。这样的磁化过程称为静态磁化过程。在静态磁化过程中不考虑磁化状态趋于稳定过程的时间问题。

但是通信、电子和各种电机和变压器等行业中应用的磁性材料都是处于动态磁化过程中。因此，本节将介绍铁磁材料在交变磁场中的磁化过程。和静态磁化过程相比，动态磁化过程有三个特点：

(1)由于磁场在不停地变化，因此磁化强度的变化落后于磁场的变化。当交变场按正弦规律变化，即 $H = H_m \sin\omega t$ 时，如果是在弱交变磁场和高频的情况下，可以推出 B 的变化也基本上保持正弦规律，所不同的是 B 落后 H 一个 δ 角，即 $B = B_m \sin(\omega t - \delta)$。

根据磁导率定义，可得复数磁导率 μ 为

$$\mu = B/H = B_m \exp[i(\omega t - \delta)]/H_m \exp(i\omega t)$$
$$= (B_m/H_m)\cos\delta - i(B_m/H_m)\sin\delta = \mu' - i\mu''$$

$\mu' = \dfrac{B_m}{H_m}\cos\delta$ 为复数磁导率的实部，是与 H 同位相的 B 的分量与 H 的比值，它相当于直流磁场下的磁导率，与磁性材料存储能量成正比，即

$$存储能量 = \omega\mu' H_m^2/2$$

它与固体弹性变形时所存储的弹性能相似，因此 μ' 又称为弹性磁导率。

$\mu'' = \dfrac{B_m}{H_m}\sin\delta$ 是复数磁导率的虚数部分，它表示磁性材料在交变磁场中磁化时能量的损耗，因此 μ'' 又称为黏性磁导率。这说明磁性材料在交流磁场中磁化时有能量的损耗，也有能量的存储。其 δ 角的正切 $\tan\delta$ 称为损耗角，$\tan\delta = \dfrac{\mu''}{\mu'}$，其倒数 $1/\tan\delta$ 称品质因数 Q，也是表征软磁材料在高频应用时的性能指标。

(2)磁化率 μ' 和 μ'' 不仅和磁场大小有关，还和磁场频率有关。在很高的频率下，例如可见光和红外光(波长：30 μm)，铁磁性材料会失去其磁特性。

(3)在动态磁化过程中，不仅存在磁滞损耗，还存在涡流损耗和磁后效，有畴壁共振和自然共振产生的能量损耗，所以损耗明显增大。降低材料的能量损耗是研究动态磁化过程的一个重要的目的。

3.7.2　磁谱和截止频率

截止频率 f_c 是磁性材料能够使用的频率范围的重要标志。如上节所述，磁导率 μ'，μ'' 受频率 f 的影响。μ' 和 μ'' 的值随着频率增加而变化的曲线称磁谱。当频率增加到某一值时，μ' 减少到原来起始磁导率 μ'_i 的一半时（或者 μ'' 达到极大值时），这个频率就是该磁性材料的截止频率 f_c。图 3 – 46 是典型的铁氧体的磁谱图，其特征是：

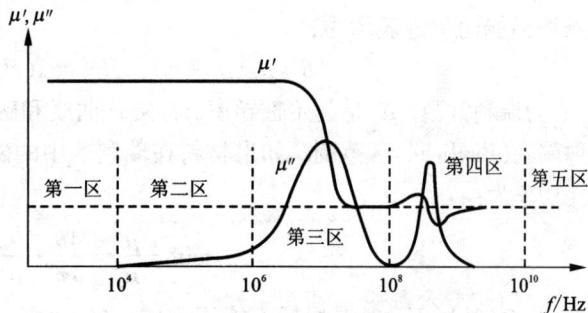

图 3 – 46　铁氧体典型的磁谱

低频段（$f < 10^4$ Hz）：μ' 和 μ'' 的变化很小；引起损耗的主要原因是来自涡流、磁滞和剩余损耗。

中频段（10^4 Hz $< f < 1$ MHz）：μ' 和 μ'' 的变化也很小，但是有时 μ'' 出现峰值，这是尺寸共振引起的。对材料外加交变磁场可以看做电磁波在材料中传播，如果电磁波的波长和样品横向尺寸接近，就会产生共振的现象。该共振与材料的特性无关，可以用样品的设计来避免。金属材料主要用于低、中频段。

高频段（1 MHz $< f < 100$ MHz）：在该频段范围内 μ' 急剧下降，而 μ'' 迅速增加，造成磁损耗迅速增大。此时使用的材料电阻很高，而且磁场幅值很小，因此涡流、磁滞损耗很小，造成损耗的主要原因是自然共振、畴壁共振或弛豫过程。

超高频段（100 MHz $< f < 10$ GHz）：由于自然共振，μ' 有可能小于 1。损耗和磁导率随频率变化的原因主要来自自然共振。

3.7.3　铁磁体的交流损耗

1. 磁性材料在低中频下的交流损耗

磁性材料在交流磁场中使用时会发热。很明显，它表明磁性材料在交变场中使用时要发生能量损耗，这一损耗称为铁芯损耗（简称铁损或磁损）。磁性材料的铁芯损耗一般包括三部分，即 $P = P_h + P_e + P_c$，式中 P 代表材料单位体积的总损耗，单位为 J/m³；P_h 为磁滞损耗，P_e 为涡流损耗，P_c 为剩余损耗。这三种损耗所占的比例随工作磁场的大小和频率而变化。下面简单介绍这几种损耗来源。

1）磁滞损耗

铁磁性材料反复磁化一周，由于磁滞现象所造成的损耗称为磁滞损耗，它与磁滞回线的面积成正比。一般情况下，磁滞回线不能用数学式来描述，但是铁磁性材料在很低磁场下被磁化时，畴壁位移是可逆的，根据实验规律可以将磁化曲线简单地表示为：

$$B = \mu_0(\mu_i H + bH^2)$$

磁滞回线简单地表示为：

$$B = \mu_0(\mu_i + bH_m)H \pm b\mu_0(H_m^2 - H^2)/2$$

式中，b 为瑞利常数。μ_i 是起始磁导率，将磁化曲线和磁滞回线分别符合上述表达式的弱磁场范围称瑞利（Rayliegh）区范围。如果材料在瑞利区中的磁场下磁化，可以推出，单位体积的磁滞损耗功率为：

$$\tan\delta = \frac{\mu''}{\mu'} = \frac{4b}{3\pi} \cdot \frac{B_m}{\mu^2} \qquad (3-66)$$

在中、高磁场下，磁滞损耗不能用式（3-66）表示。实践证明，在中、高磁场下，磁滞损耗功率可用经验公式来描述，即：$P_h = f\eta B_m^{1.6}$。式中 η 为常数，可用实验方法测定，B_m 为磁感应强度最大振幅，f 为频率。

2）涡流损耗与趋肤效应

当铁磁体在交变场中磁化时，铁磁体内部的磁通也周期性地变化。在围绕磁通反复变化的回路中出现感应电动势，因而形成涡流。感应电流（涡流）所引起的损耗称为涡流损耗。

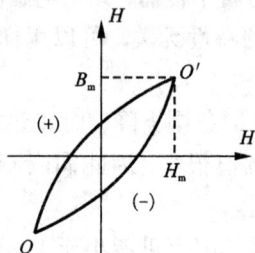

图 3-47　瑞利区的磁滞回线

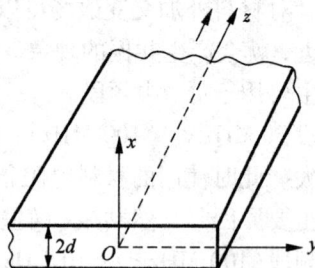

图 3-48　无限大铁磁导电薄板

设一无限大铁磁薄片内磁场如图 3-48 所示，用麦克斯韦方程来处理涡流和趋肤效应问题，可以得到，对于厚度为 $2d$ 的片状铁磁体，在低频磁场下的涡流损耗为：

$$P_e = \pi^2\mu\mu_0 H_0^2 \tan\delta \qquad (3-67)$$

$$\tan\delta = \frac{2}{3} \times \frac{\mu_0\mu d^2}{2\rho}\tilde{\omega} = \frac{2}{3} \times \frac{\tilde{\omega}}{\tilde{\omega}_c}$$

其中 $\tilde{\omega}_c = \dfrac{2\rho}{\mu\mu_0 d^2}$ 定义为临界频率，当 $\omega \ll \omega_c$ 时，涡流损耗角 $\tan\delta \ll 1$，涡流损耗很小。当 ω 接近或者超过 ω_c 时，涡流损耗很大，这时材料制成的器件就不能工作了。这里将 e 定义为涡流损耗系数，其物理意义见式（3-68）：

$$e = \frac{4\pi^2 \mu_0 d^2}{3\rho} \qquad\qquad (3-68)$$

可见涡流损耗除了与交变场的频率、交变场的大小有关外，还与材料的尺寸(厚度)和电阻率有关。把材料做成薄片状，提高材料的电阻率，可降低材料的涡流损耗。

给铁磁材料外加交变磁场时，感应电流(涡流)的磁通总是与外磁通方向相反，从而使铁磁体的磁场或磁通分布不均匀。铁磁体的表面磁场高，向铁磁体的内部磁场逐渐减少，这种现象称为趋肤效应。我们把磁场振幅降低到表面磁场振幅的 e 分之一处的深度称为趋肤深度，用 d_s 表示，在薄板磁性材料中，d_s 可以表示为：

$$d_s = 503 \sqrt{\frac{\rho}{\mu f}} \quad (m)$$

式中，ρ 的单位是 $\Omega \cdot m$；d_s 的单位是 m；μ 为相对磁导率。

上式表明趋肤深度与 ρ、μ 和 f 有关。频率越高，趋肤深度越小。为使磁化均匀，应使 $d_s = t/2$(t 为材料的厚度)。当磁化场的频率很高时，磁化场变得十分不均匀，从而使一定磁场下的磁性材料磁感应强度降低，磁导率也降低。我们称这时试样所表现出来的磁导率为表观磁导率或称有效磁导率。在这种情况下，涡流损耗不能用式(3-67)来描述。

3)剩余损耗

从总损耗中扣除磁滞损耗与涡流损耗，所剩余的那部分损耗称为剩余损耗。在低频或者弱磁场中，剩余损耗主要由磁后效引起；在较高频率情况下，剩余损耗主要包括尺寸共振，畴壁共振和自然共振。这里介绍磁后效的来源。

如图 3-49 所示，设在外磁场 H_0 作用下，铁磁体已磁化到 B_0。在去掉外磁场的瞬间，磁感应强度降低到 B'，而经过一段时间后逐渐地降低到 B_r，亦即磁感

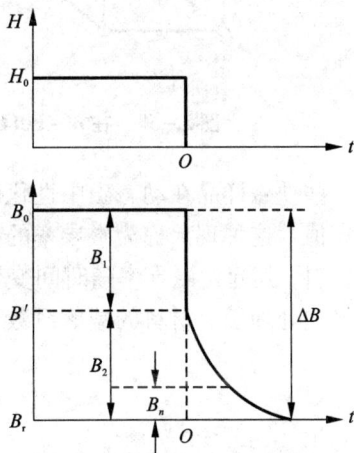

图 3-49　磁后效示意图

应强度的变化落后于外磁场 H_0，这种现象称为磁后效。从 $t=0$ 开始经过 t s 后的磁感应强度 $B_n(t)$ 是反映磁后效的物理量。

可以想象在交变磁场中铁磁体的涡流将是引起磁后效的原因之一。但实验表明，由于涡流引起的磁后效比总后效小得多。进一步研究发现，引起磁后效的原因有二：一是由热涨落引起的不可逆磁后效，称为约旦后效，该后效的特点是几乎与温度、磁场频率无关。另一是由于离子或电子扩散引起的磁后效，这种后效是可逆的，它与温度、交变磁场的频率有关，称为李希特后效。

李希特后效的物理机理来自磁化中的扩散过程。例如羰基铁中的李希特后效与羰基铁中

的碳、氮等原子的扩散有关。在 $\alpha-Fe$ 的体心立方晶体晶格中，有三种间隙，都是八面体，分别位于三个主晶轴 x, y 和 z 方向上的中点或面的中心。羰基铁中的 C、N 原子(×)就均匀分布在这三种位置上，如图 3-50(a)所示。如果沿 z 轴加磁场，由于磁致伸缩的原因 z 轴方向被拉长，C、N 原子倾向于在 z 方向分布，如图 3-50(b)所示。图 3-50(c)表示沿 y 轴加磁场后 C、N 原子的分布。由图 3-50(a)到图 3-50(b)或者图 3-50(c)的状态，C 或 N 原子扩散需要一定的弛豫时间，从而造成磁后效。

应当指出，扩散后效只出现在通过扩散而导致磁性能变化的材料的内部，而热涨落后效则普遍存在于所有的磁性材料中。

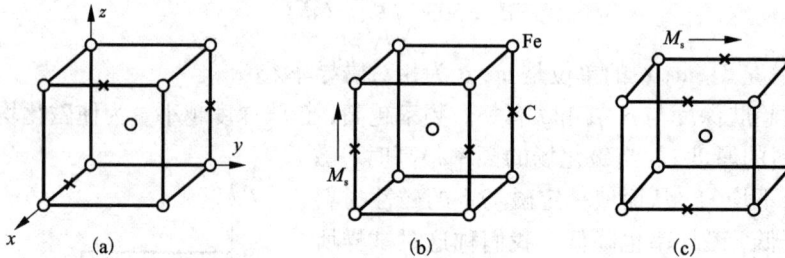

图 3-50 在 $\alpha-Fe(bcc)$ 晶体中，不同磁化状态 C 原子的分布示意图

一些铁磁样品在动态磁中性化(交流去磁)之后，其起始磁导率会随时间而降低，最后达到稳定值。这种现象称为磁导率的减落现象，是磁后效的一种表现形式。对于有减落现象的铁磁材料，其起始磁导率随时间变化对温度很敏感，对震动也很敏感。因此一般要对该材料进行老化处理等。材料的减落系数 DA 定义为：

$$DA = \frac{\mu_{t1} - \mu_{t2}}{\mu_{t1}^2 \lg \frac{t_2}{t_1}}$$

式中，μ_{t1} 为铁磁样品退磁后经过时间 t_1 所测得的起始磁导率，μ_{t2} 为铁磁样品退磁后经过时间 t_2 所测得的起始磁导率。减落现象严重时，材料在使用过程中经不起外来电磁场干扰。一般要求软磁铁氧体的 $DA < 30 \times 10^{-6}$。如图 3-51 是碳钢的减落现象。

上面介绍了损耗的来源。一般情况下损耗难于用理论计算。而对以下的特定情况，根据大量实验规律，材料的交流损耗可以用公式表示。

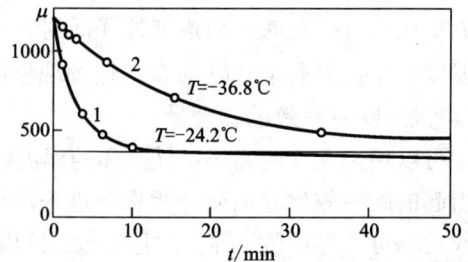

图 3-51 磁中性化后，在不同时间测定的碳钢的起始磁导率

2. 在高、中磁场，低频下的铁损

在马达、变压器等电子电气设备应用中，磁性材料常在频率为 $50 \sim 500$ Hz 以及中、高磁场下工作。工作磁感应强度一般达到 $0.2 \sim 1.5$ T，工作磁场接近材料的矫顽力。实践证明，在此情况下剩余损耗甚微，铁芯损耗主要是磁滞损耗与涡流损耗。不考虑剩余损耗，总铁损可用如下经验公式表示：

$$P = P_\mathrm{h} + P_\mathrm{e} = \eta B_\mathrm{m}^{1.6} + \xi B_\mathrm{m}^2 f^2 \qquad (3-69)$$

式中，η 和 ξ 为常数，可用实验方法测定，B_m 为磁感应强度最大振幅。式(3-69)第一项代表每周磁滞损耗，第二项代表涡流损耗，式(3-69)也可写成：

$$P/f = \eta B_\mathrm{m}^{1.6} + \xi B_\mathrm{m}^2 f \qquad (3-70)$$

把 P/f 对 f 作图，可得一直线。直线在纵轴的截距等于式(3-70)第一项，由已知 B_m 可以求出 η。由直线的斜率可以求出 ξ。这是一种损耗分离法。但一般说来这种损耗分离方法仅适用于低频($f < 100$ Hz)或具有低相对磁导率(< 5000)的材料。对于高磁导率材料或在高频时，P/f 关系曲线失去线性。

3. 在低磁场下的损耗

如图 3-52(a)所示。在弱磁感应强度($B < 0.01$ T)、低频交变磁场情况下，列格(Legg)研究了材料的各种磁损耗，得到了一个分析材料磁损耗的半经验公式：

$$\frac{R}{\mu f L} = 2\pi \frac{\tan\delta}{\mu} = aB_\mathrm{m} + ef + c \quad (3-71)$$

式中，$\tan\delta$ 称为损耗角；δ 为 B 和 H 的相位差；R 相应于铁芯损耗的有效电阻；L 为铁芯线圈的自感系数；f 为测量频率；μ 为磁导率。

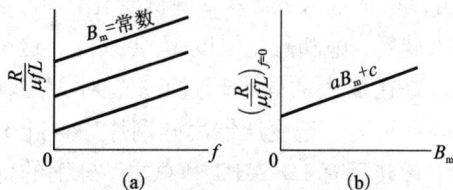

图 3-52 分离三项损耗的约旦法

(a) $B_\mathrm{m} =$ 常数时的损耗曲线；

(b) $\left(\dfrac{R}{\mu f L}\right)_{f=0} = aB_\mathrm{m} + c$ 对 B_m 的直线

式(3-71)右边第一项为反复磁化一周的磁滞损耗，它与磁感应强度的振幅 B_m 成正比；a 为磁滞损耗系数。第二项为反复磁化一周的涡流损耗，它与频率成正比；e 为涡流损耗系数。第三项 c 为剩余损耗，在低频弱磁场下，c 对频率的依赖性不大，几乎为常数。

式(3-71)左边的量可用电桥法测量。测量不同频率 f 和不同磁感应强度 B_m 下的 R 和 L，可得到如图 3-52(a)所示的损耗曲线族。由曲线斜率可得 e 的大小。各条曲线外推到 $f = 0$ 时纵轴上的截距为 $\left(\dfrac{R}{\mu f L}\right)_{f=0} = aB_\mathrm{m} + c$，如图 3-52(b)所示。再由 $(aB_\mathrm{m} + c)$ 对 B_m 直线的斜率和纵截距可得出 a 和 c。这种将损耗系数分离出来的方法称为约旦损耗分离法。

上面介绍了交流磁损耗。下面以硅钢片为例子，说明提高大功率软磁材料性能的具体办法。大功率软磁材料是用在电力设备(如发电机、电动机、变压器等)中的磁性材料。过去用过电工纯铁，现在用得最广的是铁硅合金。因为做成薄片，所以称硅钢片。铁铝合金也逐渐被采用，但是还没有像硅钢片用得那么广。

　　大功率软磁材料是用在大电流上，磁化过程在不可逆阶段，其磁化强度达到饱和磁化强度的70%~80%。因此对大功率软磁材料性能要求是：最大磁导率高，磁损耗低，矫顽力小，饱和磁感应强度高。大功率软磁材料的损耗主要来自涡流损耗和磁滞损耗。为了避免发生涡流，用在电机和变压器中的金属磁性材料都做成薄片，还在薄片表面做上一层绝缘膜，把薄片叠加起来使用。为了降低磁滞损耗，要求矫顽力低，这样磁滞回线包围的面积就很窄，损耗就小了。而且由于矫顽力小，磁化曲线在磁场增大不多时陡然上升，这样磁导率就高了。

　　另外，由于通过磁化过程来传递功率，而且在磁化过程中磁化强度达到饱和磁化强度的70%~80%，因此要有大的磁感应强度，才能功效好。在这一点上铁氧体不如金属。硅钢片和铁的饱和磁感应强度可以高达2 T左右，而铁氧体软磁的B_s最高只有0.4 T左右。所以虽然铁氧体有高的电阻率，不需要做成薄片就可以减低涡流，但是它仍不能取代金属磁性材料在电力设备中的位置。

　　铁和硅钢片相比，虽然有高的饱和磁感应强度，但是它的电阻率低，并且还有磁导率会逐渐减低的问题(称为磁性老化)，所以硅钢片发展替代了铁。铁中加入少量的硅称为铁硅合金，可以增加最大磁导率，降低老化作用，并且增加电阻，降低矫顽力，从而降低磁损耗。但是加入硅后，饱和磁化强度M_s会减低。这是因为硅是非磁性材料，加入后好像把铁的磁性冲淡了。好在加入的硅不超过6%，对M_s影响不大。另外加入硅后材料会变脆，不易形成薄片。因此目前一般变压器用硅钢片中含硅3%~4%，用在需要转动的发电机和电动机上的硅钢片中含硅只有1%~3%。总之，硅钢的优点超过缺点，因此被广泛使用。表3-7表示了铁和硅钢片的磁性能。

表3-7　铁和硅钢片的磁性能

	电阻率/ $(10^3 \ \Omega \cdot cm)$	H_c/(A/m)，B_m/T，B_r/T	最大相对磁导率	
含0.2%杂质的铁	10	80, 2.14, 0.77	5000	在130℃时它的磁导率会逐渐减退，称磁老化
含0.05%杂质的铁	10	4, 2.14, 0.77	200000	价格太高
3%硅钢	47	52, 2.01, 0.77	5800	磁老化降低
立方织构3%硅钢	50	6, 2.01, 1.20	116000	磁老化降低
高斯织构3%硅钢	50	8, 2.01, —	40000	磁老化降低

　　在3.7.2中我们已经推出影响最大磁导率的主要因素有三个参量，即K_1，M_s和λ_s。M_s越高，K_1和λ_s越小，最大磁导率就越高。图3-53表示了K_1随硅成分的变化，如图所示，随硅成分增加，K_1近似线性下降。外推到硅质量分数达到11%左右时，K_1降到零。另外，图3-54表示了λ_s随成分的变化。随硅含量增加，λ_{100}和λ_{111}的绝对值都降低。当硅的质量分

数达到 5% 时，λ_{111} 的绝对值趋于零，当硅的质量分数略超过 6% 时，λ_{100} 的绝对值趋于零。从图 3-53，图 3-54 中 K_1 和 λ_s 随硅成分的变化，可以估计最大磁导率会随硅成分增加而增加，到硅含量到 5% 左右时达最大值。

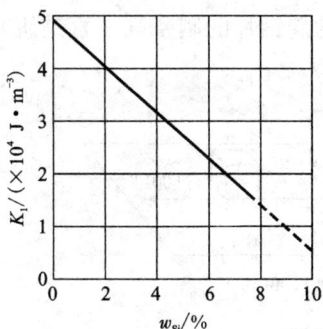

图 3-53　K_1 随硅成分的变化

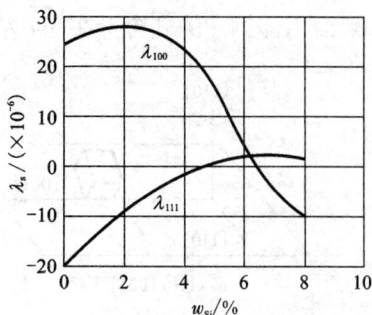

图 3-54　λ 随硅成分的变化

　　在 3.7.3 中我们还推出影响矫顽力的三个主要参量，即 K_1、M_s 和 λ_s。K_1 和 λ_s 越小，矫顽力就越小。根据图 3-53 和图 3-54 可以知道 H_c 将随硅的增加而降低，由于硅含量在 5% 之内，M_s 的降低很少，因此这里不考虑。当 w_{Si} 接近 5% 时，H_c 有趋于零的倾向，如图 3-55。

　　根据上述讨论，可以清楚地知道，加入硅后会降低磁滞损耗。而且，硅钢的电阻比铁大几倍，又可使涡流降低。

　　硅钢是立方晶系的多晶体。它的易磁化轴是三个互相垂直的晶轴 [100]、[010]、[001]。但

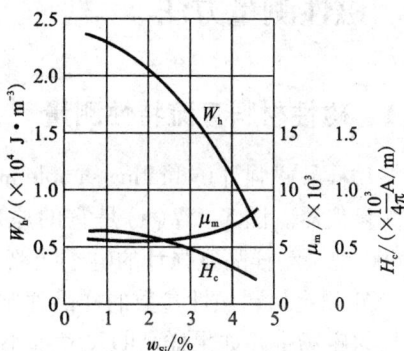

图 3-55　磁滞损耗、矫顽力和磁导率随硅成分的变化

是在多晶体中，晶粒的方向是凌乱的，所以易磁化方向在各方向都有。形成宏观的各向同性。但是如果在制造硅钢片时，采取措施将晶粒排列起来，使它的易磁化方向基本平行于使用时的磁化方向，就在很大程度上增加了有效磁导率。目前已经用在变压器中的取向硅钢片，就是经过热轧、退火、再猛烈冷轧和再结晶、然后退火形成的。此种材料具有这样的结晶织构：晶粒的 [001] 轴都取向同一方向，而 (110) 平面同硅钢片表面平行，如图 3-56(a) 所示，该织构用 (110)[001] 表示，称高斯织构。经过这种处理后其性能提高了很多，如表 3-7 所示。还有一种称为立方织构的硅钢片。在这种硅钢片中，定向的是 [001]，同硅钢片表面平行的是 (100)，如图 3-56(b) 所示，该织构用 (100)[001] 表示。这两种结晶织构的区别如

图 3-56 所示，具有立方织构的硅钢片在它的平面上有两个相互垂直的易磁化方向[001]和[010]。这样材料更有用，例如矩形磁芯时，相互垂直的方向都是易磁化方向。

如图 3-55 所示，和硅含量在 3% 的硅钢相比，硅的含量在 5% ~6% 的硅钢具有更低的磁损耗，更大的磁导率，但是由于硅的含量在 5% ~6% 的硅钢更脆，更不易制成薄片状，所以目前一般商用硅钢片的硅含量在 3% 左右。而 6% 左右的硅钢片的制备则一直是研究热点。

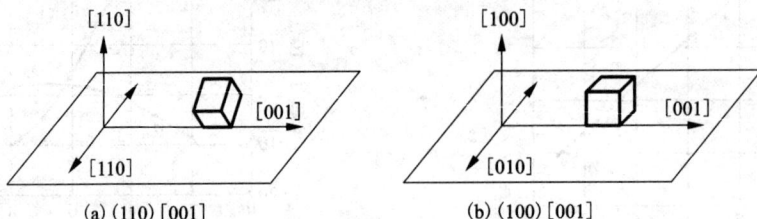

(a) (110)[001] (b) (100)[001]

图 3-56 硅钢片的两种结晶织构

(a)(110)[001]高斯织构；(b)立方织构(100)[001]

3.8 磁性测量方法

3.8.1 磁性材料直流特性测量

振动样品磁强计(vibrating sample magnetometer，简称 VSM)是灵敏度高、应用最广的一种磁性测量仪器。图 3-57(a)是它的原理图，它是采用比较法来进行测量。图 3-57(b)是 LDJ9600 型振动样品磁强计的电子线路方框图。

VSM 测定材料磁性参数的样品通常为球形[见图 3-57(a)]，设其磁性为各向同性，且置于均匀磁场中。如果样品的尺寸远小于样品到检测线圈的距离，则样品小球可近似于一个磁矩为 m 的磁偶极子，其磁矩在数值上等于球体中心的总磁矩，而样品被磁化产生的磁场，等效于磁偶极子平行于磁场方向时所产生的磁场。

如图 3-57(a)所示，当样品球沿检测线圈方向作小幅振动时，则在线圈中感应的电动势正比于在 x 方向的磁通量变化

$$e_s = -N\left(\frac{\mathrm{d}\phi_s}{\mathrm{d}x}\right)_{x_0}\frac{\mathrm{d}x}{\mathrm{d}t} \tag{3-72}$$

式中，N 为检测线圈匝数。样品在 x 方向以角频率 ω、振幅 δ 振动，其运动方程为

$$x = x_0 + \delta\sin\omega t \tag{3-73}$$

设样品球心的平衡位置为坐标原点，则线圈中的感生电动势为

$$e_s = G\omega\delta V_s M_s\cos\omega t \tag{3-74}$$

式中，G 为常数，由式(3-75)决定

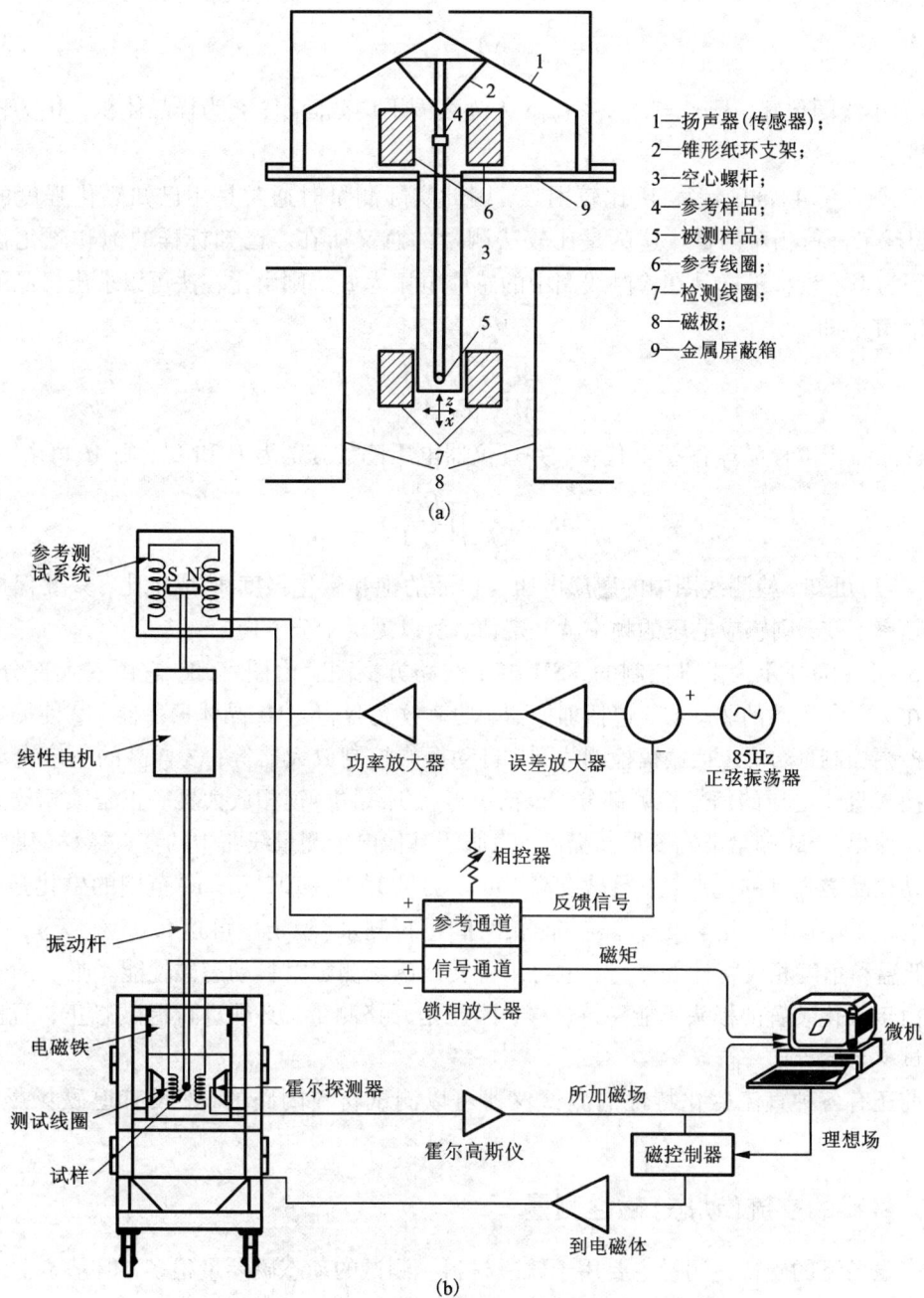

1—扬声器(传感器)；
2—锥形纸环支架；
3—空心螺杆；
4—参考样品；
5—被测样品；
6—参考线圈；
7—检测线圈；
8—磁极；
9—金属屏蔽箱

图 3 – 57　振动样品磁强计(VSM)

(a)原理图；(b)LDJ9600 微型机控制线路方框图

$$G = \frac{3}{4\pi}\mu_0 NA \frac{z_0(r^2 - 5x_0^2)}{r^2} \qquad (3-75)$$

式中，r 为小线圈位置，且 $r^2 = x_0^2 + y_0^2 + z_0^2$；$A$ 为线圈平均截面积；V_s 为样品体积；M_s 为样品的磁化强度。

由于式（3-74）准确计算 M_s 比较困难，因此实际测量时通常是用已知磁化强度的准样品，如镍球来进行相对测量。这就是比较法测量的意义所在。已知标样的饱和磁化强度为 M_c，体积为 V_c，设准样品在检测线圈中的感应电压为 E_c，则由比较法可以求出样品的饱和磁化强度 M_s，即

$$\frac{M_s}{M_c} = \frac{E_s}{E_c} \cdot \frac{V_c}{V_s} \qquad (3-76)$$

如果把样品体积以样品球直径 D 代替，并且仪器电压读数分别为 E_s' 和 E_c'，则 M_s 可求

$$M_s = \left(\frac{E_s'}{E_c'}\right)\left[\frac{D_c^3}{D_s^3}\right]M_c \qquad (3-77)$$

由式（3-77）可知，检测线圈中的感应电压与样品的饱和磁化强度 M_s 成正比，只要保持振动幅度和频率不变，则感应电压的频率就是定值，所以测量十分方便。

图 3-57(b)所示为微机控制的 VSM 电子线路方框图。由图可知，它由三大部分组成：①试样在 x 方向振动的驱动源，包括加振器、功率放大器、85 Hz 晶体振荡器；②使振幅保持恒定的振幅控制部分，包括振幅检测线圈、自动振幅控制放大器等；③样品的感应电动势检测和变换成直流电压的信号检测部分，包括信号检测线圈、锁相放大器。正是锁相放大技术的发展才使得 VSM 测量准确度得以提高，克服了其他电子测量线路中的零点漂移问题。

振动样品磁强计的优点是：灵敏度高，可以测量 $10^{-5} \sim 10^{-7}$（emu）范围的磁化强度，因此可以测量微小试样；几乎没有漂移，能长时间进行测量（稳定度可达 0.05%/天）；可以进行高、低温和角度相关特性的测量，也可用于交变磁场测定材料动态磁性能。唯一的缺点是测量时由于磁化装置的极头不能夹持试样，因此是开路测量，必须进行退磁修正，而且不能用于测试材料的导磁率。

目前还有各种直流磁化特性的测试仪器可以测试材料闭路的（即没有退磁场影响）磁性能。

3.8.2 材料的交流（动态）磁性测量

交变磁场下的磁特性测量主要用于软磁材料。测试的动态磁参量很多，但基本上为与动态磁滞回线相关的磁参量，以及与实际使用状态有关的磁动态参量，如二次谐波量、记忆磁芯参量等。本节主要介绍软磁材料交流磁特性测量。动态磁性测量应注意测试条件，包括波形条件、样品尺寸和状态（先要退磁，使样品磁中性化）、测量顺序及样品升温问题等。

1. 伏安法

这是最简单方便的测试交流磁化曲线方法。图 3 − 58 所示是其测试原理图。使用的仪表是图中的安培计 A 和伏特计 V。N_1 为测量线圈匝数，E_A 为交流电源，幅值可调。设磁化线圈 N_1 中的电流有效值在安培计显示为 I，那么，在电源为正弦波的条件下，样品中的峰值磁场强度 H_m 计算为：

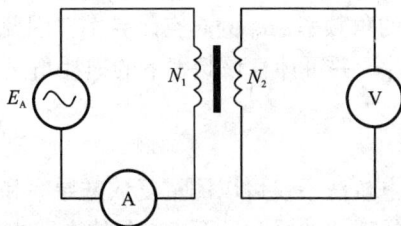

图 3 − 58　伏安法测交流磁化曲线原理图

$$H_m = \frac{N_1 I \sqrt{2}}{l_s} \qquad (3-78)$$

式中，l_s 为样品的平均磁路长。当样品中有一交变磁通时，在测量线圈 N_2 中将产生感应电动势，用并联整流式电压表(称为磁通伏特表)可测得平均电动势 $\overline{E}$，其值 $\overline{E}$ 可表示为

$$\overline{E} = 4 N_2 A_S f B_m \qquad (3-79)$$

式中，f 为磁化电流的频率；A_S 为样品的有效截面积。

由式(3 − 78)和式(3 − 79)可求出不同磁化电流下，相应的峰值磁场强度 H_m 和峰值磁感应强度 B_m，从而可绘出样品的交流磁化曲线 $B_m \sim H_m$。此法的缺点是误差较大，可达 10% ~ 15%，不能测量交流磁损耗。

2. 电桥法

交流电桥法是测量软磁材料复数磁导率的有效方法。图 3 − 59 为交流四臂测磁电桥原理图。

它一般由三部分组成：电源、指零仪和桥体。图 3 − 59 中 Z_x 为被测磁芯线圈的等效阻抗，Z_2 和 Z_4 为标准量具(标准电阻、电容、电感等)构成的固定臂阻抗，Z_3 为可调的标准电容和电阻等的组合阻抗。电桥平衡时，即指零仪 D 两端处于相同电位时，则有

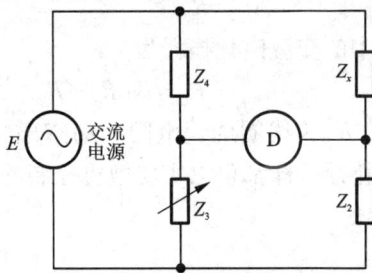

图 3 − 59　交流四臂测磁电桥原理图

$$Z_x = \frac{Z_2 Z_4}{Z_3} \qquad (3-80)$$

未知阻抗 Z_x 可得。用于测量复磁导率的交流电桥，都是把磁芯线圈等效为电感 L_x 和电阻 R_x 串联的阻抗形式，并且与复磁导率 μ' 和 μ'' 的关系是：

$$L_x = \frac{n^2 S}{\pi d} \mu' \mu_0 \qquad (3-81)$$

$$R_x = \omega \frac{n^2 S}{\pi d} \mu'' \mu_0 + R_{x0} \qquad (3-82)$$

式中，n 为线圈匝数；S 为样品横截面积；$\bar{d}$ 为样品平均直径；R_{x0} 为绕组导线的铜电阻；ω 为电源的角频率；μ_0 为真空磁导率。因此，只要用交流电桥测出 L_x 和 R_x 就可以得到样品复数磁导率，并可计算该频率下的损耗角正切：

$$\tan\varphi = \frac{\mu''}{\mu'} = \frac{R_x - R_{x0}}{\omega L_x} \qquad (3-83)$$

电桥法不仅可以测量复数磁导率和损耗，而且还可以测量样品在各种频率和不同磁通密度下的磁化曲线，只不过在具体电路上增加了其他仪表。

图 3-60 为麦克斯韦-维恩电桥原理图，是一种相对桥臂为异性阻抗的交流电桥。其中 D 为交流指零仪。如果试样的线圈被等效为 L_x 和 R_x 的串联电路，其品质因数为 Q_x，则电桥平衡条件为

$$R_x = \frac{R_2 R_4}{R_N} \qquad (3-84)$$

$$L_x = R_2 R_4 C_N \qquad (3-85)$$

$$Q_x = \omega R_N C_N \qquad (3-86)$$

由电压表 V 测得电源对角线的电压有效值为 U，则流经线圈的电流有效值为

$$I = \frac{U}{\sqrt{\left(\dfrac{R_2 R_4}{R_N} + R^2\right)^2 + (\omega C_N R_2 R_4)^2}} \qquad (3-87)$$

试样中的交流磁化损耗为

$$P_c = I^2 (R_x - R_{x0}) \qquad (3-88)$$

式中，R_{x0} 为线圈的铜电阻。动态磁特性的测量如同静态磁特性一样都可以实现微机控制的自动测量，这里不再赘述。

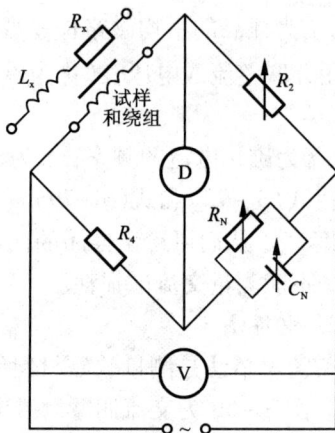

图 3-60　麦克斯韦电桥原理图

3.9　磁电阻效应

磁电阻效应定义为材料的电阻随外加磁场的变化而改变。按磁电阻效应的机理和大小，一般可以分为：正常磁电阻（ordinary MR，简称 OMR）效应，各向异性磁电阻（anisotropic MR，简称 AMR）效应和巨磁电阻（giant magnetoresistance，简称 GMR）效应。

正常磁电阻效应存在于所有金属中，来源于传导电子受到磁场的洛伦兹力作用作回旋运动，从而使其有效的平均自由程减小所致。正常磁电阻效应可以用 OMR = $[\rho(H) - \rho(0)]/\rho(0) = \Delta\rho/\rho(0)$ 来计算。OMR 大于零，并且很小，例如在磁场为 10 Oe 时，Cu 的正常磁电阻效应 OMR 只有 $4 \times 10^{-8}\%$。

各向异性磁电阻效应(AMR 效应)是指在铁磁性的过渡族金属、合金中,外加磁场方向平行于电流方向时的电阻率 $\rho_{/\!/}$ 和外加磁场方向垂直电流方向时的电阻率 $\rho_{\perp}$ 不同。各向异性磁电阻效应的大小通常用 $AMR = \Delta\rho/\rho_{av} = (\rho_{/\!/} - \rho_{\perp})/\rho_{av}$ 来表示,其中 $\rho_{av} = (\rho_{/\!/} + \rho_{\perp})/3$。Ni－Fe 坡莫合金的 AMR 效应要大于纯 Ni 或 Fe,在室温下 Ni－Fe 坡莫合金的 AMR 值大约为 2.5% 。由于最大的 AMR 值是在磁化到饱和状态下得到的,所以还定义了单位磁场所引起的电阻率的变化作为器件的灵敏度指标。Fe－Ni 坡莫合金薄膜的灵敏度是 0.25% 。各向异性磁电阻效应虽然比较小,但作为平面内磁记录(如硬盘等)的读出磁头已经得到了应用。今天它仍在读出磁头和各类传感器中起着重要的作用。各向异性磁电阻效应来源于传导电子在铁磁性过渡族金属中受到的各向异性散射。在过渡族铁磁性金属、合金中,对导电起主要作用的是 4s 电子。这些 4s 电子与 3d 电子产生相互作用,被 3d 电子散射后,再回到 4s 状态。这种 s→d→s 的跃迁,受到自旋－轨道相互作用的影响,使得散射的跃迁概率为各向异性。其结果是电流方向和外加磁场方向的相对方向不同,电阻率不同。

在各向异性磁电阻效应广泛开发应用的 20 世纪 80 年代后期,由于摆脱了以往制备高质量纳米尺度薄膜的限制,1988 年,法国巴黎大学阿尔伯特·费尔特(Albert Fert)和德国尤利希研究中心的彼得·格伦博格(Peter Grünberg)等制备了只有几个纳米厚的 Fe 和 Cr 相互叠加的人工纳米结构磁性多层膜,发现这些薄膜中的磁电阻效应 $\Delta\rho/\rho$ 的数值可以达到百分之几十甚至百分之百,比各向异性磁电阻大一个数量级,因此又称为巨磁电阻(giant magneto-resistance effect,简称 GMR)效应。后来,在以 Fe,Co,Ni 以及它们的合金为成分的铁磁性层和 Cr,Ru,

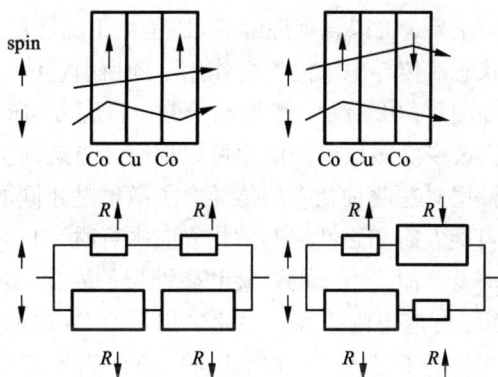

图 3－61　不同自旋的导带电子在磁性多层膜中受到的散射和对应的电阻

(a)相邻磁性层的磁矩反平行排列;

(b)相邻磁性层的磁矩平行排列

Cu,Ag 等非磁性层组成的人工纳米结构磁性多层膜中也发现了这种巨磁阻效应。人工纳米结构磁性多层膜的每层厚度都仅有几个纳米。巨磁阻效应与各向异性磁电阻效应的不同之处在于,它与测定电流与磁化方向之间的相对方向没有关系,是各向同性的。图 3－61 是出现巨磁阻效应的 Co/Cu/Co 人工纳米结构磁性多层膜的结构示意图,图中磁性层 Co 和非磁性层 Cu 相互叠加,每层厚度为数纳米,即在厚度方向排列有 10 个原子层左右的多层平面。退磁能趋于最小决定了在 Co 磁性层内的磁矩排列方向平行于层平面。设第 1 和第 2 磁性层 Co 的磁化强度分别为 M_{L1},M_{L2},这两层磁性层被数纳米厚的非磁性层 Cu 相互隔开,并通过非磁性层发生层间交换耦合,体系能量最小决定层间磁矩排列的相对方向。如果磁性层的厚度一定，则两磁性层相对的磁矩排列方向随着非磁性层厚度的变化，或者是强磁性的平行耦合，或者是反铁磁性的反平行耦合。图 3 – 62 表示了 Co/Cu/Co 人工纳米结构磁性多层膜中随 Cu 层厚度 t 变化时磁性层的耦合变化和 GMR 效应。从图 3 – 62 可知，当两层磁性层的磁矩排列方向相互平行时，即使外加磁场，磁耦合也基本上不发生变化，$\Delta\rho/\rho$ 非常小。而当两层的磁矩排列方向反平行排列时，如果外加一个磁场，可以使得层间反平行排列的磁矩变成平行排列时，如图 3 – 62 所示，$\Delta\rho/\rho$ 为最大，出现 GMR。另外随着非磁性层的厚度增加，磁性层之间的层间耦合

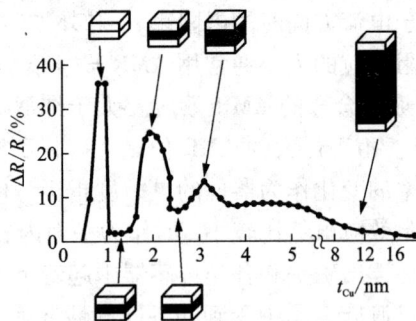

图 3 – 62　Co/Cu 多层膜中 Cu 的
厚度 t_{Cu} 变化时的 $\Delta R/R$ 值

状态出现铁磁、反铁磁耦合振荡；非磁性层的厚度增加到一定值时，$\Delta\rho/\rho$ 开始降低。根据上述实验结果，可以直观理解 GMR 是由于磁性层之间的磁矩排列方向相对平行或者反平行的耦合状态对传导电子的散射作用不同所引起的。

如图 3 – 61 所示，传导电子分为自旋方向向下和向上的电子，电子受到散射后其自旋方向不会改变。多层膜的电阻可以理解为自旋向上和向下传导电子的电阻并联之和。多层膜中非磁性层对这两种状态的传导电子散射是相同的，而磁性层对它们的散射却完全不同。当电子的自旋方向和磁性层的磁化方向平行时，电子受到的散射作用小，其平均自由程长，相应电阻率低。而当电子的自旋和磁性层的磁化方向反平行时，电子受到的散射作用大，平均自由程短，相应电阻率高。因此当相邻的 Co 层磁矩方向反平行排列时，在一个铁磁层受到散射较弱的电子进入另一铁磁层后，必然遭受较强的散射，故从整体上来说，所有电子都遭受较强的散射。但是，如果在外加磁场作用下相邻磁性层的磁化强度趋于相互平行，自旋方向与此平行的电子在所有铁磁层中均受到较弱的散射，因此电阻率降低。

根据 GMR 的来源可知，能够产生巨磁电阻效应的必要条件为：多层膜的磁化状态能够在外加磁场作用下从层间反平行排列变为平行排列；不同自旋状态的导带电子受到磁性层的散射差别要很大，以使得自旋向上的电子的平均自由程 $\lambda\uparrow$ 和自旋向下的电子的平均自由程 $\lambda\downarrow$ 差别很大。已测出钴金属的 $\lambda\uparrow = 5.5$ nm，$\lambda\downarrow = 0.6$ nm，Fe – Ni 坡莫合金中的 $\lambda\uparrow = 4.6$ nm，$\lambda\downarrow = 0.6$ nm。在有些多层膜中自旋向上和向下的电子在磁性层受到的散射几乎完全一样，这样就没有 GMR 发生；多层膜的厚度应该在纳米尺度，使得传导电子的自旋方向不会因为在磁性层中遭到碰撞而不断改变其方向。

GMR 可以用作硬磁盘读出磁头、随机存储器、位移传感器和非接触开关等。巨磁阻磁头 GMR 磁头与 MR 磁头一样，是利用磁性材料的电阻值随磁场变化的原理来读取盘片上的数据，但是 GMR 磁头使用了磁阻效应更好的材料和多层薄膜结构，比 MR 磁头更为敏感，相同的磁场

变化能引起更大的电阻值变化，从而可以实现更高的存储密度，现有的 MR 磁头能够达到的盘片密度为 3～5 $Gbit/in^2$（千兆位每平方英寸），而 GMR 磁头可以达到 10～40 $Gbit/in^2$ 以上。巨磁阻效应的发现解决了制造大容量小硬盘最棘手的问题：当硬盘体积不断变小，容量却不断变大时，势必要求磁盘上每一个被划分出来的独立区域越来越小，这些区域所记录的磁信号也就越来越弱。借助"巨磁电阻"效应，人们才得以制造出更加灵敏的数据读出头，使越来越弱的磁信号依然能够被清晰读出，并且转换成清晰的电流变化。而阿尔伯特·费尔特（Albert Fert）和彼得·格伦博格（Peter Grünberg）由于几乎同时独立发现了巨磁电阻效应，共同分享了2007 年诺贝尔奖物理学奖。诺贝尔奖评审委员会在宣布物理奖归属时说，这是一次"好奇心导致的发现"。但其随后的应用却不啻为革命性的，因为它使得计算机硬盘的容量从几十兆、几百兆，一跃而提高了几百倍，达到几十吉乃至上百吉（1 吉等于 1024 兆）。一度被光盘所超越的硬盘储存技术，又重新夺回了自己的领先位置。在每一台笔记本电脑中，都流动着这个物理效应的"幽灵"。

近年还在铁磁性的金属氧化物中发现了特大磁电阻效应。例如 $La_{1-x}Ca_xMnO_3$ 薄膜在 77 K 时外加 60 Koe 的磁场，磁电阻变化达 10^5%，被称之超巨磁电阻（colossal MR，简称 CMR）效应。这些金属氧化物的超巨磁电阻效应的特点是：在一定的温度范围内，磁场使金属氧化物从顺磁性或者反铁磁性转变为铁磁性，在磁结构发生转变的同时金属氧化物从半导体的导电特性变成了金属的导电特性，从而使得电阻产生了巨大变化，有时高达数个数量级。超巨磁电阻效应不但发生在铁磁性的金属氧化物薄膜中，也可以发生在铁磁性的金属氧化物的大块材料之中。CMR 的机理和 GMR 的机理又不相同，它和铁磁性金属氧化物中的电子经过氧离子在相邻的磁性离子之间转移相关。但现在超巨磁阻特性一般只存于室温以下和很高的磁场（>2 T）下，所以应用方面仍不及目前正积极应用的巨磁阻材料，提高超巨磁阻材料的磁结构转变温度及磁场灵敏度，是现在研究的重点。

思考练习题

1. 查阅书籍，画出抗磁性，顺磁性，铁磁性，亚铁磁性材料的磁化曲线（$M-H$），指出它们的不同之处。

2. 宏观顺磁性材料中是否存在抗磁性？宏观抗磁性材料中是否存在顺磁性？

3. 材料中稀土原子/离子的磁矩与其孤立原子磁矩的关系如何？3d 过渡族金属材料中原子的磁矩与其孤立原子磁矩的关系如何？

4. 什么是磁致伸缩？在磁致伸缩各向同性的材料中若测得饱和磁致伸缩系数是负的或者是正的，分别说明材料的长度变化是什么？

5. 起始磁导率受哪些因素影响？

6. 给出剩余磁化强度和剩余磁感应强度的定义，并指出它们间的关系和其极限值。提高材料的剩磁的途径是什么？

7. 矫顽力的形核理论, 应力理论和单畴理论一般适用于哪些材料?

8. 分别给出磁滞损耗, 涡流损耗和剩余损耗的定义。降低这些损耗的途径是什么?

9. 磁电阻中 OMR, AMR, GMR 发生机理有何不同?

10. 金属铝, 金属铜和金属铁的磁导率分别为 $\mu_{Al} = 1.00023$, $\mu_{Cu} = 0.9999912$, $\mu_{Fe} = 62000$。试写出它们的磁化率并指明它们属于哪一类磁性材料。

11. 计算以下材料的磁矩。

(1)稀土 Nd(钕)金属的原子磁矩;

(2)金属 Co 的原子磁矩;

(3)$CoFe_2O_4$ 铁氧体的分子磁矩, 其结构式为: $(Fe^{3+})[Co^{2+}Fe^{3+}]O_4$。

12. 根据图 3-45, 磁感应强度 B 和磁化强度 M 之间的关系式: $B = \mu_0(H + M)$; 请推出 $\mu_0 BH_c = \mu_0 M_a < \mu_0 M_r = B_r$, 说明该不等式的物理意义。

第4章 材料的介电性能

电介质的分布范围极为广泛，有气态的、液态的和固态的。介电固体又称为固态电介质。电介质的特征是：它们以感应而并非以传导的方式传递电的作用和影响。按这个意义来说，不能简单地认为电介质就是绝缘体。实际上许多半导体，例如高纯的锗、硅就是良好的电介质；掺杂的锗、硅是具有耗损的电介质。但是绝缘体都是典型的电介质。在电介质中起主要作用的是束缚着的电荷，在电的作用下，它们以正、负电荷重心不重合的电极化方式传递和记录电的影响。具有介电性能（dielectrical property）的电介质是电子和电气工程中不可缺少的功能材料。

本章主要介绍在恒定电场作用下电介质的极化现象，并以克劳休斯－莫索蒂方程建立起介电常数与电子极化、离子极化和偶极子转向极化的分子极化率之间的关系。然后，在这一基础上讨论交变电场作用下的电介质极化和损耗形成机理，得出了极化和损耗表达式。最后介绍了铁电体的铁电、压电性质。

4.1 介质的极化

4.1.1 极化现象和相关物理量

极化实验现象：将平行板电容器两极接到静电计上端和地线之间，然后充电。可以看到静电计指针有一定偏角，反映了电容器两极板间电位差的大小。撤掉充电电源，把一块电介质插入电容器的两极板之间。这时我们会发现静电计指针的偏角减少，表明电容器极板间的电位差减小了。由于电源已经撤掉，电容器极板是绝缘的，极板上电荷数量 Q 不变，故电位差 U 的减小意味着电容 $C = Q/U$ 增大，即插入电介质板可起到增大电容的作用。详细计算表明：

$$C_\varepsilon = \varepsilon_r C_0 \tag{4-1}$$

这里 $\varepsilon_r = \varepsilon/\varepsilon_0$ 是电介质的相对介电常数（relative dielectric constant），ε 是介质的静态介电常数（dielectric constant），而 ε_0 表示自由空间的介电系数。$\varepsilon_0 = 8.85 \times 10^{-12}$ F/m。

使电容增大的原因如图 4-1 所示。可以设想，把电介质插入外电场 E_{ex} 中后，由于同号相斥，异号相吸，介质表面上也会出现如图 4-1(a) 所示的正负电荷。我们把这种现象叫做电介质的极化。它表面上出现的这种电荷叫极化电荷。极化电荷减弱了电场，增大了电容。

电介质上的极化电荷与导体上的感应电荷不同的是,它是束缚电荷的微小移动造成的。它的活动不能超过原子的范围,因此也称为束缚电荷(bound charge)。

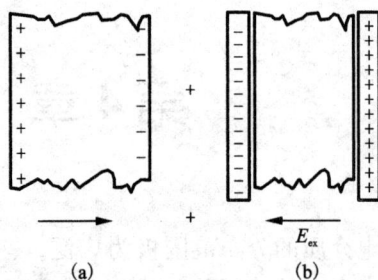

在电介质中起主要作用的是束缚电荷,束缚电荷不形成漏电电流,在电的作用下,它们以正、负电荷重心不重合的电极化方式传递和记录电的影响。而 ε_r 反映了电介质极化的能力。

图 4 - 1 电介质在外电场中
(a)介质表面的极化电荷;(b)外加电场

描述介质的极化还可以用电介质的极化强度 P。单位体积中电偶极矩的矢量和称为电极化强度 P(定义下面详细介绍)。由静电学可知,固体中的电位移矢量 D 可以由外电场 E 和极化强度 P 表示为:

$$D = \varepsilon_0 E + P \tag{4-2}$$

式中,E 的单位是 V/m;D 及 P 的单位是 C/m²。如果外加电场不是很强,可以认为极化强度 P 和外电场有线性关系(E 较强时,将出现非线性极化,参见 5.6.4):

$$P = \varepsilon_0 \chi_e E = \varepsilon_0 (\varepsilon_r - 1) E \tag{4-3}$$

式中,χ_e 为电介质的相对电极化率,$\varepsilon_r = 1 + \chi_e$。$\chi_e$ 表示固体介电性质的一个基本参量。χ_e 越大,则固体介质越容易极化。将式(4-3)代入式(4-2)中,可以得到:

$$D = \varepsilon_0 (1 + \chi_e) E = \varepsilon_0 \varepsilon_r E \tag{4-4}$$

对于均匀电介质,电介质的介电常数 ε 为常数,而且恒大于真空介电常数 ε_0,因此,电介质的相对介电常数 $\varepsilon_r = \varepsilon / \varepsilon_0$ 也恒大于 1。一些常用材料的相对介电常数 ε_r 如表 4 - 1 所示。

对于电性能各向异性的固体,极化强度 P 的方向不一定与外加电场 E 一致,例如水晶,它的极化规律虽然是线性的,但是和方向有关,这时相对电极化率要用九个分量来描述,极化率是张量:

$$P_x = \varepsilon_0 (\chi)_x E_x + \varepsilon_0 (\chi)_{xy} E_y + \varepsilon_0 (\chi)_{xz} E_z$$
$$P_y = \varepsilon_0 (\chi)_{yx} E_x + \varepsilon_0 (\chi)_{yy} E_y + \varepsilon_0 (\chi)_{yz} E_z \tag{4-5}$$
$$P_z = \varepsilon_0 (\chi)_{zx} E_x + \varepsilon_0 (\chi)_{zy} E_y + \varepsilon_0 (\chi)_{zz} E_z$$

还有一类特殊的电介质,例如酒石酸钾钠($NaKC_4H_4O_6 \cdot 4H_2O$),钛酸钡($BaTiO_3$)等,P 和 E 的关系是非线性的,并且和铁磁体的磁滞效应类似有电滞效应,称它们为铁电体。它们一般有很强的极化和压电效应,将在本章的最后介绍。

电介质的极化从微观角度来看是电介质中的粒子(原子、分子或离子)极化引起的。组成电介质的分子可分为极性和非极性两类。电介质的分子均由原子或离子组成。它们带有等量的正电荷和负电荷。当电介质体积足够大又无外电场作用时,电介质呈中性。因此任何电介质的分子的电荷代数和等于零。但是,不同电介质分子电荷在空间的分布是不同的,当无外电场作用时,分子的正电荷重心和负电荷重心重合,该分子称非极性分子,由非极性分子组成的电介质称为非极性电介质。反之,当无外电场作用,分子的正负电荷重心不相重合,即分子具有偶极矩,这种分子称为极性分子,由极性分子组成的电介质称为极性电介质。

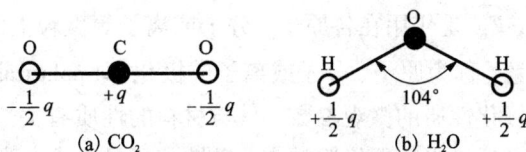

图 4-2 CO_2 和 H_2O 分子空间结构

介质。例如图 4-2 为 CO_2 和水的分子空间结构。CO_2 具有对称的分子结构,偶极矩等于零,为非极性分子。H_2O 具有等腰三角形结构,两个 H—O—H 键之间的夹角为 104°,偶极矩等于 6.1×10^{-30} C·m(库·米),为强极性分子。

当外电场作用时,非极性电介质的正、负电荷中心将发生移动,这种电荷中心分离的现象称极化。它形成如图 4-3 所示的电偶极子,由此产生束缚电荷。设正、负电荷中心的相对位移矢量为 u,则这个电偶极子的电偶极矩 μ 可表示为

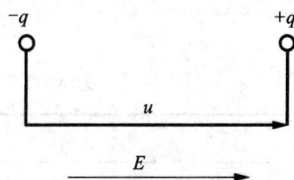

图 4-3 电偶极子

$$\mu = qu \qquad (4-6)$$

电偶极矩的单位为 C·m(库仑·米),方向从负电荷指向正电荷,即电偶极矩的方向与外电场的方向一致。外电场越强,电偶极子的正、负电荷中心的距离越大,电偶极矩也越大。在外电场 E 的作用下一个电偶极子 μ 的位能为

$$U = -\mu \cdot E \qquad (4-7)$$

式(4-7)表明当电偶极矩的取向与外电场同向时,能量为最低,而反向时能量为最高。

由极性分子组成的电介质,在没有外电场时,每个分子都有一定的电偶极矩,但是由于分子热运动,电偶极矩的排列一般是紊乱的,整个电介质呈电中性,对外不显示出极性。当对这种电介质施加外电场时,每个分子受到电力矩的作用,使各分子电偶极矩有转向外电场方向的趋势。转向后每个偶极子的电偶极矩 u 应看做原极性分子偶极矩在电场方向的投影。因此,外电场越强,偶极子的排列越整齐,电介质表面出现的束缚电荷也就越多,电极化的程度也就越高。当外电场去除后,电偶极矩的排列又处于混乱状态,介质表面的束缚电荷也随之消失。

电介质的极化强度 P 可以定义为电介质单位体积内的电偶极矩总和:

$$P = \sum \mu / V \qquad (4-8)$$

极化强度 P 是一个具有平均意义的宏观物理量,其单位为 C·m^{-2}(库·米$^{-2}$)。当电介质中各处的电极化强度的大小和方向均相同时,则称为均匀极化。

对于电偶极矩 μ 与电场强度成正比的线性极化,有

$$\mu = \alpha E_{Loc} \tag{4-9}$$

式中，E_{Loc}是作用在各原子、分子或离子等微粒上的局部电场，以区别于外加电场 E_0，α 为比例系数，称为原子、分子或离子的极化率（polarizability），单位为 $F \cdot cm^2$，是表征电介质各种微粒极化性质的微观参数，只与材料的性质有关。对于非极性分子，若极化率 α 越大，则在外电场诱导出的偶极矩越大；极性分子具有永久偶极矩，其极化率是原子极化、电子极化与定向极化的总和。

若单位体积中有 n_0 个极化粒子（原子、分子或离子等），各个极化粒子偶极矩的平均值为 μ，则有

$$P = n_0 \mu \tag{4-10}$$

综合式(4-9)和式(4-10)，可得

$$P = n_0 \alpha E_{Loc} \tag{4-11}$$

表 4-1　一些典型和常用材料的相对介电常数 ε_r（室温）

材料	化学组成	状态	ε_r
真空			1.00000
空气		气态	1.00059
氯化氢	HCl	气态	1.0043
乙烷	C_6H_{14}	液态	1.890
苯	C_6H_6	液态	2.284
氯苯	C_6H_5Cl	液态	5.708
变压器油		液态	2.1~2.3★
乙醇	C_2H_5OH	液态	26.4
水	H_2O	液态	80.1
石蜡		固态	2.0~2.5★
聚乙烯	$\dashv CH_2-CH_2\dashv_n$	固态	2.26
聚四氟乙烯	$\dashv CF_2-CF_2\dashv_n$	固态	2.11
聚苯乙烯	$\dashv CH_2-CH\ C_6H_5\dashv_n$	固态	2.54
聚氯乙烯	$\dashv CH_2-CHCl\dashv_n$	固态	4.55
天然橡胶		固态	2.6~2.9★
聚酯		固态	3.6~4.3★
环氧树脂		固态	3.6~4.1★
酚醛树脂		固态	5.1~8.6★
石英	SiO_2	晶体	4.27~4.34☆
		玻璃	3.80

材料	化学组成	状态	ε_r
氧化铝	Al_2O_3	晶体 陶瓷	11.28 ~ 13.37 ☆ 9.5 ~ 11.2 ★
岩盐	NaCl	晶体	6.12
氟化锂	LiF	晶体	9.27
云母		晶体	5.4 ~ 6.2 ★
钛酸钙	$CaTiO_3$	陶瓷	130 ~ 150 ★
金红石	TiO_2	晶体 陶瓷	86 ~ 170 ☆ 80 ~ 110 ★
钛酸钡	$BaTiO_3$	晶体 陶瓷	160 ~ 4500 ☆ 1700

注：★与具体化学组成有关；☆则表示沿不同晶轴方向。

4.1.2　介质的极化类型

从上一节已知，电介质的极化能力可以用相对介电常数 ε_r 和相对电极化率 χ 来评价。相对介电常数 ε_r 和相对电极化率 χ 是电介质材料的重要参数。它们不仅和材料的结构有关，还依赖于外加电场的频率 ω 和温度。为了进一步了解这些参数，这里首先介绍电介质极化机制。

电介质分子参加极化运动的粒子有电子、原子（离子）、极性分子，这些粒子以如下多种形式参加极化过程。

1. 位移式极化

它包括电子位移极化和离子位移极化。

1）电子位移极化（electronic shift polarization）

组成电介质的离子（或原子）是由原子核和电子组成。在没有外界电场作用时，离子（或原子）的正负电荷中心是重合的。在电场作用下，如图 4-4 所示，离子（或原子）中的电子向反电场方向移动一个小距离，带正电的原子核将沿电场方向移动一个更小的距离，造成正负电荷中心分离，形成电偶极子，产生电子位移极化。当外加电场取消后又恢复原状。这种极化是离子（或原子）内部发生的可逆变化，不以热的形式损耗能量，所以不导致介质损耗。它的主要贡献是引起电介质的介电常数增加。电子极化的形成过程所需的时间很短，在 $10^{-16} \sim 10^{-14}$ s 范围内。这表明，如果所加电场为交变电场，其频率即使高达光频，电子位移极化也来得及响应。所以电子极化又称光频极化。电子位移极化在所有电介质中都存在。

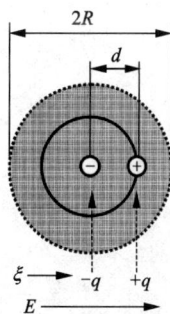

图 4-4　电子极化

用玻耳原子模型简单地处理原子，一个点电荷 $-e$ 环绕以电荷 $+q$ 为圆心的圆周轨道运行，受到外电场后的感生偶极子产生的电子位移极化率为：

$$\alpha_e = 4\pi\varepsilon_0 R^3 \qquad\qquad (4-12)$$

即电子位移极化率与原子（离子）半径的立方成正比。一般原子的 R 为 10^{-10} m 数量级，因此 α_e 约为 10^{-40} F·m² 数量级。电子极化率和电子在原子或（离子）中的分布有关。

2）离子位移极化（ion shift polarization）

在电场作用下，离子晶体中的正、负离子在其平衡位置附近发生可逆性相对位移（也称弹性位移），形成离子位移极化。这种可逆性离子位移极化不损耗能量。离子位移极化与离子半径、晶体结构有关。有一些特殊的晶体结构，例如四方晶系的某些结构（金红石型，钙钛矿型等），可以在仅有电子位移和离子位移极化的情况下提供较大的介电常数，如几十到几百。离子极化建立的时间与离子晶体振动周期的数量级相同，为 $10^{-13} \sim 10^{-12}$ s。因此当外加电场的频率低于 10^{13} Hz（相当于红外线频率）时，离子位移极化就存在。

以如图 4-5 所示的 NaCl 晶体为例，没有外加电场时，由于正负离子空间排列的对称性，晶胞整体的固有电偶极矩等于零。外加电场后，所有正离子受电场作用沿 E 方向作同向位移，而负离子则反方向位移，晶格发生畸变，具体计算得出：

$$\alpha_i = \frac{12\pi\varepsilon_0 a^3}{A(n-1)} \qquad\qquad (4-13)$$

式中，a 为晶胞常数；A 为马德隆常数；n 为电子层斥力指数，对离子晶体，$n = 7 \sim 11$。由此可以估计离子位移极化率与电子位移极化率有大致接近的数量级。

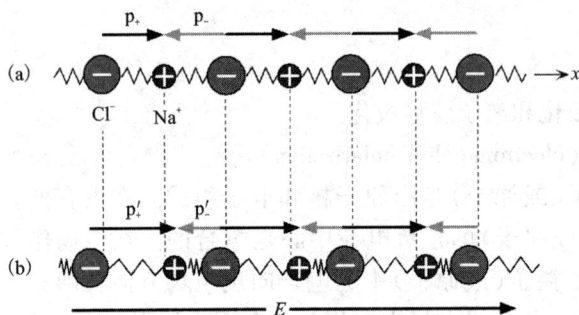

图 4-5　离子位移式极化

2. 偶极子转向极化（polar orientational polarization）

极性电介质的分子，无外电场时，就有一定的电偶极矩，但由于热运动，它在各个方向的几率是相等的，因此，就介质整体来看，它的宏观偶极矩等于零。例如强极性的水分子，如图 4-6(a) 所示。

当极性分子受到外电场作用时，电偶极子与电场的作用就会发生转矩，由于偶极矩与电场方向相同时,偶极子的位能最小,所以就电介质整体来看,偶极矩不再等于零而出现沿外电场方向的宏观电偶极矩,这种极化称偶极子转向极化。如图4-6(b)所示。

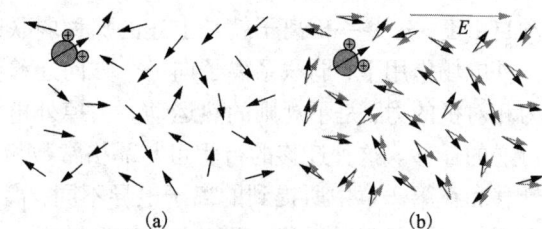

在转向过程中,分子的热运动和外电场是电偶极子 μ_0 运动的两个矛盾方面。偶极子 μ_0 沿外加电场方向转向将降低偶极子的位能,但是热运动破

图4-6 水分子的极化

(a)水分子的电偶极子;(b)水分子在电场下的转向

坏这种有序化。在两者平衡条件下,可以证明,极性分子偶极子转向极化率 α_d 为:

$$\alpha_d = \frac{\mu_0^2}{3kT} \tag{4-14}$$

偶极子转向极化率和温度成反比,它比电子位移极化率要大得多,约为 10^{-38} F·m²。这种极化所需时间较长,为 $10^{-10} \sim 10^{-2}$ s,而且极化是非弹性的,即在极化过程中要消耗一定能量,导致介质损耗。

3. 热离子极化

除转向极化以外还有一种和热运动有关的极化方式。主要是由于材料中存在相互束缚较弱的电子、离子等,在电场的作用下发生沿电场方向的跃迁运动而引起的。

在晶体中,处于正常格点上的离子为强联系离子,能量最低,最稳定。它们在电场作用下,只能产生可逆性位移极化(弹性位移极化),离子仍处于平衡位置附近。但是在有杂质和缺陷的离子晶体、或者玻璃态材料中,存在一些能量较高、易被活化迁移的离子,称为束缚较弱的离子(简称弱联系离子)。

例如,工程中常用的玻璃介质,由于改性等需要加入了被称为网络修饰体的碱金属或碱土金属氧化物,使原先的玻璃结构发生改变。图5-7为加入 Na_2O 后的氧化硅玻璃结构示意图。由于碱金属氧化物的引入,引入了一定数量的氧离子,这时,$\equiv Si-O-Si\equiv + Na_2O \rightarrow$

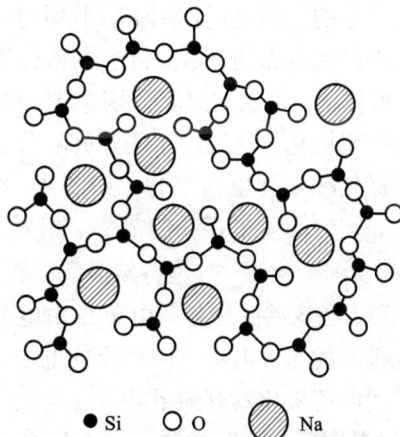

● Si ○ O ⊘ Na

图4-7 Na_2O-SiO_2 玻璃结构示意图

$\equiv Si-O^- \begin{smallmatrix} Na^+ \\ Na^+ \end{smallmatrix} O^- -Si\equiv$,即 $Si-O-Si$ 网络中的桥氧被切断而出现了非桥氧,Na^+ 位于被切断的桥氧离子附近的网络外间隙。这样原先连续的玻璃网状结构中,在个别地方中断于一

价正离子而不再保持为连续网,如图5-7所示。因此,一价正离子在所处位置附近有了较大的移动自由度,这些一价离子就是上述的那种弱联系离子。

在外电场作用下,弱联系离子向一个方向迁移的几率增大,使得介质极化。作用于电场作用力相对抗的力,是不规则的热运动。去掉外电场,离子不能回到原来的平衡位置,因此是不可逆的迁移。这种迁移的行程可与晶格常数相比较,因此比弹性位移距离大。但是这种离子迁移和在第2章中所提到的离子电导不同,离子电导是离子做远程迁移,而离子松弛极化质点仅作有限距离的迁移,只能在结构松散区,缺陷区附近移动。离子松弛极化率为:

$$\alpha_T = \frac{q^2 x^2}{12kT} \qquad\qquad (4-15)$$

式中,k 为玻尔兹曼常数;T 为热力学温度(K);x 为两个平衡位置间的距离。离子松弛极化率比电子和离子弹性位移极化率大一个数量级,可导致材料大的介电常数。

松弛极化建立的时间较长,可达 10^{-2} s。因此在高频电场下,离子松弛极化往往不易形成,导致介电常数随频率升高而减小。同时,由于极化过程滞后,电场的变化导致介质损耗增加。

由于松弛极化的质点不同可分为离子松弛极化、电子松弛极化和偶极子松弛极化,多发生在晶体缺陷区域或玻璃体内。

4. 空间电荷极化(space charge polarization)

空间电荷极化主要是电介质内部存在不均匀性和界面。例如晶界和相界是陶瓷中普遍存在的。在电场作用下,不均匀介质内部原先混乱排布的正、负自由电荷分别向负、正极移动,并在空间上分别集聚到某一地方而引起极化。这种由于正、负电荷分离形成的极化称空间电荷极化,如图4-8所示。在非均匀介质中存在的晶界、相界、晶格畸变、杂质、夹层、气泡等缺陷区,都可以成为自由电荷(自由电子、间隙离子、空位等)运动的障碍,在这些障碍处,由于自由电荷积累,形成空间电荷极化。这些空间电荷的积聚,可形成很高的与外电场方向相反的电场。

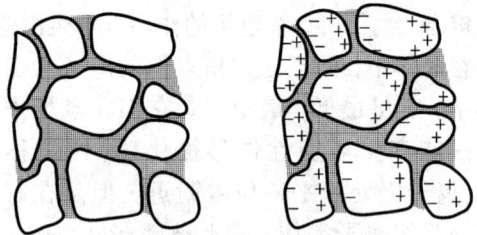

图4-8 空间电荷极化

空间电荷极化具有如下特点:

(1)其时间约为几秒钟到数十分钟,甚至数十小时。

(2)属非弹性极化,有能量损耗。

(3)随温度的升高而下降。因为温度升高,离子运动加剧,离子扩散就很容易,因而空间电荷的积聚就会减小。

(4)与电源的频率有关,主要存在于低频至超低频阶段,高频时,因空间电荷来不及移动,就没有或很少有这种极化现象。

5. 自发极化

以上介绍的各种极化机制是电介质在外电场作用下引起的,没有外加电场时,这些介质的极化强度等于 0。还有一种极化称自发极化,这种极化状态并非由外电场引起,而是由晶体内部结构造成的。在这类晶体中,每一个晶胞里都存在固有电矩。这类晶体称为极性晶体。自发极化现象通常发生在一些具有特殊结构的晶体中,铁电体就具有这种特殊结构,有关铁电体的性能在 4.4 节中介绍。这里先介绍一般的电介质的性能。

上面介绍了一些主要的极化机制。显然,电介质分子的极化率等于各种电子或者离子的极化率之和。不过对于某一种具体电介质,往往有一种极化占主导地位。例如对于惰性气体占主导地位的极化是电子极化,离子晶体中占主导地位的是原子(离子)极化,而强极性电介质中占主导地位的是偶极子转向极化等。

在上述极化机制中,可逆性位移极化在加电场的几乎瞬间就完成,而且不伴随能量的损耗。而其他极化与热运动有关,其完成需要一定的时间,且需要消耗一定的能量。

4.1.3 无机材料介质的极化

无机电介质中大多数都属于由离子构成的固体电介质。按照其结构又可以将这种离子型无机电介质分成两大类,即离子型晶体和离子键无定形介质。就其组成的相成分来说,主要是由作为主要构架成分的晶相,为保证材料获得良好致密性而充填于晶粒间的玻璃相以及常常不可避免地残存的少许气相等组成。例如滑石瓷的主晶相为偏硅酸镁($MgO \cdot SiO_2$),占整体成分的 65% 以上,其余为玻璃相。在这样的介质材料中,其极化机制不止一种。一般都含有电子位移极化和离子位移极化,如果介质中存在缺陷,通常还存在松弛极化。

电工材料按其电子极化形式可简单分类为:

(1)以电子位移极化为主的电介质材料,包括金红石瓷、钙钛矿瓷以及某些含锆陶瓷。

(2)以离子位移极化为主的电介质材料,包括主相晶为刚玉 $\alpha - Al_2O_3$、斜顽辉石(单斜晶体结构的 $MgSiO_3$)为基础的陶瓷以及碱性氧化物含量不高的玻璃。

(3)离子松弛极化和电子极化显著的电介质材料,包括绝缘子瓷、碱玻璃和高温含钛陶瓷。以离子松弛极化为主的电介质材料,一般折射率小、结构松散,如硅酸盐玻璃、绿宝石、堇青石等矿物;以电子松弛极化为主的电介质材料,一般折射率大、结构紧密、内电场大、电子电导大,如含钛瓷。

4.1.4 有效电场和克劳修斯 – 莫索蒂方程

1. 有效电场

电介质在外电场的作用下会发生极化。但作用在每个分子或原子上使之极化的局部电场 E_{loc}(也称有效场)并不等于外电场,但是局部电场与外电场有一定关联。

如图4-9，当外电场为 $E_{外}$ 时，在介质表面将产生束缚电荷，而这一束缚电荷要在介质内部产生电场，设该电场为 E_p，显然 $E_{外}$ 的方向与 E_p 的方向是相反的，那么介质内部的总电场应该比 $E_{外}$ 小，于是我们把由束缚电荷产生的电场 E_p 称为退极化场（depolarization field）。外加在电介质上的宏观电场 E_0 实质上是外加电场 $E_{外}$ 与退极化场 E_p 之和，即 $E_0 = E_{外} + E_p$。退极化场的概念和退磁场的概念可以类比。

对于局部电场 E_{loc} 的计算，这里介绍洛仑兹（Lorentz）最早提出的近似计算方法。晶体中一个原子位置上的局部电场是宏观电场 E_0 与晶体内部其他原子偶极子所产生的电场之和，即 $E_{loc} = E_0 + E_{内}$。为了考察介质内部单个电偶极子所感受到的局部电场，设想在介质中挖去一个以该偶极子为中心的小球体，如图4-9所示，于是在这个特定的偶极子的附近形成一个空腔。球的半径应该比分子间距离大得多，这样可以视球外的介质为介电常数为 ε 的连续介质，即球外的分子的影响可以采用宏观方法处理，球外的影响归结为空腔表面介质的极化。但是球的半径又必须比整个介质小很多，以保证不至于因球的存在而引起介质中电场的畸变和不均匀。根据这种考虑，球的大小可考虑能容纳几十到几百个分子那样的半径。这样局部电场 E_{loc} 可用式（4-16）表示

$$E_{loc} = E_0 + E_L + E_{near} \qquad\qquad (4-16)$$

式中，E_L = 空腔内壁上面束缚电荷在其中心处形成的电场；E_{near} = 被挖去的小介质球中的偶极子在球心处形成的电场，E_L 又被称为 Lorentz 空腔场，其方向与外场 $E_{外}$ 的方向一致，当然也就是极化强度的方向。

如图4-9所示。可以证明，对于图4-9所示的表面带有正负电荷的小球空腔，也即产生 Lorentz 场的空腔小球，在球心处（黄色球心）产生的电场强度为 $E_L = P/3\varepsilon_0$。当 E_{near} 只考虑质点附近偶极子的影响，其值由晶体结构决定，对于具有对称中心及立方对称环境结构的晶体，$E_{near} = 0$。

对于气体质点，其质点的相互作用可以忽略，局部电场与外电场相同。

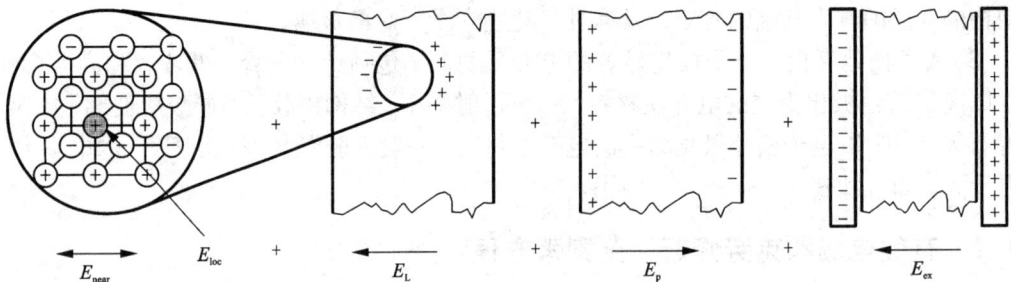

图4-9 局部电场 E_{loc} 的形成

2. 克劳修斯 – 莫索蒂方程

这里考虑电介质材料中的原子或者分子的极化率 α 与电介质材料的介电常数 ε 的联系。注意作用在原子或者分子上的电场是上述局部电场 E_{loc}，而作用在电介质材料上的是宏观电场 E_0。由式（4 – 3）和式（4 – 11）可得出

$$n_0 \alpha E_{\text{loc}} = \varepsilon_0 (\varepsilon_r - 1) E_0 \qquad (4 - 17)$$

即

$$\varepsilon_r = 1 + \frac{n_0 \alpha E_{\text{loc}}}{\varepsilon_0 E_0} \qquad (4 - 18)$$

由式（4 – 18）可以看出，要提高电介质的介电常数，可以从以下 3 个方面着手：提高单位体积内极化粒子数 n_0，选取极化率 α 大的粒子组成电介质，增强作用于极化粒子上的局部电场 E_{loc}。

将 $E_{\text{near}} = 0$ 和 $E_L = \dfrac{1}{3\varepsilon_0} P$ 代入式（4 – 16），可以得出其局部电场 E_{loc} 与宏观电场 E_0 的关系为：

$$E_{\text{loc}} = \frac{\varepsilon_r + 2}{3} E_0 \qquad (4 - 19)$$

然后将式（4 – 19）代入式（4 – 18）并整理可得

$$\frac{\varepsilon_r - 1}{\varepsilon_r + 2} = \frac{n_0 \alpha}{3\varepsilon_0} \qquad (4 - 20)$$

式（4 – 20）表示了在 SI 单位制中电介质的介电常数与电极化率的关系，称为克劳修斯 – 莫索蒂（Clausius – Mossotti）方程。注意由于在推导克劳修斯 – 莫索蒂方程时，假设 $E_{\text{near}} = 0$，所以上述方程仅适用于分子间作用很弱的气体、非极性液体、非极性固体、具有适当对称性的固体。

克劳修斯 – 莫索蒂方程的意义在于建立了可测物理量 ε_r（宏观量）与质点极化率 α（微观量）之间的关系，同时提供了计算介电性能参数的思路和方法。

3. 介电常数的温度系数

由于电介质单位体积内的极化粒子数、热离子松弛极化率、偶极子转向极化率等都与温度有关，所以电介质的介电常数也随温度发生变化。介电常数随温度的变化会直接影响到电子设备中的元器件对温度的稳定性。所以在电子技术中，介电常数对温度的稳定性是一项很重要的参数。

介电常数的温度系数定义为温度每变化 1℃ 时，电介质介电常数的相对变化率，其微分形式为

$$\alpha_\varepsilon = \frac{1}{\varepsilon} \frac{d\varepsilon}{dT} \qquad (4 - 21)$$

实际工作时，往往可以采用以下形式

$$\alpha_\varepsilon = \frac{1}{\varepsilon} \frac{\Delta \varepsilon}{\Delta T} = \frac{\varepsilon_t - \varepsilon_0}{\varepsilon(t - t_0)} \tag{4-22}$$

式中，t_0 是原始温度，一般为室温；t 为改变后的温度；ε_0 和 ε_t 分别为介质在 t_0 和 t 时的介电常数。不同的材料，由于极化形式不同，其介电系数的温度系数也不同，既可为正，也可为负。

当温度升高时，由于介质密度降低，极化强度降低，使得电子和离子位移极化率的贡献都减弱。如果电介质只有电子位移极化，那么它的介电系数的温度系数是负的。但是温度升高会使离子晶体的弹性联系减弱，离子位移极化加强，导致介电系数的温度系数为正。在上述两种因素影响下，以离子极化为主的材料的离子极化率虽然随温度增加而增加，但是增加得非常缓慢。这类材料的介电常数一般有正的温度系数。

4.2 电介质在交变电场下的行为

4.2.1 电介质的极化建立过程和吸收电流

为了了解电介质在交变电场下的行为，首先介绍电介质在恒定电场中的极化建立过程。电介质在恒定电场作用下，从建立极化到其稳定状态，需要经过一段时间。在建立极化的过渡过程中，极化强度 P 是时间的函数，如图 4-10 (a)。如前所述，建立电子和离子位移极化，达到稳态所需要的时间为 $10^{-10} \sim 10^{-12}$ s，在无线电频率

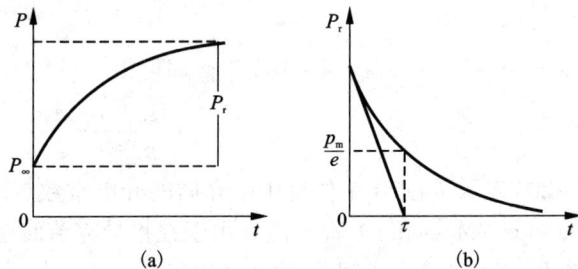

图 4-10

(a) 加上恒定电场后，电介质极化强度 P 和时间的关系；
(b) 移去电场后松弛极化强度 P_r 和时间 t 的关系

范围(5×10^{12} Hz)，该时间可以认为极短，也即建立这类极化的时间可以忽略不计，因此这类极化又称瞬间位移极化。这里用 P_∞ 表示这类极化的极化强度。另一类极化，例如偶极子转向等极化，在电场作用下则要经过相当长的时间(10^{-10} s 或者更长)，才能达到其稳定态，这类极化统称为松弛极化。这里用 P_r 表示松弛极化的极化强度。这样一般电介质的极化强度可以表示为：

$$P = P_\infty + P_r$$

松弛极化强度 P_r 达到其稳定值后，移去电场，P_r 将随时间 t 增加而减小，如图 4-10(b)。当电介质中只有一种形式的松弛极化时，可用式(4-23)描述 P_r 随时间的变化：

$$P_r = P_m \exp(-t/\tau) \tag{4-23}$$

经过 τ 时间，极化强度 P_r 降低为原来的 $1/e$，因此 τ 定义为松弛极化的松弛时间(或者称弛豫时间)。

再考虑在恒定电场作用下介质在极化过渡过程中的电流。均匀电介质中的电流由三部分组成：位移极化引起的瞬间电流和松弛极化引起的松弛电流，另外，由于实际电介质并非理想介质，其电导率不等于零，因此介质中还存在由于电导引起的电流，在电介质研究中称为漏电电流。前两部分电流和介质极化的建立过程有关，其中的松弛极化电流是由松弛极化过程引起的。因为松弛极化过程需要一定时间，因此电流在这一段时间内一面减少，一面继续流。像水被沙子吸入那样，电流被绝缘体材料吸入。因此也称为吸收电流，是介质在交变电压作用下引起介质损耗的重要来源。而漏电电流，是由介质电导引起的，它使介质产生电导损耗。

4.2.2 在交变电场下的介质损耗和复数介电常数

在交变电场下，电介质的电导和极化共同引起介电损耗。考虑一个理想的电容器，如果把交变电压 $U = U_0\sin\omega t$ 加在该电容器上，则当电压下降时，电源从电容器上得到在数量上等于电压上升时交给电容器的电荷，而同电压的角频率 ω 无关。也即，在交变电压作用下，理想电容器中的电流超前于电压一个相

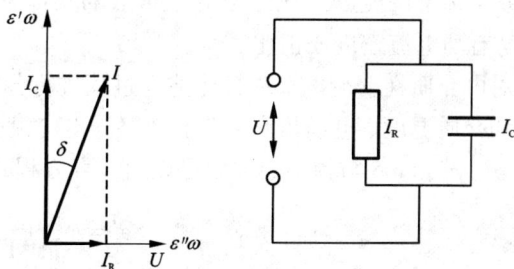

图 4-11 充有电介质材料的电容器上的电流

角 $\pi/2$，也即电容器中的介质不吸收功率，没有损耗。当电容器中充以电介质材料时，如上所述，由于介质的漏电电流、松弛电流等，因此真实电介质电容器总有损耗，这损耗可以用实际电容器中的电流落后于理想电容器电流的相角 δ 来代表。如图 4-11 所示，可将实际电流 I 分为两个分量，I_C 超前电压 $\pi/2$，这部分电流不损耗功率，称无功电流；I_R 和电压同相，它消耗功率，称有功电流。引入介质的电导 $G = I_R/V$，这个电导不一定代表直流电导，而是代表介质中存在有损耗机构，此时，合成电流为：

$$I = (i\omega C + G)U \tag{4-24}$$

定义介质损耗角正切 $\tan\delta$ 为 $\tan\delta = \dfrac{I_R}{I_C}$，显然，介质损耗角是有功分量和无功分量之比值。对于电容器，介质损耗角的具体意义是有耗电容器每周期消耗的电能与其所储存的电能的比值。$\tan\delta$ 是经常用来表示介质损耗大小的量。其值愈小，表明介质材料中单位时间内损失的能量愈小，即介质损耗愈小。应该注意的是，因为 $\tan\delta$ 是频率的函数(具体表示参见下节)，所以用 $\tan\delta$ 表示介质损耗时必须同时指明测量的频率。$\tan\delta$ 的数值可直接通过实验测

定，与试样的大小和形状无关。

设 G 是由自由电荷产生的纯电导，则 $G = \sigma S/d$，由于 $C = \varepsilon S/d$，故电流密度 j 为：$j = (i\omega\varepsilon + \sigma)E$。由此定义复电导率为：$\sigma^* = i\omega\varepsilon + \sigma$；也可以由 $j = i\omega\varepsilon^* E$，定义复数介电常数为：

$$\varepsilon^* = \frac{\sigma^*}{i\omega} = \varepsilon - i\frac{\sigma}{\omega} \tag{4-25}$$

但是在电容器中，电导不完全由自由电荷产生，也可以由束缚电荷产生，那么电导率 σ 本身就是一个依赖于频率的复数量，故 ε^* 实部不是精确地等于 ε，虚部也不是精确地等于 σ/ω。

把复数介电常数分解为实部和虚部部分之后，可以写成：$\varepsilon = \varepsilon' - i\varepsilon''$。

可以推出

$$\tan\delta = \varepsilon_r''/\varepsilon_r' \tag{4-26}$$

从 $\tan\delta$ 的表达式可知，复介电常数的实部 ε' 与无功电流密度成正比；虚部 ε'' 为损耗因子，与有功电流密度成正比。

对电介质在交变电场中极化建立过程进行分析，可以发现在交变电场作用下，复数介电常数和介质温度、电场频率有关。忽略漏电电流损耗时，在交变电压 $U = U_0\sin\omega$ 作用下，介质的 ε'、ε''、$\tan\delta$ 与频率的关系可以由德拜方程式表示：

$$\varepsilon_r' = \varepsilon_{r\infty} + \frac{\varepsilon_{rs} - \varepsilon_{r\infty}}{1 + \omega^2\tau^2} \tag{4-27}$$

$$\varepsilon_r'' = (\varepsilon_{rs} - \varepsilon_{r\infty})\frac{\omega\tau}{1 + \omega^2\tau^2} \tag{4-28}$$

$$\tan\delta = \frac{(\varepsilon_{rs} - \varepsilon_{r\infty})\omega\tau}{\varepsilon_{rs} + \varepsilon_{r\infty}\omega^2\tau^2} \tag{4-29}$$

式中，ε_{rs} 为静态或低频下的相对介电常数。随着频率升高，ε' 减少并接近光频下的相对介电常数 $\varepsilon_{r\infty}$。ε'、ε'' 和 $\tan\delta$ 与频率特性如图 4-12(a)。在频率特性中，$\tan\delta$ 随频率变化有一个最大值，达到该值时的电场频率 ω_m 为：

$$\omega_m = \frac{1}{\tau}\sqrt{\frac{\varepsilon_{rs}}{\varepsilon_\infty}} \tag{4-30}$$

而 ε'' 随频率变化也有一个最大值，达到该值的频率低于 $\tan\delta$ 达到最大值的频率。

上述德拜方程式没有考虑电介质的电导损耗。在考虑电介质存在的电导后，$\tan\delta$ 和单位体积介质中的损耗 P 表达式为：

$$\tan\delta = \frac{\dfrac{\gamma}{\omega} + (\varepsilon_{rs} - \varepsilon_{r\infty})\dfrac{\omega\tau}{1 + (\omega\tau)^2}}{\omega\left[\varepsilon_\infty + \dfrac{\varepsilon_{rs} - \varepsilon_\infty}{1 + (\omega\tau)^2}\right]} \tag{4-31}$$

$$p = \left[\gamma + \frac{\varepsilon_0 (\varepsilon_{rs} - \varepsilon_\infty) \omega^2 \tau}{\tau} \right] E^2 \qquad (4-32)$$

γ 是介质的电导率。$\tan\delta$ 的频率特性如图 4-12(b)。注意对于静电场，$\tan\delta \to \infty$ 没有物理意义，它是介质在交变电场中的物理参数。从图 4-12 可以发现，$\tan\delta$ 的最大值由松弛过程决定。如果电介质的电导显著增大，则 $\tan\delta$ 在 ω_m 处变得平坦，最后在很大的电导下，$\tan\delta$ 没有最大值。电导损耗特征的 $\tan\delta$ 和 ω 成反比。

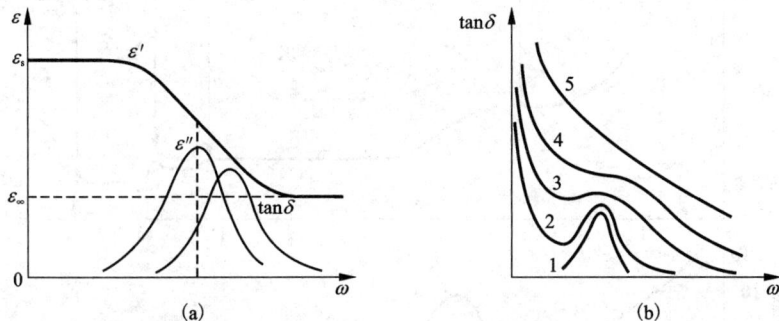

图 4-12　ε，$\tan\delta$ 与频率 ω 的关系

(a)不考虑电导时的 ε，$\tan\delta$ 与 ω 的关系；(b)考虑电导时 $\tan\delta$ 与频率 ω 的关系：曲线 1 对应于电导率很小的介质，曲线 5 对应于电导率很大的介质

由于弛豫时间常数 τ 随温度升高而减小，所以温度通过对弛豫时间常数 τ 来影响 ε，p 和 $\tan\delta$。图 4-13 表示计入电介质的电导时 ε，p 和 $\tan\delta$ 随温度的变化。由此看出，P 和 $\tan\delta$ 随温度变化都有极大值。

根据以上分析可以看出，如果介质的电导很小，则松弛极化介质损耗的特征是 $\tan\delta$ 在与频率、温度的关系曲线中出现极大值。

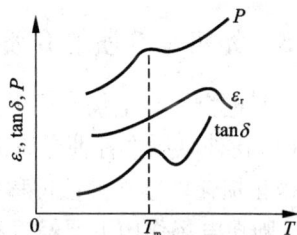

图 4-13　计入电介质的电导时 ε，p 和 $\tan\delta$ 随温度的变化

介质吸潮后，介电常数会增加，但比电导的增加要慢，由于电导损耗增大以及松弛极化损耗增加，而使 $\tan\delta$ 增大。对于极性电介质或多孔材料来说，这种影响特别突出，如纸内水分含量从 4% 增加到 10% 时，其 $\tan\delta$ 可增加 100 倍。

一般在电介质中存在多种极化机制，不同极化机制的弛豫时间 τ 不同，导致 $\tan\delta$ 达到最大值的电场频率 ω_m 也不同。图 4-14 表示了电介质的各种不同极化和频率的关系。

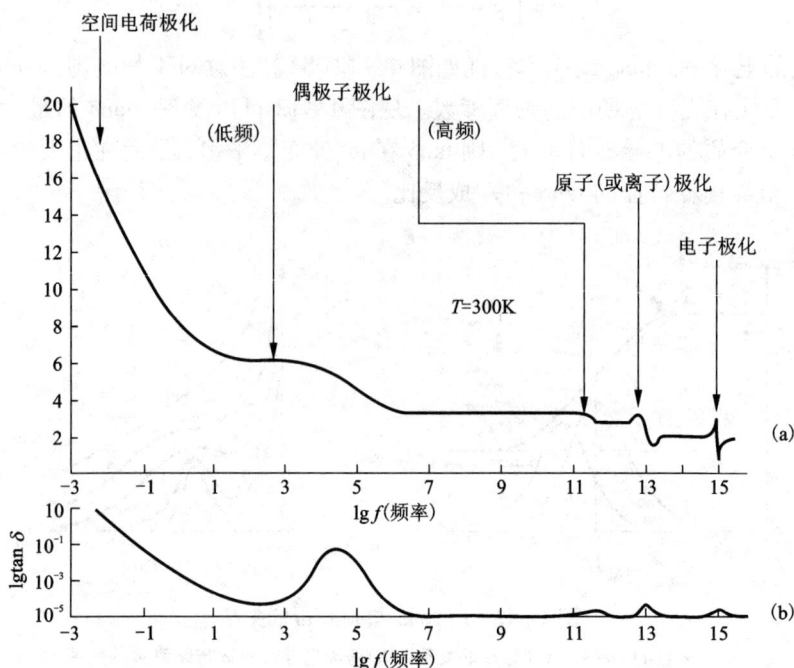

图 4-14   电介质的极化机制和频率的关系

4.2.3   无机电介质的介质损耗

一般电介质在电场作用下具体损耗的能量主要包括:

(1)在外电场中各种介质极化的建立引起了电流,此电流与松弛极化等有关,引起的损耗为极化损耗。建立弹性位移极化达到其稳态所需时间很短,几乎不产生能量损耗。而松弛极化,则在电场作用下要经过相当长的时间,这种极化损耗能量。

(2)电导损耗:电介质不是理想的绝缘体,不可避免地存在一些弱联系的导电载流子。在电场作用下,这些导电载流子将作定向漂移,在介质中形成传导电流。传导电流的大小由电介质本身的性质决定,这部分传导电流以热的形式消耗掉,我们称之为电导损耗。

(3)电离损耗和结构损耗。

在含有气相的材料中,还会发生电离损耗。含有气孔的固体介质在外电场强度超过了气孔内气体电离所需要的电场强度时,由于气体电离而吸收能量,造成损耗,即电离损耗。固体电介质内气孔引起的电离损耗,可能导致整个介质的热破坏和化学破坏,应尽量避免。

结构损耗是在高频、低温的环境中,一种与介质内部结构的紧密程度密切相关的介质损耗。结构损耗与温度的关系很小，损耗功率随频率升高而增大，但 tanδ 则和频率无关。实验表明，结构紧密的晶体或玻璃体的结构损耗都是很小的，但是当某些原因（如杂质的掺入，试样经淬火急冷的热处理等）使它的内部结构变松散了，会使结构损耗大为提高。

上面已经介绍，无机电介质中大多数都属于由离子构成的固体电介质。按照其结构可以将这种离子型无机电介质分成离子型晶体和离子键无定形介质。研究这两大类介质的损耗有很大的实际意义。例如在电子学领域广泛应用的陶瓷材料，就其组成的相成分来说，不外是由作为主要构架成分的晶相，为保证材料获得良好致密性而充填于晶粒间的玻璃相以及常常不可避免地残存的少许气相等组成的，陶瓷的介电性能虽不能说是这三相所呈现的各自的介电行为的总和，但和其三相各自的介电性能密切相关。因此只要搞清晶体和无定形玻璃有关极化和损耗的规律，对于理解陶瓷更为复杂的介电本质则会迎刃而解了，更何况离子型晶体，如云母以及离子键无定形介质，如玻璃等本身也是被广泛应用的介质材料，所以下面先分别介绍这两大类介质的损耗特性，然后介绍陶瓷的损耗特征。

离子晶体根据内部结构的紧密程度，可以分为结构紧密的晶体和结构疏松的离子晶体。

结构紧密的晶体的离子都堆积得十分紧密，排列很有规则，离子键强度比较大，如刚玉 $\alpha - Al_2O_3$、镁橄榄石晶体 $2MgO \cdot SiO_2$，在外电场作用下很难发生离子松弛极化（除非有严重的点缺陷存在），只有电子式和离子式的弹性位移极化，所以无极化损耗，仅有的一点损耗是由电导引起（包括本征电导和少量杂质引起的杂质电导）。在常温下热缺陷很少，因而损耗也很小。因此以这类晶体为主晶相的陶瓷往往用在高频的场合。如刚玉瓷（主相为 $\alpha - Al_2O_3$，其含量为 99%）、滑石瓷（主相为偏硅酸镁 $MgO \cdot SiO_2$）、金红石瓷（主相为 TiO_2）、镁橄榄石瓷（主相为 $2MgO \cdot SiO_2$）等，它们的 tanδ 随温度的变化呈现出电导损耗的特征。

结构疏松的离子晶体如电瓷中的莫来石（$3Al_2O_3 \cdot 2SiO_2$）、耐热性瓷中的堇青石（$2MgO \cdot 2Al_2O_3 \cdot 5SiO_2$）等，这类晶体的内部有较大的空隙或晶格畸变，含有缺陷或较多的杂质，离子的活动范围扩大。在外电场作用下，晶体中的弱联系离子有可能贯穿电极运动（包括接力式的运动），产生电导损耗。弱联系离子也可能在一定范围内来回运动，形成热离子松弛，出现极化损耗。所以这类晶体的损耗较大，由这类晶体作主晶相的陶瓷材料不适用于高频，只能应用于低频。

另外，如果两种晶体生成固溶体，则因或多或少带来各种点阵畸变和结构缺陷，通常有较大的损耗，并且有可能在某一比例时达到很大的数值，远远超过两种原始组分的损耗。例如 ZrO_2 和 MgO 的原始性能都很好，但将两者混合烧结，MgO 溶进 ZrO_2 中生成氧离子不足的缺位固溶体后，使损耗大大增加，当 MgO 含量约为 25 mol% 时，损耗有极大值。

复杂玻璃中的介质损耗主要包括三个部分：电导损耗、松弛损耗和结构损耗。哪一种损耗占优势，决定于外界因素——温度和外加电压的频率。在高频和高温下，电导损耗占优势；在高频下，主要的是由联系弱的离子在有限范围内的移动造成的弛豫损耗；在高频和低温下，主要是结构损耗，其损耗机理目前还不清楚，大概与结构的紧密程度有关。玻璃中的各种损耗与温度的关系如图 4 – 15 所示。

一般简单纯玻璃的损耗都是很小的，这是因为简单玻璃中的"分子"接近规则的排列，结构紧密，没有联系弱的弛豫离子。但是工程上常用的玻璃介质，总加入有碱金属或碱土金属。在纯玻璃中加入碱金属氧化物后，介质损耗大大增加，并且损耗随碱性氧化物浓度的增大按指数增大。这是因为如上所述，碱性氧化物进入玻璃的点阵结构后，使离子所在处点阵受到破坏。因此，玻璃中碱性氧化物浓度愈大，玻璃结构就愈疏松，离子就有可能发生移动，造成电导损耗和弛豫损耗，使总的损耗增大。

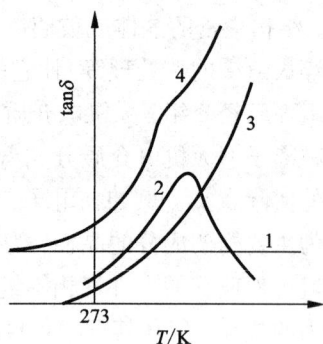

图 4 – 15　玻璃的 $\tan\delta$ 与温度的关系
1—结构损耗；2—松弛损耗；
3—电导损耗；4—总损耗

当玻璃中需要引入的碱性氧化物浓度较大时，可同时引入两种碱金属离子，使两种离子在某一配比时，介质损耗和电导中出现极小值，这种不同的碱金属离子相互抑制的现象称为中和效应。其微观机理可解释如下：当玻璃熔体冷却时，不同的碱金属离子将统计地分布于玻璃网隙中。大离子形成较大的网隙，小离子则居于较小的网隙中。热运动时，离子易在同类网隙中替位跃迁，却难以利用不同离子腾出的间隙。由于配位环境不同，大离子难于挤进小网隙；而小离子进入大网隙后，将只附靠一侧，并由于电场的不对称而产生局部内应力，致使小离子的跃迁激活能加大，甚至使玻璃体出现大量裂纹而丧失其原有的透明度。这种异类网隙互不通用的情况，说明在相同的碱金属离子总浓度下，不同类型离子的出现，势必减少同类网隙浓度，增大同类网隙间距，使弛豫与迁移扩散更难进行，因而使电性能得到改善。

中和效应与玻璃形成体的类型无关，主要取决于碱金属元素的离子比，基本与测量频率及温度无关。出现中和效应最强时的离子比为 $N_{Li}/N_{Na} = 0.60$；$N_{Na}/N_{K} = 0.82$；$N_{Li}/N_{K} = 0.45$。当两种碱同时存在时，$\tan\delta$ 总是降低，而最佳比值约为等分子比。这可能是两种碱性氧化物加入后，在玻璃中形成微晶结构，玻璃由不同结构的微晶所组成。可以设想，在碱性氧化物的一定比值下，形成的化合物中，离子与主体结构较强地固定着，实际上不参加引起介质损耗的过程；在离开最佳比值的情况下，一部分碱金属离子位于微晶的外面，即在结构的不紧密处，使介质损耗增大。

如果在含碱的玻璃中引入二价金属离子时，也可以使其电性能得到显著的改善。如 Ca^{2+}，Sr^{2+}，Ba^{2+} 主要是居于网隙之中（使玻璃密度加大），在热运动的情况下，不仅 M^{2+} 本身很难跃迁，而且这种定居下来的电价相对较高的正离子，必然对碱金属离子的通过产生很大的阻力，从而阻碍碱离子的迁移，这种现象称为压抑效应。

在含碱玻璃中加入二价金属氧化物，特别是重金属氧化物时，压抑效应特别明显。因为二价离子有两个键能使松弛的碱玻璃的结构网巩固起来，减少弛豫极化作用，因而使 $\tan\delta$ 降低。例如含有大量 PbO 及 BaO，少量碱的电容器玻璃，在 1×10^3 Hz 时，$\tan\delta$ 为 3×10^{-4} ~ 9×10^{-4}。制造玻璃釉电容器的玻璃含有大量 PbO 和 BaO，$\tan\delta$ 可降低到 4×10^{-4}，并且可使用到250℃的高温。

由主要构架成分的晶相，填于晶粒间的玻璃相以及少许气相组成的陶瓷材料的损耗主要是电导损耗、松弛质点的极化损耗及结构损耗。此外，表面气孔吸附水分、油污及灰尘等造成表面电导也会引起较大的损耗。

以结构紧密的离子晶体为主晶相的陶瓷材料，损耗主要来源于玻璃相。为了改善某些陶瓷的工艺性能，往往在配方中引入一些易熔物质（如黏土），形成玻璃相，这样就使损耗增大。如滑石瓷、尖晶石瓷随黏土含量的增大，其损耗也增大。因而一般高频瓷，如氧化铝瓷、金红石等很少含有玻璃相。

大多数电工陶瓷的离子弛豫极化损耗较大，主要原因是：主晶相结构松散，生成了缺陷固溶体，多晶形转变等。

如果陶瓷材料中含有可变价离子，如含钛陶瓷，往往具有显著的电子弛豫极化损耗。

因此，陶瓷材料的介质损耗是不能只按照瓷料成分中纯化合物的性能来推测的。在陶瓷烧结过程中，除了基本物理化学过程外，还会形成玻璃相和各种固溶体。固溶体的电性能可能不如各组成成分，这是在估计陶瓷材料的损耗时必须考虑的。

综上所述，降低陶瓷材料的介质损耗应从考虑降低材料的电导损耗和极化损耗入手。

(1)选择合适的主晶相：尽量选择结构紧密的晶体作为主晶相。

(2)改善主晶相性能时，尽量避免产生缺位固溶体或填隙固溶体，最好形成连续固溶体。这样弱联系离子少，可避免损耗显著增大。

(3)尽量减少玻璃相。有较多玻璃相时，应采用"中和效应"和"压抑效应"，以降低玻璃相的损耗。

(4)防止产生多晶转变，因为多晶转变时晶格缺陷多，电性能下降，损耗增加。如滑石转变为原顽辉石时析出游离方石英

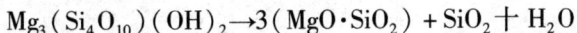

$$Mg_3(Si_4O_{10})(OH)_2 \rightarrow 3(MgO \cdot SiO_2) + SiO_2 + H_2O$$

游离方石英在高温下会发生晶形转变产生体积效应，使材料不稳定，损耗增大。因此往往加入少量(1%)的 Al_2O_3，使 Al_2O_3 和 SiO_2 生成硅线石($Al_2O_3 \cdot SiO_2$)来提高产品的机电性能。

(5)注意焙烧气氛。含钛陶瓷不宜在还原气氛中焙烧。烧成过程中升温速度要合适，防止产品急冷急热。

(6)控制好最终烧结温度，使产品"正烧"，防止"生烧"和"过烧"以减少气孔率。

此外，在工艺过程中应防止杂质的混入，坯体要致密。

4.3 击穿电场强度

电介质的特性，如绝缘、介电常数，都是指在一定的电场强度范围内的材料的特性，即介质只能在一定的电场强度内保持这些性质。当电场强度超过某一临界值后，电介质由介电状态变为导电状态，这种现象称介质的击穿。击穿时的电压称为击穿电压，相应的电场强度称为击穿电场强度。对于凝聚态绝缘体，通常所观测到的击穿电场范围为 $10^5 \sim 5 \times 10^6$ $V \cdot cm^{-1}$。从宏观尺度看，这些电场属于高电场，但从原子的尺度看，这些电场是非常低的。

理所当然，电介质的击穿电场随电介质的种类不同而不同。但是电介质的击穿电场还受到一系列外界因素如温度、压力、电压波形、加电压时间以及电极形状等影响。根据固体电介质绝缘性能破坏的原因，电介质击穿的形式大致可以分成三类：热击穿、电击穿和电化学击穿。

4.3.1 固体电介质的击穿

1. 热击穿

电介质在电场作用下要产生介质损耗，这一部分损耗以热的形式耗散掉。若这部分热量全部由电介质中进入周围媒质，那么在一定的电场作用下，每一瞬间都保持电介质对外界媒质的热平衡。但是当外加电场增加到某一临界值时，通过电介质的电流增加，电介质的发热量急剧增大，发热量大于电介质向外界散发的热量，因此电介质的温度不断上升，温度的上升又导致电导率增加，流经电介质的电流亦增加，损耗加大，发热量更加大于散热量……如此恶性循环，直至电介质发生热破坏，使电介质丧失其原有的绝缘性能，这种击穿称为热击穿。由于热击穿有一个热量积累过程，所以不像电击穿那样迅速，往往介质温度急剧升高。对于介质损耗较高的固体材料，在高频下的击穿形式主要是热击穿。

热击穿除与所加电压的大小、类型、频率和介质的电导、损耗有关外，还与材料的热传导、热辐射以及介质试样的形状、散热情况、周围媒质温度等多种因素有关。因此，热击穿电压并不是电介质的一个固定不变的参数。

2. 电击穿

在超过一定数值 U_B 的电压直接作用下，介质中的载流子迅速增殖，造成相当大的电流通过介质，电介质丧失了原有的绝缘性能。这个过程约在 10^{-7} s 完成，往往击穿突然发生。这种在电场直接作用下发生的电介质被破坏的现象称为电介质的电击穿。通常采用击穿强度（也称击穿场强）E_B 来描述各种材料在电场中的击穿现象

$$E_B = \frac{U_B}{d} \tag{4-33}$$

式中，d 为试样的厚度。通常 E_B 被认为是介质承受电场作用能力的一种量度，是材料的一种重要的介电特性。

对固体介质的电击穿现象可作如下解释：固体介质中因冷发射或热发射存在的少量导电电子，一方面在外电场作用下获得动能，另一方面又要与振动的晶格产生相互作用而损耗能量。当外加电场足够高，使电子从电场中获得的能量超过其失去的能量时，电子就可以在碰撞过程中积累能量，积累的能量达到可使电子与晶格发生碰撞电离时，将产生出新的电子，构成雪崩效应，最终导致介质击穿。

固体介质中导电电子的来源可能有以下三种：

（1）本征激发：常温下因热起伏使介质中满带上的电子被激发到导带上而参与导电，但由于电介质的禁带宽度较大，因此这种电子的数量较少。

（2）杂质电离：处于杂质能级激发态上的电子被激发进入导带成为导电电子，此杂质能级上的电子一般由外来杂质引入或基质材料的化学计量比发生偏离而提供，它的数量比本征激发多。

（3）注入电子：在强电场作用下，直接从阴极发射出的自由电子注入电介质中，在强电场中，这是一个不可忽视的因素。

理论上，由电场给予电子能量，使之发生碰撞电离的介质击穿场强是很高的，但实验结果表明，实际材料的击穿强度往往偏低，这说明介质试样状况、外界因素、试样条件等对测量结果的影响有时甚至比材料本身结构的影响还要大。

很多固体电介质是不均匀的，材料结构的不均匀性在电击穿过程中往往对击穿强度产生非常显著的影响，从而使均匀电介质的许多规律不完全适用。在不均匀介质中，随着试样厚度的增加，材料 E_B 值显著下降。

电压的波形与频率对材料的击穿强度也有明显的影响，大部分材料在直流电压作用下的击穿强度高于交流电压作用下的击穿强度，随着电场频率的提高，击穿场强下降得很快。工程上，电介质的击穿强度通常是指工频电压下的击穿强度。

此外，温度对各类电介质击穿场强的影响是各不相同的，有时情况还比较复杂，需要针对具体材料进行具体分析。

3. 电化学击穿

电介质在长期的使用过程中受电、光、热以及周围媒质的影响，产生化学变化，电性能发生不可逆的破坏，最后被击穿。属于这一类的击穿在工程上称为老化，亦称为电化学击穿。这种形式的击穿在有机电介质中表现得更加明显，如有机电介质的变黏、变硬等都是化学变化的宏观表现。陶瓷固体介质比较稳定，这类变化不大。但是对于以银作电极的含钛陶瓷，如长期在直流电压下使用，也将产生不可逆的变化。因为阳极上的银原子容易失去电子变成银离子，银离子进入电介质沿电场方向从阳极迁移到阴极，最后又在阴极上获得电子而成银原子沉积在阴极附近，如果电场作用的时间很长，沉积的银越来越多，形成枝蔓状向电介质内部延伸，相当于缩短了电极间的距离，使电介质的击穿电压下降。

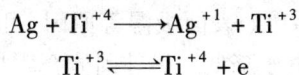

$$Ag + Ti^{+4} \longrightarrow Ag^{+1} + Ti^{+3}$$
$$Ti^{+3} \Longleftrightarrow Ti^{+4} + e$$

4.3.2　无机材料的击穿

无机材料一般是不均匀介质，有晶相、玻璃相和气孔存在，这使无机材料的击穿性质与均匀材料不同。这里介绍无机材料主要的电击穿形式。

1. 不均匀介质中的电压分配

设双层介质具有各不相同的电性质，ε_1，σ_1，d_1 和 ε_2，σ_2，d_2 分别代表第一层、第二层的介电常数、电导率、厚度。若在此系统上加直流电压 U，则各层内的电场强度 E_1，E_2 都不等于平均电场强度 E：

$$\begin{cases} E_1 = \dfrac{\sigma_2(d_1+d_2)}{\sigma_1 d_2 + \sigma_2 d_1} \times E \\[3mm] E_2 = \dfrac{\sigma_1(d_1+d_2)}{\sigma_1 d_2 + \sigma_2 d_1} \times E \end{cases} \qquad (4-34)$$

式(4-34)表明：电导率小的介质承受场强高，电导率大的介质承受场强低。在交流电压下也有类似的关系。如果 σ_1 和 σ_2 相差甚大，则必然其中一层的电场强度将大于平均场强 E，这一层可能首先达到击穿强度而被击穿。一层击穿以后，增加了另一层的电压，且电场因此大大畸变，结果另一层也随之击穿。由此可见，材料的不均匀性可能引起击穿场强的降低。

陶瓷中的晶相和玻璃相的分布可看成多层介质的串联和并联，上述的分析方法同样适用。

2. 内电离

如果在材料中存在气泡，那么因为气泡的 ε 及 σ 很小，因此加上电压后气泡上的电场较高，介电强度远低于固体介质(一般空气的 $E_B = 33 \text{ kV/cm}$，而陶瓷的 $E_B = 80 \text{ kV/cm}$)，所以首先气泡击穿，引起气体放电(电离)产生大量的热，容易引起整个介质击穿。由于在产生热量的同时，形成相当高的内应力，材料也易丧失机械强度而被破坏，这种击穿称为电 - 机械 - 热击穿。把含气孔的介质看成电阻、电容串并联等效电路，由电路充放电理论分析可知，在交流 50 Hz 情况下，每秒至少放电 200 次，可想而知，在高频下内电离的后果是相当严重的。这对在高频、高压下使用的电容器陶瓷是值得重视的问题。

大量的气泡放电，一方面导致介电 - 机械 - 热击穿；另一方面介质内引起不可逆的物理化学变化，使介质击穿电压下降。

3. 表面放电和边缘击穿

固体介质的表面放电属于气体放电。固体介质常处于周围气体媒质中，有时介质本身并未击穿，但有火花掠过它的表面，这就是表面放电。固体介质的表面击穿电压总是低于没有固体介质时的空气击穿电压，其降低的程度视介质材料的不同、电极接触情况以及电压性质而定。例如陶瓷介质由于介电常数大、表面吸湿等原因，引起离子式高压极化(空间电荷极化)，使表面电场畸变，表面击穿电压降低。另外固体介质与电极接触不好，使表面击穿电压降低，尤其当不良接触在阴极处时更是如此。其机理是空气隙介电常数低，根据夹层介质原理，电场畸变，气隙易放电。材料介电常数愈大，此效应愈显著。而且电场的频率不同，表面击穿电压也不同。随频率升高，击穿电压降低。这是由于气体正离子的迁移率比电子小，形成正的体积电荷，频率高时，这种现象更为突出。固体介质本身也因空间电荷极化导致电场畸变，因而表面击穿电压下降。

总之，表面放电与电场畸变有关系。电极边缘常常电场集中，因而击穿常在电极边缘发生，即边缘击穿。表面放电与边缘击穿不仅决定于电极周围媒质以及电场的分布（电极的形状、相互位置），还决定于材料的介电系数、电导率，因而表面放电和边缘击穿电压并不能表征材料的介电强度，它与装置条件有关。

提高表面放电电压，防止边缘击穿以发挥材料介电强度的有效作用，这对于高压下工作的元件，尤其是高频、高压下工作的元件，是极为重要的。另外，对材料介电强度的测量工作也有意义。为消除表面放电，防止边缘击穿，应选用电导率或介电常数较高的媒质，同时媒质本身介电强度要高，通常选用变压器油。此外，在瓷介表面施釉，可保持介质表面清洁，而且釉的电导率较大，对电场均匀化有好处。如果在电极边缘施以半导体釉，则效果更好。为了消除表面放电，还应注意元件结构与电极形状的设计：一方面要增大表面放电途径，另一方面要使边缘电场均匀。

4.4　铁电性

4.4.1　铁电性的概念

铁电体指在一定温度范围内具有自发极化，并且自发极化方向可随外电场作可逆转动的晶体。所谓自发极化，即这种极化状态并非由外电场所造成，而是由晶体的正负电荷重心不重合造成的。显然，铁电晶体一定是极性晶体，但并非所有的极性晶体都具有这种自发极化可随外电场转动的性质，只有某些特殊的晶体结构，在自发极化改变方向时，晶体构造不发生大的畸变，才能产生以上的可逆转动，铁电体就具有这些特殊的晶体结构。

铁电体具有自发极化。它有上千种，因此不可能都具体描述其自发极化的机制。但是一般可以说自发极化的产生机制和铁电体的晶体结构有密切关系。其自发极化的出现主要是晶体中原子（离子）位置变化的结果。这里简单介绍位移型钛酸钡自发极化的起源，以便对铁电体自发极化的机制有所认识。

钛酸钡具有 ABO_3 型钙钛矿结构。对 $BaTiO_3$ 而言，A 表示 Ba^{2+}，B 表示 Ti^{4+}，O 表示 O^{2-}。钛酸钡在温度高于 120℃ 时，是立方晶系（m3m 点群）钙钛矿型结构，不存在自发极化；在 120℃ 以下，转变为四角晶系。自发极化沿原立方的（001）方向，即沿 c 轴方向，室温时的自发极化强度 $P_s = 23 \times 10^{-2}$ C/m²；当温度降低到 5℃ 以下时，晶格结构又转变成正交系铁电相(mm2 点群),自发极化沿原立方体的(011)方向,亦就是原来立方体的两个 a 轴都变成极化轴了。当温度继续下降到 $-90℃$ 以下时,晶体进而转变为三角系铁电相(3 m 点群),自发极化方向沿原立方体的(111)方向,亦即原来立方体的三个轴都成了自发极化轴,换句话说,此时自发极化沿着体对角线方向。

钛酸钡在 $120℃$ 以下都具有自发极化,而温度高于 $120℃$ 时不存在自发极化,因此 $120℃$ 称为钛酸钡的居里温度。

钛酸钡的自发极化是由晶胞中钛离子的位移引起的。在钛酸钡晶体中,钛离子处于"氧的八面体"中央,如图 $4-16(a)$。根据钛离子和氧离子的半径比 0.468 可以知道,其配位数为 6,形成 TiO_6 结构。由于氧的八面体空腔大于钛离子的体积,钛离子能在氧八面体内移动,在居里温度以上时,钛离子热振动能比较大,不可能在偏离中心的某个位置固定下来,所以规则的 TiO_6 八面体有对称中心和 6 个 $Ti-O$ 电偶极矩,而且这些电偶极矩方向相互反平行,所以相互抵消。当温度小于居里温度时,钛离子和氧离子间的电场作用强于热扰动,钛离子偏离了对称中心,使晶体结构从立方变成了四方,也因此产生永久电偶极矩,并且形成电畴。温度变化引起的钛酸钡相结构变化时钛和氧原子位置变化如图 $4-16(b)$。

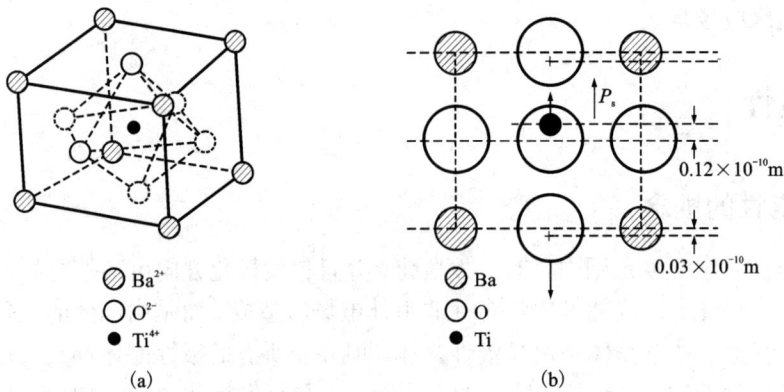

图 4-16 钛酸钡的结构和铁电转变时钛离子的相对位移

铁电体具有电滞回线,同铁磁体的磁滞回线类似。铁电性质和铁磁性质具有若干平行的类似,所以把这些具有电滞回线的晶体称为"铁"电体,其实铁电晶体中并不含有铁。

通常,铁电体自发极化的方向不相同,但在一个小区域内,各晶胞的自发极化方向相同,这个小区域就称为铁电畴。两畴之间的界壁称为畴壁。若两个电畴的自发极化方向互成 $90°$,则其畴壁叫 $90°$ 畴壁。此外,还有 $180°$ 畴壁等。

铁电畴与铁磁畴有着本质的差别,铁电畴壁的厚度很薄,大约是几个晶格常数的量级,但铁磁畴壁则很厚,可达到几百个晶格常数的量级(例如对 Fe,磁畴壁厚约 1000 Å,1Å =

10^{-9} m），而且在磁畴壁中自发磁化方向可逐步改变方向，而铁电体则不可能。

铁电畴在外电场作用下，总是要趋向于与外电场方向一致。这形象地称作电畴"转向"。实际上电畴运动是通过在外电场作用下新畴的出现、发展以及畴壁的移动来实现的。实验发现，在电场作用下，180°畴的"转向"是通过许多尖劈形新畴的出现、发展而实现的，尖劈形新畴迅速沿前端向前发展。对90°畴的"转向"虽然也产生针状电畴，但主要是通过90°畴壁的侧向移动来实现的。实验证明，这种侧向移动所需要的能量比产生针状新畴所需要的能量还要低。一般在外电场作用下（人工极化）180°电畴转向比较充分；同时由于"转向"时结构畸变小，内应力小，因而这种转向比较稳定。而90°电畴的转向是不充分的，所以这种转向不稳定。当外加电场撤去后，则有小部分电畴偏离极化方向，恢复原位，大部分电畴则停留在新转向的极化方向上，这叫剩余极化。

4.4.2　铁电体的性能及其应用

1. 电滞回线

铁电体的电滞回线如图 4 - 17 所示，它是铁电畴在外电场作用下运动的宏观描述。考虑单晶体的电滞回线，并且假设极化强度的取向只有两种可能，即沿某轴的正向或负向。设在没有外电场 E 时，晶体对外的宏观极化强度 P 为 0（能量最低）。当电场 E 施加于晶体时，沿电场方向的电畴因扩展

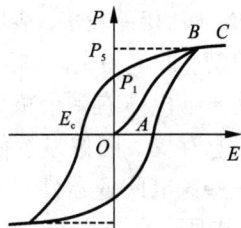

图 4 - 17　铁电体的电滞回线

而变大；而与电场 E 反平行方向的电畴则变小。这样，极化强度 P 随外电场 E 增加而增加。如图 4 - 17 中 OA 段曲线。电场强度继续增大，最后晶体电畴方向都趋于电场方向，类似于单畴，极化强度 P 达到饱和，相当于图中极化强度 P 从 O 点经 A 点到达 B 点。此时再增加电场，宏观极化强度 P 与 E 成线性关系（像普通电介质一样），如图 4 - 17 中的直线 BC。将线性部分外推至 $E = 0$ 时，由于极化的非线性，铁电体的介电常数不是常数。一般以如图 4 - 17 中 OA 段曲线在原点的斜率来代表介电常数。所以在测量介电常数时，所加的外电场（测试电场）应很小。大部分电畴仍停留在极化方向，因而宏观上还有剩余极化强度，由此，剩余极化强度 P_r 是对整个晶体而言。当电场反向达到 $-E_c$ 时，剩余极化全部消失，反向电场继续增大，极化强度才开始反向，E_c 常称为矫顽电场强度。如果它大于晶体的击穿场强，那么在极化强度反向前，晶体就被击穿，则不能说该晶体具有铁电性。

铁电畴在外电场作用下的"转向"，使得陶瓷材料具有宏观剩余极化强度，即材料具有"极性"，通常把这种工艺过程称为"人工极化"。极化温度的高低影响到电畴运动和转向的难易。矫顽场强和饱和场强随温度升高而降低。极化温度较高，可以在较低的极化电压下达到同样的效果，其电滞回线形状比较瘦长。

环境温度对材料的晶体结构也有影响，可使内部自发极化发生改变，尤其是在相界处

（晶型转变温度点）更为显著。例如，$BaTiO_3$ 在居里温度附近，电滞回线逐渐闭合为一直线（铁电性消失）。

极化时间和极化电压对电滞回线也有影响，电畴转向需要一定的时间，时间适当长一点，极化就可以充分些，即电畴定向排列完全一些。实验表明，在相同的电场强度 E 作用下，极化时间长的，具有较高的极化强度，也具有较高的剩余极化强度。极化电压加大，电畴转向程度高，剩余极化变大。

晶体结构对电滞回线也有影响。同一种材料，单晶体和多晶体的电滞回线是不同的。图 4-18 反映了 $BaTiO_3$ 单晶和陶瓷电滞回线的差异。单晶体的电滞回线很接近于矩形，P_s 和 P_r 很接近，而且 P_r 较高；陶瓷的电滞回线中 P_s 与 P_r 相差较多，表明陶瓷多晶体不易成为单畴，即不易定向排列。

由于铁电体有剩余极化强度，因而可用来作信息存储、图像显示使用。目前已经研制出一些铁电陶瓷器件，如铁电存储和显示器件、光阀，全息照相器件等，就是利用外加电场使铁电畴作一定的取向，目前得到应用的是掺镧的锆钛酸铅（PLZT）透明铁电陶瓷以及 $Bi_4Ti_3O_{12}$ 铁电薄膜。

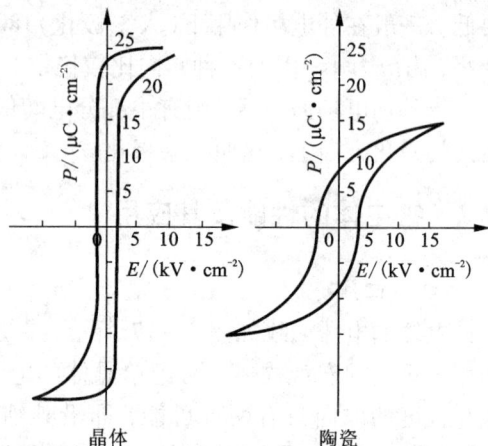

图 4-18 $BaTiO_3$ 单晶和陶瓷的电滞回线

由于铁电体的极化随 E 而改变，因而晶体的折射率也将随 E 改变。这种由于外电场引起晶体折射率的变化称为电光效应。利用晶体的电光效应可制作光调制器、晶体光阀、电光开关等光器件。目前应用到激光技术中的晶体很多是铁电晶体，如 $LiNbO_3$、$LiTaO_3$，KTN（钽铌酸钾等）。

2. 介电特性

由于极化的非线性，铁电体的介电常数不是常数。一般以如图 4-17 中的 OA 段曲线在原点的斜率来代表介电常数。所以在测量介电常数时，所加的外电场（测试电场）应很小。

像 $BaTiO_3$ 一类的钙钛矿型铁电体具有很高的介电常数。图 4-19 表示了 $BaTiO_3$ 多晶体的介电常数和温度的关系。纯钛酸钡陶瓷的介电常数在室温范围随温度变化比较平坦。在居里点（120℃）附近，介电常数急剧增加，达到峰值，由于室温下的 ε_r 随温度变化平坦，可以用来制造小体积大容量的陶瓷电容器。为了进一步改善室温下材料的介电常数，还可添加其他钙钛矿型铁电体，形成固溶体。

在铁电体实际应用中需要解决调整居里点和居里点处介电常数的峰值问题，这就是所谓的"移峰效应"和"压峰效应"。在铁电体中引入某种添加物生成固溶体，改变原来的晶胞参

数和离子间的相互联系，使居里点向低温或高温方向
移动，这就是"移峰效应"。移峰是为了在工作温度
下(室温附近)材料的介电常数随温度变化尽可能平
缓，即要求居里点远离室温温度，如加入 $PbTiO_3$ 可使
$BaTiO_3$ 居里点升高。

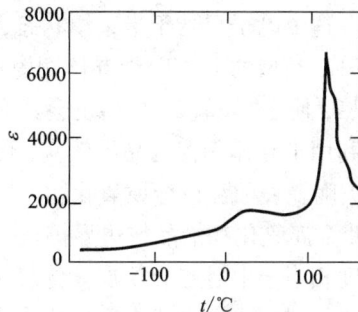

图 4 - 19　$BaTiO_3$ 多晶体的
介电常数和温度的关系
电场强度 $E = 56$ V/cm

"压峰效应"是为了降低居里点处的介电常数的
峰值，即降低 $\varepsilon - T$ 非线性，也使工作状态相应于 $\varepsilon -$
T 平缓区。例如在 $BaTiO_3$ 中加入 $CaTiO_3$ 可使居里峰
值下降。常用的压峰剂(或称展宽剂)为非铁电体。
如在 $BaTiO_3$ 中加入 $Bi_{2/3}SnO_3$，其居里点几乎完全消
失，显示出直线性的温度特性，可认为是加入非铁电
体后，破坏了原来的内电场，使自发极化减弱，即铁电性减小。

3. 非线性

铁电体的非线性是指介电常数随外加电场强度非线性地变化。从电滞回线也可看出这种
非线性关系。在工程中，常采用交流电场强度 E_{max} 和非线性系数 N 来表示材料的非线性。
E_{max} 指介电常数最大值 ε_{max} 时的电场强度，N 表示 ε_{max} 和介电常数初始值 ε_5 之比。ε_5 指交流电
频率为 50 Hz，电压 5 V 时的介电常数。

$$N = \frac{\varepsilon_{max}}{\varepsilon_5} \qquad\qquad (4 - 35)$$

非线性的影响因素主要是材料结构。可以用电畴的观点来分析非线性。电畴在外加电场
下能沿外电场取向，主要是通过新畴的形成、发展和畴壁的位移等实现的。当所有电畴都沿
外电场方向排列定向时，极化达到最大值。所以为了使材料具有强非线性，就必须使所有的
电畴能在较低电场作用下全部定向，这时 $\varepsilon - E$ 曲线一定很陡。在低电场强度作用下，电畴
转向主要取决于 90° 和 180° 畴壁的位移。但畴壁通常位于晶体缺陷附近。缺陷区存在内应
力，畴壁不易移动。因此要获得强非线性，就要减少晶体缺陷，防止杂质掺入，选择最佳工
艺条件。此外要选择适当的主晶相材料，要求矫顽场强低，体积电致伸缩小，以免产生应力。

强非线性铁电陶瓷主要用于制造电压敏感元件、介质放大器、脉冲发生器、稳压器、开
关、频率调制等方面。已获得应用的材料有 $BaTiO_3 - BaSnO_3$，$BaTiO_3 - BaZrO_3$ 等。

4. 晶界效应

陶瓷材料晶界特性的重要性不亚于晶粒本身的特性。例如 $BaTiO_3$ 铁电材料，由于晶界效
应，可以表现出各种不同的半导体特性。

在高纯度 $BaTiO_3$ 原料中添加微量稀土元素(例如 La)，用普通陶瓷工艺烧成，可得到室
温下体电阻率为 $10 \sim 10^3$ $\Omega \cdot cm$ 的半导体陶瓷。这是因为像 La^{3+} 这样的三价离子，占据晶格中
Ba^{2+} 的位置。每添加一个 La^{3+} 时离子便多余了一价正电荷，为了保持电中性，Ti^{4+} 俘获一个

电子。这个电子只处于半束缚状态，容易激发，参与导电，因而陶瓷具有 n 型半导体的性质。

另一类型的 $BaTiO_3$ 半导体陶瓷不用添加稀土离子，只把这种陶瓷放在真空中或还原气氛中加热，使之"失氧"，材料也会具有弱 n 型半导体特性。

利用半导体陶瓷的晶界效应，可制造出边界层（或晶界层）电容器。如将上述两种半导体 $BaTiO_3$ 陶瓷表面涂以金属氧化物，如 Bi_2O_3，CuO 等，然后在 950℃ ~1250℃ 氧化气氛下热处理，使金属氧化物沿晶粒边界扩散。这样晶界变成绝缘层，而晶粒内部仍为半导体，晶粒边界厚度相当于电容器介质层。这样制作的电容器介电常数可达 20000 ~80000。用很薄的这种陶瓷材料就可以做成击穿电压为 45 V 以上，容量为 0.5 μF 的电容器。

4.5 压电性

4.5.1 压电效应及其形成原因

对压电晶体在一定方向上施加机械应力时，在其两端表面上会出现数量相等、符号相反的束缚电荷；作用力相反时，表面荷电性质亦反号，而且在一定范围内电荷密度与作用力成正比。反之，在一定方向的电场作用下，则会产生外形尺寸的变化，在一定范围内，其形变与电场强度成正比。前者称为正压电效应，后者称为逆压电效应，统称为压电效应。

压电效应和晶体结构有密切联系。这里以 α-石英晶体为例简单介绍晶体压电性产生的原因。α-石英晶体属于离子晶体三方晶系，无中心对称的 32 点群。石英晶体的化学组成是氧化硅，三个硅离子和六个氧离子配置在晶胞的晶格上。在应力作用下，两端能产生最强束缚电荷的方向称为电轴。α-石英晶体的电轴就是 x 轴，z 轴为光轴（即光沿 z 轴进入时不产生双折射），从 z 轴看 α-石英晶体结构如图 4-20(a)，图中大圆是硅原子，小圆是氧原子。由图 4-20(a)可见，硅离子按左螺旋线方向排列，3#硅离子比 5#硅离子较深（向纸内），1#硅离子比 3#硅离子较深。每个氧离子带 2 个负电荷，每个硅离子带 4 个正电荷，但是每个硅离子的上、下两边有一个氧离子，所以整个晶格正负电荷平衡，不显电性。为了理解正压电效应产生的原因，现把图 4-20(a)绘成投影图，上下氧原子以一个氧符号代替并把氧原子也编成号，如图 4-20(b)所示。利用该图可以定性地解释 α-石英晶体产生正压电效应的原因。

如果晶片受到沿 x 方向的压缩力作用，如图 4-20(c)所示，这时硅离子 1#挤进氧离子 2#和 6#之间，而氧离子 4#挤入硅离子 3#和 5#之间，结果在表面 A 出现负电荷，而在表面 B 出现正电荷，这就是纵向压电效应。当晶片受到沿 y 方向的压缩力作用，如图 4-20(d)所示，这时硅离子 3#和氧离子 2#以及硅离子 5#和氧离子 6#都向内移动同样数值，所以在电极 C 和 D 上不出现电荷，而在表面 A 和 B 上出现电荷，但是符号正好和图 4-20(c)相反，因为硅离子 1#和氧离子 4#向外移动。这就是横向压电效应。而当沿 z 方向压缩或者拉伸时，带电粒子总是保持初始状态的正负电荷中心重合，所以不出现束缚电荷。

如上可知，压电效应是由于晶体在机械力作用下发生形变，即改变了原子相对位置，产生束缚电荷的现象。如果晶体结构具有对称中心，那么只要作用力没有破坏其对称中心结构，正负电荷的对称排列也不会改变，即使应力作用产生应变，也不会产生净电偶极矩，因为具有对称中心的晶体总电矩为零。而没有对称中心的晶体结构，没有外加电场时正负电荷中心重合，但是在外电场作用下，如果正负电荷中心不重合，就可能产生净电偶极矩。

所以晶体是否具有压电性，受到晶体结构对称性的制约，具有对称中心的晶体不可能具有压电性。这样，根据几何晶体学，在 32 种点群中，只有 20 种点群的晶体才可能具有压电性。但是在具有这 20 种点群晶体结构的材料中，也只有电介质材料（或者半导体材料），并且其结构还必须要有分别带正电荷和负电荷的质点——离子或者离子团存在，因此，压电晶体还必须是离子性晶体或者由离子团组成的分子晶体。

根据前面对铁电体的介绍，铁电体的结构是非中心对称的。因此铁电体也一定是压电体。因此可以推得，电介质材料中有一部分是压电体，而压电体中有一部分是铁电体。详细说明请参见任何一本有关电介质物理的书。

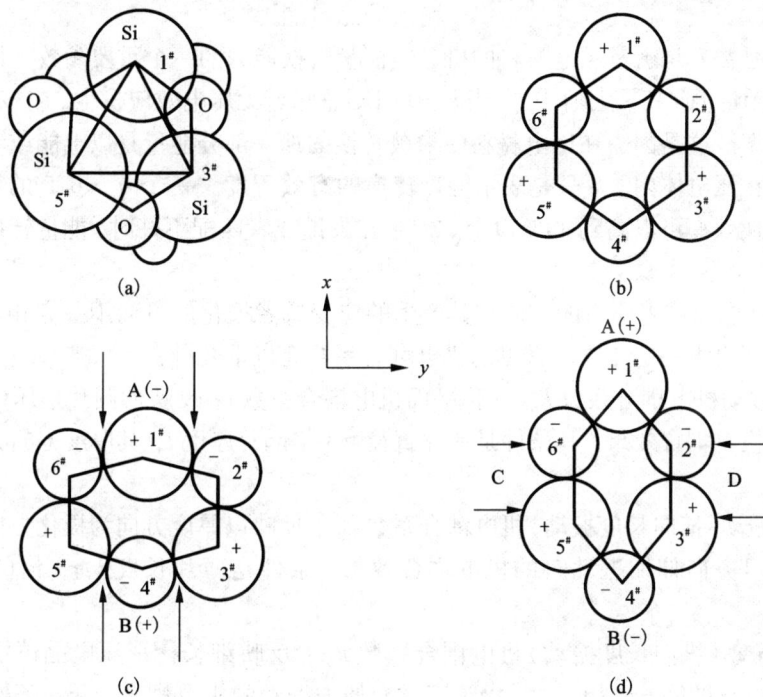

图 4 - 20 α - 石英晶体产生正压电效应示意图

4.5.2　机 – 电耦合

如上所述，对于一个可极化、可形变的电介质固体，除了电场强度 E 与极化强度 P 以及应力 X 和应变 x 各自本身之间的直接效应以外，同时还存在着机与电之间的相互耦合效应。如果把外力加到压电材料上，外力将使其变形，并通过正压电效应把输入的部分机械能转换为电能，显然，外力所做的机械功只有一部分能够转换为电能，其余部分则使压电材料变形，以弹性能的形式储存在压电材料中。反之，如果对压电材料加上电场，外电场将使其极化并通过逆压电效应把输入的一部分电能转换成机械能，外电场所做的总电功也只有一部分能够转换成为机械能，其余部分则使压电材料极化，以电能的形式储存在压电材料中。因此，这里定义机电耦合系数 k：

$$k^2 = \frac{由机械能转换的电能}{输入的总机械能} \tag{4-36}$$

或者

$$k^2 = \frac{由电能转换的机械能}{输入的总电能} \tag{4-37}$$

机电耦合系数 k 是衡量压电材料的机 – 电能量转换能力的一个重要参数。机电耦合系数是能量之比，无量纲，其最大值为 1，当 $k=0$ 时则意味着无压电效应发生。应该指出，k^2 不等于能量转换效率。这是因为在压电材料中未被转换的那一部分能量是以电能或者弹性能的形式可逆地储存在压电体内。k^2 只是表示能量转换的有效程度。一个 $k^2 = 0.5$ 的压电振子，在谐振时能量转换效率可以高到 90% 以上。但是在失谐或者匹配不好时，能量转换效率将大大降低。

另外，施加电场或者应力的方向与其产生的应变或者极化的方向不一定相同，自然这时的机电耦合作用也不一定相同。常见的机电耦合系数有以下几种：

（1）径向振动机电耦合系数 k_p（又称平面机电耦合系数）：反映薄圆片形压电晶体作径向伸缩振动时的机电耦合效果，其条件是晶片直径 ≥ 3 倍晶片厚度 t，其厚度方向为极化方向和施加电场方向。

（2）横向振动（横向长度振动）机电耦合系数 k_{31}：反映以厚度方向为极化方向的长薄片形压电晶体沿长度方向伸缩振动时的机电耦合效果，条件是薄片长度 $l \geq 3$ 倍的薄片宽度和厚度。

（3）纵向振动（纵向长度振动）机电耦合系数 k_{33}：反映细长棒形压电晶体沿厚度方向极化，而电场方向与极化方向相同时，沿长度方向伸缩振动的机电耦合效果，条件是长度 $l \geq 3$ 倍的棒宽度与厚度或者直径。

（4）厚度振动机电耦合系数 k_t：反映沿厚度方向极化且电场方向也沿厚度方向的薄片形压电晶体沿厚度方向伸缩振动的机电耦合效果，条件是晶片厚度小于晶片边长或直径。

（5）厚度切变振动机电耦合系数 k_{15}：反映压电晶体作厚度切变振动的机电耦合效果。

4.5.3　压电振子及其参数

把交变电场加到压电材料上便可通过逆压电效应在压电材料内激起各种模式的弹性波。当外电场的频率与弹性波在压电材料内传播时的固有振动频率一致时，压电材料便进入了机械谐振状态，成为压电振子。压电材料的许多重要应用都和压电谐振子有密切关系。表征压电振子的参数有：

1. 谐振频率与反谐振频率

压电振子谐振时，输出电流达最大值，此时的频率为最小阻抗频率 f_m。当信号频率继续增大到 f_n，输出电流达最小值，f_n 叫最大阻抗频率，如图 4 - 21。

根据谐振理论，压电振子在最小阻抗频率 f_m 附近，存在一个使信号电压与电流同位相的频率，这个频率就是压电振子的谐振频率 f_r，同样在 f_n 附近存在另一个使信号电压与电流同位相的频率，这个频率叫压电振子的反谐振频率 f_a。只有压电振子在机械损耗为零的条件下，$f_m = f_r$，$f_n = f_a$。

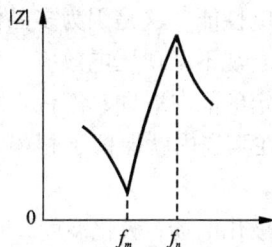

2. 频率常数

压电元件的谐振频率与沿振动方向的长度的乘积为一常数称为频率常数 $N(\mathrm{kHz \cdot m})$，例如陶瓷薄长片沿长度方向伸缩振动的频率常数 N_l 为：

$$N_l = f_r l \tag{4-38}$$

因为：

$$f_r = \frac{1}{2l}\sqrt{\frac{Y}{\rho}} \tag{4-39}$$

式中，Y 为杨氏模量；ρ 为材料的密度，所以：

$$N_1 = \frac{1}{2}\sqrt{\frac{Y}{\rho}} \tag{4-40}$$

由此可见，频率常数只与材料的性质有关。若知道材料的频率常数即可根据所要求的频率来设计元件的外形尺寸。

3. 电学品质因素和机械品质因素

压电振子本身也是一种电介质，因此在交变电压的作用下，也将因为损耗耗散掉一部分能量。衡量压电振子的这种损耗一般采用电学品质因素 Q。电学品质因素 Q 定义为压电振子的介质损耗角正切 $\tan\delta$ 的倒数：

$$Q = 1/\tan\delta \tag{4-41}$$

压电振子的机械品质因素 Q_m 是衡量谐振子在谐振时机械内耗大小的一个重要参数。机

图 4 - 21　压电振子的阻抗
特性曲线示意图

械品质因素 Q_m 定义为谐振时振子储存的最大弹性能 U_m 与每周期内损耗的机械能 U_r 之比：

$$Q_m = 2\pi \frac{U_m}{U_r} \tag{4-42}$$

4. 机电耦合系数 k

其定义和意义如上节所述。

4.5.4　压电陶瓷的极化处理及其性能稳定性

自然界中虽然具有压电效应的压电晶体很多，但是成为多晶陶瓷材料以后，往往不呈现出压电性能。这是因为多晶体中各细小晶体的紊乱取向，使得电畴的取向也是完全混乱的，因而宏观不呈现压电效应。使用前必须在适当的温度下加强直流电场，使得电畴只能沿某几个特定的晶向取向，各晶粒的自发极化方向都择优取向成为有规则的排列。当直流电场去除后，在陶瓷内就保留了相当的剩余极化强度，陶瓷材料具有宏观极性。这一过程称为极化处理。

极化电场，极化温度，极化时间是极化处理中的重要参数。其中极化电场是极化各种条件中的主要因素。极化电场越高，促使电畴取向排列的作用越大，极化就越充分。

在极化电场和时间一定的条件下，极化温度高，电畴取向排列较易，极化效果好。常用压电陶瓷材料的极化温度通常取 $320 \sim 420\ K$。

增加极化时间，可以提高电畴取向排列的程度，因此可以提高极化效果。极化初期主要是 $180°$ 电畴的反转，以后的变化是 $90°$ 电畴的转向。由于内应力的阻碍，$90°$ 电畴的转向较难进行，因而适当延长极化时间，可提高极化程度，一般极化时间从几分钟到几十分钟。

总之，极化电场、极化温度、极化时间三者必须统一考虑，因为它们之间相互有影响，应通过实验选取最佳条件。

另外，经过极化处理后，压电陶瓷所取得的剩余极化强度是不稳定的，将随时间而衰减，从而造成其介电、压电等性能也发生变化。在工程上这种现象被称为压电材料的老化。一般认为，极化过程中，$90°$ 畴的取向，使晶体 c 轴方向改变，伴随着较大的应变。极化后，在内应力作用下，已转向的 $90°$ 畴有部分复原而释放应力，但尚有一定数量的剩余应力，电畴在剩余应力作用下，随时间的延长复原部分逐渐增多，因此剩余极化强度不断下降，压电性减弱。此外，$180°$ 畴的转向，虽然不产生应力，但转向后处于势能较高状态，因此仍趋于重新分裂成 $180°$ 畴壁，这也是老化的因素。总之老化的本质是极化后电畴由能量较高状态自发地转变到能量较低状态，这是一个不可逆过程。然而老化过程要克服介质内部摩擦阻力，这和材料组成、结构有关，因而老化的速率又是可以在一定程度上加以控制和改善的。目前有两种途径可以改善稳定性：一是改变配方成分，寻找性能比较稳定的锆钛比和添加物；另一种是把极化好的压电陶瓷片进行"人工老化"处理，如加交变电场，或作温度循环等。人工老化的目的，是为了加速自然老化过程，以便在尽量短的时间内，达到足够的相对稳定阶段（一般自然老化开始速率大,随时间延续,趋于相对稳定)。

压电陶瓷的温度稳定性主要与晶体结构特性有关。改善温度稳定性主要通过改变配方成分和添加物的方法,使材料结构随温度变化减小到最低限度,例如,一般不取在相界附近的组成,对于 PZT 瓷,其 Zr 与 Ti 的比值取在偏离相界的四方相侧,使结构稳定。

4.5.5 压电材料及其应用

由于压电材料的广泛用途,其研究受到日益重视,目前研究和开发的压电材料主要分成以下几类:

1. 第一类压电材料——压电单晶

这是天然形成或人工制成的、具有各向异性的单晶压电体材料,它具有的压电效应是基于组成晶体结构的点阵上正负离子相对位置变化而引起的。常用的压电单晶有:

石英(SiO_2):这是天然形成或人工培育(人造水晶)的晶体,均匀性好,居里点高;阻抗高,机械品质因素 Q_m 值大;硬度高、耐磨性好;不会潮解;性能极稳定,老化极慢极小,而且其性能随温度的变化极小,可获得不随时间而变的线性频率温度系数;损耗小,可用于极高的频率;绝缘性能好,能在高电压下使用;能用于较高和极低的温度环境等。由于石英具备了许多优越的性能,故至今仍被广泛应用,特别是用作标准换能器以及例如电脑设备中的时间振荡器等。它的缺点是机电变换效率低,使系统回路的增益较低。

铌酸锂($LiNbO_3$):这是人工培育的铁电单晶,直径可达 120 mm。铌酸锂可被用于直接激发超声横波且机电耦合系数很高,具有优越的压电性能,它的 Q_m 值相当大,居里点很高,能在高温下使用,极化稳定,超声传播损失小,不潮解,频率常数很大,可用于制作超高频的换能器,等等。因此,它已被用作声表面波换能器的常用基本材料,当用作体积波换能器时能获得比常用压电陶瓷换能器还要好的灵敏度,也用作超声测厚以及窄脉冲换能器。

α 碘酸锂($\alpha - LiIO_3$):这也是人工单晶,它的机械性能较好,容易加工,能溶于水但不易潮解,物理化学性能比较稳定,压电性能优良,特别是具有高的机电耦合系数和低的介电常数,并且 Q_m 值相当低,很适合制作高灵敏度、高分辨率的宽带换能器及延迟线,例如制作超声测厚以及窄脉冲换能器。

此外还有接收性能良好的硫酸锂(Li_2SO_4)等。

2. 第二类压电材料——压电多晶陶瓷

这是通过粉末烧结方法人工焙烧制成的多晶压电体材料,它具有的压电效应是基于电致伸缩效应,其压电性能随烧结工艺和配方成分的不同而存在差异,因此其种类繁多且性能也互有出入。

压电陶瓷易于制成各种形状,可以多种振动模式振动以适应于各种用途,具有较高的机电耦合系数,较高的回路增益和灵敏度,这是它的重要优越性。

传统使用的压电陶瓷主要是以锆钛酸铅[$Pb(Zr_x Ti_{1-x})O_3$:($x < 1$),代号 PZT]为基本成

分的铅基压电陶瓷。PZT 系列的主要特点是机电耦合系数高，而其中的 PZT-4 为发射型，它的高激励特性好（Q_m 值较高，内部损耗小等），适用于声呐辐射器、超声换能器、高压发生器以及大功率换能器等。PZT-5 为接收型，它的介电常数高，老化小，Q_m 值低，适用于水听器、超声换能器、电唱机拾音器、微音器以及扬声器元件，还适用于宽带脉冲型检测等。

铅基压电陶瓷中 PbO（或 Pb_3O_4）的含量约占原料总量的 70%，这类陶瓷在生产、使用及废弃后的处理过程中，都会给人类及其生态环境造成危害。近年来，欧美等国已把 Pb 定为限用对象，其中被限制使用的物质就包括含铅的压电器件。鉴于以上状况，开发无铅或低铅的压电陶瓷是目前研究的热点。作为无铅压电陶瓷最早使用的是 $BaTiO_3$（BT），现在是以 $Bi_{0.5}Na_{0.5}TiO_3$（BNT）和 $KNbO_3$（KN）等钙钛矿型系列为主的无铅压电材料，但性能与含铅压电陶瓷还存在较大的差距。

3. 第三类压电材料——极性高分子压电材料

这是具有压电效应的新型人工合成的半结晶性聚合物，称为极性高分子聚合物，其压电效应是基于有极分子的转动，目前以聚偏氟乙烯（PVDF）性能最好。

PVDF（—CH_2—CF_2—）是最有极性的高分子聚合物之一。在低于 100℃ 温度下将 PVDF 薄膜拉伸到原来的几倍长，即得到 β 型（PVDF 的一种结晶形式）薄膜，施以电极（通常为铝），在高直流电场中极化（温度在 80℃~150℃），将获得压电性能，它可以有效地用作声接收器，有良好的热稳定性，PVDF 材料可弯曲，声阻抗小，与水匹配较好，特别适用于水听器以及医学超声诊断声场测试用的换能器。PVDF 压电薄膜材料的缺点是信噪比尚不理想，机电耦合系数还不够大，而且机械和介电损耗比较大；此外，由于机械品质因素较小，故不适用于需要尖锐共振之处，也不适用于大输入和连续工作，因为它在 80℃ 以上温度下长时间使用时，其压电效果减小。

4. 第四类压电材料——复合压电材料及氧化锌压电薄膜

复合压电材料是将强介电性陶瓷微粒分散混合于高分子材料中而构成的，其处理和使用与高分子压电材料一样，其压电性能不仅依赖于陶瓷粒子，也和作为基体的高分子材料的种类有很大关系，特别是和 PVDF 及氟化亚乙烯基等介电率高的高分子的复合系，可用作强压电性材料。这种压电材料无需像其他高分子压电体那样作延伸处理，内部各向同性，随基体高分子种类的变化，可获得较大的弹性率变化范围，特别是可以热压成型，实用上很方便。如 PVDF 和 PZT 系的复合材料，其压电性能和介电性能很稳定，这类材料已达实用阶段，在应用方面与压电高分子聚合物材料很相似。

氧化锌（ZnO）压电薄膜（利用真空喷涂工艺制成）用于超高频超声波发生与接收换能器，可用于 30~3000 MHz 频段且效果很好，它能用于物质特性的研究、超声延迟线、声光器件、通信和信息处理以及超声显微镜等，具有频带宽，电声转换效率好，与激励电路容易匹配等。

4.6　介电性能的测试

电介质材料的介电性能测试主要包括绝缘电阻率、相对介电常数、介质损耗角正切及击穿电场强度等的测试。测试的结果受很多因素影响，如环境条件（温度、湿度、气压等）、测试条件（如施加电压的频率、波形、电场强度等）、电极与试样的制备等的影响。

4.6.1　绝缘电阻率测试

绝缘电阻率测试通常采用如图 4 – 22 所示的三电极系统，可以分别测出试样的体积电阻率 ρ_V 和表面电阻率 ρ_S，测量电路图分别如图 4 – 23 和图 4 – 24。

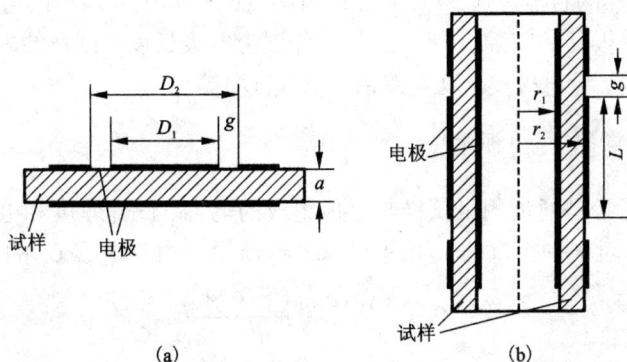

图 4 – 22　测量体积电阻率和表面电阻率的三电极系统

（a）平板试样；（b）管状试样

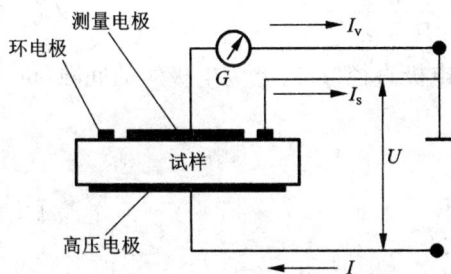

图 4 – 23　体积电阻率测试线路图

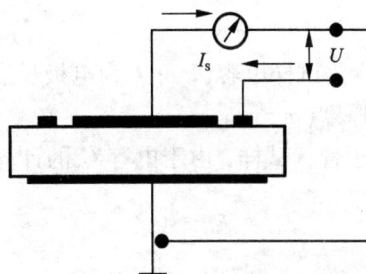

图 4 – 24　表面电阻测量线路图

对于如图 4 – 22（a）的平板试样，

$$\rho_V = \frac{u}{I_V} \cdot \frac{\pi(D_1 + g)^2}{4d}$$

$$\rho_S = \frac{u}{I_S} \cdot \frac{2\pi}{\ln \dfrac{D_2}{D_1}} \tag{4-43}$$

对于如图 4-22(b)的管状试样

$$\rho_V = \frac{u2\pi(L + g)}{I_V \ln \dfrac{r_2}{r_1}}$$

$$\rho_S = \frac{u}{I_S} \cdot \frac{2\pi r_2}{g} \tag{4-44}$$

式中，u 为施加于试样的直流电压；I_V，I_S 分别为流过试样体积和表面的电流；D_1，D_2，g 分别为电极的直径以及电极间的间隙；L，r_1，r_2，d 分别为电极长度、试样的内外半径及厚度。电极材料可用粘贴铝箔、导电橡皮、真空镀铝、胶体石墨等。

4.6.2 相对介电常数(ε_r)测试

相对介电常数通常是通过测量试样与电极组成的电容、试样厚度和电极尺寸求得。

应用三电极时，对于平板试样，如图 4-22(a)所示。由于电容 C_x 的计算公式是

$$C_x = \frac{\varepsilon A}{d} = \frac{\varepsilon_r \varepsilon_0 (\pi D^2/4)}{d} \tag{4-45}$$

因此

$$\varepsilon_r = \frac{4}{\pi} \cdot \frac{1}{\varepsilon_0} \cdot C_x \frac{d}{D_1^2} \approx 0.144 \times 10^{12} C_x \cdot \frac{d}{D_1^2} \tag{4-46}$$

根据实际经验修正为

$$\varepsilon_r = 0.144 \times 10^{12} C_x \cdot \frac{d}{(D_1 + g)^2} \tag{4-47}$$

式中，C_x 为试样电容(F)；L 为电极长度(m)；D_1 为电极直径(m)；g 为电极间的间隙(m)；d 为试样厚度(m)。

对于管状试样，由于电容 C_x 的计算公式是

$$C_x = \varepsilon_r \varepsilon_0 \cdot \frac{2\pi L}{\ln \dfrac{r_2}{r_1}} \tag{4-48}$$

因此

$$\varepsilon_r = \frac{1}{2\pi} \cdot \frac{1}{\varepsilon_0} C_x \cdot \frac{\ln(r_2/r_1)}{L} \approx 0.018 \times 10^{12} \frac{C_x}{L} \ln \frac{r_2}{r_1} \tag{4-49}$$

式中，r_1，r_2 为试样的内外半径。

4.6.3　介质损耗角正切($\tan\delta$)的测定

通过测量试样的等效参数经计算求得,也可在仪器上直接读取。在工频、音频下一般都用电桥法测量,高电压时采用西林电桥法,如图 4 - 25 所示。

电桥平衡时

$$\tan\delta = \omega C_4 R_4 \qquad (4-50)$$

$$C_x = C_N \frac{R_4}{R_3}/(1+\tan^2\delta) \approx C_N \frac{R_4}{R_3} \qquad (4-51)$$

式中,C_N 为标准电容;C_4 为可调电容;R_4 为固定电阻;R_3 为可调电阻。

当频率为几十千赫到几百兆赫范围时,可用集总参数的谐振法进行测量,如图 4 - 26 所示。

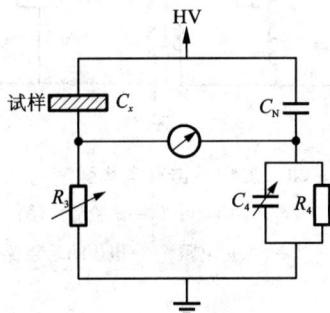

图 4 - 25　西林电桥法

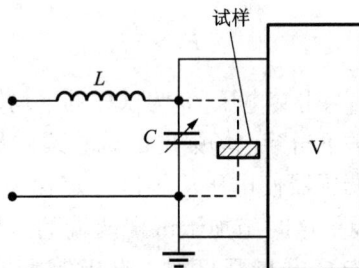

图 4 - 26　谐振法

L—标准电感线圈;C—调谐电容;
V—指示回路谐振的电压表

使频率和电感保持恒定,在接入试样和不接试样时调节调谐电容使电路谐振。若接试样时 $C = C_s$,不接试样时 $C = C_{ns}$,则试样电容的测量结果是 $C_x = C_{ns} - C_s$,这时可用变 Q 值法和变电纳法计算试样的 $\tan\delta_x$。在变 Q 值法中是根据接入试样且回路谐振时的 Q 值(Q_i)与不接试样且回路谐振时的 Q 值(Q_0)的变化来计算损耗角正切,即,

$$\tan\delta_x = \frac{C_r}{C_x}\left(\frac{1}{Q_i} - \frac{1}{Q_0}\right) \qquad (4-52)$$

式中,C_r 是回路的总电容,除谐振电容外,包括试样的零电容、接线电容等。变电纳法如图 4 - 27 所

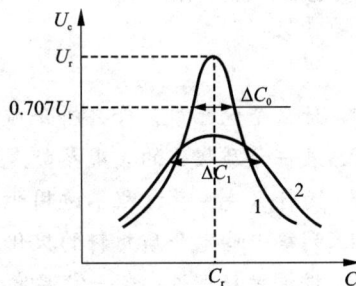

图 4 - 27　变电纳法

1—不接试样;2—接入试样

示，是根据接试样时谐振曲线的半功率点的宽度 ΔC_1 和不接试样时相应宽度 ΔC_0 的变化来计算损耗角正切，即

$$\tan\delta_x = \frac{\Delta C_i - \Delta C_0}{2C_x} \qquad (4-53)$$

在这些测试中，选择电极极为重要。常用的是接触式电极。可用粘贴铝箔、烧银、真空镀铝等方法制作电极，但后者不能在高频下使用。低频测量时，试样与电极应屏蔽。在高频下可用测微电极以减小引线影响。在某些特殊场合，可用不接触电极，例如薄膜介电性能测试和频率高于 30 MHz 时介电性能的测量。

4.6.4　击穿电场强度测定

绝缘材料的击穿电场强度以平均击穿电场强度(E_B)表示

$$E_B = \frac{u_B}{d} \qquad (4-54)$$

式中，u_B 为击穿电压，d 为试样的平均厚度。

工频下击穿电场强度的试验线路如图 4–28。R_0 通过调压器使电压从零以一定速率上升，至试样被击穿，这时施加于试样两端的电压为击穿电压。测击穿电场强度时，电极需照有关标准的规定。

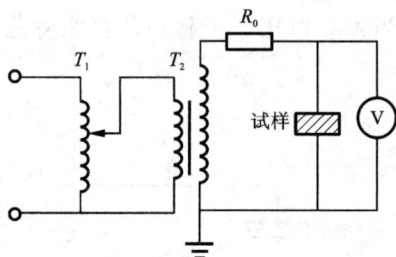

图 4–28　工频下击穿电场强度的试验线路

T_1—调压器；T_2—试验变压器；

R_0—保护电阻；V—电压测量装置

击穿电压可用静电电压表、电压互感器、放电球隙等仪器并联于试样两端直接测出。击穿电压很高时，需采用电容分压器。冲击电压下的击穿电场强度测试，一般用冲击电压发生器产生的标准冲击电压施加于试样，逐级升高冲击电压的峰值直至击穿。冲击电压可用 50% 球隙放电法，也可用阻容分压器加上脉冲示波器或峰值电压表测量。

思考练习题

1. 什么是电介质？什么叫介质的极化？
2. 表征介质极化的宏观参数是什么？
3. 为什么克–莫方程不适用于极性介质？
4. 列举一些电介质材料的极化类型，以及举出在各种不同频率下可能发生的极化形式。
5. 根据德拜理论，在一定温度下，介质的 ε_r'、ε_r'' 和 $\tan\delta$ 与频率的关系如何？且作图。
6. 根据德拜理论，请用图描述在不同温度下，介质的 ε_r'、ε_r'' 和 $\tan\delta$ 与频率的相关性。
7. 某介质的 $\varepsilon_s = 10$，$\varepsilon_\infty = 2$，$\tau = 10^{-10}$ s，请画出 ε_r'、ε_r'' 和 $\tan\delta \sim \lg\omega$ 关系曲线，标出 $\tan\delta$ 和 ε_r'' 峰值位置，ε_{rmax}'' 等于多少？$\varepsilon_r'' \sim \lg\omega$ 关系曲线下的面积是多少？

8. 如何判断电介质是具有松弛极化的介质？

9. 何谓固体介质的电击穿？其击穿电压与哪些因素有关？

10. 介质不发生热击穿的条件是什么？如何提高材料的热击穿电压？

11. 铁电晶体是指哪一类型的晶体？电畴的概念是什么？

12. 什么是压电效应？哪类晶体才可能具有压电效应？为什么？

13. 铁电性有哪些基本性质？

14. 机电耦合系数的意义是什么？

第 5 章　材料的光学性能

5.1　概述

　　光学材料是功能材料中的重要组成部分。光学材料以折射、反射和透射的方式改变光线的方向、强度和位相，使得光线按照预定的要求传输，也可以吸收或者透过一定波长范围的光而改变光线的光谱成分。材料的发光性能对于信息显示技术具有重要的意义，它给人类的生活带来了巨大的变化。近代光学的发展，尤其是激光出现以后，光通讯及光机电一体化技术得到飞速发展，对材料的光学性能提出了更高的要求，因此了解和掌握材料的光学性能显得十分重要。

　　本章主要介绍光传播的基本理论、光吸收、光散射、发光材料以及常用的光学测量方法等内容。

5.2　光传播的基本理论

5.2.1　波粒二象性

　　光是人类最早认识和研究的一种自然现象。然而关于光本质的认识在人类历史上却经历了长期的争论和发展过程。19 世纪末，日臻成熟的原子理论逐渐盛行。根据原子理论的观点，物质都是由微小的粒子——原子构成。比如原本被认为是一种流体的电，由汤普逊的阴极射线实验证明是由被称为电子的粒子所组成。因此，人们认为大多数的物质是由粒子所组成。而与此同时，波被认为是物质的另一种存在方式。波动理论已经研究得相当深入，包括干涉和衍射等现象。光在托马斯·杨的双缝干涉实验中，以及夫琅和费衍射中所展现的特性，明显地说明它是一种波动。不过在 20 世纪来临之时，这个观点面临一些挑战。1905 年由阿尔伯特·爱因斯坦研究的光电效应展示了光的粒子性一面。随后，电子衍射被预言和证实，这又展现了原来被认为是粒子的电子波动性的一面。波与粒子的困扰终于在 20 世纪初由量子力学的建立所解决，即所谓波粒二象性（是指某物质同时具备波的特性及粒子的特性）。它提供了一个理论框架，使得任何物质在一定的环境下都能够表现出这两种性质。量子力学认为自然界所有的粒子，如光子、电子或是原子，都能用一个微分方程，如薛定谔方程来描述。这个方程的解即为波函数，它描述了粒子的状态。波函数具有叠加性，即它们能够像波一样互相干涉和衍射。同时，波函数也被解释为描述粒子出现在特定位置的几率幅。这样，粒子性和波动性就统一在同一个解释中。

尽管人们对光本质有了全面认识，但在一定范围内经典理论依然是正确的。在涉及光传播特性的场合，只要电磁波不是十分微弱，经典的电磁波理论依然正确。当涉及光与物质发生相互作用，并且产生能量和动量交换时，才需要把光当做具有确定能量和动量的粒子流来对待。本章在讨论材料的光学性能时，将根据需要分别或同时采用光子和光波这两种概念。

5.2.2　光的电磁性

光是频率在某一范围的电磁波，是一种在空间传播着的交变电磁场。光的电磁性可以解释光的传播、干涉、衍射、散射、偏振等现象，以及光与物质相互作用的规律。光作用在固体材料上，宏观上出现反射、折射和透射等现象，微观上则引起组成材料的原子发生电子极化或（和）电子能态的变化。

电磁波涵盖的范围很广，依照波长的不同，电磁波谱可大致分为：无线电波、微波、红外线、可见光、紫外线、X 射线、γ 射线、宇宙射线，它们的区别仅在于频率或波长有很大差别。电磁波谱如图 5 - 1 所示。其中可见光是眼睛所能感知的电磁波，在整个电磁波谱中只占很窄的一部分，其波长范围为 400 ~ 700 nm。光线的颜色取决于波长，例如波长为 400 nm 的光是紫色，波长为 500 nm 的光呈现绿色，波长为 650 nm 的光呈现红色。白光是各种颜色的光混合的结果。

电磁波在真空中的速度 c 和在介质中的速度 v 分别为

$$c = \frac{1}{\sqrt{\varepsilon_0 \mu_0}} \tag{5-1}$$

$$v = \frac{c}{\sqrt{\varepsilon_r \mu_r}} \tag{5-2}$$

其中 ε_0，ε_r 以及 μ_0，μ_r 分别为真空和介质中的介电常数和磁导率。令

$$n = \sqrt{\varepsilon_r \mu_r} \tag{5-3}$$

那么光在真空中的速度 c 与在介质中的速度 v 之比为

$$\frac{c}{v} = n \tag{5-4}$$

常数 n 决定了材料的光折射性质，称为材料的"折射率"。关于光在真空中的速度，人们曾经用多种方法进行了测量，已经达到的最准确的数值为

$$c = 2.997924562 \times 10^8 \pm 1.1 \text{ m/s} \tag{5-5}$$

一般近似为

$$c = 3 \times 10^8 \text{ m/s} \tag{5-6}$$

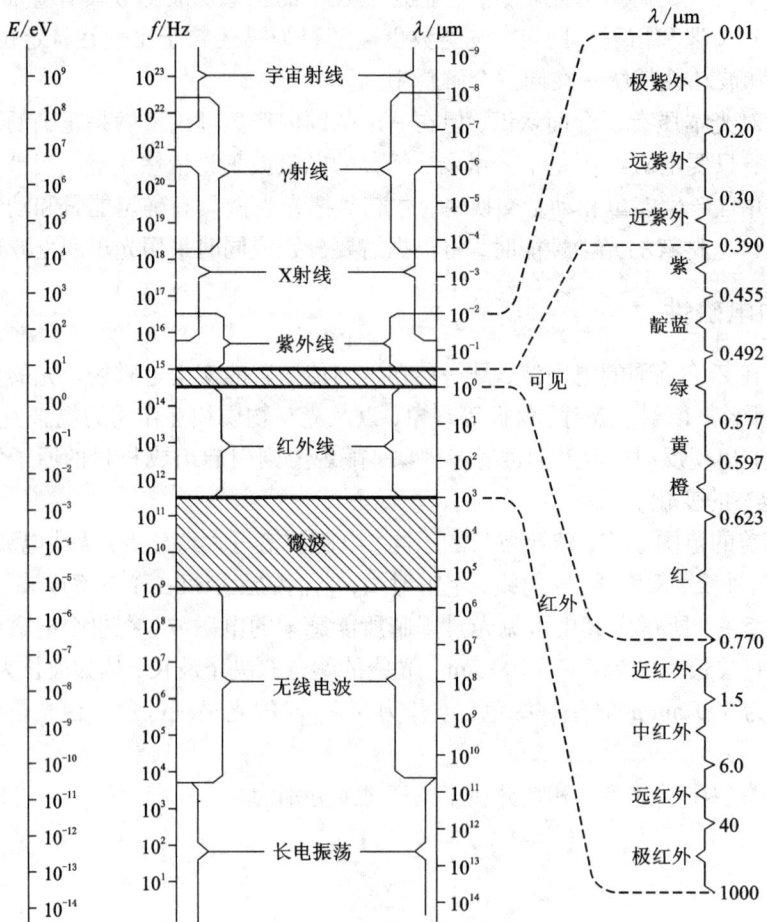

图 5-1 电磁波谱

5.2.3 光和物质的相互作用

光子是传递电磁相互作用的基本粒子，是电磁辐射的载体。与大多数基本粒子相比，光子的静止质量为零，这意味着它在真空中的传播速度为光速。光子具有波粒二象性：光子能够表现出经典波的折射、干涉、衍射等性质，而光子的粒子性则表现为和物质相互作用时不像经典粒子那样可以传递任意值的能量，光子只能传递量子化的能量。也就是说光的能量是不连续的，可以分成一份一份最小的单元，其数值为

$$\varepsilon = h\nu \tag{5-7}$$

式中，ν 为光波电磁场的频率；h 为普朗克常数，其数值为

$$h = 6.626 \times 10^{-34} \text{ J} \cdot \text{s} \qquad (5-8)$$

这个最小的能量单元称为"光子"。电磁场则是由许许多多光子组成的。

根据相对论的质能关系,这个光子还具有分立的动量,其数值为

$$p = h/\lambda \qquad (5-9)$$

式中, λ 为光的波长。根据这个观点,当光波照射到物体上时,就相当于一串光子打到物体表面,它们对物体会产生一定的压力(尽管很小)。这个结论也为后来测量光压的实验所证实。

总之,光既可以看做光波又可以看做光子流。光子是电磁场能量和动量量子化的粒子,而电磁波是光子的概率波。光作为波的属性可以用频率和波长来描述,而作为光子的属性则可以用能量和动量来表征。材料中的各种光学现象本质上是光和物质相互作用的结果。研究光和物质相互作用的微观过程,是讨论材料中光的折射、散射、吸收、发光、激光等光学现象物理本质的基础。

5.3　光的折射、反射、吸收和散射特性

5.3.1　折射率

当光从真空中进入较致密的材料时,其传播速度降低。狭义地讲,光在真空和材料中的速度之比即为材料的折射率

$$n = \frac{v_{\text{真空}}}{v_{\text{材料}}} = \frac{c}{v_{\text{材料}}} \qquad (5-10)$$

如果光从材料 1(折射率为 n_2)通过界面传入材料 2(折射率为 n_2)时,与界面法向所形成的入射角 θ_1、折射角 θ_2 和两种材料折射率之间有如下关系:

$$n_{21} = \frac{\sin\theta_1}{\sin\theta_2} = \frac{n_2}{n_1} = \frac{v_2}{v_1} \qquad (5-11)$$

式中, v_1 和 v_2 分别为光在材料 1 和材料 2 中的传播速度, n_{21} 为材料 2 相对于材料 1 的相对折射率。

折射率是物质的重要特性参数之一,可以使人们了解光学玻璃、光纤、光学晶体、液晶、薄膜等材料的光学性能。折射率也是矿物鉴定的重要依据和是光纤通信、工程塑料及新物质的判断依据。材料的折射率一般是大于 1 的正数。如空气的 $n = 1.0003$,固体氧化物 $n = 1.3 \sim 2.7$,硅酸盐玻璃 $n = 1.5 \sim 1.9$,钻石为 2.4。表 5.1 列出了各种玻璃和晶体的折射率。

麦克斯韦关系式

$$\varepsilon_r = n^2 \qquad (5-12)$$

表 5 − 1　各种玻璃和晶体的折射率

材料	平均折射率	材料	平均折射率
由正长石($KAlSi_3O_8$)组成的	1.51	钠长石 $NaAlSi_3O_8$	1.529
由钠长石($NaAlSi_3O_8$)组成的	1.49	钙长石 $CaAl_2Si_2O_8$	1.585
由霞石正长岩组成的	1.50	硅线石 $Al_2O_3 \cdot SiO_2$	1.65
氧化硅玻璃	1.458	莫来石 $3Al_2O_3 \cdot 2SiO_2$	1.64
高硼硅酸玻璃($90\% SO_2$)	1.458	金红石	2.71
钠钙硅酸玻璃	1.51 ~ 1.52	碳化硅	2.68
重燧石光学玻璃	1.6 ~ 1.7	硫酸铅	3.192
硫化钾玻璃	2.66	方解石 $CaCO_3$	1.65
硼硅酸玻璃	1.47	硅	3.49
四氯化硅	1.412	碲化镉	2.74
氟化锂	1.392	硫化镉	2.50
氟化钠	1.326	酞酸锶	2.49
氟化钙	1.434	铌酸锂	2.31
刚玉	1.76	氧化钇	1.92
方镁石 MgO	1.74	硒化锌	2.62
石英	1.55	钛酸钡	2.40

　　反映了光的折射率与材料介电常数的关系。材料的极化性质与构成材料的原子的原子量、电子分布情况、化学性质等微观因素有关。这些微观因素通过宏观量介电常数来影响光在材料中的传播速度。归纳起来影响折射率 n 值的因素有以下几方面：

　　(1)构成材料元素的离子半径和电子结构。

　　(2)材料的结构、晶型和晶态。

　　(3)同质异构体。一般情况下,同质异构材料的高温晶型原子的密堆积程度低,因此高温晶型的折射率较低,低温晶型原子的密堆积程度高,因此其折射率较高。

　　(4)外界因素对折射率的影响。材料在机械应力、超声波、电场等的作用下,折射率会发生改变,如有内应力存在时的透明材料,垂直于受拉主应力方向的 n 大,平行于受拉主应力方向的 n 小。这些效应分别称为光弹性效应、声光效应、电光效应等。

5.3.2　反射率和透射率

　　作为一种波动,光在两种介质界面上发生反射和折射时其传播方向会发生变化,光波在反射和折射前后能量还遵循一定的变化规律。当光线由介质 1 入射到介质 2 时,光在介质面上分成了反射光和折射光,如图 5 − 2 所示。由于发生反射,使得透过的光的强度减弱。设光的总能量流 W 为

$$W = W' + W''$$

(5 − 13)

式中，W，W'，W'' 分别为单位时间通过单位面积的入射光、反射光和折射光的能量流。当光线垂直入射时，

$$\left(\frac{W}{W'}\right) = \left(\frac{n_{21}-1}{n_{21}+1}\right)^2 = m \qquad (5-14)$$

式中 m 为反射系数。由式（5-14）可知，在垂直入射的情况下，光在界面上反射的多少取决于两种介质的相对折射率 n_{21}。

由公式（5-13）可知

$$\frac{W''}{W} = 1 - \frac{W'}{W} = 1 - m \qquad (5-15)$$

式中，$1-m$ 称为透射系数。

如果介质 1 为空气，可以认为 $n_1 = 1$，则 $n_{21} = n_2$。如果 n_1 和 n_2 相差很大，那么界面反射损失就严重；如果 $n_1 = n_2$，则 $m = 0$，因此在垂直入射的情况下，几乎没有反射损失。

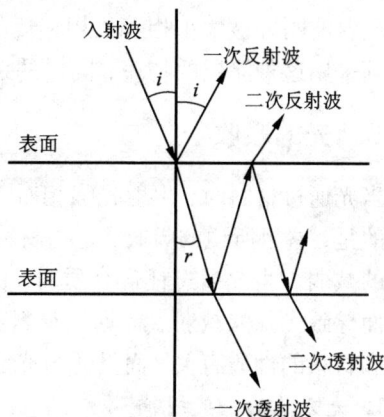

图 5-2　光通过透明介质分界面时的反射和透射

有上述讨论可知，反射率和透射率是由两种材料的折射率决定的，如果 n_1 和 n_2 相差很大，那么界面反射损失就严重。这意味着在光学系统中当折射率增大时，反射损失增大。

通常来说，光线在临界面上的反射率仅与材料的物理性能、光线的波长以及入射角有关。由于材料的折射率与波长有关，因此同一种材料对不同的波长有不同的反射率。如金对绿光的垂直反射率为 50%，而对红外光的反射率达到了 96% 以上。海水对于短波辐射的反射率一般仅为 5%，也就是说，海水可以吸收太阳热辐射能量的 95%，而白色冰雪的反射率却高达 30%~80%，二者相差 6~16 倍。不透明材料如镜面的反射率为 100%，非镜面则与颜色、温度、光的属性等诸方面因素有关。透明材料的反射率的大小与光的入射角有关，入射角越大，反射率越大，例如，光从光密介质进入光疏介质时，当入射角达到临界角时，发生全反现象，小于临界角时，则是部分反射。

由于陶瓷、玻璃等材料的折射率比空气的大，所以反射损失严重。如果透镜系统由许多块玻璃组成，则反射损失更可观。为了减少这种界面损失，常常采用折射率和玻璃相近的胶将它们粘起来，这样，除了最外和最内的表面是玻璃和空气的相对折射率外，内部各界面都是玻璃和胶的较小的相对折射率，从而大大减小了界面的反射损失。相反，对于雕花玻璃"晶体"，则在强折射的基础上要求高的反射性能，这种玻璃含铅量高，折射率高，因而反射率约为普通钠钙硅玻璃的两倍。同样宝石的高折射率使得它具有所需的强折射作用和高反射性能。玻璃纤维作为照明和通讯的光导管时，有赖于光束的总的内反射。这是用一种具有可变折射率的玻璃或涂层来实现的。

对于光学工程的应用，希望强折射和低反射相结合。这可以在镜片上涂一层中等折射

率、厚度为光波长的1/4涂层，这种光波通常在可见光谱的中部(即0.60 μm左右)，这样的一次反射波刚好被大小相等位相相反的二次反射波所抵消。在大多数显微镜和许多其他光学系统都采用这种涂层的物镜，同样的系统被用来制作"不可见"的窗口。

5.3.3 光的吸收

当光通过材料时，出射光强相对于入射光强被减弱的现象，称为材料对光的吸收。需要注意的是，这里所说的吸收，是指材料对光能量的真正吸收，不包括由于反射和散射引起的光强的减弱。当光通过任何介质时，由于吸收现象的存在，光能量都会不同程度地被材料所吸收而导致光强的减弱。光通过材料后，其光强减弱的程度不同不仅与光在材料中所经历的路程和材料的性质有关，而且还与光波的波长有关。

1. 光吸收的一般规律

产生光吸收的原因是由于光作为能量流在穿过材料时，引起了材料的价电子跃迁，或使原子振动而消耗能量。此外，材料中的价电子吸收光子能量而激发，当尚未退激时，在运动中与其他分子碰撞，电子的能量转变成分子的动能亦即热能，从而构成光能的衰减。即使在对光不发生散射的透明材料，如玻璃和水溶液中，光也会有能量的损失。

现在从能量的观点来考察当一束单色平行光垂直入射到一块有吸收的平行板上时对光吸收的一般规律。

如图5-3所示，当一束光强为I_0的单色平行光束沿x方向通过均匀介质内一段距离x后，强度已减弱到I；再通过厚度为dx的薄层时有减少了dI。光在同一介质内通过同一距离时，到达该处的光能量中将有同样百分比的能量被该层介质所吸收。这就表明，相对强度$\dfrac{dI}{I}$与吸收层的厚度成正比。即

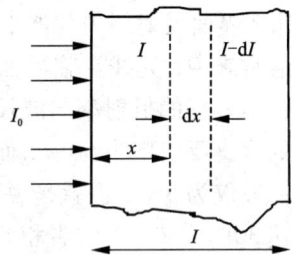

$$\frac{dI}{I} = -\alpha_a dx \tag{5-16}$$

上式中α_a是吸收稀疏，它是与光强无关但是取决于材料性质和光波长的常数，负号表示当x增加($dx > 0$)时，光强I减小($dI < 0$)。将上式积分，便可求出光束通过厚度为l的材料后的光强

$$I = I_0 e^{-\alpha_a l} \tag{5-17}$$

式中I和I_0分别代表透射光强和入射光强。该式称为朗伯吸收定律。

吸收系数α_a标志着材料对光吸收能力的大小。吸收系数越大，材料对光的吸收也就越强。不同物质的吸收系数各不相同。金属对光的吸收比较强烈，这是由于金属的价电子处于未满带，吸收光子后即呈激发态，用不着跃迁到导带就会发生碰撞而发热。金属和半导体在

电磁波谱的可见光区的吸收系数都是很大的。但是对于大部分电介质材料，如玻璃、陶瓷等在可见光波谱区域则有良好的透过性，也就是说吸收系数很小。这是因为电介质材料的价电子所处的能带是填满的，它不能吸收光子而自由运动，而光子的能量又不足以使价电子跃迁到导带，所以在一定的波长范围内吸收系数很小。

2. 光吸收与波长的关系

所有材料均是对某一范围内的光是透明的，而对另一范围内的光却是不透明的。例如石英，它对所有可见光几乎都是透明的，而对波长为 $3.5 \sim 5.0 \ \mu m$ 的红外光却是不透明的。这说明石英对可见光的吸收甚微，而对上述红外光有强烈的吸收。一般情况下，材料在紫外区会出现紫外吸收端，这是由于波长越短，光子的能量越大。当光子能量达到禁带宽度 E_g 时，电子就会吸收光子能量从满带跃迁到导带，此时吸收系数将骤然增大。此紫外吸收端相应的波长可根据材料的 E_g 求得，即

$$E_g = h\nu = h \times \frac{c}{\lambda} \tag{5-18}$$

式中，h 为普朗克常数；$h = 6.63 \times 10^{-34} \ \text{J·s}$，$c$ 为光速。

从式（5-18）可知，禁带宽度大的材料，紫外吸收端的波长比较小。材料在红外区的吸收峰是由于离子的弹性振动与光子辐射发生谐振消耗能量所致。要使谐振点的波长尽可能远离可见光区，即吸收峰处的频率尽可能小，则需选择较小热振频率 ν 的材料。该频率 ν 与材料其他常数的关系为

$$\nu^2 = 2\beta \left(\frac{1}{M_c} + \frac{1}{M_a} \right) \tag{5-19}$$

式中，β 是与力有关的常数，由离子间结合力确定，M_c 和 M_a 分别为阳离子和阴离子的质量。由式（5-18）和（5-19）可知，如果希望材料在电磁波谱的可见光区的透过范围比较大，那么紫外吸收端的波长就要小，因而要求有大的 E_g。另外，最好有弱的原子间结合力和大的离子质量。对于高原子量的二价碱金属卤化物，这些条件都是最优的。表5-2列出了一些厚度为 $2 \ \text{mm}$ 的材料的透光超过10%的波长范围。

表5-2 各种材料能透过的波长范围

材 料	能透过的波长范围 $\lambda / \mu m$	材 料	能透过的波长范围 $\lambda / \mu m$
熔融二氧化硅	0.16 ~ 4	多晶氟化钙	0.13 ~ 11.8
熔融石英	0.18 ~ 4.2	单晶氟化钙	0.13 ~ 12
铝酸钙玻璃	0.4 ~ 5.5	氟化钡 - 氟化钙	0.75 ~ 12
偏铌酸锂	0.35 ~ 5.5	三硫化砷玻璃	0.6 ~ 13
方解石	0.2 ~ 5.5	硫化锌	0.6 ~ 14.5
二氧化钛	0.43 ~ 6.2	氟化钠	0.14 ~ 15

续表 5 – 2

材 料	能透过的波长范围 λ/μm	材 料	能透过的波长范围 λ/μm
钛酸锶	0.39 ~ 6.8	氟化钡	0.13 ~ 15
三氧化二铝	0.2 ~ 7	硅	1.2 ~ 15
蓝宝石	0.15 ~ 7.5	氟化铅	0.29 ~ 15
氟化锂	0.12 ~ 8.5	硫化镉	0.55 ~ 16
氧化钇	0.26 ~ 9.2	硒化锌	0.48 ~ 22
单晶氧化镁	0.25 ~ 9.5	锗	1.8 ~ 23

3. 半导体材料中的光吸收

在各种电子和光的相互作用中，入射光能量都被反映到了吸收谱中。下面看一看在实际半导体材料中所观测到的吸收光谱，如图5 – 4所示。随着入射光能量的增加，可以观察到自由电子和空穴引起的吸收、杂质级间的吸收、由激子引起的吸收。在高能量区域，还可以看到强光带间吸收。

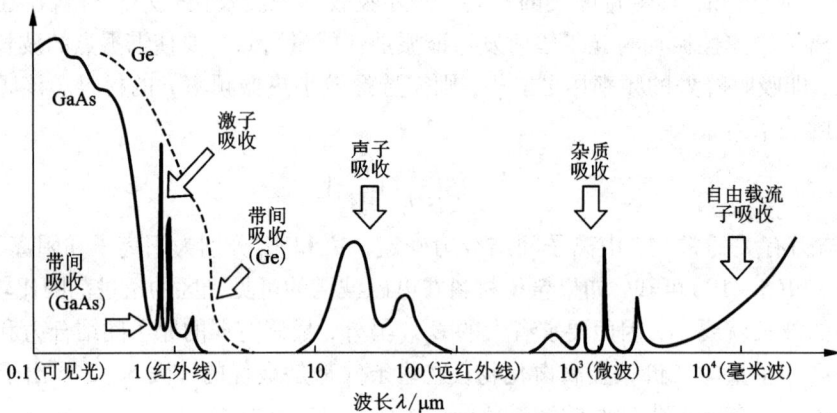

图5 – 4 半导体的吸收光谱

图5 – 5所示的能带图说明了与上述吸收有关的电子跃迁的过程。图5 – 5中的 $n=1$ 和 2 分别表示激子的基态和激发态。该图反映了状态密度和电子分布。与其他过程相比，带间吸收比较强。导带的电子数量较少时，自由电子吸收相应减小。另外，杂质能级间的吸收还会随着杂质的种类和浓度而发生较大的变化。

（1）激子吸收

在光跃迁过程中，被激发到导带中的电子和在价带中的空穴由于库仑相互作用，将形成一个束缚态，称为激子（exciton）。导带的电子和价带的空穴分别处于由库仑引力相互约束的状态，在各自的原子周围自由地旋转。其轨道半径远远大于原子间隔，可以认为它们的结合是比较弱的。通常将这样的激子也称为莫特－万尼尔（Mott－Wannier）激子。能产生激子的光吸收称为激子吸收。图 5－5 中给出了从价带到接近导带底的激子能级（exciton level）。激子吸收的能量比从价带到导带的本征吸收边要小一些。

不同材料的激子结合能相差很大。如 GaAs 半导体内激子的能量非常小，只有几毫电子伏（meV），在室温下离化成电子和空穴，从而观察不到激子吸收。Ⅱ～Ⅵ族化合物半导体 CdS 的激子结合能比较大，为 29 meV，具有明显的离子晶体的性质。KCl 的激子结合能为 400 meV，是非常大的。离子晶体和分子晶体的电子和空穴只是局域化在原子周围，所以被称为强束缚激子或者弗仑克尔（Frenkel）激子。

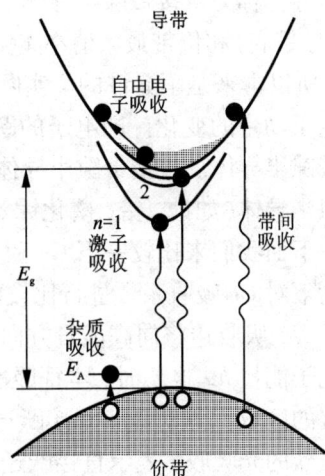

图 5－5　光吸收的过程

（2）本征吸收

理想半导体在绝对零度时，价带完全被电子占满，因此价带内的电子不可能被激发到更高的能级。唯一可能的吸收是足够能量的光子使电子激发，越过禁带跃迁入空的导带，而在价带中留下一个空穴，形成电子－空穴对。这种由于电子在带与带之间的跃迁所形成的吸收称为本征吸收。显然，对于能量小于禁带宽度 E_g 的光子没有本征吸收；当光子能量达到 E_g 时，本征吸收开始，称为本征吸收边。一般的半导体可以区分为两类情形，分别形象地表示在图 5－6（a）和图 5－6（b）中。两图中的箭头都表示对应于吸收边的电子跃迁。图 5－6（a）中，导带底和价带顶都位于 k 空间原点（$k=0$），电子要跃迁到导带上只需要吸收能量，这样

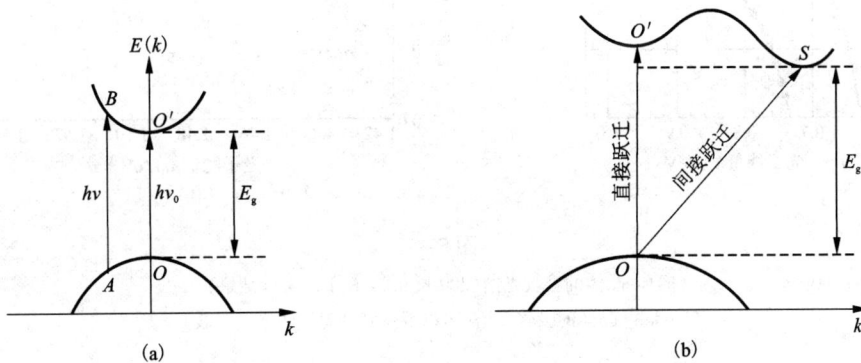

图 5－6

（a）电子的直接跃迁；（b）直接跃迁和间接跃迁

的半导体称为直接带隙半导体。图 5 −6(b) 中，导带底不在 k 空间原点，也就是说导带最小值(导带底)和价带最大值在 k 空间中不同位置，电子从价带顶跃迁到导带底，动量是不守恒的，所以本来是不允许的。实际上实现这一跃迁是借助于同时还吸收或发射一个声子，以补偿电子动量的变化。即电子的跃迁不只需要吸收能量，还要改变动量，这样的半导体称为间接带隙半导体。直接带隙半导体(如砷化镓、锑化铟、磷化铟等)在吸收边的本征吸收比间接带隙半导体(如硅、锗、磷化镓等)要强很多。

下面我们来比较一下 Ge 和 GaAs 的光吸收实验数据。图 5 −7(a) 是在 300 K 和 77 K 的温度下对 Ge 吸收系数进行比较的结果。Ge 是间接带隙半导体，低温时，由于晶体收缩，带隙扩大，吸收边将向高能量方向移动。对于 Ge 的光谱特征，我们必须注意 α 阶段性地变大。当光子能量 $h\nu_0 = E_g$ 时，本征吸收开始。随着光子能量的增加，吸收系数首先上升到一段较平缓的区域，这对应于间接跃迁。向更短波长方面，随着 $h\nu$ 增加，吸收系数再一次陡增，发生强烈的光吸收，表示直接跃迁的开始。图 5 −7(b) 为 Ⅲ ～ Ⅴ 族化合物半导体 GaAs 的吸收光谱。GaAs 是直接跃迁型半导体。同 Ge 的吸收光谱进行比较，可以发现有显著的不同。首先，GaAs 在室温下的光谱是单调变化的，并没有在 Ge 中所看到的阶段性结构。光子能量大于 $h\nu_0$ 后，一开始就有强烈吸收，吸收系数陡峻上升，反映出直接跃迁过程。在 186 K 的温度下，吸收边有明显的峰，这个峰表示激子吸收。

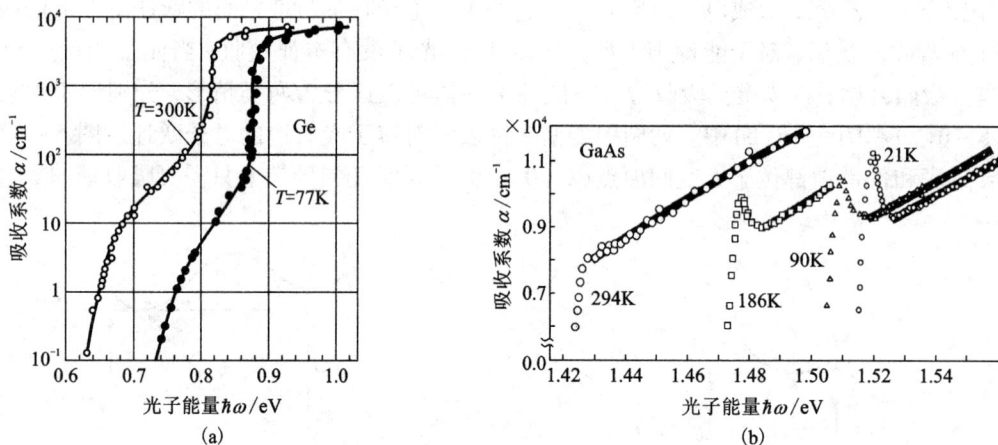

图 5 −7

(a)Ge 晶体的吸收光谱(300 K 和 77 K 下的实验结果);

(b)GaAs 晶体的吸收光谱(可以观察到低温下的激子吸收)

通过以上对 Ge 和 GaAs 吸收光谱的比较可知，由材料的吸收光谱不仅可以根据吸收限判定禁带宽度，还可以作为区分直接带隙和间接带隙半导体的重要依据。

5.3.4　材料的光散射

光通过材料时它的强度要减弱,这一方面是由于材料吸收了它的能量,另一方面是由于材料的不均匀性、微粒杂质等引起了光的散射。

1. 散射的一般规律

光通过均匀的透明材料时,从侧面一般是难以看到光线。如果材料不均匀,则可从侧面清晰地看到光束的轨迹。这是材料中的不均匀性使光线向四面八方散射的结果。从微观尺度(10^{-8} cm)来看,任何材料都由一个个分子、原子组成,没有物质是均匀的,这里所谓的均匀是以光波的波长(10^{-5} cm)为尺度来衡量的,即在这样大小的范围内密度的统计平均是均匀的。因此在材料中如果有光学性能不均匀的微小结构区域,例如含有小粒子的透明介质、光性能不同的晶界相、气孔或其他夹杂物等,都会引起一部分光束被散射,由于散射,光在前进方向上的强度减弱了,对于相分布均匀的材料,其减弱的规律与吸收规律具有相同的形式

$$I = I_0 e^{-al} = I_0 e^{-a_s l} \qquad (5-20)$$

式中,I_0 为光的原始强度;I 为光束通过厚度为 x 的介质后,由于散射,在光前进方向上的剩余强度;a_s 为散射系数,其单位为 cm^{-1}。

如果将吸收定律与散射的公式统一起来,则可得到

$$I = I_0 e^{-al} = I_0 e^{-(a_a + a_s)l} \qquad (5-21)$$

因此衰减系数由两部分组成,即吸收系数和散射系数。

2. 弹性散射和非弹性散射

光的散射现象多种多样,根据散射前后光子能量(或光波波长)变化与否,可以分为弹性散射和非弹性散射两大类。散射前后光的波长(或光子能量)不发生变化的散射称为弹性散射。如果散射前后光子的波长发生了改变则称为非弹性散射。与弹性散射相比,通常非弹性散射要弱几个量级,常常被忽略,只有在一些特殊安排的实验中才能观察到。

(1)弹性散射

从经典力学的观点,弹性散射的过程被看成光子和散射中心的弹性碰撞。散射结果只是把光子碰到不同的方向上去,并没有改变光子的能量。弹性散射的规律除了波长(或频率)不变之外,散射光的强度与波长的关系可因散射中心尺度的大小而具有不同的规律。一般有如下的关系:

$$I_s \propto \frac{1}{\lambda^{\sigma}} \qquad (5-22)$$

式中:I_s 为散射光强度,λ 为入射光波长,σ 与散射中心尺度 d 和波长 λ 的相对大小有关。

当 $d \gg \lambda$ 时,$\sigma \to 0$,即当散射中心的尺度远大于光波的波长时,散射光强与入射光波长无关。诸如粉笔灰、白云等对白光中的所有单色成分都有相同的散射能力,因此看起来都是白色的。这就是廷德尔(Tyndall)散射。

当 $d \sim \lambda$ 时，即散射中心的尺度与入射光波的波长可比拟时，σ 在 $0 \sim 4$ 之间，具体数值与二者的相对大小有关。这一散射为米氏(Mie)散射。

当 $d \ll \lambda$ 时，$\sigma = 4$，即当散射中心的尺度远小于光波的波长时，散射光强与入射光波长的 4 次方成反比，这就是瑞利(Rayleigh)散射。

按照瑞利定律，微小粒子 ($d \ll \lambda$) 对长波的散射不如短波有效。图 5 - 8 画出了 $I_s \sim \lambda$ 的关系。由图可知，在可见光的短波侧 $\lambda = 400$ nm 处，紫光的散射强度要比长波侧 $\lambda = 720$ nm 处红光的散射强度大约大 10 倍。根据瑞利定律，不难理解为何晴天早晨的太阳是红色而中午却变成白色。图 5 - 9 表示地球大气层结构和阳光在一天中不同时刻到达观察者所通过的大气层厚度。由于大气及尘埃对光谱上蓝紫色的散射比红橙色更大，阳光透过大气层越厚，蓝紫色成分损失越多，因此到达观察者的阳光中蓝紫色的比例就越少。所以，太阳在 A 处看起来是白色，在 B 处变为黄色，在 C 处变为橙色，而在 D 处则变为红色。

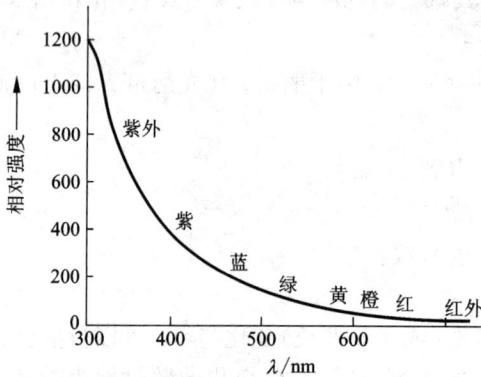

图 5 - 8   瑞利散射强度与波长的关系

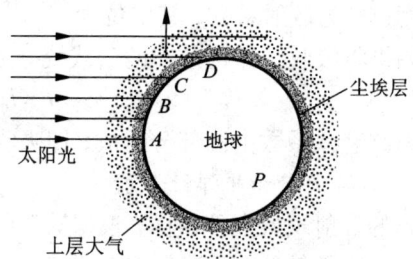

图 5 - 9   尘埃和大气引起的光散射

由瑞利散射定律我们也可以理解当白光通过含有微小微粒的混浊体时，散射光呈淡蓝色。因为波长比较短的蓝光比黄光和红光散射强烈，通过混浊体后的白光呈浅红色，因为它散射短波长光的缘故。当光通过含有杂质、气孔、晶界、微裂纹等缺陷的材料时会遇到一系列的阻碍，导致看上去是不透明的，这也主要是由散射引起的。因为材料中的缺陷可能成为散射中心，当满足 $d \ll \lambda$ 的条件，可引起瑞利散射。人们通常根据散射光的强弱判断材料光学均匀性的好坏。

(2)非弹性散射

当光通过材料时，从侧向接收到的散射光主要是波长(或频率)不发生变化的瑞利散射光。除此之外，使用高灵敏度和高分辨率的光谱仪器还可以发现散射光中其他光谱的成分，它们在频率坐标上对称地分布在弹性散射光的低频和高频侧，强度一般比弹性散射微弱得多。这些频率发生改变的光散射是入射光子与材料发生非弹性碰撞的结果。研究非弹性散射

一般是对纯净介质进行的。图 5 – 10 给
出了散射光谱的示意图,图中与入射光
频率相同的谱线为瑞利散射线,其近旁
两侧的两条谱线为布里渊散射线,与瑞
利线的频差一般在 $10^{-1} \sim 1 \ cm^{-1}$ 量级。
距离瑞利线较远些的谱线是拉曼
(Raman)散射线,它们与瑞利线的频差
可因散射介质能级结构的不同而在

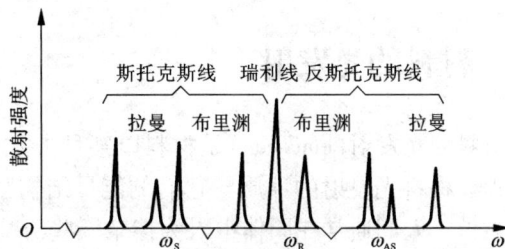

图 5 – 10 散射光谱示意图

$1 \sim 10^4 \ cm^{-1}$ 之间变化。拉曼散射是光通过材料时由于入射光与分子运动相互作用而引起的
频率发生变化的散射,又称拉曼效应。1923 年 A·G·S·斯梅卡尔从理论上预言了频率发生改
变的散射。1928 年,印度物理学家 C·V·拉曼在气体和液体中观察到散射光频率发生改变的现
象。拉曼散射遵守如下规律:散射光中在每条原始入射谱线(频率为 ν_0)两侧对称地伴有频率
为 $\nu_0 \pm \nu_i (i = 1,2,3,\cdots)$ 的谱线,其中频率较小的成分 $\nu_0 - \nu_i$ 称为斯托克斯线,频率较大的
成分 $\nu_0 + \nu_i$ 称为反斯托克斯线。拉曼光谱的理论解释是,入射光子与分子发生非弹性散射,
分子吸收频率为 ν_0 的光子,发射 $\nu_0 - \nu_i$ 的光子,同时分子从低能态跃迁到高能态(斯托克斯
线);分子吸收频率为 ν_0 的光子,发射 $\nu_0 + \nu_i$ 的光子,同时分子从高能态跃迁到低能态(反斯
托克斯线)。频率差 ν_i 与入射光频率 ν_0 无关,由散射物质的性质决定,每种散射物质都有自
己特定的频率差,其中有些与材料的红外吸收频率相一致。

非弹性散射一般极其微弱,以往研究得极少。在激光器这样的强光源之出现后,这一新
的研究领域才获得迅猛的发展。由于拉曼散射中散射光的频率与散射物质的能态结构有关,
拉曼散射为研究晶体或分子的结构提供了重要手段,在光谱学中形成了拉曼光谱学的一分
支。用拉曼散射的方法可迅速定出分子振动的固有频率,并可决定分子的对称性、分子内部
的作用力等,研究拉曼散射已经成为获得固体结构、点阵振动、声学动力学以及分子的能级
特征等信息的有效手段。

拉曼散射共分为两类型:共振拉曼散射和表面增强拉曼散射。共振拉曼散射是指当一个
化合物被入射光激发,激发线的频率处于该化合物的电子吸收谱带以内时,由于电子跃迁和
分子振动的耦合,使某些拉曼谱线的强度陡然增加,这个效应被称为共振拉曼散射。共振拉
曼光谱是激发拉曼光谱中比较活跃的一个领域,原因在于:①拉曼谱线强度显著增加,提高
了检测的灵敏度,适合于稀溶液的研究,这对于浓度小的自由基和生物材料的考察特别有
用;②可用于研究生物大分子中的某一部分,因为共振拉曼增强了那些拉曼谱线是属于产生
电子吸收的集团,其他部分可能因为激光的吸收而被减弱;③从共振拉曼的退偏振度的测量
中,可以得到正常拉曼光谱中得不到的分子对称性的信息。表面增强拉曼散射是当一些分子
被吸附到某些粗糙的金属,如金、银或铜的表面时,它们的拉曼谱线强度会得到极大地增强,
这种不寻常的拉曼散射增强现象被称为表面增强拉曼散射效应。

5.4　材料的光发射

材料的光发射(emission)是材料以某种方式吸收能量之后,将其转化为光能即发射光子的过程。材料光发射的性质与它们的能量结构紧密相关,我们已经知道,固体的基本能量结构是能带。人们通常在固体中人为掺杂一些与基质不同的成分来改善固体的发光性能。掺入的杂质离子具有分立的能级,它们一般出现在禁带中。固体发光的微观过程可以分为两个步骤:第一步,对材料进行激励,即以各种方式输入能量,将固体中电子的能量提高到一个非平衡态,称为"激发态";第二步,处于激发态的电子自发地向低能态跃迁。在这个过程中,实现发射光子的辐射复合(radiative recombination),以及向晶格发射声子并产生热量的非辐射复合(non - radiative recombination)。辐射复合引起的发光称为发光(luminescence)。如果材料存在多个低能态,发光跃迁可以有多种渠道,那么材料就可能发射多种频率的光子。在很多情况下发射光子和激发光子的能量不相等,通常前者小于后者。

5.4.1　激励方式

材料发光前需要向材料中注入能量,当材料吸收外界能量后部分能量将以发光形式发射出来。外界能量可来源于电磁波(可见光、紫外线、X射线和γ射线等)或带电粒子束,也可来自电场、机械作用或化学反应。其中常用的激励方式主要有以下几种。

(1)光致发光,它是指通过光的辐照将材料中的电子激发到高能态从而导致的发光。它的激励光源可以采用光频波段、X射线波段、γ射线波段。发光波长比所吸收的光波波长要长。这种发光材料常用来使看不见的紫外线或X射线转变为可见光,例如日光灯管内壁的荧光物质把紫外线转换为可见光,对X射线或γ射线也常借助于荧光物质进行探测。

(2)场致发光,又称电致发光,是利用直流或交流电场能量来激发发光。场致发光实际上包括几种不同类型的电子过程,一种是物质中的电子从外电场吸收能量,与晶格相碰时使晶格离化,产生电子–空穴对,复合时产生辐射;也可以是外电场使发光中心激发,回到基态时发光,这种发光称为本征场致发光。还有一种类型是在半导体的pn结上加正向电压,p区中的空穴和n区中的电子分别向对方区域注入后成为少数载流子,复合时产生光辐射,此称为载流子注入发光,亦称结型场致发光。作为仪器指示灯的发光二极管就是半导体复合发光的例子。用电磁辐射调制场致发光称为光控场致发光。把ZnS:Mn,Cl等发光材料制成薄膜,加直流或交流电场,再用紫外线或X射线照射时可产生显著的光放大。利用场致发光现象可提供特殊照明、制造发光管、用来实现光放大和储存影像等。

(3)阴极射线致发光,在真空中利用高能量的电子来轰击材料,通过电子在材料内部的多次散射碰撞,使材料中多种发光中心被激发或电离而发光的过程称为"阴极射线发光"。这种发光只局限于电子所轰击的区域附近。由于电子的能量在几千伏以上,除了发光以外还产生 X 射线。彩色电视机的颜色就是采用电子束扫描、激发显像管内表面上不同成分的荧光粉，使它们发射红、绿、蓝三种基色光波而实现的。

5.4.2 材料发光的基本性质

自然界中很多物质都或多或少可以发光，但发光材料主要是无机化合物，在固体材料中又主要是采用禁带宽度比较大的绝缘体，其次是半导体，它们通常以多晶粉末、单晶或薄膜的形式被应用。

从应用的角度看，对材料发光性能关注的一般是发光的颜色、强度和延续时间。所以，材料的发光特性主要从发射光谱、激发光谱、发光寿命等方面进行评价。

1. 发射光谱

发射光谱是指在一定激发条件下发射光强按波长的分布。发射光谱的形状与材料的能量结构有关，有些材料的发射光谱呈现宽谱带，甚至由宽谱带交叠而形成连续谱带，有些材料的发射光谱则是线状结构，图 5 – 11 为 ZnO 的发射光谱，由图可知，ZnO可以同时发绿色和蓝色光。发射光谱的波长分布与吸收辐射的波长无关，而仅仅与物质的性质和物质分子所处的环境有关。

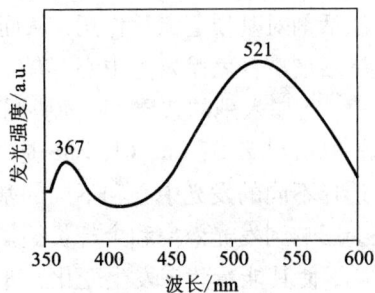

图 5 – 11 ZnO 的发射光谱

2. 激发光谱

激发光谱是指发光的某一谱线或谱带的强度对激发光波长（或频率）的变化。由此可知，激发光谱反应的是不同波长的光激发材料的效果。图 5 – 12 是 $Y_2SiO_5:Eu^{3+}$ 的激发光谱。横坐标代表所用的激发光波长，纵坐标代表发光的强度，纵坐标值越高，说明发光越强，能量也越高。

3. 发光寿命

发光体在激发停止之后持续发光时间的长短称为发光寿命（荧光寿命或余辉时间）。在应用中往往约定，从激发停止时的发光强度 I_0 衰减到 $I_0/10$ 的时间称为余辉时间，根据余辉时间的长短可以把发光材料分为：超短余辉（$<1\ \mu s$）、短余辉（$1\sim10\ \mu s$）、中短余辉（$10^{-2}\sim1\ \mu s$）、中余辉（$1\sim100\ ms$）、长余辉（$0.1\sim1\ s$）、超长余辉（$>1\ s$）六个范围。不同应用目的对材料的发光寿命有不同的要求，例如短余辉材料常应用于计算机的终端显示器；长余辉和超长余辉材料常应用于夜光钟表字盘、夜间节能告示板、紧急照明等场合。

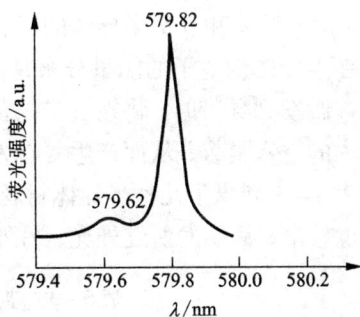

图 5 – 12 $Y_2SiO_5:Eu^{3+}$ 的激发光谱

5.4.3 发光的物理机制

固体吸收外界能量以后很多情形是转变为热能,并非在任何情况下都能发光,只有在一定情况下才能形成有效的发光。固体材料发光一般有两种微观物理过程:一种是分立中心发光,另一种是复合发光。就具体的发光材料而言,可能只存在其中一种过程,也可能两种过程均有。

1. 分立中心发光

这类材料的发光中心通常是掺杂在透明基质材料中的离子,也可以是基质材料自身结构的某一个基团。发光中心吸收外界能量后从基态激发到激发态,当从激发态回到基态时就以发光形式释放出能量。如在基质中掺入少量杂质以形成发光中心,这种少量杂质称为激活剂。激活剂对基质起激活作用,从而使原来不发光或发光很弱的基质材料产生较强的发光。有时激活剂本身就是发光中心,有时激活剂与周围离子或晶格缺陷组成发光中心。为提高发光效率,还掺入别的杂质,称为协同激活剂,它与激活剂一起构成复杂的激活系统。例如硫化锌发光材料 ZnS:Cu,Cl,ZnS 是基质,Cu 是激活剂,Cl 是协同激活剂。

选择不同的发光中心和不同的基质组合,可以改变发光材料的发光波长。不同的组合当然也会影响到发光效率和余辉长短。发光中心分布在晶体点阵中或多或少会受到点阵上离子的影响,使其能量状态发生变化,进而影响材料的发光性能。发光中心与晶体点阵之间相互作用的强弱又可以分成两种情况:一种发光中心基本上是孤立的,它的发光光谱与自由离子很相似;另一种发光中心受基质点阵电场(或称"晶格场")的影响较大,这种情况下的发光性能与自由离子很不相同,必须把中心和基质作为一个整体来分析。分立发光中心的最好例子是掺杂在各种基质中的三价稀土离子。它们产生光学跃迁的是 4f 电子,发光的只是在 4f 次壳层中的跃迁。在 4f 电子的外层还有 8 个电子(2 个 5s 电子,6 个 5p 电子)形成了很好的电屏蔽。因此,晶格场的影响很小,其能量结构和发射光谱很接近自由离子的情况。

2. 复合发光

n 型半导体和 p 型半导体的吸收和自发发射的过程在本质上与原子、分子相同,所不同的是在半导体内电子的能量分布是具有一定宽度的价带和导带。受某种原因的影响,电子从价带被激发到导带时,将在价带内留下相同数量的空穴。激发的电子将会由于自发发射而同价带内的空穴复合,从而产生复合发光。半导体发光二极管就是根据上述原理制作的发光器件。表 5-3 列出了几种半导体材料的禁带宽度和相应的发光波长,其中 Ge、Si 和 GaAs 等禁带宽度较窄,只能发射红外光,另外三种则辐射可见光。

表 5-3 半导体材料的禁带宽度和复合发光波长

材料	Ge	Si	GaAs	GaP	$GaAs_{1-x}P_x$	SiC
E_g/eV	0.67	1.11	1.43	2.26	1.43~2.26	2.86
λ/nm	1850	1110	867	550	867~550	435

　　发光材料在各个领域的应用十分广泛，材料光发射的研究对象和内容也十分丰富。通过材料发光性能的测量可以获得有关物质结构、能量特征和微观物理过程的大量信息，这对于开发新型光源、光显示以及显像材料、激光材料等都具有重要的意义。

5.5　材料的受激辐射和激光

　　20 世纪 60 年代出现了一种崭新的光源——激光。它取自英文 light amplification by stimulated emission of radiation 的各单词头一个字母组成的缩写词 LASER，意思是"通过受激发射光放大"。激光是 20 世纪以来，继原子能、计算机、半导体之后，人类的又一重大发明。这种光的色彩极为单纯，发射方向单一，辐射能量在空间和时间上高度集中，亮度为太阳光的 100 亿倍。激光是在有理论准备和生产实践迫切需要的背景下应运而生的，它一问世，就获得了异乎寻常的飞快发展，激光的发展不仅使古老的光学科学和光学技术获得了新生，而且导致整个一门新兴产业的出现。激光使人们有效地利用前所未有的先进方法和手段，去获得空前的效益和成果，从而大大推动了信息、医学、工业、能源和国防领域的现代化进程。激光之所以具有传统光源无与伦比的优越性，其根本关键在于它利用了材料的受激辐射。本节将对材料产生受激辐射的性质和激光形成的机制进行讨论。

5.5.1　共振吸收与自发辐射

　　我们首先来讨论物质中许多电子能级中的两个能级 E_1 和 $E_2(E_2 > E_1)$。假设有一个电子处于这两个能级中的任意一个能级上，在无光照时，稳定状态下的电子能量为 E_1 或 E_2。一旦有光照时，除了光的能量和这个电子的能量外，还产生了光和电子的相互作用。如果最初电子处于 E_1 状态，光照射后电子将只能处于 E_1 或者 E_2 状态。如果光照射后电子处于 E_2 的话，即由于光的照射使电子从 E_1 状态跃迁到 E_2 状态。这时，电子的能量增加了 $E_2 - E_1$，根据能量守恒定律，光能减少了 $E_2 - E_1$。这时光被物质所吸收，相当于消失了 1 个光子。由于光子的能量为 $h\nu$，所以

$$h\nu = E_2 - E_1 \tag{5-23}$$

　　我们称这种由于特定能级之间的电子跃迁而引起的、而且又能满足能量守恒定律的光子被吸收的现象为共振吸收，共振吸收的大小与入射光的强度成正比[图 5-13(a)]。图 5-16 为光和物质相互作用的示意图。在光照射情况下，由光使最初处于 E_2 能级的电子跃迁到 E_1 能级时，根据能量守恒定律，将产生一个能量为 $h\nu = E_2 - E_1$ 的光子，使得光能增加。如果产生的光子数与入射光的强度成比例，则称为受激辐射[图 5-13(b)]。只有满足能量守恒定律($h\nu = E_2 - E_1$)光的照射时，才能发生受激辐射。受激辐射的光子频率、前进的方向以及相位都与入射光相同。没有光照射时，处于 E_2 能级的电子也能跃迁到 E_1，此时产生能量为 $h\nu = E_2 - E_1$ 的光子，这种现象称为光的自发辐射[图 5-13(c)]。此时因，当电子从 E_2 能级跃

迁到 E_1 能级自发辐射放出光子时，这时发的光通常称为荧光。

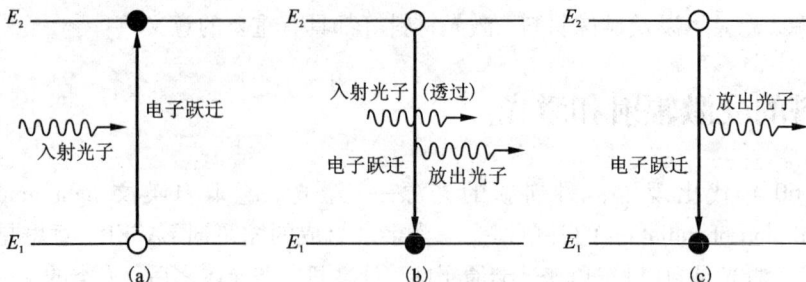

图 5 - 13　光和物质的相互作用

(a)共振吸收；(b)受激辐射；(c)自发辐射

(描述电子迁移的箭头始端的符号○表示相互作用前存在的电子消失，●表示相互作用生成的电子。电子由于与光相互作用由○状态变成●状态。这些相互作用只有在光频 ν 满足能量守恒定律时 $h\nu = E_2 - E_1$ 才产生)

5.5.2　激活介质

由于人们平时所接触到的体系都是热平衡体系或与热平衡偏离不远的体系。能量差在光频波段的两个能级中，受激吸收与 E_1 的原子数 N_1 成正比，受激辐射与 E_2 的原子数 N_2 成正比。当 $N_2 \ll N_1$ 时发生受激辐射远少于发生受激吸收，是不可能实现光放大的，所以受激辐射非常微弱以至于长期没有被察觉。要实现光放大，必须采取特殊措施，打破原子数在热平衡状态下的玻耳兹曼分布，使 $N_2 > N_1$。我们称体系的这种状态为粒子数反转。所以，产生激光的首要条件是实现粒子数反转。能够实现粒子数反转的介质称为激活介质。要造成粒子数反转分布，首先要求介质有适当的能级结构，其次还要有必要的能量输入系统。供给低能态的原子以能量，促使它们跃迁到高能态的过程称为抽运过程。激励方式可依材料种类的不同，分别有气体放电激励、电子束激励、强光激励、载流子注入、化学激励、气体动力学激励、核能激励和激光激励等。形成激光的激励方式和前面提到的材料光发射所采用的方式类似，但所要求激励的程度不同。一般发光并不要求达到粒子数反转。

下面以半导体激光器为例来说明激光介质的激活过程和产生激光的原理。

半导体激光器又称激光二极管(LD)，它的基本结构是由掺杂浓度很高的半导体材料制成的 p - n 结，是利用半导体能带跃迁的复合发光引发受激辐射而形成激光的。半导体激光器的结构如图 5 - 14 所示。为了实现分布反转，p 区和 n 区都必须重掺杂，一般需要达到 10^{18} cm^{-3}。平衡状态时，费米能级位于 p 区的价带和 n 区的导带内，如图 5 - 15(a)所示。当加正向偏压 U 时，p - n 结势垒降低，n 区向 p 区注入电子，p 区向 n 区注入空穴。这时，p - n 结处于结型激光器的非平衡态。准费米能级 E_{Fn} 和 E_{Fp} 之间的距离为 qU[5 - 15(b)]，由于 p - n 结是重掺杂的，平衡时势垒很高，即使正向偏压加大到 $qU \geqslant E_g$，也不足以使势垒消失。

这时结面附近出现 $E_{Fn} - E_{Fp} > E_g$，成为分布反转区。在这个特定区域，导带的电子浓度和价带的空穴浓度都很高。这一分布反转区很薄（1 μm 左右），但却是激光器的核心，称为"激活区"。要实现分布反转，必须由外界输入能量，使得电子不断激发到高能级。这种作用称为载流子的"抽运"或"泵吸"。上述 p-n 结激光器中，利用正向电流输入能量，这是常用的注入式泵源。此外，电子束或激光等也可作为泵源，使半导体晶体中的电子受激发，形成分布反转。

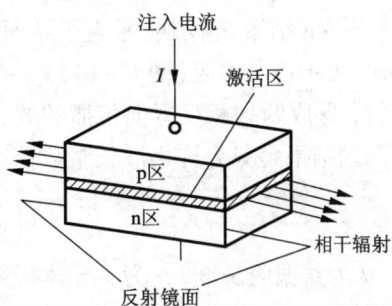

图 5-14　结型激光器结构示意图

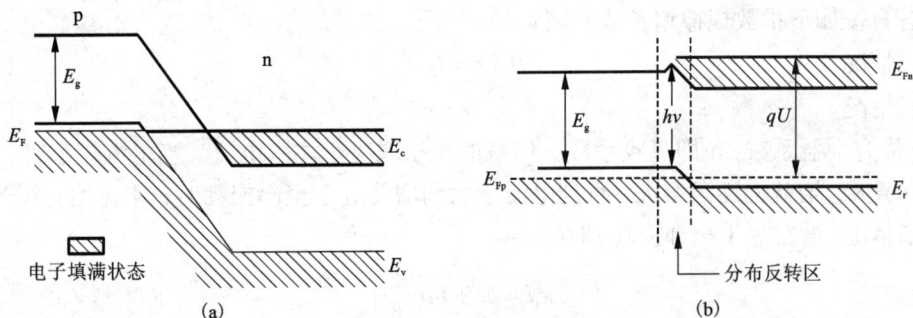

图 5-15　结型激光器能带图

(a)零偏压；(b)正向偏压

5.5.3　激光的产生

激活区内大量非平衡载流子辐射复合的示意图如图 5-16 所示。刚开始时非平衡电子-空穴对自发复合，引起自发辐射，发射一定能量的光子。这时自发辐射所发射的光子的相位各不相同，并且向各个方向传播。大部分光子一旦产生，立刻穿出激活区；但也有一小部分光子严格地在 p-n 结平面内传播，因而相继引起其他电子-空穴对的受激辐射，产生更多能量相同的光子。这样的受激辐射随着注入电流的增大而逐渐发展，并逐渐集中到 p-n 结平面内，最后趋于压倒优

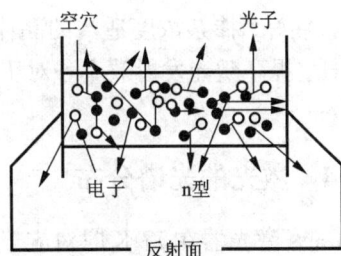

图 5-16　激活区辐射复合示意图

势。这时产生的辐射的单色性较好，强度也增大，但是其位相仍然是杂乱的，还不是相干光。要使受激辐射达到发射激光的要求，即达到强度更大的单色相干光，还必须依靠共振腔的作

用，并使注入电流达到一定的数值——阈值电流。

在 p-n 结激光器中，垂直于结面的两个严格平行的晶体解理面形成所谓法布里-拍罗（Fabry-Perot）共振腔（图 5-14）。一定频率的受激辐射在两个解理面形成的反射镜面间来回反射，形成两列相反方向传播的波相叠加，最后在共振腔内形成驻波。受激辐射在共振腔内振荡的结果是只允许半波长整数倍正好等于共振腔长度的驻波存在，其条件是

$$m\left(\frac{\lambda}{2n}\right) = l \quad (m—整数) \tag{5-24}$$

式中，l 为共振腔长度，n 为半导体折射率，λ/n 是辐射在半导体中的波长。不符合此条件的波逐渐损耗，最终满足式（5-24）的一系列特定波长的受激辐射在共振腔内形成振荡。

在注入电流的作用下，激活区内受激辐射不断增强，称为增益；另一方面，辐射在共振腔来回反射时，有能量损耗，主要包括载流子吸收、缺陷散射及端面透射损耗等。增益和吸收损耗各自按如下指数规律增长或衰减：

增益情况 $$I(x) = I_0 e^{gx} \tag{5-25}$$

损耗情况 $$I(x) = I_0 e^{-ax} \tag{5-26}$$

式中，g 称为增益系数，a 即吸收系数。增益的大小取决于注入电流。当电流较小时，增益很小；电流增大，增益也逐渐增大，直到电流增大到增益等于全部损耗时，才开始有激光发射。达到阈值情况（增益等于全部损耗）时有

$$g_t l = al + In\left(\frac{1}{R}\right) \tag{5-27}$$

式中，R 为反射面反射系数。显然，式（5-27）中，$g_t l$ 代表增益，al 代表吸收损耗，而 $In(1/R)$ 则代表端面透射损耗。增益等于损耗时的注入电流密度称为阈值电流密度 J_t，这时的增益为阈值增益 g_t。可见，损耗越小，g_t 也越小，从而可降低阈值电流密度 J_t。

要使激光器可以有效地工作，必须降低阈值，其最主要的途径是减少各种损耗。由式（5-27）可知，要降低阈值，必须使 a 减小，使反射系数 R 增大。因此，作为激光材料，必须选择完整性好、掺杂浓度适当的晶体；同时反射面尽可能达到光学平面，并使结面平整，以减少损耗，提高激光发射效率。对于 GaAs 激光器，一般掺杂浓度为 10^{18} cm^{-3}，共振长度 l 约为 10^{-2} cm。

5.5.4 激光的光谱分布

GaAs 激光器在 77 K 时对应于不同注入电流的光谱分布图 5-17 所示。当低于阈值电流时，主要是自发辐射，谱线相当宽[图 5-17(c)]。随着电流增大，受激辐射逐渐增强，谱线变窄。当接近阈值电流时，谱线出现一系列峰值[图 5-17(b)]，这说明对应于这些峰值的特定波长发生了比较集中的受激辐射。这些特定波长就是共振腔内形成的驻波波长，满足 $l = m(\lambda/2n)$ 关系。当增大到等于或大于阈值电流时就会发生共振，对应于一个特定的波长

λ_0(相应的光子能量 $h\nu_0 \approx E_g$)，出现的谱线很窄，而且辐射强度骤增[图 5 – 17(a)]。这时发射出的是光强度很大、单色性很好($\Delta\lambda \approx 0.1$ nm)的相干光，即激光。77 K 时，GaAs 激光的波长约为 840 nm，室温时约为 900 nm。激光波长随温度增高向长波方向移动是由于禁带宽度 E_g 随温度增高而减小的缘故。

综上所述，要获得激光发射，必须满足以下三个基本条件：

①形成分布反转，使得受激辐射占优势；

②具有共振腔，以实现光量子放大；

③至少达到阈值电流密度，使得增益至少等于损耗。

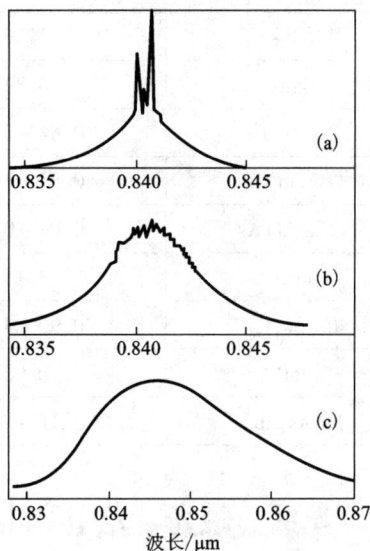

图 5 – 17　激光光谱分布曲线

5.5.5　激光材料

激光材料一般分为两类。一类是以电激励为主的半导体激光材料，多采用异质结构，由半导体薄膜组成。根据激光波长的不同，采用不同掺杂半导体材料。GaAs 是最早发现的半导体激光材料，已经获得了广泛的研究和应用。如 GaP 与 GaAs 以不同的比例制成混合晶体 GaAsP，可获得波长范围为 0.84 μm(纯 GaAs)到 0.64 μm(40% GaP)的激光。InP 的禁带宽度略小于 GaAs，其激光波长相应向长波方向移动($\lambda_0 \approx 0.9$ μm)。GaSb、InAs 和 InSb 激光波长分别为 1.56，3.11 和 5.18 μm，进入更远的红外区。这样的激光器必须在很低的温度下工作。除了 Ⅲ ~ Ⅴ 族化合物可用于注入式激光器外，其他如一些 Ⅳ ~ Ⅵ 族化合物，特别是铅盐 PbS、PbSe 和 PbTe 等也能制成 p – n 结注入激光器，目前已发展用如 InGsAsP、AlGaAsSb 等四元化合物制作激光器。目前常用的半导体激光材料及其波长范围见表 5 – 4。另一大类激光材料是通过分立发光中心吸收光泵能量后转换成激光输出的发光材料。这类材料以固体电介质为基质，分为晶体和非晶态玻璃两种。激光晶体中的激活离子处于有序结构的晶格中，玻璃中的激活离子处于无序结构的网络中。常用的这类激光材料以氧化物和氟化物为主，如氧化铝晶体、钇铝石榴石晶体、硅酸盐玻璃、磷酸盐玻璃、氟化物玻璃、氟化钇锂等。氧化物材料具有良好的物理性质，如高的硬度、机械强度和良好的化学稳定性；氟化物材料具有低的声子频率、宽的光谱透过范围和高的发光量子效率。

表 5 – 4 注入式激光器材料

材料	激光波长/μm	材料	激光波长/μm
GaAs	0.84	InSb	5.18
Ga(As,P)	0.64 ~ 0.84	GaSb	1.56
(Ga,In)As	0.84 ~ 3.11	PbS	4.32
(Ga,Al)As	0.64 ~ 0.84	PbTe	6.5(12K)
InAs	3.11	PbSe	8.5(12K)
In(As,P)	0.90 ~ 3.11		7.3(77K)
InP	0.90	(Pb,Sn)Te	6 ~ 28
In(As,Sb)	3.11 ~ 5.18	(Pb,Sn)Se	8 ~ 31

5.6 光纤、磁光、光电和非线性光学效应

材料的光学性能和磁学、电学、热学和声学等特性之间并非完全独立的,对于某些材料或是某种特定的条件,它们之间是彼此相关联的。本节将对材料的磁光和光电性能的应用举例子介绍。此外还介绍了全反射的应用以及非线性光学效应及其材料。

5.6.1 光导纤维

光在不同物质中的传播速度是不同的,当光从一种物质射向另一种物质时,在两种物质的交界面处会产生折射和反射。而且,折射光的角度会随入射光的角度变化而变化。当入射光的角度达到或超过某一角度时,折射光会消失,入射光全部被反射回来,这就是光的全反射。不同的物质对相同波长光的折射角度是不同的(即不同的物质有不同的光折射率),相同的物质对不同波长光的折射角度也是不同。

光导纤维简称为光纤,是利用光的全反射原理制作的一种新型光学元件,是由两种或两种以上折射率不同的透明材料通过特殊复合技术制成的复合纤维。它可以将一种讯息从一端传送到另一端,是让讯息通过的传输媒介。

在光导纤维内传播的光线,其方向与纤维表面的法向所成夹角如果大于某个临界角度(图 5 – 18),则将在内外两层之间产生多次全反射而传播到另一端,如 5 – 19 所示。而且在传输过程中没有折射能量损失。因而这种纤维可以通过各个弯曲之处传递光线而不必顾虑折射能量损失。光纤通信在我国已有 20 多年的使用历史,是目前最主要的信息传输技术。

光纤的直径一般为几微米至几十微米(称为纤芯),由芯线和外涂层组成。一般要求芯料的透光率高,在纤芯外面覆盖直径 100 ~ 150 μm 的包层和涂敷层,如图 5 – 20 所示。包层的

折射率比纤芯略低，并且要求芯料和涂料的折射率相差越大越好。两层之间形成良好的光学界面。在热性能方面，要求两种材料的热膨胀系数相接近，若相差较大，则形成的光导纤维产生内应力，使透光率和纤维强度降低。另外，要求两种材料的软化点和高温下的粘度都要相接近。否则，会导致芯料和涂层材料结合不均匀，将会影响到纤维的导光性能。

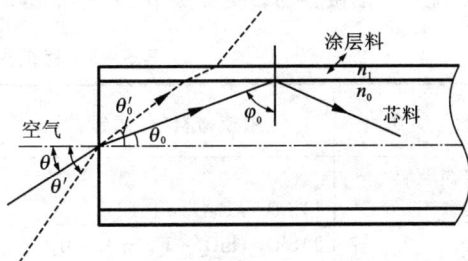

图 5 - 18　光的全反射

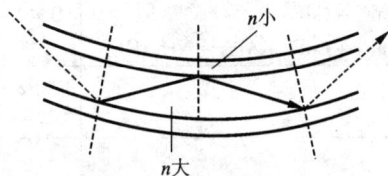

图 5 - 19　光在光导纤维中的传播

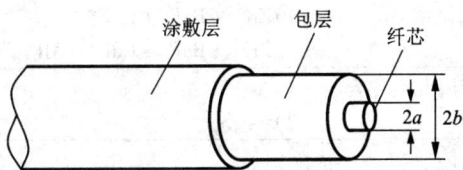

图 5 - 20　光纤的结构

　　实际使用中经常将许多根光纤聚集在一起构成纤维束或光缆。从纤维一端射入的图像，每根纤维只传递入射到它上面的光线的一个像素。如果使纤维束两端每条纤维的排列次序完全相同，整幅图像就被光缆以具有等于单根纤维直径那样的清晰度被传递过去，在另一端看到近于均匀光强的整个的图像。

　　光导纤维按材质分有无机光导纤维和高分子光导纤维，目前在工业上大量应用的是前者。无机光导纤维材料又分为单组分和多组分两类。单组分即石英，主要原料是四氯化硅、三氯氧磷和三溴化硼等。其纯度要求铜、铁、钴、镍、锰、铬、钒等过渡金属离子杂质含量低于 10 ppb。除此之外，OH^- 离子要求低于 10 ppb。多组分的原料较多，主要有二氧化硅、三氧化二硼、硝酸钠、氧化铊等，这种材料尚未普及。高分子光导纤维是以透明聚合物制得的光导纤维，由纤维芯材和包皮鞘材组成。芯材为高纯度高透光性的聚甲基丙烯酸甲酯或聚苯乙烯抽丝制得的纤维，外层为含氟聚合物或有机硅聚合物等。表 5 - 5 列出了目前主要应用和研究的光纤体系。

　　光导通信的研究和实用化与光导纤维的低损耗密切相关。光能的损耗能否大幅度降低，关键在于材料纯度的提高。玻璃材料中的杂质产生的光吸收，造成了最大的光损耗，其中过渡金属离子特别有害。目前，由于玻璃材料的高纯度化，这些杂质对光导纤维的损耗影响已很小。石英玻璃光导纤维的优点是损耗低，当光波长为 1.0 ~ 1.7 μm（约 14 μm 附近），损耗只有 1 dB/km，在 1.55 μm 处最低，只有 0.2 dB/km。高分子光导纤维的光损耗较高，但高分子光导纤维的特点是能制大尺寸，大数值孔径的光导纤维，光源耦合效率高，挠曲性好，微弯曲不影响导光能力，配列、粘接容易，便于使用，成本低廉。但它的光损耗大，只能短距离应用。

表 5 – 5　目前主要研究的光纤体系

种　　类	组成材料(代表例)[①]	原　　料	低损耗波长范围/μm
氧化物玻璃 石英系	1) $SiO_2 + GeO_2 + P_3O_4$ 2) SiO_2，$SiO_2 + F$，$SiO_2 + B_3O_4$	$SiCl_4$，$GeCl_4$，$POCl_3$ $SiCl_4$，Sf_6，熔融石英	0.37 ~ 2.4
多元系	1) $SiO_2 + CaO + Na_2O + GeO_2$ 2) $SiO_2 + CaO + Na_2O + GeO_2$	$SiCl_4$，$NaNO_3$，$Ge(C_4H_8O)_4$ $Ca(NO_3)_2$，H_2BO_2	0.45 ~ 1.8
非氧化物玻璃 氟化系	1) $ZrF_4 + BaF_2 + CdF_3$ 2) $ZrF_4 + BaF_2 + CdF_3 + AlF_3$	$ZrF_4 + BaF_2 + CdF_3$ $ZrF_4 + BaF_2 + CdF_3 + AlF_3 + NH_4 \cdot HF_4$	0.40 ~ 4.3
硫属元素化合物	1) $As_{42}S$，$As_{38}S_3Se_{17}$ 2) $As_{40}S$	As，Ge S，Se	0.92 ~ 5.6 1.4 ~ 9.5
晶体 卤化物单晶	1) CsBr，CsI	CsBr，CsI	—
卤化物多晶	1) TiBrI	TiBrI	—
塑料	1) D 化 PMMA 2) D 化 PMA	D 化 MMA D 化 MA	0.42 ~ 0.94

注：①1)—芯纤；2)—护套。

5.6.2　磁光效应与磁光盘

　　磁光效应是指处于磁化状态的物质与光之间发生相互作用而引起的各种光学现象。包括法拉第效应、克尔磁光效应、塞曼效应和科顿 – 穆顿效应等。这些效应均起源于物质的磁化，在外加磁场作用下呈现光学各向异性，使得通过材料的光波偏振态发生改变，反映了光与磁性物质间的联系。这里只介绍前面两种效应。

　　1. 法拉第旋转效应

　　当线偏振光通过某些透明物质如水晶、含糖溶液时，若在平行于光的传播方向上加一强磁场，则光振动方向将发生偏转(图 5 – 21)，偏转角度 θ 与磁感应强度 B 和光穿越材料的长度 l 的乘积成正比，即

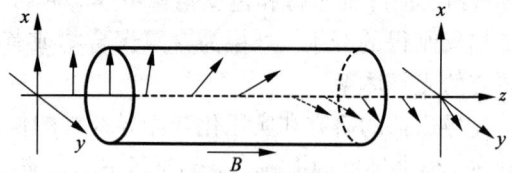

图 5 – 21　法拉第旋转效应

$$\theta = VBl \qquad (5 – 28)$$

式中，θ 为旋转角(′)；l 为长度(cm)；B 为磁感应强度(Oe)；V 为材料的费尔德常数，其单位为(′)/(Oe·cm)，与材料性质及光波频率有关。偏转方向取决于材料性质和磁场方向。上

述现象称为法拉第效应或磁致旋光效应。

2. 磁光克尔效应

入射的线偏振光在已磁化的物质表面反射时，反射光将成为椭圆偏振光，且以椭圆的长轴为标志的偏振面相对于入射线的偏振面将旋转一定的角度，这种磁光效应称为克尔效应。克尔磁光效应分极向、纵向和横向三种，分别对应物质

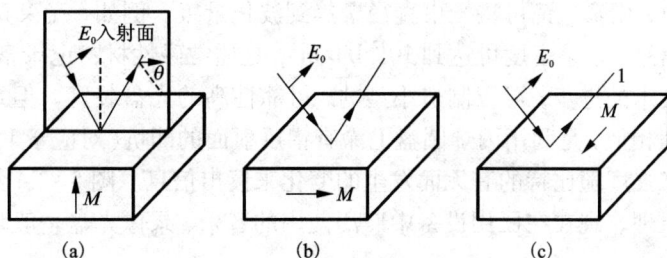

图 5 – 22 磁光克尔效应

（a）极向效应；（b）纵向效应；（c）横向效应

的磁化强度与反射表面垂直、与表面和入射面平行、与表面平行而与入射面垂直三种情形。具体情况参见图 5 – 22。图中 M 为介质磁化强度，箭头表示其方向，E_0 为入射偏振光的电矢量。极向和纵向克尔磁光效应的磁致旋光都正比于磁化强度，一般极向的效应最强，纵向次之，横向则无明显的磁致旋光。克尔磁光效应的最重要应用是观察铁磁体的磁畴。不同的磁畴有不同的自发磁化方向，引起反射光振动面的不同旋转，通过偏振片观察反射光时，将观察到与各磁畴对应的明暗不同的区域。用此方法还可对磁畴变化作动态观察。

3. 磁光晶体材料及其主要应用

磁光单晶膜是随着光通信和光信息处理需要而发展起来的新材料。它被用作小型坚固的非互易元件、光隔离器、磁光存储器和磁光显示器。

目前实用的具有法拉第效应的磁光晶体主要是立方晶体和光学单轴晶体。其中稀土石榴石型、钙钛矿和磁铅矿型铁氧体晶体性能较好。如钇铁石榴石（YIG）晶体，在近红外波段，其法拉第旋转可达 $200°/cm$ 左右，是该波段最好的磁光晶体。YIG 在超高频场中的磁损耗比其他几种铁氧体要低几个数量级。除 RIG（R 为稀土）外，钆镓石榴石（$Gd_3Ga_5O_{12}$，GGG）也是一种重要磁光晶体，而且还有激光超低温磁致冷性质，并可作人造宝石。在钆镓石榴石（GGG）衬底上外延生长的 GGG 是最实用的单晶膜，它在 633 nm 波长法拉第旋转角为 $835°/cm$。近年开发了具有更大的法拉第旋转的单晶膜，如在 GGG 衬底上外延生长 $Bi_3Fe_5O_{12}$、$(YLa)_3Fe_5O_{12}$ 等石榴石型铁氧单晶膜。目前具有法拉第效应的磁光材料主

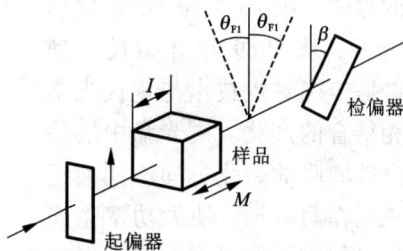

图 5 – 23 磁光隔离器的原理图

要是用于制作光隔离器。图 5 – 23 为磁光隔离器的原理图，图中 θ_{F1} 为法拉第旋转角。

磁光克尔效应主要用于磁光光盘存储系统中。人们很早就知道光信息的记录和再生技术——照相技术。激光发明以后，照相技术有了很大的发展。光盘就是用激光非接触式高密

度地记录图像、声音、数据等信息的圆板状媒体。采用激光的理由在于激光为单一波长相位，用聚光镜可将光束直径聚焦到波长量级。例如，光束直径 1 μm 的面积内可记录 1 bit 的信息，记录密度可达到 10^{12} bit/m^2，是通常磁性材料记录密度的 10 倍以上。由于半导体激光技术的进步，可以制造小型的、可靠性高的光盘装置。但是光盘的信息记录与传统的黑胶唱片相似，是利用丙烯圆盘上涂有铝反射面的凹坑(对应于 1 bit)来记录信息。利用圆盘反射的光强度随比特的有无而发生的变化来读出信息。图 5－24 给出 CD 的基本结构和读出信息的原理。现在在民用设备中广泛使用的音乐、录像光盘一般是只读型的。

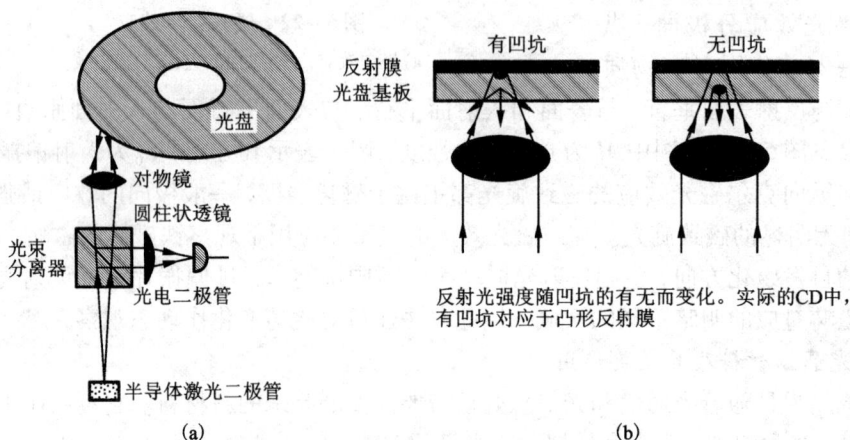

图 5－24　CD 的基本结构和信息读出原理
(a)拾光系统；(b)信息的读出

　　磁光盘(magnetic optical)是可擦写的媒体，在 20 世纪 80 年代初研制开发，从 1989 年开始投入使用，它是传统磁盘技术与现代光学技术相结合的产物。磁光盘中的信息以磁性薄膜的磁化方向不同而记录下来。在写入时，使大功率激光照射的局部区域的温度上升到居里

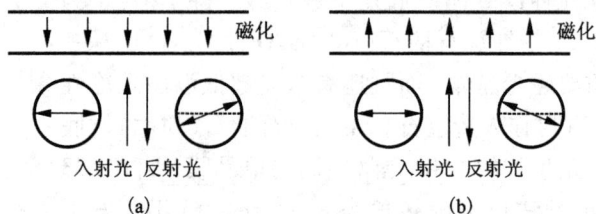

图 5－25　光磁盘中偏振光面的转动

温度附近。因为高温时材料的保磁力减少，如果此时施加外部磁场，则材料沿外部磁场的方向磁化。磁光盘的读取方式与写入方式不同，这里利用了被反射的线性偏振光的偏振面随磁化方向而转动"克尔效应"进行信息的读出(图 5－25)。当用户对磁光盘进行读取操作时，激光头就会向盘片发射小功率的激光束，当激光束射到盘片上时，这束光的反射方向，会随着

盘片该点上的磁场极性不同而产生不同的变化［如图 5 - 25(a)］，当磁场方向向下时，偏振光面与入射光相比偏转一定的方向；而当磁场方向向上时，如图 5 - 25(b)，偏振光面偏转为另外一个方向，磁光盘会根据检测反射回来的光得到光盘上的数据。它采用光磁结合的方式来实现数据的重复写入，而且携带方便。磁光盘的保存寿命可以延长至 50 年以上，因而获得了"永久性"光盘之赞誉。由它的存储容量大，又携带方便，因此，它在存储图形、图像文件、大型数据库文件方面，起着重要的作用。

对于磁光盘来说，写入或者读出时使用的激光光束的直径越小，则光盘记忆密度越大。而聚焦的光束直径又与激光波长成正比，所以现在正在积极研究由非线性晶体(关于非线性晶体后面会较为详细地介绍)产生红外半导体激光的二次谐波，或者开发短波长的蓝色半导体激光器等相干光源。

5.6.3　光电效应与太阳能电池

随着现代科学技术和大工业的迅速发展，能源、环境和资源问题引起了全世界的普遍关注。太阳能是无污染、洁净的能源，利用太阳能是能源的重要发展方向之一。太阳能电池是一种直接将太阳能转化为电能的器件。

1. 光电效应

光电效应(photoelectric effect)是指材料在光照射后释放出电子的效应，发射出来的电子叫做光电子。光电效应是光与材料的核外电子之间的相互作用。每种材料都存在一个极限频率，当入射光的频率低于极限频率时，不管入射光有多强，都不会逸出光电子；只有当入射光的频率高于极限频率时，材料才会发射光电子，产生光电效应。光电效应在近代物理的量子论中起着举足轻重的作用，它证实了光的量子性，在理论上占有重要的地位；光电效应在现代科技及生产领域也有广泛的应用，如利用光电效应制成的光电器件广泛地应用于光电检测、光电控制、电视录像、信息采集与处理等多项现代技术中。下面介绍光电效应的应用之一——太阳能电池。

2. 太阳能电池的结构和工作原理

太阳能电池是将太阳光能转化为电能的半导体装置。一般的太阳能电池的核心是由 p 型半导体和 n 型半导体形成的 pn 结，在费米能级不同的 p 型半导体和 n 型半导体连接区，其界面上所产生的接触电位差将形成内部电场。太阳能电池的基本结构是图 5 - 26 所示的 pn 结二极管。它是一个将很薄的 n 型层(称为发射极)配置在入射光的外侧而将主要产生光电流的 p 层(称为基极)配置在内侧的 pn 结二极管。如果能量大于带隙宽度的光照射到半导体上，则电子被激发而从价带跃迁到导带，形成电子 - 空穴对。如果这些电子 - 空穴对摆脱库仑力的相互作用而成为自由电子，则在导带和价带内将形成可以产生电流的过剩自由电子和自由空穴，这些就被称为光生载流子。在达到热平衡时，由于产生电流的载流子浓度增加，所以半导体的电导率也增加。这是产生太阳能电池产生光生电动势的一个基本条件。光照射后产生的电子和空穴将因 pn 结附近的内部电场的作用向相反的方向分离，分别被收集到 n 层一端的外侧电极和 p 层一端的内侧电极上，如果这时连接外部电路，将会产生电流。这就是太阳能电池的工作原理。

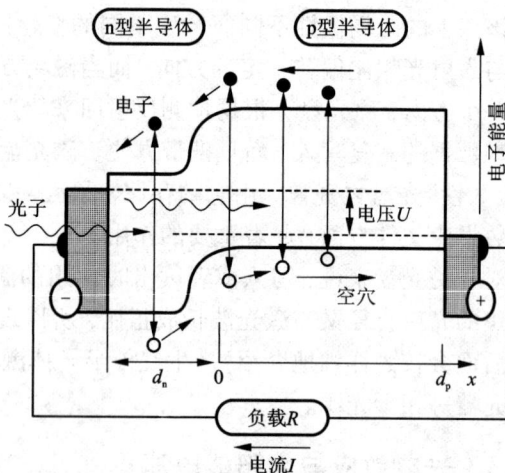

图 5 – 26　pn 结太阳能电池的工作原理图

3. 高效率太阳能电池材料

对太阳能光谱来说，设计出可以获取最大电能的光生电动势效应的太阳能电池至关重要。当波长为 λ 的光子照射到太阳能电池上时，通常采用载流子收集效率 $\eta_{coll}(\lambda)$ 来表示有多少电荷作为光电流输出到外部电路，

$$\eta_{coll}(\lambda) \approx \frac{a(\lambda)L_n}{1 + a(\lambda)L_n} \times \exp[-a(\lambda)d_n], \ a(\lambda)d_n \gg 1 \qquad (5-29)$$

式中，$a(\lambda)$ 为半导体的吸收系数光谱；L_n 为电子扩散长度。其短路光电流密度 J_{sc} 可以用下列公式表示

$$J_{sc} = q \int \eta_{coll}(\lambda) \times \Phi(\lambda) d\lambda \qquad (5-30)$$

式中，$\Phi(\lambda)$ 为太阳辐射的光谱。

采用何种材料可制造出高效率的太阳能电池呢？由公式(5-30)可知，如果设载流子扩散长度大于太阳能电池的有源层厚度，则短路光电流密度将由太阳能光谱范围的吸收系数的大小来决定。因此，若吸收系数光谱的形状相同，则最好使用带隙能量较小的半导体材料。但是，半导体在吸收一定能量的光子后，可以将其有效地转换成电能的只是与半导体的带隙相对应的部分。所以，从能量转换的角度来看，单纯地要求较窄的带隙并不是其最优先的条件。我们需要同时考虑开路电压 U_{oc}

$$U_{oc} = \int \frac{\Delta\sigma(x)}{\sigma_0(x) + \Delta\sigma(x)} E_{in}(x) dx \qquad (5-31)$$

式中，σ_0 为热平衡时的电导率，$\Delta\sigma$ 为光照射时产生的光电导率，E_{in} 为内部电场。在太阳能电池放置的地方，我们设 $\Delta\sigma \gg \sigma_0$，则开路电压将会与对内部电场进行积分后所得到的值(即内部电相位差)一致。这就是开路电压在理论上的最大值。如果内部电位差是由同质半导体形成的 pn 结造成的，则它不能超过带隙能量所对应的值。所以，开路电压将由带隙能量来决定。

由上述讨论可知，如果半导体的带隙发生变化，则短路光电流密度 J_{sc} 和开路电压 U_{oc} 将会随着材料的吸收光谱和太阳辐射的光谱的匹配程度而发生相应的变化。图 5 – 27 给出了主要太阳能电池的理论极限效率（●标记）和目前已经可以制造的太阳能电池的实验达到的最高效率（○标记）。实用化的太阳能电池，除了上述物理参数外，它还受到资源的丰富与否和技术的成熟程度所左右。虽然有些这样那样的约束因素，但是目前常用的在最佳带隙能量附近的半导体材料有以下几种：晶体材料有 Si (1.10 eV)，CuIn（Ga）Se$_2$ (1.10 ~ 1.35 eV)，InP (1.35 eV)，GaAs (1.43 eV)，CdTe(1.52 eV)，非晶体材料有 Si (~ 1.7 eV)等。

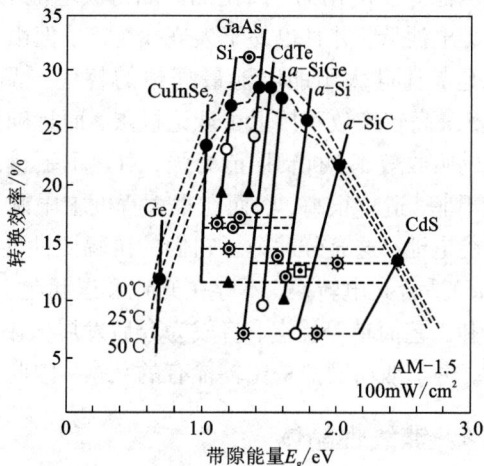

图 5 – 27　各种太阳能电池在室温下的理论极限效率(●)，研究开发阶段的最高效率(○)，以及大规模生产时的最高效率(▲)

跨越两种材料的⊙标记、▣标记、⊛标记分别表示的是串联、异质结构、多晶型太阳能电池的效率，其他表示多晶异质结构太阳能电池的效率

4. 太阳能电池用材料

太阳能电池根据所用材料的不同，可分为：硅太阳能电池、多元化合物薄膜太阳能电池、聚合物多层修饰电极型太阳能电池、纳米晶太阳能电池、有机太阳能电池。其中应用最多的是硅太阳能电池和多元化合物薄膜太阳能电池。

(1)硅太阳能电池

硅太阳能电池又分为单晶硅太阳能电池、多晶硅薄膜太阳能电池和非晶硅薄膜太阳能电池三种。单晶硅太阳能电池转换效率最高，技术也最为成熟。在大规模应用和工业生产中占据主导地位，但是由于单晶硅成本价格高，大幅度降低其成本很困难，为了节省硅材料，发展了多晶硅薄膜和非晶硅薄膜做为单晶硅太阳能电池的替代产品。与单晶硅相比较，多晶硅薄膜太阳能电池成本低廉，效率高于非晶硅薄膜电池。因此，多晶硅薄膜电池将会在太阳能电池市场上占据主导地位。非晶体 Si 太阳能电池也是一种低价格的薄膜太阳能电池，它重量轻，也便于大规模生产，有极大的潜力。但受制于其材料引发的光电效率衰退效应，稳定性不高，直接影响它的实际应用。如果能进一步解决稳定性问题及提高转换率问题，那么，非晶硅太阳能电池无疑是太阳能电池的主要发展产品之一，人们期待着它能够担负起 21 世纪初太阳能发电的重任。在地面用平面型太阳能电池中，硅太阳能电池是目前发展最成熟的，在应用中居主导地位。

(2)多元化合物薄膜太阳能电池

多元化合物薄膜太阳能电池材料为无机盐，主要包括砷化镓、硫化镉、硫化镉及铜铟硒薄膜电池等。硫化镉、碲化镉多晶薄膜电池的效率较非晶硅薄膜太阳能电池效率高，成本较单晶硅电池低，并且也易于大规模生产，但由于镉有剧毒，会对环境造成严重的污染，因此，并不是晶体硅太阳能电池最理想的替代产品。砷化镓Ⅲ - Ⅴ化合物电池的转换效率可达28%，最高转换效率接近了理论极限，而且砷化镓化合物材料具有十分理想的光学带隙以及较高的吸收效率，抗辐照能力强，对热不敏感，适合于制造高效单结电池。但是 GaAs 材料的价格不菲，造价很高，因而在很大程度上限制了用 GaAs 电池的普及，这些产品主要是宇宙用太阳能电池，这充分发挥了它们的抗辐照性能和小面积接收光的特性。铜铟硒薄膜电池(简称 CIS)适合光电转换，不存在光致衰退问题，转换效率和多晶硅一样。具有价格低廉、性能良好和工艺简单等优点，将成为今后发展太阳能电池的一个重要方向。唯一的问题是材料的来源，由于铟和硒都是比较稀有的元素，因此，这类电池的发展也必然受到限制。

5.6.4　非线性晶体

1. 非线性光学效应

非线性光学效应是现代光学的一个分支，研究材料在强相干光作用下产生的非线性现象及其应用。激光问世之前，基本上是研究弱光束在材料中的传播，确定材料光学性质的折射率或极化率是与光强无关的常量，材料的极化强度 P 与光波的电场强度 E 成正比，光波叠加时遵守线性叠加原理。在上述条件下研究光学的问题称为线性光学。20 世纪 60 年代激光产生后，其相干电磁场功率密度可达到 10^{12} W/cm^2，相应的电场强度可与原子的库仑场强(约 3×10^8 V/m)相比拟，光与材料的相互作用将产生非线性效应。在这种强光电场作用下，反映材料性质的物理量(如极化强度 P 等)不但产生线性极化，与场强 E 的一次方有关，而且也产生二次、三次等非线性极化。若用公式表示，则可以得到以下的式子：

$$P = \varepsilon_0 (x_1 E + x_2 E^2 + x_3 E^3 + \cdots) \tag{5-32}$$

E 的高次项是作为非线性的成分加入式中的。式中 x_1 为普通的线性电极化率，x_2，x_3，$\cdots$为非线性电极化率。

这里我们只讨论二次非线性极化效应。设入射光波为 $E = E_0 \sin \omega t$，E_0 为光波电场振幅，ω 是光波电场角频率，那么有

$$P = \varepsilon_0 (x_1 E \sin \omega t + x_2 E^2 \sin^2 \omega t) = \varepsilon_0 x_1 E_0 \sin \omega t + \frac{1}{2} \varepsilon_0 x_2 E_0^2 (1 - \cos^2 \omega t) \tag{5-33}$$

式中，$\varepsilon_0 x_1 E_0 \sin \omega t$ 一项代表一般线性电介质。

激光器所进行的大量实验证明，那些过去被认为与光强无关的光学效应或参量几乎都与光强密切相关。正是由于光波通过材料时极化率的非线性响应，产生了对于光波的反作用，产生了和频、差频等谐波。这种与光强有关，不同于线性光学现象的效应称作非线性光学效应。凡是具有非线性光学效应的称为非线性光学材料。当入射激光激发非线性晶体时，会发生光波电场的非线性参数的相互作用。对于二次非线性极化材料的光频转换，由三束相互作

用的光波(ω_1、ω_2、ω_3)的混频来决定。从光量子系统的能量守恒关系 $\omega_1 + \omega_2 = \omega_3$，可以得到非线性光学晶体实现激光频率转换的两种类型。当 $\omega_1 + \omega_2 = \omega_3$ 时，光波参量作用由 ω_1 和 ω_2 产生和频激光，和频产生的二次谐波频率大于基频光波频率（波长变短），这种过程称之为上转换。当 $\omega_1 = \omega_2 = \omega$，产生倍频（波长为入射光的一半），若 $\omega_2 = 2\omega_1$，产生基频光 3 倍数的激光过程。当 $\omega_3 = \omega_1 - \omega_2$ 时，所产生的谐波频率减小（波长变长），从可见或近红外激光可获得红外、远红外乃至亚毫米波段的激光。这一过程称为激光下转换。此时当 $\omega_1 = \omega_2$，产生直流极化称为光整流。图 5 – 28 表示红外光如何被频率上转换成可见光的系统。

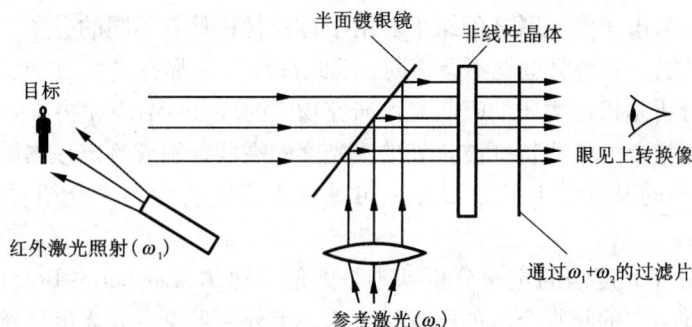

图 5 – 28　红外光上转换成可见光

2. 非线性光学晶体及其应用

非线性光学晶体主要是利用其激光频率的转换功能，广泛应用于光通信和集成光学、激光电视的红、绿、蓝三基色光源以及下一代光盘蓝光光源等领域。实际应用的非线性光学晶体有磷酸盐类的磷酸二氢钾（KDP）、磷酸二氘钾（DKDP）、磷酸钛氧钾（KTP）、三硼酸锂（LBO）和 α – 碘酸钾（α – LiIO$_3$）等。其中 KDP 及 DKDP 一直是最早备受重视的功能晶体，透过波段为 178 nm ~ 1.45 μm，其非线性光学系数 $d_{36} = 0.39$ pm/V（1.064 μm），常作为标准来与其他晶体比较。KDP 晶体最早作为频率晶体对 1.064 μm 实现二、三、四倍频以及染料激光实现倍频而被广泛应用。特别是特大功率激光在受控热核反应、核爆模拟的应用方面，大尺寸 KDP 是唯一已经采用的倍频材料，其转换效率高达 80% 以上。虽有新材料出现，但特大晶体的综合性能，仍以 KDP 为最优。KTP 晶体具有较高的抗光伤阈值，可用于中小功率激光倍频等。该晶体制成的倍频器及光参量放大器等已应用于全固态可调谐激光光源。红外非线性光学晶体是非线性光学效应的重要载体。LBO 是一种新型紫外倍频晶体，透光波段为 160 nm ~ 2.6 μm，有效倍频系数为 KDP 的 d_{36} 的 3 倍。LBO 晶体有很高的光伤阈值，有良好的化学稳定性和抗潮性，加工性能也好，广泛应用于高功率倍频、三倍频、四倍频及和频、差频等方面。α – 碘酸锂晶体是一种具有旋光、热释电、压电、电光等效应的极性晶体，透光波段为 280 nm ~ 6 μm，非线性光学系数比 KDP 的 d_{36} 大一个量级，可用于 Nd:YAG 和红宝石激光器腔内倍频及其他频率转换。半导体非线性光学晶体有很多可以应用于远红外波段，例如单质的 Se、Te 用于红外倍频的半导体型非线性光学晶体。

5.7 常用的光学测量方法

5.7.1 光吸收

材料的吸收光谱本质上是分子或原子吸收了入射光中某些特定波长的光，相应地发生了分子振动能级跃迁和电子能级跃迁的结果。由于各种材料具有不同的分子、原子及不同的空间结构，其吸收光能量的情况也就不会相同，因此每种材料都有其特有的、固定的吸收光谱曲线。分光光度分析是根据物质的吸收光谱研究物质的成分、结构和物质间相互作用的有效手段。根据吸收光谱上的某些特征波长处的吸光度的高低判别或测定该物质的含量是分光光度定性和定量分析的基础。下面以紫外－可见分光光度法为例来介绍材料光吸收性能的测量。

紫外－可见分光光度法的定量分析基础是朗伯－比尔（Lambert－Beer）定律，即物质在一定浓度的吸光度与它的吸收介质的厚度呈正比。紫外－可见分光光度计所使用的波长范围通常在 180～1000 nm，其中 180～380 nm 是近紫外光，380～1000 nm 是可见光。它是利用某些材料的分子吸收该光谱区的辐射来进行分析测定的方法。这种分子吸收光谱产生于价电子和分子轨道上的电子在电子能级间的跃迁，吸收的光谱区域依赖于分子的电子结构。

1. 基本结构

紫外－可见分光光度计通常由光源室、单色器、样品室、检测器及信号显示系统五个部分组成（图 5－29）。光源室中光源的作用是提供激发能，要求发射强度足够而且稳定的连续光谱。紫外光谱常用的光源有氙灯（190～400 nm）和碘钨灯（360～800 nm）。两者在波长扫描过程中自动切换，反射镜使两个光源发射的任一光反射，经入射狭缝进入单色器。单色器的作用是从光源发出的光分离出所需要的单色光。一般为石英棱镜或者光栅。经过入射狭缝聚焦，由滤光片去掉杂散光，斩光镜脉冲输送，并将光束劈分成两束光，一束是样品光束，另一束是参比光束，两束光由劈分器反射到反光镜，再由反光镜反射进入参比池和样品池。进入样品室的两束光，一束经过样品池射向检测器，另一束经过参比池射向检测器，样品池和参比池均为石英材质。检测器的功能是检测光信号，并将光信号转换为电信号。目前应用最广的检测器是光电倍增管，它灵敏度高，不易疲劳，但是强光照射会引起不可逆的损害。常用的信号显示系统有检流计、数字显示仪、微型计算机等。现在大多采用微型计算机，它既可以实现自动控制和自动分析，又可用于记录样品的吸收曲线，进行数据处理，从而明显提高了仪器的精度、灵敏度和稳定性。

紫外－可见分光光度计有单光束和双光束两类。单波长单光束的仪器是最简单的紫外分

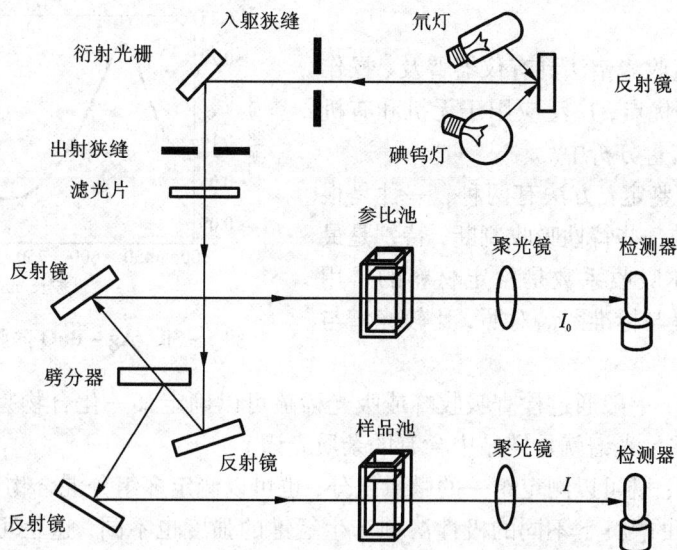

图 5 - 29　双光束紫外 - 可见分光光度计的光学示意图

光光度计，它必须分别手动测量每个波长下溶剂和样品的吸光度，而且对光源的稳定性要求特高，若在测量过程中电源发生波动，则光源的强度不稳定，导致重复性不好。双光束仪器则没有这种弊端，它可以同时扫描测量溶剂和样品的紫外光谱，而且可以实现自动记录。图 5 - 29 是一台双光束紫外 - 可见分光光度计的光学示意图。近年来出现了采用光二极管阵列检测器的多通道紫外 - 可见分光光度计，整个仪器由计算机控制，该类仪器可在 200 ~ 820 nm 的光谱范围内保持波长分辨率达到 2 nm。光二极管阵列仪器具有多通路优点、测量快速、信噪比高于单通道仪器的特点。

　　2. 谱图解析方法

　　吸收光谱以波长(nm)为横坐标，以吸收强度或吸收系数为纵坐标。吸收光谱的三大要素为谱峰在横轴的位置、谱峰的强度和谱峰的形状。谱峰在横轴的位置和谱峰的形状为化合物的定性指标，而谱峰的强度为化合物的定量指标。光谱的基本参数是最大吸收峰的位置 λ_{max} 和相应吸收带的强度 ε_{max}，通过谱峰位置可以判断产生该吸收带化合物的类型；根据谱峰的形状可以辅助判断化合物的类型。

　　3. 举例

　　将沉积在玻璃基底上的被测薄膜样品置入吸收谱仪，并在参考光路中放入同样规格的玻璃片，以扣除玻璃基底对光吸收的影响，便可以测得薄膜的光吸收谱线。图 5 - 30 为 Ag - BaO 薄膜的吸收光谱，在波长为 502 nm(对应的入射光子的能量为 2.47 eV)附近有一个明显的吸收峰，峰的半高宽约为 160 nm。

4. 应用

紫外－可见吸收光谱法具有仪器普及、操作简便、灵敏度高等优点，广泛应用于无机和有机化合物的定性和定量分析中。

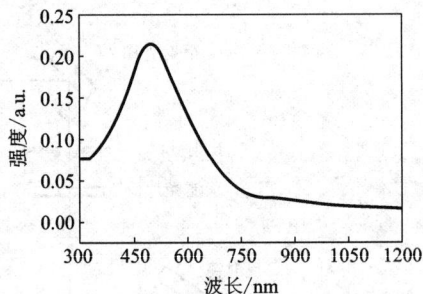

图 5 – 30　Ag – BaO 薄膜光吸收特性

(1) 化合物的鉴定：方法有两种，一种是根据吸收光谱图上的一些特性吸收判断，特别是最大吸收波长和摩尔吸收系数是检定材料的常用物理参数。一种是与标准图谱对照，比较光谱与标准物是否一致。

(2) 纯度检验：一般通过检查吸收峰或吸光稀疏可以确定某一化合物是否含有杂质。样品与纯品之间的差示光谱就是样品中含有的杂质光谱。

(3) 成分分析：既可以测定单一的微量组分，也可以测定多组分混合物及高含量组分。

(4) 氢键强度的测定：不同的极性溶剂产生氢键的强度也不同，这也可以利用紫外光谱来判断化合物在不同溶剂中氢键强度，以确定选择哪一种溶剂。

(5) 推测化合物的分子结构。

(6) 配合物组成及其稳定常数的测定。

5.7.2　拉曼光谱

拉曼光谱是一种利用光子与分子之间发生非弹性碰撞获得散射光谱，从中研究分子或物质微观结构的光谱技术。它是一种优异的无损表征技术。与分子红外光谱不同，极性分子和非极性分子都能产生拉曼光谱。激光器的问世提供了优质高强度单色光，有力推动了拉曼散射的研究及其应用。拉曼光谱一般采用氩离子激光器作为激发光源，所以又称为激光拉曼光谱。

1. 基本结构

拉曼散射光在可见光区，因此对仪器所用的光学元件及材料的要求比红外光谱简单。它一般由激光光源、样品池、干涉仪、滤光片、检测器等组成(图 5 – 31)。拉曼散射光较弱，只有激发光的 $10^{-6} \sim 10^{-8}$，因而要求采用很强的单色光来激发样品，这样才能产生强的拉曼散射信号。激光是非常理想的光源，一般采用连续气体激光器，如最常用的氩离子(Ar^+)激光器的激光波长为 514.5 nm(绿色)和 488.0 nm(蓝光)。也有的采用 He – Ne 激光器(波长为 632.8 nm)和 Kr^+ 离子激光器(波长为 568.2 nm)。需要指出的是，所用激发光的波长不同，所测得的拉曼位移是不变的，只是强度不同而已。由于拉曼光谱检测的是可见光，常用 Ga – As 光阴极光电倍增管作为检测器。在测定拉曼光谱时，将激光束射入样品池，与激光束成 90°处观察散射光，因此单色器、检测器都装在与激光束垂直的光路中。单色器是激光拉曼光谱仪的心脏，由于要在强的瑞利散射线存在下观测有较小位移的拉曼散射线，要求单色器的分辨率必须要高,拉曼光谱仪一般采用全息光栅的双单色器来达到目的。为减少杂散光的影响,整个双单色器的内壁和狭缝均为黑色。

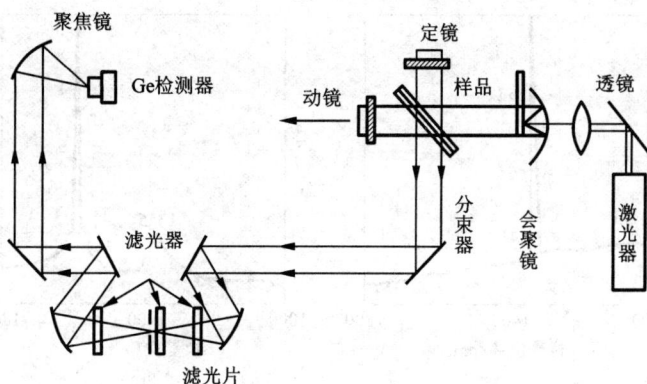

图5－31 傅里叶变换拉曼光谱仪的光路图

2. 拉曼分析方法的特点

(1)拉曼光谱可以提供快速、简单、可重复和无损伤的定性定量分析,它无需样品准备,样品可直接通过光纤探头或者通过玻璃、石英测量。

(2)由于激光束的直径在它的聚焦部位通常只有0.2～2 mm,常规拉曼光谱只需要少量的样品就可获得。这是拉曼光谱一个很大的优势。拉曼显微镜物镜还可将激光束进一步聚焦至20 μm甚至更小来用于可分析更小面积的样品。

(3)拉曼光谱一次可以同时覆盖50～4000波数的区间来对有机物及无机物进行分析。

(4)拉曼光谱谱峰清晰尖锐,更适合定量研究、数据库搜索以及运用差异分析进行定性研究。

3. 图谱解析方法

拉曼光谱是测量相对单色激发光(入射光)频率的位移,把入射光频率位置作为零,那么频率位移(拉曼位移)的数值正好相应于分子振动或转动能级跃迁的频率(间接观察到的)。也就是说拉曼光谱记录的是拉曼位移即瑞利散射与拉曼散射频率的差值。由于激发光是可见光,所以拉曼方法的本质是在可见光区测定分子振动光谱。

4. 举例

拉曼光谱是一种表征碳材料的有效手段。可以从化学气相沉积金刚石薄膜的拉曼光谱中确定出该膜是晶态还是非晶态。另外,拉曼光谱对其碳结构的变化(SP^3, SP^2, SP^1)也十分敏感,被用来确认膜内金刚石结构是否存在。天然金刚石单晶的拉曼谱约在1333 cm^{-1}处有一尖锐峰[图5－32(a)]。大块结晶良好的石墨单晶呈现出一单线(1580 cm^{-1}处),称为G线;

多晶石墨的谱线位于 1355 cm^{-1} 处, 称为 D 线, 是由无序引起边界声子散射造成的[图 5 – 32 (b)]。晶粒尺寸越小, D 线越强烈(指峰高), 通常在晶粒尺寸小于 25 nm 时即可观察到。

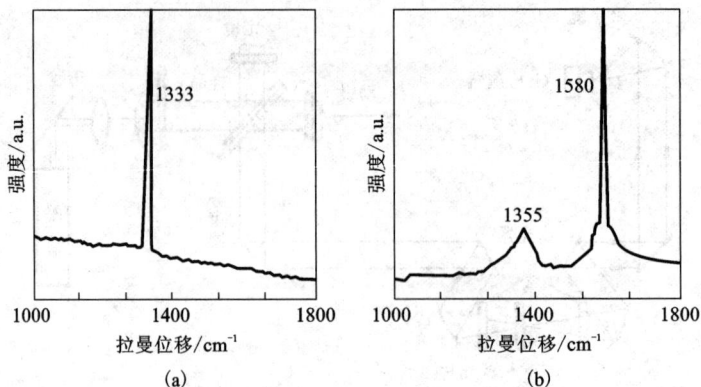

图 5 – 32 金刚石和石墨的拉曼光谱

(a)天然金刚石; (b)石墨

5. 拉曼光谱的应用

用激光器作光源的激光拉曼光谱分析广泛地应用于物质的鉴定、分子结构的研究、有机和无机分析化学、生物化学、高分子化学催化、石油化工和环境科学等各个领域。对于纯定性分析、高度定量分析和测定分子结构都有很大价值。

(1)定性和定量分析:拉曼光谱图的横坐标为拉曼位移, 不同的分子振动、不同的晶体结构具有不同的特征拉曼位移, 测量拉曼位移, 可以对物质结构作定性分析。当入射光波长等实验条件固定时, 拉曼散射光的强度与物质的浓度成正比, 因此光谱的相对强度可以确定某一指定组分的含量, 可用于定量分析。

(2)结构分析:对光谱谱带的分析, 是进行物质结构分析的基础。

(3)无机物及金属配合物的研究:拉曼光谱可以测定某些无机原子团的结构, 另外可以用拉曼光谱对配合物的组成、结构和稳定性进行研究。

(4)生物大分子的研究:可以对生物大分子的构象、氢键和氨基酸残基周围环境等方面提供大量的结构信息。

5.7.3 荧光分析法

分子荧光光谱法简称为荧光光谱法或发光光谱法。当物质分子吸收了一定的能量后, 电子能级由基态跃迁至激发态。激发态分子经过与周围分子撞击而消耗了部分能量, 下降至基态的过程中, 以光辐射的形式释放出多余的能量, 此时所发射的光即是荧光。由于不同的发光物质有其不同的内部结构和固有的发光性质,因此可以根据荧光光谱来鉴别物质进行定性分析,或者根据特定波长下的发光强度进行定量分析。荧光分析通常采用荧光分光光度计。

1. 基本结构

一般的荧光分光光度计由激发光源、样品池、双单色器系统及检测器等组成(图 5-33)。试样前的激发单色器主要对光源进行分光,选择激发光波长,实现激发光波长扫描以获得激发光谱。用某一固定单色光照射试样,吸收辐射光后发出荧光,通过发射单色器来选择发射光(测量)波长,或扫描测定各发射波长下的荧光强度,可获得试样的发射光谱。为避免光源的背景干扰,将检测器与光源设计成直角。荧光分光光度计通常使用氙灯和高压汞灯作为光源,采用染料激光器作为光源时可提高荧光测量的灵敏度。检测器通常为光电倍增管。

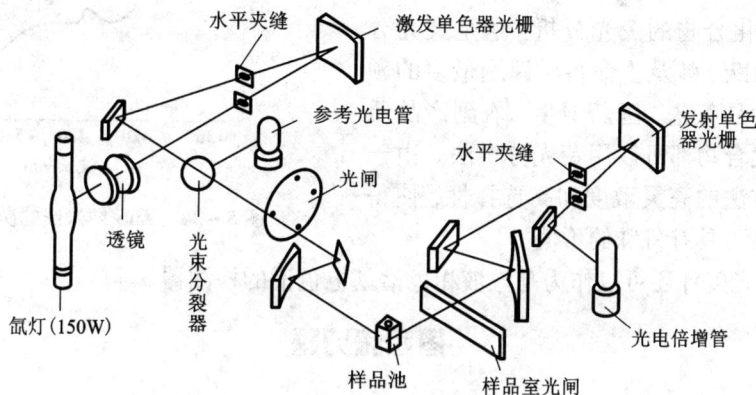

图 5-33　荧光分光光度计的光学系统图

2. 荧光分析方法的特点

(1)灵敏度高。一般情况下,分子荧光分析法的灵敏度比紫外-可见分光光度法高 2~4 个数量级,检出限可达 $0.01 \sim 0.001\ \mu g cm^{-1}$。

(2)选择性强。

(3)试样量少。

荧光分析法的主要不足是应用范围小,这是因为能够发射荧光的材料及能形成荧光测量的材料比较少的缘故。

3. 图谱解析方法

保持激发光的波长和强度不变,让物质所发出的荧光通过发射单色器照射于检测器进行扫描,以荧光波长为横坐标,以强度为纵坐标,即为荧光发射光谱。荧光发射光谱的形状与激发光的波长无关。以不同波长的激发光激发物质使之发生荧光,让荧光以固定的发射波长照射到检测器上,然后以激发光波长为横坐标,以荧光强度为纵坐标所绘制的图为荧光激发光谱。

4. 举例

图 5-34 为 ZnS 纳米线的室温荧光光谱。位于 467 nm 和 515 nm 处的比较弱的发光峰是由 ZnS 纳米线的表面态引起的。位于 366 nm 处的比较强的发光峰为紫外发光峰，对应于 ZnS 的带边发光峰，但是比体材料 ZnS 发光峰的位置(385.2 nm)蓝移 19.2 nm，这是由于纳米材料的量子限制效应引起的。

5. 荧光分析法的应用

(1)无机化合物的荧光分析：目前可以测定 70 多种元素，也可以分析氮化物、氧化物、硫化物、氰化物及过氧化物等，涉及的样品多种多样。

(2)有机化合物的荧光分析：这是荧光分析法研究最活跃、涉及生命科学课题最多的领域。许多在食品工艺、医药卫生、农副产品质量检验中的化合物都可以用荧光分析法。由于分析体系和方法的高灵敏度和高选择性，使得某些测定体系更具有特殊的价值。

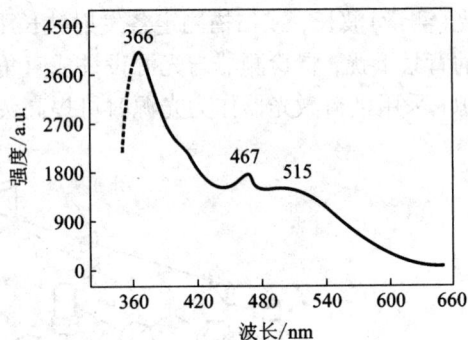

图 5-34　ZnS 纳米线的荧光光谱

(3)荧光光度计还可以作为高效液相色谱基电色谱的检测器。

思考练习题

1. 试说明介质对光吸收的物理机制。

2. 为什么不同时间观察到的太阳的颜色可能不同？

3. 试述产生激光的必备条件。

4. 试述激发光谱、发射光谱与吸收光谱的异同。

5. 如何提高 ZnO 紫外光发光(带边发光)性能？

6. 试述激光的特性和应用。

7. 如何由 Ge 和 GaAs 的吸收光谱来判断间接和直接跃迁型半导体？

8. 试述 Raman 光谱的工作机理。

9. 试述太阳能电池的工作原理。

第6章 材料的记忆性能

形状记忆合金(shape memory alloy)作为一种新型功能材料已经被广泛使用。该合金可以认为是始于1963年美国海军武器试验室(Naval Ordianace Laboratory)W. J. Buehler博士的研究小组对TiNi合金的研究。他们发现TiNi合金构件因为温度不同，敲击时发出的声音明显不同，这说明该合金的声阻尼性能和温度相关。进一步研究发现，等原子比TiNi合金具有良好的形状记忆效应。后来TiNi合金作为商品进入市场，给等原子比的TiNi合金商品取名为NiTinol，后面的三个字母就是该研究室的3个英文单词的第一个字母。目前形状记忆合金已广泛应用于航空、航天、能源、汽车工业、电子、医疗、机械、建筑、服装、玩具等各个领域。

形状记忆材料主要包括形状记忆合金、形状记忆陶瓷和形状记忆聚合物，其记忆机制各不相同。本章将对与热弹性马氏体相变有关的形状记忆效应做基础性介绍。

6.1 热弹性马氏体相变

一般金属材料受到外力作用后，首先发生弹性变形，达到屈服点，金属就发生塑性变形，应力消除后就留下永久变形。但是有些金属材料，在发生了较大变形后(远超过弹性变形极限)，经加热到某一温度之上，能够回复到变形前的形状，这种现象叫做形状记忆效应(shape memory effect)。如图6-1所示。具有形状记忆效应的

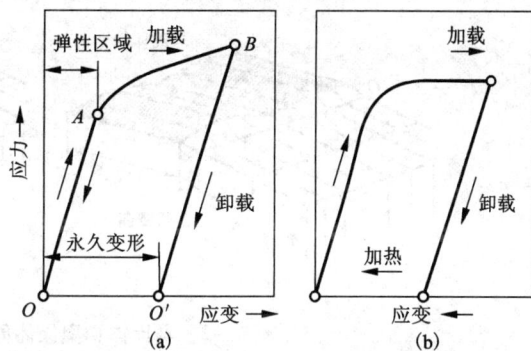

图6-1 形状记忆效应

(a)普通金属材料；(b)形状记忆合金

金属通常是两种以上金属元素组成的合金，这种金属合金叫做形状记忆合金(shape memory alloy)。形状记忆效果一般以形状回复率 η 来表示。设试样在母相态时原始形状长度为 l_0，马氏体态时经形变为 l_1，经高温逆相变后为 l_2，则

$$\eta(\%) = (l_1 - l_2)/(l_1 - l_0) \times 100\%$$

形状记忆合金中的记忆效应是在马氏体相变中发现的。通常把马氏体相变中的高温相叫做母相(P)，低温相叫做马氏体相(M)，从母相到马氏体相的相变叫做马氏体正相变，或马氏体相变，从马氏体相到母相的相变叫做马氏体逆相变。

马氏体相变中表现的形状记忆效应,不仅晶体结构完全回复到母相状态,晶格位向也完全回复到母相状态,这种相变晶体学可逆性大多只发生在产生热弹性马氏体相变的合金中。这里为了理解形状记忆效应,首先介绍马氏体相变的特点,再进一步介绍热弹性马氏体相变特点。

6.1.1　马氏体相变的一般特征

马氏体相变是非扩散型固态转变的重要类型,是一级相变。马氏体相变特征中最根本的特征就是无扩散型。

马氏体相变过程的另一重要特征是,从母相到马氏体相的转变过程是以切变方式进行的,是靠母相和新相界面上的原子以协同的、集体的、定向的和有次序的方式移动,实现从母相到马氏体相的转变。

由于马氏体相变过程中原子的移动不超过一个原子间距,母相晶格点阵和马氏体晶格点阵有着一一对应的关系,而且一些合金的马氏体相变的速度是在瞬间即完成的,这就说明,整个相变过程中,除了无原子扩散、由切变过程完成转变外,母相和马氏体相之间一定还有一种结构上的紧密联系。这种结构上的联系就是共格性,也就是说,相界面上的原子既属于母相,也属于马氏体相。共格界面的模型如图6-2所示。

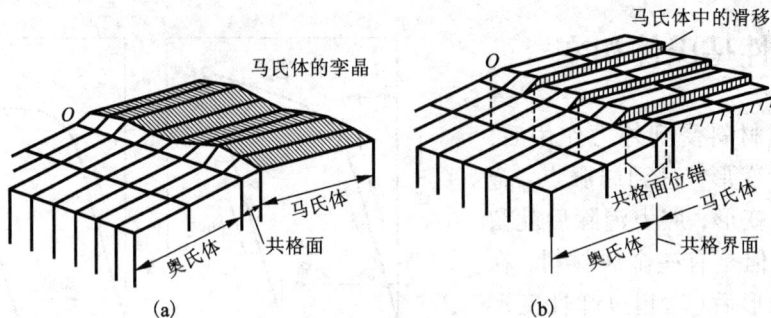

图 6-2　马氏体和奥氏体间的共格界面模型

(a)往复孪生切变的共格界面;(b)滑移切变的半共格界面

在马氏体相变中,马氏体总是沿着母相的某一晶面开始产生。这个晶面在马氏体相变的全过程中,既不发生畸变,也不发生转动,这样的晶面就称为惯习面。惯习面也是两相的交界面。

马氏体相变的特征除了无扩散性、切变性和共格性外,马氏体内一定有晶体缺陷存在。

6.1.2　热弹性马氏体相变的一般特征

热弹性马氏体相变是马氏体相变的一种类型。关于马氏体相变的分类,可以依据不同的方式。例如,按照相变过程所需驱动力的大小分类,这里所说的相变驱动力,就是相变过程中两相自由能差。有一类金属或合金，其相变要求的驱动力很大，大到几百卡/克原子。马氏体一旦形核，即迅速长大，直到被结构位垒阻止，这时继续降温，推动力虽然增加，马氏体却不会再长大，马氏体的形成量取决于形核率，而与成长率无关；另一类合金的相变驱动力很小，只需几十卡/克原子，甚至只需几卡/克原子。马氏体晶核也是突然生成，并且爆发式地长到一定的大小，这时如继续降温，马氏体将会随之再长大。还可以按照马氏体的形成方式分类，一类是在变温条件下形成马氏体，而且，马氏体的生成量是温度的函数，被称为变温马氏体转变，变温马氏体转变又分为两种形式，一种是随着温度的改变，马氏体片的数目增加，另一种是随着温度的改变，马氏体片的尺寸增加；另一类是在等温度条件下形成马氏体，也就是在一定的温度条件下，马氏体的生成量是时间的函数，被称为等温马氏体转变。等温马氏体转变需要一定的孕育期，而且，等温转变一般是马氏体晶核形成后立即长大到最终大小的尺寸，和变温马氏体转变中的第一种形式颇为相近。

可以根据马氏体相变及其逆相变的温度滞后大小分成热弹性马氏体相变和非热弹性马氏体相变。例如，热弹性马氏体相变的合金 Au – 47.5%Cd，其相变热滞后是 16℃（$M_s = 58℃$，$A_s = 74℃$）；非热弹性马氏体相变的合金 Fe – 30Ni，其相变热滞后达 420℃（$M_s = -30℃$，$A_s = 390℃$）。马氏体正逆相变中温度滞后（$A_0 - M_0$）的大小和相变驱动力的大小是一致的。温度滞后大，相变驱动力也大，反之，相变驱动力就小。热弹性马氏体相变从形成方式看，是属于变温马氏体转变中的第二种，它的相变特征、热力学特征以及晶体学特征都和非热弹性马氏体相变有所不同。热弹性马氏体相变的一般特征是马氏体量是温度的函数，相变温度滞后小，相变驱动力小和相界面有良好的协调性。热弹性马氏体相变时，马氏体是随温度的变化而消长，而非热弹性马氏体相变的特征是马氏体一旦形核，在 10^{-7} s 的瞬间即长成最终状态，并且不再随温度下降而长大，所以在马氏体逆相变时也不会出现马氏体逐渐收缩回到母相的现象，其热力学行为和非热弹性马氏体相变的热力学行为是不相同的。

热弹性马氏体相变中，合金的母相与马氏体相的相界面随着温度的升降表现出弹性式的推移，推移的位置和温度相对应，这说明热弹性马氏体相变具有晶体学可逆性。这种晶体学可逆性不仅表现为马氏体晶体结构在逆相变中回复到了原来母相的晶体结构，而且表现为在晶体位向上也得到了完全的回复。迄今为止发现的具有形状记忆效应或具有相变伪弹性的合金很多都产生热弹性马氏体相变，形状记忆效应和相变伪弹性效应的本质就是这些合金在相变中存在着晶体学可能性。

热弹性马氏体相变过程中，马氏体片随着温度的升降表现出弹性式的消、长变形，而且两相界面始终保持着良好的协调性；非热弹性马氏体相变时，母相晶体产生的是塑性变形，两相界面不具有协调性。图 6 – 3 是马氏体相变时界面关系概念图。图 6 – 3（a）是热弹性马氏体相变时界面协调概念图，母相体发生弹性变形，母相马氏体相界面保持有可动性。图 6 – 3（b）是非热弹性马氏体相变时界面不协调概念图，相变过程中母相发生塑性变形，为了缓和这种塑性变形，致使母相马氏体相界面丧失可动性。

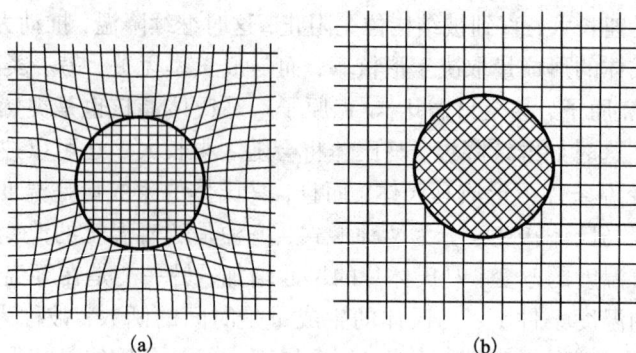

图 6 – 3　协调界面(a)和非协调界面(b)的概念图

6.2　形状记忆效应的分类及其微观形成机制

6.2.1　形状记忆效应的分类

形状记忆效应有三种形式。第一种称为单向形状记忆效应，即将母相冷却或加应力，使之发生马氏体相变，然后使马氏体发生变形，改变其形状，再重新加热到马氏体转变为母相的开始温度 A_s 以上，马氏体发生逆转变，温度升至马氏体向母相转变终了温度 A_f，马氏体完全消失，材料完全恢复母相形状。一般没有特殊说明，形状记忆效应都是指这种单向形状记忆效应，见图 6 – 4(a)。

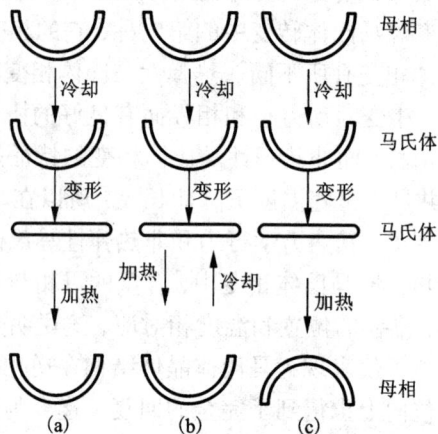

图 6 – 4　三种形式的形状记忆效应

有些形状记忆合金在加热发生马氏体逆转变时，对母相有记忆效应；当从母相再次冷却为马氏体时，自觉回复原马氏体的形状，这种现象称为双向形状记忆效应，又称可逆形状记忆效应。如图 6 – 4(b)。

第三种情况是在 Ti – Ni 合金系中发现的，在冷热循环过程中，形状回复到与母相完全相反的形状，称为全方位形状记忆效应。见图 6 – 4(c)。

冷却时，在无应力条件下马氏体在母相转变为马氏体的开始温度 M_s 时开始形成。若施加应力，马氏体可以在 M_s 以上温度形成，这种马氏体称为应力诱发马氏体(stress-induced martensite，简称 SIM)。它的相变驱动力不是热能而是机械能。

6.2.2 形状记忆合金记忆效应机理

大部分合金记忆材料是通过马氏体相变而呈现形状记忆效应。马氏体相变具有可逆性，将马氏体向高温相(奥氏体)的转变称为逆转变。形状记忆是热弹性马氏体相变产生的低温相在加热时向高温相进行可逆转变的结果。

设 M_s，M_f 分别表示冷却时奥氏体(又称为母相)向马氏体转变的开始温度和终了温度，A_s，A_f 表示加热时马氏体向奥氏体逆转变的开始温度和终了温度。具有马氏体逆转变，且 M_s 与 A_s 温度相差(称为转变的热滞后)很小的合金，将其冷却到 M_s 点以下，马氏体晶核随着温度下降逐渐长大；温度回升时，马氏体相又反过来同步地随温度上升而缩小，马氏体相的数量随温度的变化而发生变化，形状记忆效应是热弹性马氏体相变产生的低温相在加热时向高温相进行可逆转变的结果。

母相与马氏体相变的晶体学可逆性与有序点阵具有密切的关系，晶体学可逆性通过有序点阵的形成自动得到保障，在母相→马氏体→母相的转变循环中，母相完全可以恢复原状。这就是单程记忆效应的原因。形状记忆效应历程可用图6-5表示，图中：ⓐ将母相冷却到 M_f 点以下进行马氏体相变，母相的一个晶粒内会生成许多惯习面位向不同，但在晶体学上是等价的马氏体，把这些惯习面位向不同的马氏体叫做马氏体变体(Variant)，马氏体变体一般有24种，由于相邻变体可协调地生成，微观上相变应变相互抵消，无宏观变形；ⓑ马氏体受外力作用时(加载)，变体界面移动，相互吞食，形成马氏体单晶，出现宏观变形 ε；ⓒ由于变形前后马氏体结构没有发生变化，当去除外应力时(卸载)无形状改变；ⓓ当加热高于 A_f 点的温度时，马氏体通过逆转变将恢复到母相形状。注意形状记忆合金在逆转变过程中，单一位

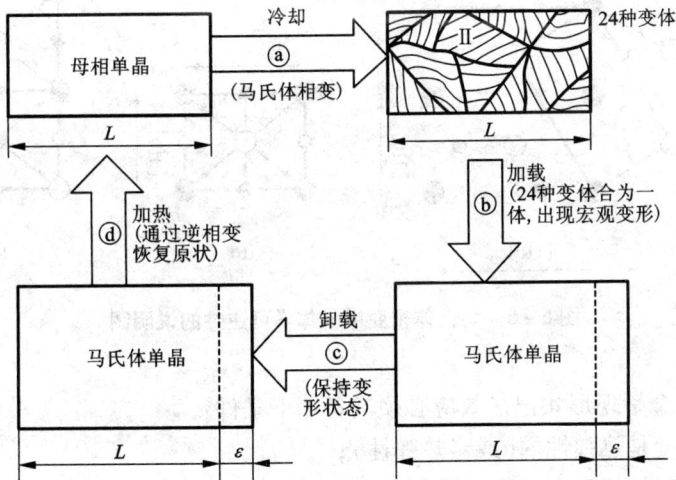

图6-5 形状记忆机制示意图(拉应力状态)

向的马氏体不会生成多个位向不同的母相变体。上面已多次提到，相变中的晶体学可逆性是热弹性马氏体相变的重要特征，在热弹性马氏体相变中形成的 24 种不同位向的马氏体变体和母相的某一位向的晶格存在着晶格对应关系。正因为这个原因，在热弹性马氏体逆相变时能够完全地回复到和相变前一样的母相状态。

图 6-6 是 B_2 母相(β_2)↔B_{19} 马氏体相(γ_2')可逆相变的一个例子，B_2 母相是 CsCl 类立方有序结构。图 6-6(a)为 γ_2' 马氏体结构在底面的投影图。马氏体晶体结构的对称性比母相低，因此，在逆相变中，两相之间的晶格对应关系不是随意的，从图 6-6 中可知，确定等价的晶格对应关系的方法只有 A，B 和 C 三种路径，如果在逆相变中按照 A 的路径发生，那么生成相的晶体结构即如图 6-6(b)所示，这样，经历了正、逆相变后，它又回到了 B_2 母相有序结构，但是，如果按 B 和 C 的路径产生逆相变，那么，生成晶体结构就如图 6-6(c)所示，显然这个结构和 B_2 结构是不同的，不同之处在于，B_2 结构中，一个原子所最近邻的原子全部都是不同种的原子。图 6-6 白点和黑点表示不同的原子，大小是表示离开底面的高度。而图 6-6(c)所反映的结构中，一个原子所最近邻的原子中，有一半是同种原子，像图 6-6(c)结构的自由能要比 B_2 结构的自由能高。因此在逆相变中，不可能按照 B 和 C 的路径进行，只能按照 A 的路径进行。也就是说，母相的晶格位向由于其有序晶格结构而自动地得到保障。

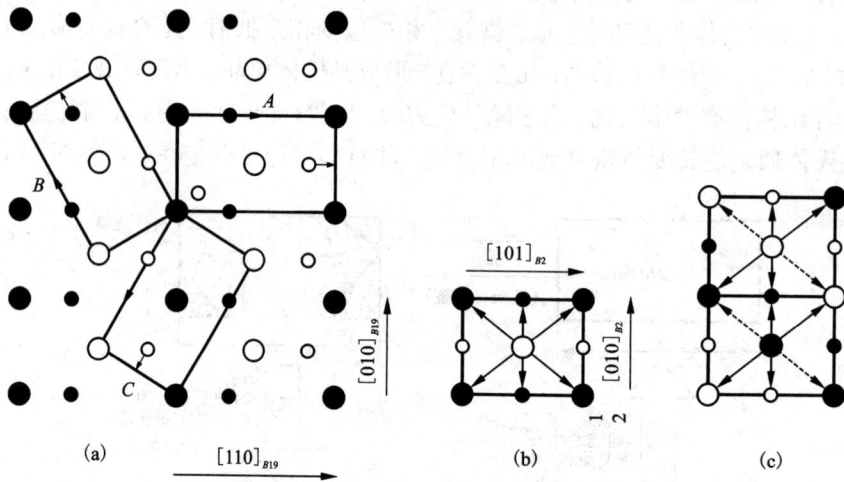

图 6-6　马氏体相变中晶体学可逆性的说明图

研究表明，合金呈现形状记忆效应必须具备如下条件：

（1）马氏体相变是热弹性的（或半热弹性）；

（2）母相与马氏体相呈现有序点阵结构（原子有序排列状态为一种原子周围出现异类原子的机会大）；

（3）马氏体内部亚结构是孪晶（或层错）；

（4）相变时在晶体学上具有完全可逆性。

6.2.3　形状记忆合金热弹性马氏体的消长

设 $\Delta G_T^{P \to M}$ 为母相转变为马氏体时的化学自由能差，对一定成分的合金，它是温度的函数。ε_M 为包括相变应变在内的总应变张量，σ_i 为相变应变（及外应力所形成的应变）引起的内应力，V_m 为摩尔体积，马氏体长大或收缩的体积单元为 dV_m，相应的表面单元为 dA，并设界面的表面能为 γ_M，ξ 为相变时单位应变所释放的能量（由于摩擦及产生不可逆的缺陷）。则在马氏体内及母相边际所储存的弹性应变能为 $\sigma_i \varepsilon_M dV_m$。设整个相变阻力为 $\Delta G_r^{P \to M}$，则

$$\Delta G_r^{P \to M} = \sigma_i \varepsilon_M dV_m + \gamma_M dA + \xi \varepsilon_M dV_m$$

所提供的相变驱动力为 $\Delta G_d^{P \to M}$，在不加应力时，

$$|\Delta G_d^{P \to M}| = |\Delta G_T^{P \to M}|$$

显然，热弹性平衡的条件为

$$|\Delta G_d^{P \to M}| = |\Delta G_T^{P \to M}| = |\sigma_i \varepsilon_M dV_m + \gamma_M dA + \xi \varepsilon_M dV_m| \qquad (6-1)$$

$\Delta G_r^{P \to M}$ 和 $\Delta G_d^{P \to M}$ 都为 V_m/V 的函数，按单位体积，式（6-1）可写成：

$$|\Delta G_T^{P \to M}| = |\sigma_i \varepsilon_M + \gamma_M A' + \xi \varepsilon_M| \qquad (6-2)$$

其中 $A' = dA/V$ 为形状因子，则式（6-2）即为热弹性马氏体平衡的条件，由于 $\dfrac{\partial \Delta G_T^{P \to M}}{\partial T} < 0$，当温度降低时，$\Delta G_T^{P \to M}$ 增大，而 $\Delta G_r^{P \to M}$ 因温度的变化较小。①当 $T < M_s$，马氏体形成并长大，随 V_m/V 的增加，$\Delta G_d^{P \to M}$ 和 $|\Delta G_r^{P \to M}|$ 都增大，至达到式（6-2）条件时，即

$$|\Delta G_d^{P \to M}| = |\Delta G_T^{P \to M}| = |\Delta G_r^{P \to M}|$$

时，即使未遇到任何障碍，马氏体也停止长大，达到平衡。升高温度，马氏体将收缩，甚至消失；降低至一定温度，$\Delta G_T^{P \to M}$ 增大，马氏体继续形成或长大，至再次达到式（6-2）条件时长大停止，又达到平衡。②当在 $T < M_s$，若一直保持式（6-3）时，

$$|\Delta G_T^{P \to M}| > |\sigma_i \varepsilon_M + \gamma_M A' + \xi \varepsilon_M| \qquad (6-3)$$

将进行爆发型相变，直至马氏体遇到障碍（晶界、孪晶界或其他马氏体片）时长大停止。③当

$$\Delta G_T^{P \to M}| < |\sigma_i \varepsilon_M + \gamma_M A' + \xi \varepsilon_M| \qquad (6-4)$$

即

$$\Delta G_d < \Delta G_r$$

时，将进行逆相变。设 R 为回复（外加应力 σ_a 下）或逆相变的分数，作为逆相变参数，可由式（6-5）决定：

$$R(T, \sigma_a) = \frac{\sigma_i \varepsilon_M + \gamma_M}{\sigma_i \varepsilon_M + \gamma_M + \xi \varepsilon_M} \qquad (6-5)$$

当所有相变驱动力全部被马氏体储存，即 $\xi = 0$ 时，则 $R = 1$，表示长大过程完全可逆。当释放能量较大，即 ξ 较大时，则 $R < 1$，表示长大过程部分可逆。

当 ξ 很大，$R \rightarrow 0$ 时，则表示完全为不可逆过程，失去热弹性。

对 Au–Cu–Zn 合金，得：$\Delta G_{M_s}^{P \rightarrow M} = 16.5 \ \text{J} \cdot \text{mol}^{-1}$，将 γ_M 及 ξ 忽略不计，则：$\sigma_i \varepsilon_M \approx 30$ $\text{J} \cdot \text{mol}^{-1}$，可见，当略低于 M_s 温度时，这合金的马氏体就达到热弹性平衡。随温度降低，马氏体体积增大，当 $\Delta G_T^{P \rightarrow M} = \Delta G_r^{P \rightarrow M}$ 时又达到热弹性平衡。随温度升高，马氏体体积减小，至 $\Delta G_T^{P \rightarrow M} = \Delta G_r^{P \rightarrow M}$，达到热弹性平衡。因此这合金的马氏体为典型的热弹性马氏体。

对 Cu–40%Zn 合金，随温度下降，$\Delta G_T^{P \rightarrow M}$ 增加较多而 $\sigma_i \varepsilon_M$ 减低较慢，当 $T < M_b$ 时，如保持

$$|\Delta G_T^{P \rightarrow M}| > |\sigma_i \varepsilon_M| \tag{6-6}$$

的条件，即出现爆发型相变。Cu–Ag 及一些以金为基合金的 β 相也都观察到以 M_b 温度（M_b 是形变促使马氏体相变在 M_s 以上开始的最高温度）为转折温度，即在 M_b 以下出现爆发型相变。因此这些合金马氏体在 M_b 以上为热弹性的，在 M_b 以下为爆发型的。

对铁基合金，相变驱动力 $\Delta G_{M_s}^{P \rightarrow M}$ 比上述金基合金大 2 个数量级，而 $\sigma_i \varepsilon_M$ 项和上述金基合金相差不大，在 $T < M_s$ 时一直保持

$$|\Delta G_T^{P \rightarrow M}| > |\sigma_i \varepsilon_M| \tag{6-7}$$

因此铁基合金不是完全热弹性的。当 Fe_3Be 或 Fe_3Pt 合金母相呈有序态时，由于 $|\Delta G_T^{P \rightarrow M}|$ 值减小，可能出现热弹性马氏体。

6.3 应力诱发马氏体相变与伪弹性

6.3.1 相变伪弹性

具有热弹性马氏体相变的合金，除了显示形状记忆效应以外，还呈显另一重要性质，即相变伪弹性（又称相变拟伪弹性）。当合金经施加应力，由母相应力诱发、发生相变，形成马氏体；当去除应力后，部分或全部应变因应力诱发马氏体逆变为母相而恢复，称为伪弹性。其行为类似橡胶。在 $M_s \sim M_d$ 间外加应力，可以保持马氏体稳定，但应力一旦消除，马氏体就变得不稳定。伪弹性也可称之为机械形状记忆效应。

伪弹性有三个应用特点：①其可恢复应变量能达到 10% 以上，几乎高出通常材料弹性应变 2 个数量级；②合金显示恒弹性，在应力恒定时会产生较大的应变；③在未发生应力诱发相变前，合金就具有 2% 的弹性应变，这样做成的弹簧也比一般弹簧性能好得多。

图 6-7 为合金出现伪弹性时的典型应力–应变曲线示意图。在温度 T_1（高于 A_f），对合金施加外力；图 6-7 中 $A \sim B$ 段为母相的纯弹性形变（即在外力作用下，材料形状发生变化，当外力去除后形变消失，恢复原状，在变形过程中无相变发生）；B 点相当于应力 $\sigma_{T_1}^{P \rightarrow M}$，第一

片马氏体开始形成，至 C 点相变完成，$B-C$ 的斜率反映相变进行是否容易，其应变部分 $\varepsilon^{P\to M}$ 表示由相变时所形成的最大应变，$C\sim D$ 之间去除应力，马氏体将先做弹性回复（应变），以后将进行逆相变。如在 $C\sim D$ 之间的 C' 点（总应变为 ε）去除应力，则 $C'F$ 为弹性回复阶段；在 F 点，相当于应力 $\sigma_{T_1}^{M\to P}$ 时开始逆相变（$M\to P$），至 G 点母相完全回复，$G\to H$ 段为母相弹性回复。整个应变不一定完全回复。当加应力或去应力时如产生不可逆的形变，应变就不可能完全回复。在 D 点，相当于马氏体的屈服强度 σ_γ^M。整个应力 - 应变曲线由母相在 T_1 时的 $\sigma_{T_1}^{P\to M}$ 和 $\sigma_{T_1}^{M\to P}$ 决定。$\sigma_{T_1}^{P\to M}$ 和 $\sigma_{T_1}^{M\to P}$ 之差决定应力的滞回面积，这面积表示所释放的能量。由 In $-$ 20.7 Ti 合金测得，当温度上升时，$\sigma_{T_1}^{P\to M}$ 及 $\sigma_{T_1}^{M\to P}$ 也都升高，因温度升高时，化学驱动力减小，诱发马氏体所需的临界应力值增高。不同试验温度和母相位向对伪弹性及形状记忆效应有影响。拉力轴的取向不但影响应力应变曲线量的改变而且还有质的改变，在一定取向和一定温度下，应力滞回面积最小，剩余应变最小，参加形状记忆效应部分最小。

图 6-8 所示为能产生两种效应的温度和应力范围以及它们与滑移变形临界应力之间的关系。如果合金塑性变形的临界应力较低（如图 6-8 中 B 线），则在应力较小时就出现滑移，发生塑性变形，则合金不会出现伪弹性。反之，当临界应力较高（图 6-8 中 A 线）时，应力未达到塑性变形的临界应力（未发生塑性变形）就出现了超弹性。滑移变形的难易，受到晶体结构晶粒大小、时效析出等诸多因素的影响。为了充分利用相变伪弹性效应，提高材料的滑移临界应力是十分必要的，图 6-8 中从 M_s 点引出的斜线表示温度高于 M_s 时，应力诱发马氏体相变所需要的临界应力。斜线的斜率 $\mathrm{d}\sigma/\mathrm{d}T = -\Delta H/T\Delta\varepsilon$（$\sigma$：临界应力，$T$：温度，$\Delta H$：相变热，$\Delta\varepsilon$：相变应变）。从图 6-8 中可以看出，在 M_s 点以下温度对合金变性只产生形状记忆效应，不出现伪弹性；在 A_f 以下温度对材料施加应力，只出现伪弹性。

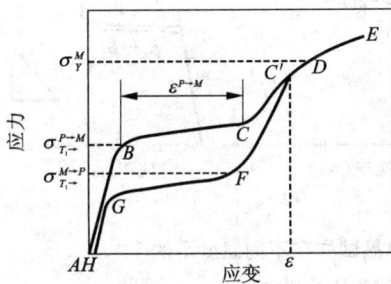

图 6-7 呈现伪弹性的典型应力 - 应变曲线示意图（$T = T_1 > A_f$）

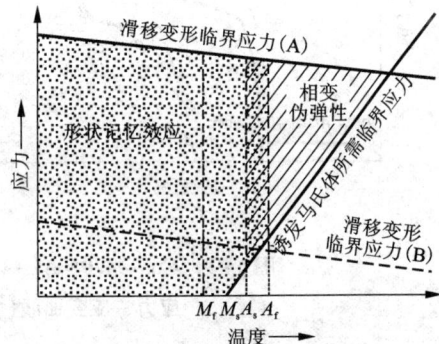

图 6-8 形状记忆效应和相变伪弹性效应产生条件示意图

6.3.2 多阶相变伪弹性

外力对马氏体相变的影响不只局限于改变相变温度。图 6－9 是 Cu－14.0% Al－4.2% Ni 合金单晶试样在不同试验温度下大致沿着母相 $<110>_{\beta 1}$ 方向进行拉伸试验时的应力－应变曲线。这些曲线的特征是，在不同试验温度下由两阶或多阶曲线组成。每个台阶都是由图 6－9 中所示的马氏体相变导致的。其中 γ_1'，β_1''，β_1' 和 α_1' 分别是具有不同晶体结构的马氏体（见表 6－1）。

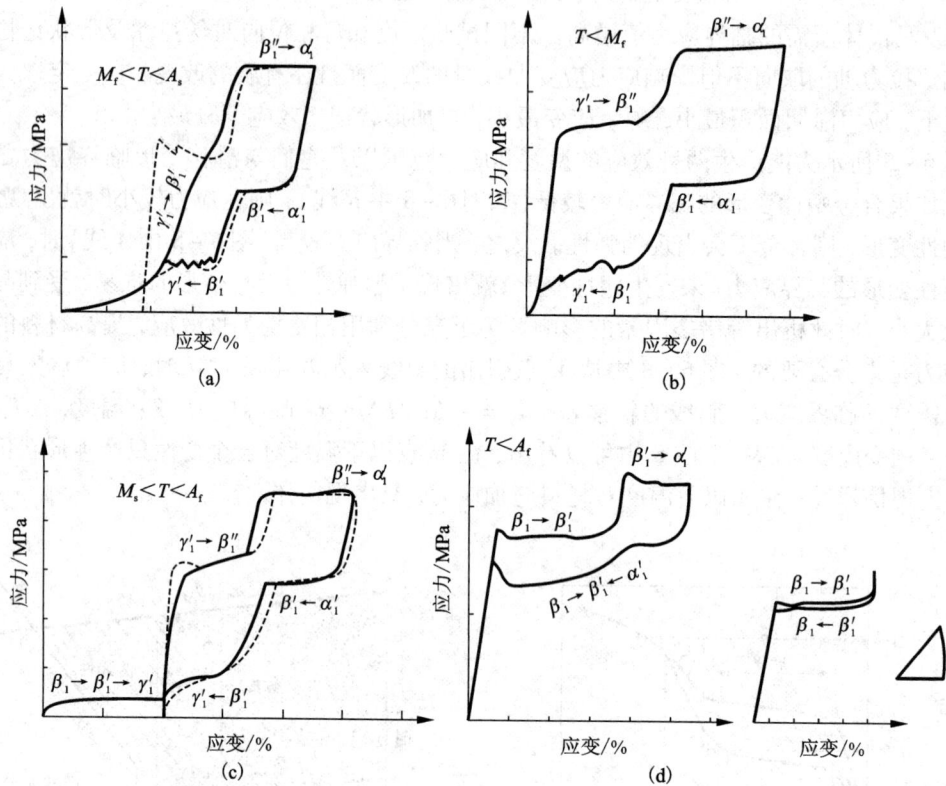

图 6－9　Cu－14.0% Al－4.2% Ni 合金单晶试样在不同温度下的
应力－应变曲线（每曲线最高阶段限 5% 应变）

这样，在适当条件下，外力可从母相应力诱发出马氏体，随后又可从该马氏体应力诱发成另一个马氏体。例如，在图 6－9(d) 中，第一台阶是母相 $\beta_1 \rightarrow \beta_1'$ 应力诱发相变，当这一阶段结束时试样变成 β_1' 单晶体。当继续拉伸时，β_1' 单晶试样进行弹性变形直到下一台阶为止。第二台阶是 $\beta_1' \rightarrow \alpha_1'$ 应力诱发相变。当卸载时，首先 α_1' 回到 β_1'，接着 β_1' 回到最初 β_1。这样一来，高达 18% 的应变完全得到恢复。

表 6-1　CuAlNi 合金不同应力诱发马氏体的晶体结构

相	γ_1'	β_1'（由 $\beta_1 \to \beta_1'$）	β_1''（由 $\gamma_1' \to \beta_1''$）	α_1'（由 $\beta_1' \to \alpha_1'$）	或（由 $\beta_1' \to \alpha_1'$）
空间群	Pnmm	A2/m	P2$_1$/m	A2/m	

6.4　形状记忆合金的阻尼特性

　　由于形状记忆合金马氏体相变的自协调和马氏体中形成的各种界面(孪晶面、相界面、变体界面)的滞弹性迁移，形状记忆合金会吸收能量而具有很好的阻尼特性。低频交变应力下，马氏体相变内耗属于静滞型能量损耗机制，内耗与频率、振幅、温度及升(降)温速度没有本质的依赖关系；高频时，内耗峰的温度随频率增大而升高，内耗峰是由界面黏滞运动引起的。

　　图 6-10 表示 NiTi 记忆合金阻尼比、电阻与温度的关系曲线。通过图的上部电阻与温度关系可看出，在发生相变时，阻尼比 ζ 会出现一个陡峭的峰值。马氏体相 B_{19} 和 R 相中存在

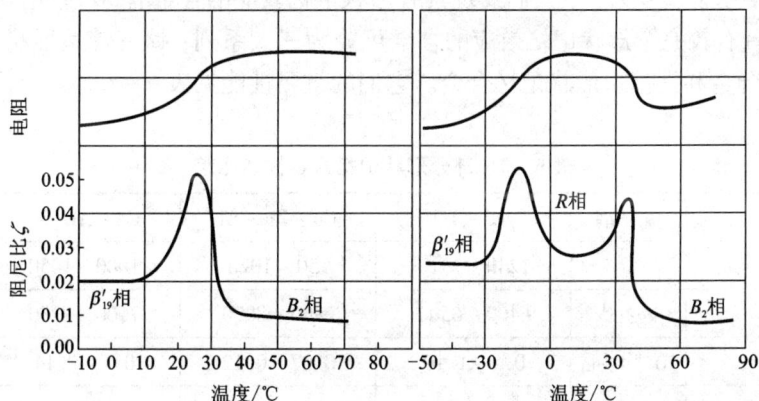

图 6-10　阻尼比、电阻与温度的关系曲线

着大量孪晶界面，这些孪晶界面在外力作用下很容易移动而产生阻尼。图 6-11 是简化了的应力-应变曲线，它表征合金在一个周期中所消耗的能量，称为相变内耗能。在外力作用下发生弹性应变之后，外应力超过临界应力值 σ_0，产生一个较小的调节应变，它来自于马氏体和 R 相中孪晶界面的移动，且卸载后不可恢复。若力大于临界应力 σ_0 的反向应力，孪晶界面将反向移动。孪晶界面的反复移动就会形成滞后回线 ΔW，它表示界面运动消耗的能量。超低频和低频振动的滞后回线面积较大，即阻尼较大。当振动频率超过某临界率 f_0(即振动周

期小于相变滞后时间)时,滞后回线面积很小,表示阻尼较小;随频率增大,滞后回线面积变化不大且趋于稳定。NiTi 合金在 B_2 母相中没有孪晶界面,位错密度也低,阻尼主要来自晶格缺陷的动态消耗,比界面移动消耗能要小得多。在 $B_2 \rightarrow M$、$B_2 \rightarrow R$ 和 $R \rightarrow M$ 相变过程中都存在一个阻尼峰值,它往往比马氏体相和 R 相的阻尼值高出很多。这是因为一级相变都与内耗有关,而且是两相体积差异所致。Delorme 考虑了在相变过程中的塑性应变,把 Postnikov 的模型修改成下列关系式:

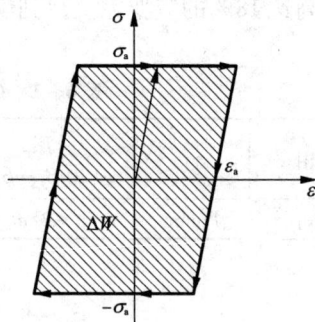

图 6-11 简化应力-应变曲线分析模型

$$Q^{-1} = \frac{1}{\omega} \cdot \frac{\mathrm{d}\varphi(V_{\mathrm{m}})}{\mathrm{d}V_{\mathrm{M}}} \cdot \frac{\mathrm{d}V_{\mathrm{m}}}{\mathrm{d}T} \cdot \frac{\mathrm{d}T}{D_T} \qquad (6-8)$$

式中,V_{m} 是马氏体的体积含量;ω 是作用应力的角频率;$\varphi(V_{\mathrm{m}})$ 是与相变体积变化和(或)形状应变有关的单调函数。从式(6-8)可以看出,Q^{-1} 正比于加热或冷却速度。

6.5 形状记忆合金种类和工程应用

形状记忆合金:迄今为止,人们发现具有形状记忆效应的合金有 50 多种。按照合金组成和相变特征,具有较完全形状记忆效应的合金可分为三大系列:钛-镍系形状记忆合金,铜基系形状记忆合金和铁基系形状记忆合金。它们的重要性能见表 6-2。

表 6-2 部分形状记忆合金性能比较

项　目	量　纲	Ni-Ti	Cu-Zn-Al	Cu-Al-Ni	Fe-Mn-Si
熔点	℃	1240~1310	950~1020	1000~1050	1320
密度	kg/m³	6400~6500	7800~8000	7100~7200	7200
电阻率	10^{-6} Ω·m	0.5~1.10	0.07~0.12	0.1~0.14	1.1~1.2
热导率	W/(m·℃)	10~18	120	75	—
热膨胀系数	10^{-6}/℃	10(奥氏体)			
		6.6(马氏体)	16~18(马氏体)	16~18(马氏体)	15~16.5
比热容	J/(kg·℃)	470~620	390	400~480	540
热电势	10^{-6} V/℃	9~13(马氏体)			
		5~8(奥氏体)			
相变热	J/kg	3200	7000~9000	7000~9000	—

项　目	量　纲	Ni − Ti	Cu − Zn − Al	Cu − Al − Ni	Fe − Mn − Si
E − 模数	GPa	98	70 ~ 100	80 ~ 100	—
屈服强度	MPa	150 ~ 300（马氏体）	150 ~ 300（马氏体）	150 ~ 300（马氏体）	35（马氏体）
		200 ~ 800（奥氏体）	—	—	—
抗拉强度（马氏体）	MPa	800 ~ 1100	700 ~ 800	1000 ~ 1200	700
延伸率（马氏体）	% 应变	40 ~ 50	10 ~ 15	8 ~ 10	25
疲劳极限	MPa	350	270	350	—
最大单程形状记忆	% 应变	8	5	6	5
最大双程形状记忆	% 应变				
$N = 10^2$		6	1	1.2	—
$N = 10^5$		2	0.8	0.8	—
$N = 10^7$		0.5	0.5	0.5	—
上限加热温度（1 h）	℃	400	160 ~ 200	300	
阻尼比	SDC − %	15	30	10	
最大伪弹性应变（单晶）	% 应变	10	10	10	
最大伪弹性应变（多晶）	% 应变	4	2	2	
恢复应力	MPa	400	200		190

表 6 – 3 列举了形状记忆合金的一些应用实例，下面择其重点应用加以概述。

表 6 – 3　形状记忆合金的应用实例

工业上形状恢复的一次利用	工业上形状恢复的反复利用	医疗上形状恢复的利用
紧固件	温度传感器	消除凝固血栓过滤器
管接头	调节室内温度用恒温器	管椎矫正棍
宇宙飞行器用天线	温室窗开闭器	脑瘤手术用夹子
火灾报警器	汽车散热器风扇的离合器	人造心脏，人造肾的瓣膜
印刷电路板的结合	热能转变装置	骨折部位固定夹板
集成电路的焊接	热电继电器的控制元件	矫正牙排用拱形金属线
电路的连接器夹板	记录用笔驱动装置	人造牙根
密封环	机器手，机器人	

1. 高技术中的应用

形状记忆合金应用最典型的例子是制造人造卫星天线。由 $Ti-Ni$ 合金板制成的天线能卷入卫星体内，当卫星进入轨道后，利用太阳能或其他热源加热就能在太空中展开。美国宇航局（$NASA$）曾利用 $Ti-Ni$ 合金加工制成半球状的月面天线，并加以形状热处理，然后压成一团，用阿波罗运载火箭送上月球表面，小团天线受太阳照射加热引起形状记忆而恢复原状，即构成正常运行的半球状天线，可用于通信。

2. 工业应用

大量使用形状记忆合金材料的是各种管件的接头。力大，故连接得很牢固，可防止渗漏，装配时间短，操作方便。美国自 1970 年以来，已在 $F11$ 喷气战斗机的油压系统配管上采用了这种管接头，其数量超过 10 万个，迄今未发现一例泄漏事故。这类形状记忆合金管接头还可用于核潜艇的配管、海底管道、电缆系统的连接等。

一种廉价的 $CuAlMnZnZr$ 铜基形状记忆合金管接头可用在军工、舰船、民用工业（如冰箱、空调等）的中、低压管道连接或其他紧固件的连接以及异种材料的连接等方面，使用简便，将被连接部件插入智能（记忆）管接头中，稍做加热即可（见图 6-10）。这种管接头可直接在室温下扩孔、50℃内储存，并能满足低温下使用要求。该合金通常采用中频感应电炉在 N_2 或 Ar 保护性气氛下进行熔炼，熔炼时可采用煅炼木炭做覆盖，造渣剂采用 Na_3AlF_6 与 CaF_2，浇注温度 1200℃～1280℃。热加工温度为 800℃～860℃。在双相区淬火后进行冷加工，冷加工后，合金需进行固溶处理，固溶温度 800℃～850℃，介质淬火或空冷。这种管接头的性能如下：

耐蚀性　0.1875 mm/a

疲劳寿命　$>105(\varepsilon=0.005)$

马氏体相变开始温度（M_s）-25℃

相变滞后宽度　>90℃

贮存温度　$\leqslant50$℃

记忆应变　$\geqslant3.5\%$

拉脱力　$>350\ kgf$（φ8 管）$[>550\ kgf$（φ20 管）$]$

气密性　在震动及 5 MPa 静压下，5 min 压力不降，无泄漏

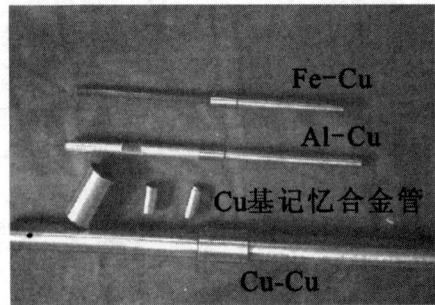

图 6-12　铜基记忆合金管接头

3. 医学上的应用

作为医用生物材料使用的形状记忆合金主要是 $Ti-Ni$ 合金。$Ti-Ni$ 合金强度高，耐腐蚀，抗疲劳，无毒副作用，生物相容性好，可以埋入人体作生物硬组织的修复材料。例如，$Ti-Ni$ 合金细丝插入血管，由于体温使其恢复到母相的网状，作为消除凝固血用的过滤器。用 $Ti-Ni$ 合金制成的肌纤维与弹性体薄膜心室相配合，可模仿心室收缩运动，制造人工心脏。

用 $Ti-Ni$ 合金制成的人造肾脏微型泵、人造关节、骨骼、牙床、脊椎矫形棒、骨折固定连接用的加压骑缝钉、颅骨修补盖板，以及假肢的连接等，疗效较好。

思考练习题

1. 请解释名词：弹性与伪弹性，马氏体与热弹性马氏体，双向形状记忆效应。

2. 请说明单向和双向形状记忆合金记忆效应的不同之处。

3. 请解释多阶相变伪弹性的成因。

4. 简述高阻尼形状记忆合金的阻尼机理。

5. 查阅文献，举例说明铜基形状记忆合金可采取哪些措施来增强其形状记忆效应。

6. 查阅文献，举出 2~3 例形状记忆合金的应用实例，并解释这些应用实例主要是利用记忆合金的那方面的特性。

部分习题答案

第1章

4. 分别计算室温298 K及高温1100 K时莫来石瓷的摩尔热容，并将其与按照热容经典理论计算的结果相比较。

答案　298 K：259.01 J/(mol·K)；1100 K：425.52 J/(mol·K)；

热容经典理论计算的结果：525 J/(mol·K)

第3章

10. 金属铝，金属铜和金属铁的磁导率分别为 $\mu_{Al} = 1.00023$，$\mu_{Cu} = 0.9999912$，$\mu_{Fe} = 62000$。试写出它们的磁化率并指明它们属于哪一类磁性材料。

解：$\mu = (1 + \chi)$；$\chi = \chi - 1$

$\chi_{Al} = 1.00023 - 1 = 0.00023$，顺磁

$\chi_{Cu} = 0.9999912 - 1$，反铁磁

$\chi_{Fe} = 62000 - 1 \gg 1$，铁磁

11. 计算以下材料的磁矩。

(1) 稀土 Nd(钕)金属的原子磁矩

(2) 金属 Co 的原子磁矩

(3) $CoFe_2O_4$ 铁氧体的分子磁矩，其结构式为：$(Fe^{3+})[Co^{2+}Fe^{3+}]O_4$

(1) 解：金属 $Nd4f^4$：用孤立原子磁矩来计算：

$S = 4/2$，$L = 3 + 2 + 1 = 6$，$J = L - S = 4$，$g = 0.6$，$\mu_J = 0.6 \times [4 \times 5]^{1/2} = 2.7\mu_B$；$\mu_{JH} = 0.6 \times 4\mu_B = 2.4\mu_B$；

(2) 金属 Co：$n = 9$，用下列经验公式来计算 Fe，Ni 金属及其合金的原子磁矩 μ_H：

$\mu_{JH} = [10.6 - n]\mu_B = 1.6\mu_B$

(3) 解：$CoFe_2O_4$ 铁氧体：要考虑轨道冻结，$L = 0$。A 位：$5\mu_B$；B 位：$(5+3)\mu_B$；分子磁矩：$3\mu_B$；

12. 根据图 3-45、磁感应强度 B 和磁化强度 M 之间的关系式：$B = \mu_0(H + M)$，请推出 $\mu_{0B}H_c = \mu_0 M_a < \mu_0 M_r = B_r$，说明该不等式的物理意义。

解：

当 $H = 0$ 时 $B_r = \mu_0 M_r$；当 $B = 0$ 时，$-_BH_c = M_a$，而且 M_a 为正值，$M_a < M_r$，所以：

$\mu_{0B}H_c = \mu_0 M_a < \mu_0 M_r = B_r$

第4章

7. 某介质的 $\varepsilon_s = 10$，$\varepsilon_\infty = 2$，$\tau = 10^{-10}$ s，请画出 ε_r'、ε_r'' 和 $\tan\delta$—$\lg\omega$ 关系曲线，标出 $\tan\delta$ 和 ε_r'' 峰值位置，

ε''_{rmax} 等于多少？ε''_r—$\lg\omega$ 关系曲线下的面积是多少？

解：ε''_r 峰值位置：

$$\omega_m = \frac{1}{\tau}, \quad \varepsilon' = \frac{1}{2}(\varepsilon_s + \varepsilon_\infty)$$

$\tan\delta$ 峰值位置：

$$\omega'_m = \frac{1}{\tau}\sqrt{\frac{\varepsilon_{rs}}{\varepsilon_\infty}}, \quad \tan\delta = \frac{\varepsilon_s - \varepsilon_\infty}{2\sqrt{\varepsilon_s \varepsilon_\infty}}$$

ε'_r、ε''_r 和 $\tan\delta \sim \lg\omega$ 关系曲线：

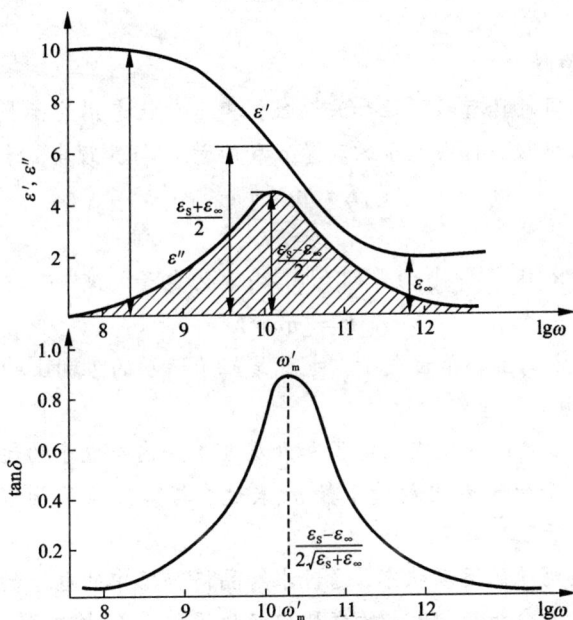

图 ε'、ε''、$\tan\delta$ 与 ω 的关系

$(\varepsilon_s = 10, \varepsilon_\infty = 2, \tau = 10^{-10} \text{ s})$

附录　固体材料中电子运动状态
的基础知识概述

1　电子的波动性与量子自由电子理论

1. 电子的波粒二像性

电子是微观粒子，同时具有粒子性和波动性，其运动状态用波函数描述。根据德布罗意关于微观粒子的波动性假设，自由电子的动量 p 和能量 E 与其频率 ν 和波长 λ 的关系为

$$E = h\nu = \hbar\omega \qquad\qquad\qquad (\text{附} - 1)$$

$$p = \hbar k \qquad\qquad\qquad (\text{附} - 2)$$

式中，$h = 2\pi\hbar = 6.623 \times 10^{-34}$ J·s，为普朗克常数；k 为电子的波矢，它与波长之间的关系为

$$k = 2\pi n_0 / \lambda \qquad\qquad\qquad (\text{附} - 3)$$

式中，n_0 为粒子波传播方向上的单位矢量。也就是粒子运动的方向上的单位矢量。

2. 电子的量子自由电子理论

固体材料中的电子，可以分成内层电子和外层电子。内层电子的运动状态可以由主量子数 n、角量子数 l、磁量子数 m 和自旋量子数 m_S 表述，与孤立原子相似。外层电子的运动状态，不能通过上述四个量子数来表达。

固体材料中的外层电子的运动状态，通过求解晶格势场中的电子的薛定谔方程获得。对这些外层电子运动状态的分析，在历史的发展中经历了经典自由电子理论、量子自由电子理论和能带理论三个不同阶段。其中，19 世纪末，由特鲁德（P. Drude）与洛伦兹（L. A. Lorentz）基于经典物理学建立的经典自由电子理论存在着根本缺陷，不再介绍。

20 世纪 30 年代，应用量子力学理论，基于经典理论提出的金属的结构模型——由离子实（即原子核与核外的内层电子）和自由电子（又称价电子）构成，并假设金属内的自由电子在平均势场中运动，得到自由电子运动状态的理论结果，这就是量子自由电子理论。

根据该理论，边长为 L 的正方体金属内部，自由电子的状态波函数 ψ 遵循薛定谔方程

$$-\frac{\hbar^2}{2m_0}\nabla^2\psi(x, y, z) = E\psi(x, y, z) \qquad\qquad (\text{附} - 4)$$

式中，E 为电子的能量，而且在这里只是其动能；m_0 为电子的静止质量。

求解上述薛定谔方程，并用周期性边界条件约束自由电子的波函数，得到自由电子的状态波函数为：

$$\psi_{n_1 n_2 n_3}(x, y, z) = \left(\frac{1}{L}\right)^{3/2} \exp\left[i(k_x x + k_y y + k_z z)\right] = \sqrt{\frac{1}{V}} e^{i\boldsymbol{k}\cdot\boldsymbol{r}} \qquad (\text{附} - 5)$$

式中，r 为几何空间位置矢量；$\boldsymbol{k}$ 为自由电子在几何空间中的波矢，在笛卡儿坐标系中三个垂直分量为 k_x，k_y，k_z；V 为金属的体积。

自由电子的波函数表达式中，波矢的所有分量 k_x，k_y，k_z 都受到如下的取值限制

$$k_i = \frac{2 n_i \pi}{L} \qquad (\text{附} - 6)$$

其中，$n_i = 0$，± 1，± 2，± 3，$\cdots (i = 1, 2, 3)$

也就是说自由电子的波矢 $\boldsymbol{k}$ 取值是不连续的，它是量子化的。与此相对应，电子的能量取值也受到局限

$$E_{n_1 n_2 n_3} = \frac{\hbar^2}{2 m_0}(k_x^2 + k_y^2 + k_z^2) = \frac{4\pi^2 \hbar^2}{2 m_0 L^2}(n_1^2 + n_2^2 + n_3^2) \qquad (\text{附} - 7)$$

式(附－7)反映了金属中自由电子的能量量子化特征。除非金属在空间中无限伸展，否则其中自由电子的能量不能连续变化。但是，在传统金属材料中，相邻能级之间的能量差非常小，故可以近似为连续变化。故此，又称这种能级为准连续能级。而在纳米材料中，电子能级中相邻能级的能量差很大，因而显现非常明显的量子化效应。

3. 自由电子运动状态的 $\boldsymbol{k}$ 空间描述

金属中自由电子的运动状态，可以由量子数组 (n_1, n_2, n_3, m_s) 描述。但是，通常人们采用电子的波矢空间或 $\boldsymbol{k}$ 空间来描述电子运动状况，因为电子的波矢与能量直接相关，并且反映电子的速度及动量的分布，为分析自由电子的空间运动特征提供方便。

为此，在所建立的直角坐标系的 $\boldsymbol{k}$ 空间，将金属中自由电子的允许状态在 $\boldsymbol{k}$ 空间中表达出来，得到"允许电子状态点"分布。这些状态点为一些孤立的点，构成一个简单立方点阵，点阵常数为 $\dfrac{2\pi}{L}$。

在量子自由电子理论范围内，自由电子的能量 E 与波矢 $\boldsymbol{k}$ 的关系为

$$E(\boldsymbol{k}) = \frac{\hbar^2}{2 m_0}(k_x^2 + k_y^2 + k_z^2) = \frac{\hbar^2 k^2}{2 m_0} \qquad (\text{附} - 7a)$$

该关系显示：$\boldsymbol{k}$ 空间中某状态点上电子的能量正比于该点矢径的平方。因此，与原点等距离的状态点上，电子具有相同的能量，或者说，$\boldsymbol{k}$ 空间中的等能面为以原点为心的球面。

4. 电子的能态密度 $N(E)$

能态密度是单位体积的材料中，单位能量间隔内的允许电子态数目。依据量子自由电子理论，金属中自由电子的状态点构成一个点阵常数为 $2\pi/L$ 的简单立方点阵。因此，$\boldsymbol{k}$ 空间中，每个体积为 $(2\pi/L)^3$ 的空间中含有 2 个允许的电子态，在 k 空间中，处于 $k \sim (k + \mathrm{d}k)$ 之间的球壳状空间中电子态的数目为

$$\frac{4\pi k^2 \cdot dk}{(2\pi / L)^3} \times 2$$

利用式(附-7a)的关系,用 E 替代该式中的 k。另外,考虑金属体积为 $V = L^3$,于是得到 $E \sim (E + dE)$ 之间的电子态数目为:

$$\frac{8\pi}{(2\pi)^3} \cdot \left(\frac{2m_0}{\hbar^2}\right)^{3/2} \cdot \frac{E dE}{2\sqrt{E}} \cdot V = \frac{1}{2\pi^2} \cdot \left(\frac{2m_0}{\hbar^2}\right)^{3/2} \cdot E^{1/2} dE \cdot V$$

所以,金属中自由电子的能态密度 $N(E)$ 为

$$N(E) = \frac{1}{2\pi^2}\left(\frac{2m_0}{\hbar^2}\right)^{3/2} \cdot E^{1/2} \qquad\qquad (\text{附}-8)$$

即自由电子的能态密度正比于能级能量的平方根。

5. 费米-狄拉克(Fermi-Dirac)分布律

自由电子属于费米粒子,在其允许的能级上分布规律服从费米-狄拉克分布律,即:体系中,能量为 E 的状态被粒子占据的几率为

$$f(E) = \frac{1}{\exp\left(\dfrac{E - E_F}{kT}\right) + 1} \qquad\qquad (\text{附}-9)$$

式中,E_F 为自由电子的费米能;k 为玻尔兹曼常数;T 为温度(K)。

图附-1中给出了费米函数曲线。

图附-2(a)和(b)分别以2维 k 空间和能态密度曲线示意性给出了 0 K 时自由电子分布情况,阴影区为被占据态。图附-2(a)中的局部放大图中,较大的圆点代表被自由电子占据的状态,而较小的圆点为空的允许状态点。圆点中心几何点以外的区域都是禁止自由电子占据的状态。图中还标明了费米能 E_F 即对应的费米波矢 k_F 的位置。

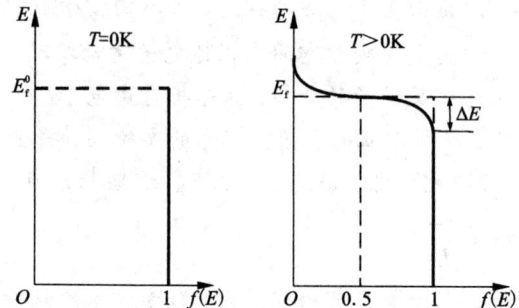

图附-1 费米函数曲线

(a) $T = 0$ K 下;(b) $T > 0$ K

金属中自由电子体系的费米能是0 K 下电子所占据的最高能级的能量;费米能是体系中再增加一个自由电子时,体系的能量增加值,或者说是新加入的电子的平均能量。因此,费米能相当于自由电子体系的化学位。$T > 0$ K 下,费米能级上电子态被占据的几率为0.5。金属中自由电子体系的费米能随着温度升高略有降低,但降低幅度非常小,可以看做近似恒定不变。

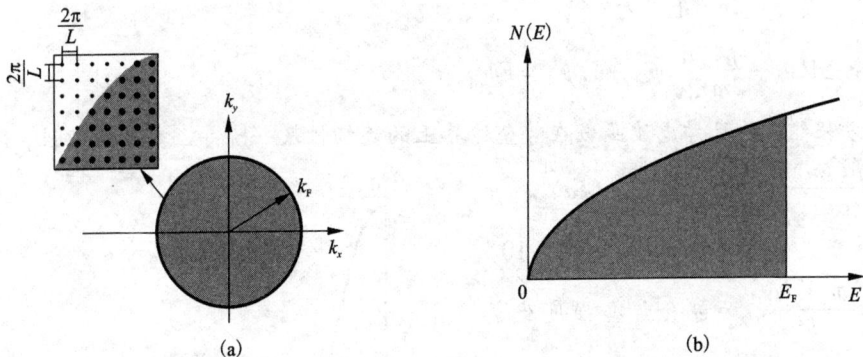

图附 - 2　金属中自由电子的运动状态分布图
(a) 二维波矢空间；(b) 能态密度曲线

2　固体能带理论

实际固体材料中，电子与原子核及电子之间存在着静电交互作用。能带理论考虑了晶态固体材料中离子实的周期势场对外层电子运动状态的影响。

1. 潘纳与克龙尼克模型

潘纳与克龙尼克采用最简单的周期势场模型——如图附 - 3 所示的方势垒，研究电子的运动状态。该周期性方势垒由势垒区和势阱区构成，势能分别为 V_0 和 0，周期性表现为

$$V(x + a) = V(x)$$

它的周期 a 就是晶格中原子排列的周期，也就是相邻原子的间距。

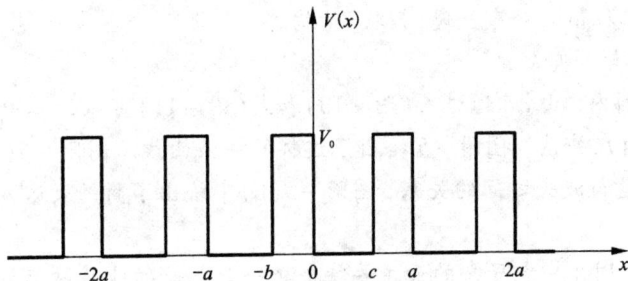

图附 - 3　潘纳 - 克龙尼克模型势场

这种方势垒中，描述电子运动的定态薛定谔方程为：

（1）势阱区：$-\dfrac{\hbar^2}{2m_0}\dfrac{\mathrm{d}^2}{\mathrm{d}x^2}\psi_{\mathrm{I}}(x)=E\psi_{\mathrm{I}}(x)$

（2）势垒区：$-\dfrac{\hbar^2}{2m}\dfrac{\mathrm{d}^2}{\mathrm{d}x^2}\psi_{\mathrm{II}}+V_0\psi_{\mathrm{II}}=E\psi_{\mathrm{II}}$

求解上面方程组，并且考虑波函数在势垒边界上的连续性及一阶导函数的连续性，得：

$$P\cdot\frac{\sin(\alpha a)}{\alpha a}+\cos(\alpha a)=\cos(ka)$$

（附 - 10）

式中，$P=\dfrac{m_0 V_0 b a}{\hbar^2}$，为包含势垒强度及宽度的参数，恒为正值；

$$\alpha^2=2m_0E/\hbar^2 \qquad （附-11）$$

式（附-10）的右侧是电子波矢 k 的函数 $\cos(ka)$。由于 k 与 a 均是实数，因此该函数的值域为 $[-1,1]$。显然式（附-10）左侧的函数 $f(\alpha a)$ 的数值也要求在 $[-1,1]$ 范围内，即

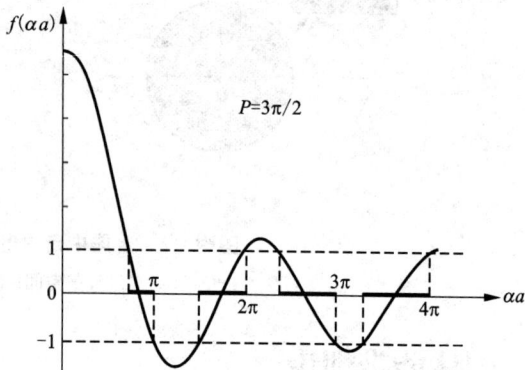

图附 -4　$f(\alpha a)$ 函数曲线

（取 $P=3\pi/2$，图中只给出偶函数曲线的右半部分）

$$f(\alpha a)=P\cdot\frac{\sin(\alpha a)}{\alpha a}+\cos(\alpha a)$$

图附-4中示意性给出了函数 $f(\alpha a)$ 曲线。

图附-4表明：αa 只能取某些特定区间的值。与之相应，电子的能量

$$E=\frac{\hbar^2}{2m_0 a^2}(\alpha a)^2$$

因此，周期性方势垒中电子能量是量子化的，具体特征是：能量轴被分割成交替出现的允带和禁带，电子能量本征值的分布呈现"带状"结构。

2. 电子能量 E 与波矢 k 的关系

在允许取值范围内，由 αa 通过式（附-10）和式（附-11）可以计算出能带中电子的能量 E 与波矢 k 之间的对应关系。图附-5给出了这样的关系曲线。图附-5(a)中同时用虚线给出了自由电子的能量与波矢之间的关系，图附-5(b)中给出了简约表达方式及其与能带的对应关系。

依据能带理论，固体中电子态的最主要特征之一是电子的能带被禁带分割开。其中，需要特别关注在电子能量突变处，也就是能量与波矢关系 $E(k)$ 中的突变。在相邻原子间距为 a 的一维晶体中，$E(k)$ 突变处的电子波矢 k 是 π/a 的整倍数。

这种 $E(k)$ 的突变性与晶体的衍射特征相对应：能量的突变点对应于所有满足布拉格衍射条件的电子波矢 k，原因是这些电子波在晶体中被散射而无法传播。不满足布拉格衍射条

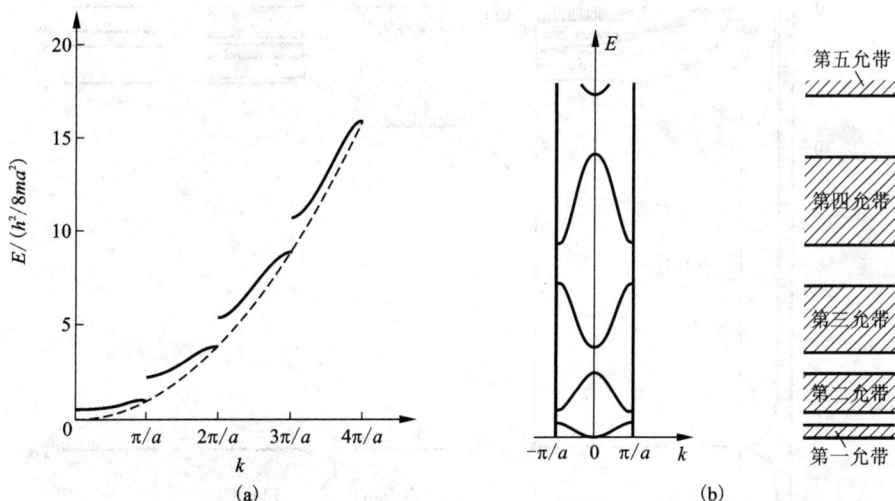

图附-5 能带理论给出的电子能量-波矢关系及与能带的对应关系

(a)潘纳-克龙尼克周期性方势垒中;(b)简约波矢表达及与能带对应关系

件时,电子的能量与波矢关系$E(k)$连续变化。

3. 能带形成的定性解释

将固体材料看做是它的各组成原子从彼此相距很远处互相接近至其平衡间距的结果,这样,固体中的电子态就是由单个原子中的孤立能级变化而来。计算结果表明:随着原子间距R减小,电子态由孤立的原子能级演变成能带。原因是电子云在空间发生重叠时,必须遵守泡利不相容原理,故此,原属于不同原子、但处于相同能级上的电子,其能量要产生变化。该过程从外层电子开始,随着相邻原子间距的减小而逐渐地向内层发展,如图附-6所示,是依据能带理论对金属Na的计算结果。

由此我们很容易理解以下两点:

(1)固体中的一个能带,对应于由量子数组$(n\,l\,m)$表达的孤立能级。因此,也经常将能带用相对应的孤立原子中的电子态符号来命名。一个这样的能带中理所当然地应当能容纳每个原子带来的正负自旋各一个电子,因此所具有的电子态的数目等于固体中原子数目的两倍。有时所给出的能带是将具有相同的n与l、但磁量子数m不同的几个能带合并在一起的"大能带",此时一个能带中所包含的电子态数目当然就不再是原子数目的2倍。如2p能带包含着孤立原子中相对应的磁量子数m为-1、0和1的三个状态,所具有的电子态数目为原子数的6倍,而3d能带可以容纳原子数的10倍的电子。

(2)用能带所描述的电子主要是固体中参与成键的电子,因为这些来自不同原子的电子

▶ 255

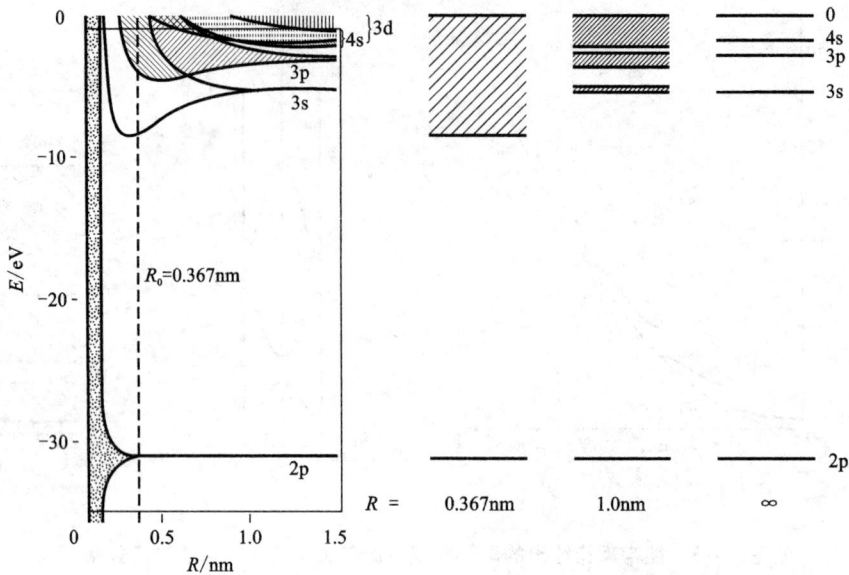

图附－6　金属 Na 孤立能级展宽成能带的过程

的运动空间在固体结合过程中发生重叠，它们甚至基本上公有化。如果其他的电子的运动空间也发生重叠，就也需要用能带来描述其运动状态。反之，如果分别隶属于不同原子的电子，在固体形成过程中电子云在空间基本不重叠，彼此之间也就不受泡利不相容原理的约束，那将继续保持在原来的能级上，即单个原子的孤立能级上。这些电子的运动状态无需用能带描述。它们就是固体材料中真正意义上的内层电子。

　　4. 晶体的布里渊区

　　在描述固体材料中电子状态特征时，人们常采用电子波矢空间中的布里渊区来描述电子能量与波矢关系 $E(k)$ 中的能量突变特征。波矢空间中，电子的能量 E 随波矢 k 连续变化的区域称作一个布里渊区。布里渊区边界上能量发生突变，一个布里渊区对应于一个能带。

　　晶体的布里渊区由晶体结构决定。由于布里渊区边界对应于电子波矢满足布拉格衍射条件，借用晶体衍射分析的倒易空间可以给出布里渊区边界，此时，需将晶体倒易空间与波矢空间等同起来。图附－7(a)给出了二维正方晶体的原子排列及相应的倒易点阵，图附－7(b)中给出了该晶体的前三个布里渊区，以Ⅰ，Ⅱ，Ⅲ标识。请注意：各个布里渊区具有相同的大小。布里渊区边界对应于倒易阵点与原点连线的平分面（线）。

　　体心立方和面心立方是金属中常见的两种比较简单的晶体结构，它们的第一布里渊区在图附－8 中给出。

　　图附－8(a)给出了体心立方晶体倒易空间的单胞与第一布里渊区。方框为面心立方结

图附 -7 二维正方晶格、倒易点阵及其前三个布里渊区

(a)正方晶格及倒易点阵;(b)前三个布里渊区

构的倒易点阵单胞(将一个倒易阵点置于中心位置上),图中除 3 个坐标轴外的 12 个箭头顶点就是该单胞的各倒易阵点的位置(图中省略了倒易阵点)。第一布里渊区是由 12 个完全相同的四边形组成的十二面体。

图附 -8 立方晶体的第一布里渊区

(a)bcc 晶体;(b)fcc 晶体

图附 -8(b)中给出了面心立方晶体的倒易空间单胞及第一布里渊区。倒易空间单胞中同样省略掉倒位于箭头顶点处的易阵点。面心立方晶体的第一布里渊区为十四面体,它由 8 个相同的正六边形平面和 6 个相同的正方形平面组成,是将正八面体的 6 个角截掉的结果,该布里渊区又称截角八面体。

5. 能带间隙与能带重叠

固体材料中外层(及某些情况下的次外层)电子都具有自己的能带,每个能带又都具有自己能量范围。考察相邻能带之间能量的相对高低,具有两种可能性。

一种可能性是能量较高的能带,其能量最低值高于能量较低的能带的能量最高值,此时两个能带之间存在着能带间隙。能带间隙的能量等于"高能能带"的能量最低值与"低能能带"的能量最高值之差,通常将此能量差简称为能带间隙。另一种可能性为:"高能能带"的能量最低值低于"低能能带"的能量最高值,此时这两个能带发生了能带重叠。图附-9(a)以能量框图的方式给出了这两种情况的对比。在图附-9(b)在一个二维正方晶格的布里渊区中通过等能线示意性表达了能带重叠,图中方框代表第一布里渊区的边界。

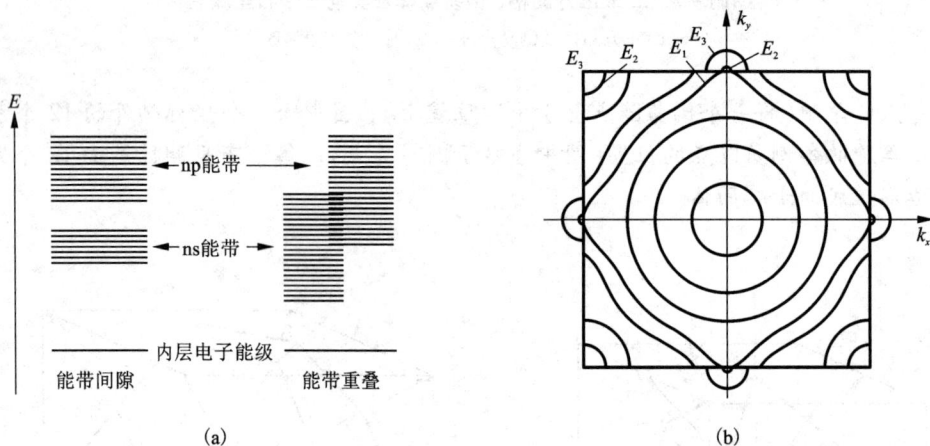

图附-9　相邻能带之间的能量关系示意图

(a)能量框图示意图;(b)布里渊区及等能线示意图

注意:在 k 空间中任意一个直线方向上,电子的 $E(k)$ 在跨越布里渊区边界时均有能量的突变。这一点与固体材料中存在能带重叠或者能带间隙无关。只有在一维晶体材料中,布里渊区边界两侧的能量差才等于相邻两个能带之间禁带的宽度。

6. 能带中的能态

固体材料中,一个能带或布里渊区内的电子,具有类似于金属中自由电子的能级结构——形成准连续的分立能级,其波矢也是量子化,即 $k_{n_1 n_2 n_3}$ 的分量为:

$$k_x = \frac{2n_i \pi}{L}$$

式中,$n_i = 0$,± 1,± 2,± 3,$\cdots(i = 1, 2, 3)$。

另外,每个能带(或布里渊区)内所拥有的电子态数目等于晶体中原子的数目的 2 倍,也就是说,当晶体中平均每个原子提供两个电子时,这些电子正好将一个能带填满。

3 固体材料中典型的电子能带

1. 传统金属材料

传统金属材料是指用比较传统方法制备的金属材料。它都是晶态材料,其晶粒尺寸一般在微米级以上而且内部微观组织均匀,而且其制成品大小都是典型的宏观尺度。

金属的特点是具有在整个金属内运动的自由电子,它们是由组成固体的各金属原子的价电子公有化形成。金属中自由电子的能带具有共同的结构特征:相邻能带之间发生重叠,没有能带间隙。自由电子能带内的能级呈准连续态,在费米能级上方有大量的空能级可以接纳由低能级激发跃迁上来的电子。

图附 –10(a)给出了一价金属 Cu 的 4s 能带电子填充情况,第一布里渊区处于半满状态,阴影区为电子占据态区域,其中给出了这个立体区域的一个截面。图附 –10(b)为二价金属自由电子的能带及电子填充情况示意,其中 s 能带与 p 能带发生重叠,图中给出了费米能级的位置。

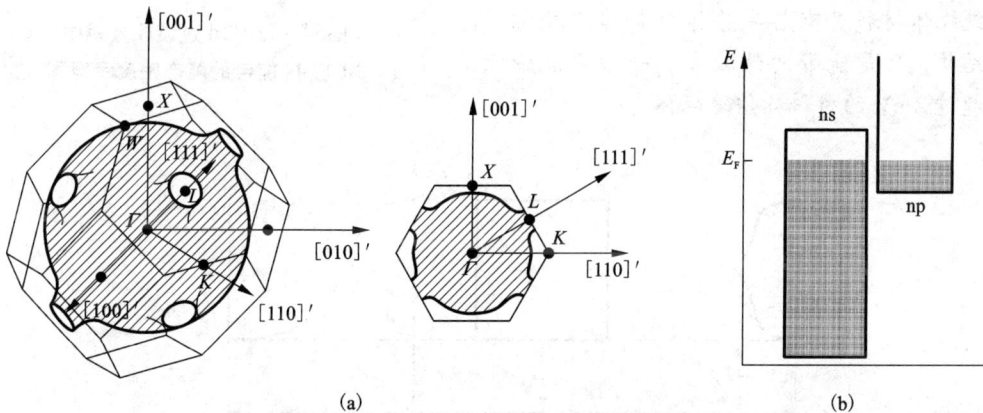

图附 –10 金属能带结构及电子排布情况

(a)金属 Cu 的费米球及(110) * 截面;(b)二价金属 s 能带与 p 能带的重叠及电子排布情况示意图

3d 过渡族金属中,相邻原子的 3d 电子云有一定程度的重叠,因此 3d 电子呈一定的公有化倾向。图附 –11 中示意性给出的 3d 电子能带结构。其特点是 3d 能带的能量范围小(窄能带)、能态密度 $N(E)$ 非常大。图附 –11 中还给出了 3d 亚电子层中具有 1~9 个电子的 Sc,Ti,V,Cr,Mn,Fe,Co,Ni,Cu 金属的费米能级位置。

2. 半导体材料与绝缘体材料

能带理论计算表明:半导体材料外层电子能带都存在能带间隙 E_g。图附 –12 中分别以 3

种不同方式示意性给出了本征半导体的能带结构，图附-12中以波矢$k = \pi/a$代表布里渊区边界。半导体材料的能带间隙数值一般在2 eV以下。能量位于能带间隙下方、被电子占据的能量最高的允带称作价带，而刚好处于能带间隙上方的允带称作导带。

本征半导体的特征是最外电子层全部被填满、同时又没有多余的电子，所有每个原子平均提供的价电子都是4个。0 K下，这些价电子刚好将价带填满，而能带间隙上面的导带中则没有电子，即处于全空状态。图附-12中给出了本征半导体中的这种电子填充情况，其中的阴影区域代表已经被电子占据的状态，在这里也就是价带。而空白区域是未被占据态，对应于导带。

绝缘体材料具有与半导体材料非常相似的带结构，只是能带间隙较大。一般将能带间隙超过2 eV的材料称作绝缘体。

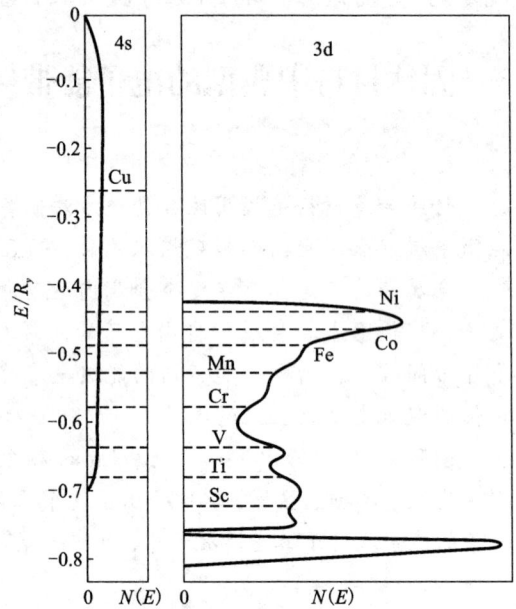

图附-11　3d 过渡族金属中
3d 与 4s 能带的能态密度示意图

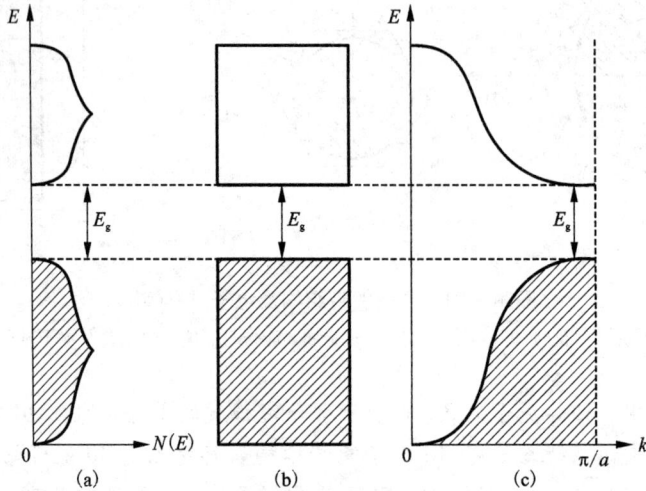

图附-12　本征半导体材料的能带结构及电子填充情况示意图
（a）能态密度曲线；（b）能量框图；（c）能量-波矢曲线

参 考 文 献

［1］田莳. 材料物理性能. 北京：北京航空航天大学出版社，2004

［2］陈骓骕. 材料物理性能. 北京：机械工业出版社，2006

［3］陈融生，王元发. 材料物理性能检验. 北京：中国计量出版社，2005

［4］关振铎，张中太，焦金生. 无机材料物理性能. 北京：清华大学出版社，2001

［5］姜寿亭等. 凝聚态磁性物理. 北京：科学出版社，2003

［6］K. J. Strnat. Ferromagnetic Materials，Vol. 4，North – Holland，1988

［7］Modern Magnetic Materials Principle and Application. Robert C. O'handley John Wiley & Sons，Inc，2000

［8］滨船圭弘，西野种夫. 光电子学. 北京：科学出版社，2002

［9］徐祖耀. 马氏体相变与马氏体. 北京：科学出版社，1999

［10］Y. N. Wang，Y. N. Huang，H. M. Shen. Phys. Rev.，B46(1992)：3290

［11］张志方，沈惠敏，黄以能等. 金属学报，1996，32(10)：1009

［12］杨大智. 智能材料与智能系统. 天津：天津大学出版社，2000

［13］舟久保，熙康. 千东范译. 形状记忆合金. 北京：机械工业出版社，1992

［14］James P Schaffer，Ashok Saxona，Stephen D Antolovich，et al. The Science and Design of Engineering Materials. 2nd Edition. Copyright 1999 by the McGraw – Hill Companies，Inc.

［15］余永宁. 材料科学基础. 北京：高等教育出版社，2006

［16］王润. 金属材料物理性能. 北京：冶金工业出版社，1993

图书在版编目(CIP)数据

材料物理性能 / 龙毅主编. —长沙：中南大学出版社，
2009(2023.2 重印)

ISBN 978 - 7 - 81105 - 691 - 4

Ⅰ. ①材… Ⅱ. ①龙… Ⅲ. ①工程材料－物理性能
－高等学校－教材 Ⅳ. ①TB303

中国版本图书馆 CIP 数据核字(2009)第 096253 号

材料物理性能

(第2版)

主编 龙 毅

□策划编辑	周兴武 谭 平	
□责任编辑	周兴武	
□责任印制	李月腾	
□出版发行	中南大学出版社	
	社址：长沙市麓山南路	邮编：410083
	发行科电话：0731 - 88876770	传真：0731 - 88710482
□印　　装	长沙印通印刷有限公司	

□开　　本	787 mm×960 mm 1/16	□印张 17.25	□字数 374 千字
□版　　次	2011 年 9 月第 2 版	□印次 2023 年 2 月第 4 次印刷
□书　　号	ISBN 978 - 7 - 81105 - 691 - 4	
□定　　价	52.00 元	